Die Vermessung des alltäglichen Lebens

Jörg B. Kühnapfel

Die Vermessung des alltäglichen Lebens

Eine Hilfestellung für den besseren Umgang mit Zeit, Geld und Aufmerksamkeit

Jörg B. Kühnapfel
FB II – Marketing und
Personalmanagement
Hochschule für Wirtschaft und Gesellschaft
Ludwigshafen, Deutschland

ISBN 978-3-658-42343-8   ISBN 978-3-658-42344-5 (eBook)
https://doi.org/10.1007/978-3-658-42344-5

Die Deutsche Nationalbibliothek verzeichnet diese Publikation in der Deutschen Nationalbibliografie; detaillierte bibliografische Daten sind im Internet über http://dnb.d-nb.de abrufbar.

© Der/die Herausgeber bzw. der/die Autor(en), exklusiv lizenziert an Springer Fachmedien Wiesbaden GmbH, ein Teil von Springer Nature 2023

Das Werk einschließlich aller seiner Teile ist urheberrechtlich geschützt. Jede Verwertung, die nicht ausdrücklich vom Urheberrechtsgesetz zugelassen ist, bedarf der vorherigen Zustimmung des Verlags. Das gilt insbesondere für Vervielfältigungen, Bearbeitungen, Übersetzungen, Mikroverfilmungen und die Einspeicherung und Verarbeitung in elektronischen Systemen.
Die Wiedergabe von allgemein beschreibenden Bezeichnungen, Marken, Unternehmensnamen etc. in diesem Werk bedeutet nicht, dass diese frei durch jedermann benutzt werden dürfen. Die Berechtigung zur Benutzung unterliegt, auch ohne gesonderten Hinweis hierzu, den Regeln des Markenrechts. Die Rechte des jeweiligen Zeicheninhabers sind zu beachten.
Der Verlag, die Autoren und die Herausgeber gehen davon aus, dass die Angaben und Informationen in diesem Werk zum Zeitpunkt der Veröffentlichung vollständig und korrekt sind. Weder der Verlag noch die Autoren oder die Herausgeber übernehmen, ausdrücklich oder implizit, Gewähr für den Inhalt des Werkes, etwaige Fehler oder Äußerungen. Der Verlag bleibt im Hinblick auf geografische Zuordnungen und Gebietsbezeichnungen in veröffentlichten Karten und Institutionsadressen neutral.

Planung/Lektorat: Irene Buttkus
Springer ist ein Imprint der eingetragenen Gesellschaft Springer Fachmedien Wiesbaden GmbH und ist ein Teil von Springer Nature.
Die Anschrift der Gesellschaft ist: Abraham-Lincoln-Str. 46, 65189 Wiesbaden, Germany

Das Papier dieses Produkts ist recyclebar.

Kurzvorstellung

Wir entscheiden. Täglich hunderte Male. In der Regel sind uns diese Alltagsentscheidungen nicht bewusst. Das ist auch gut so: Wie mühsam wäre es, jede Kleinigkeit abzuwägen? Nur wenige Entscheidungen benötigen unsere Aufmerksamkeit. Und diese gehen fast alle mit einer „Vermessung" einher: „Ist die Butter teurer geworden?" „Welche Jeansgröße habe ich?" „Wie lange brauche ich nach Ulm?" „Kann ich mir die Urlaubsreise leisten?" Aber auch: „Bin ich schick genug für das Theater angezogen?" „War das Entrecôte den Preis wert?" „Sieht der Typ gut aus?" Oder: „Welche Gehaltserhöhung sollte ich fordern?"

Stets bewerten wir Dinge, Situationen, Eindrücke oder Erlebnisse, um sie (z. B. gegen Geld) tauschen zu können oder einzuschätzen, wie viel Zeit und Aufmerksamkeit sie uns wert sind. Ohne eine Bewertung geht das nicht.

Dafür stehen uns fünf Methoden zur Verfügung – nicht mehr, nicht weniger: Das Messen, Zählen und Wiegen sind dabei noch einfach. Die Skalen sind vertraut, die Maße bekannt. Hinzu kommen das Vergleichen und das Abhaken von Checklisten. Das ist schwieriger! Doch alle Methoden haben ihre Tücken.

In diesem Buch werden wir uns diese Methoden der „Vermessung von Allem" anhand von Alltagssituationen anschauen. Wir machen einen Streifzug durch unser Leben und versuchen, uns die Bedeutung einer sachgerechten Messung klar zu machen. Wofür? Weil die wichtigsten Ressourcen, unsere Zeit, unsere Aufmerksamkeit und natürlich auch unser Geld, nur begrenzt zur Verfügung stehen. Wir sollten sorgsam damit umgehen und nachmessen, wie sie uns bestmöglich nutzen.

Dieses Buch sieht wie ein Fachbuch aus. Das ist es auch: 800 Studien habe ich dafür ausgewertet, über 300 davon zitiert. Und doch habe ich versucht, ein Lesebuch zu schreiben, an dem Sie Freude haben, das Sie überrascht und hier und da sogar in Erstaunen versetzt. Wissenschaftliche Exaktheit ja, aber nicht auf Kosten der Unterhaltung. Ob es mir gelungen ist, werden Sie in sieben bis acht Stunden wissen!

Inhaltsverzeichnis

1	**Hinein in die Welt des Messens, Zählens und Wiegens!**	1
2	**Über die Zwangsläufigkeit der Alltagsvermessung**	9
	2.1 Durch Vermessung die Gesellschaft verstehen	9
	2.2 Durch Vermessung das soziale Umfeld verstehen	15
	2.3 Durch Vermessung sich selbst verstehen	18
	2.4 Vermessung des Alltags: Ein zweischneidiges Schwert	21
	2.4.1 Die aktuelle Diskussion über den unkritischen Umgang mit der Vermessung des Lebens	25
	2.4.2 Aspekte der gesellschaftlichen Diskussion über die Quantifizierung des Alltags	42
	2.4.3 Messungen als Entscheidungsgrundlage	60
	2.5 Systemtheorie oder: „Alles hängt zusammen!"	67
	2.6 Warum vermessen wir unseren Alltag?	70
3	**Mit welchen Methoden vermessen wir unseren Alltag?**	75
	3.1 Messen	76
	3.2 Zählen	85

3.3	Wiegen	89
3.4	Rankings und Ratings	92
3.5	Checklisten	115
3.6	Intuitives Schätzen und Bewerten – Das „Gegenteil" von Vermessen?	125

4 „Wer misst, misst Mist!" – Messproblemen auf der Spur — 137

4.1	„Gaming the System" – Warum Messsysteme falsche Anreize setzen können	141
4.2	Selektion von Messkriterien	144
4.3	Tücken von Maßeinheiten und Messskalen	149
4.4	Wahl von Zeitpunkt und Zeitraum der Messung – eine Frage der Repräsentativität	163
4.5	Wiedergabe von Messwerten – Verzerrungen durch Selektion und Narrative	168
4.6	Referenzen und Rankings als Hilfen für das Verständnis von Messergebnissen – und deren steuernde Wirkung	174

5 Unser Alltag und wie wir ihn vermessen — 183

5.1	Die Vermessung von „Ich" und „Wir"	183
5.2	„Ich bin, also bin ich!" – Selbstquantifizierung als Selbstzweck?	200
5.3	Die Vermessung der Partnerschaft	210
5.4	Der verplante Alltag	217
5.5	Die Lebensqualität	224
5.6	Die Gesundheit	250
5.7	Der Konsumalltag	280
5.8	Der Beruf	295
5.9	Die Finanzen	334

6 Sieben Stunden Lesen – wieviel hat's gebracht? — 353

Literatur — 355

Stichwortverzeichnis — 381

Abbildungsverzeichnis

Abb. 2.1	Anzeige der Sauerstoffaufnahmefähigkeit des Blutes und Laufzeitauswertung (Foto links mit Genehmigung von Garmin Deutschland, Foto rechts: eigene Aufnahme)	35
Abb. 2.2	Bedeutung von Betrachtungsausschnitt und Zeithorizont bei Prognosen. (Eigene Darstellung)	62
Abb. 3.1	Eisenacher Elle. (Eigene Aufnahme)	78
Abb. 3.2	Harrison-Schiffsuhr H5. (Eigene Aufnahme)	79
Abb. 3.3	Messung der Ebenheit eines Bauteils (mit Genehmigung des Steinbeis-Transferzentrums, Karlsruhe)	81
Abb. 3.4	Erbsenglas. (Eigene Aufnahme)	86
Abb. 3.5	Smartphone-Anzeige des Körpergewichtstrends. (Eigene Aufnahme)	89
Abb. 3.6	Absoluter Fehler bei der Abschätzung des Patientengewichts durch Ärzte. (Eigene Darstellung)	91
Abb. 3.7	Kalibrierwaage und Sackwaage. (Eigene Aufnahmen)	92
Abb. 3.8	Bewertung eines Restaurants, links auf Google, rechts auf TripAdvisor	95
Abb. 3.9	Bewertungskriterien auf Jameda (Noten exemplarisch, eigene Darstellung)	98

Abbildungsverzeichnis

Abb. 3.10	Möglicher Fragenkatalog zur Bestimmung der INCOM-Social Comparison Scale (entnommen aus Schneider & Schupp, 2011, S. 33)	107
Abb. 3.11	Ranking von Fahrern und diverse statistische Auswertungen von Procyclingstats.com	115
Abb. 3.12	Beispiel einer Liste der App „To do" zur Kontrolle von Aufgaben. (Eigene Aufnahme)	116
Abb. 3.13	Sicherheits-Checkliste für die Chirurgie, deutsche Übersetzung der WHO Surgical Safety Checklist	122
Abb. 3.14	Wie viel wiegt der Hund? (Eigene Aufnahme)	129
Abb. 3.15	Beispiel der Berechnung des Net Promoter Scores (Kühnapfel, Vertriebscontrolling. Methoden im praktischen Einsatz, 2022, S. 307 ff.)	135
Abb. 3.16	NPS als Kurzumfrage nach Nutzung des Postident-Verfahrens. (Eigene Aufnahme)	136
Abb. 4.1	5-Sterne-Bewertungsskalen auf Plakaten in der Londoner U-Bahn. (Eigene Aufnahmen)	152
Abb. 4.2	Launige Interpretation einer fünfstufigen Bewertungsskala. (Eigene Darstellung)	153
Abb. 4.3	Multikriterielle Bewertung (Auszug) bei Holidaycheck.de. (Eigene Aufnahme)	156
Abb. 4.4	Plakat mit Angabe der Baukosten für die Tower Bridge, London. (Eigene Aufnahme)	161
Abb. 4.5	Hinweis zum verbauten Material in den Pfeilertürmen der Tower Bridge, London. (Eigene Aufnahme)	162
Abb. 4.6	Geschwindigkeitsanzeige im „King Power", Bangkok (Eigene Aufnahme)	163
Abb. 4.7	Entwicklung Körpergewicht. (Eigene Darstellung)	165
Abb. 4.8	Entwicklung Körpergewicht, gleitender Durchschnitt. (Eigene Darstellung)	165
Abb. 4.9	Ranking sportlicher Leistungen in der App Strava (die Namen wurden vom Autor anonymisiert und sind fiktiv)	179
Abb. 5.1	Ergebnis eines Dr. Satow-Big Five-Persönlichkeitstests. (Eigene Aufnahme)	188
Abb. 5.2	Reiss-Profil eines Probanden. (Eigene Aufnahme)	189
Abb. 5.3	VO_2max-Entwicklung eines Radsportlers. (Eigene Aufnahme)	199

Abb. 5.4	Überwachung des Blutzuckerspiegels per Smartphone. (Eigene Aufnahme)	209
Abb. 5.5	Fragen zur Bewertung der Beziehungsqualität angelehnt an Granovetter. (Eigene Darstellung)	213
Abb. 5.6	Der Net Promoter Score zur Messung der Beziehungsqualität. (Eigene Darstellung)	214
Abb. 5.7	Anzahl Publikationen pro Jahr mit dem Begriff „Happiness" im Titel, die über Google Scholar zu finden sind. (Eigene Darstellung)	225
Abb. 5.8	Vorkommen der Begriffe „Glück" (oben) und „Wirtschaftswachstum" (unten) in verschiedenen Sprachräumen (Helliwell et al., 2022)	226
Abb. 5.9	Monatlicher Zufriedenheits-Score einer Person. (Eigene Darstellung)	239
Abb. 5.10	Lebenszufriedenheit in Deutschland (Raffelhüschen, 2022, S. 21)	243
Abb. 5.11	„Ranking des World Happiness Reports" 2022 (Auszug aus (Helliwell et al., World Happiness Report 2023, 2023)	245
Abb. 5.12	Cholera-Karte von Dr. J. Snow (Ausschnitt, Standort der Pumpe markiert, Snow, 1954)	251
Abb. 5.13	Ergebnis einer WHOQOL-5-Selbstvermessung der empfundenen gesundheitsbezogenen Lebensqualität mit zwei Triggerereignissen. (Eigene Darstellung)	263
Abb. 5.14	Die sechs Eckpfeiler der Gesundheit. (Eigene Darstellung)	266
Abb. 5.15	Labordaten einer medizinischen Untersuchung. (Eigene Aufnahme)	269
Abb. 5.16	Auswertung des Schlafs mittels der App „Pillow". (Eigene Aufnahme)	272
Abb. 5.17	Smartphone-Anzeigen von Schrittzähler-Apps. (Eigene Aufnahmen)	276
Abb. 5.18	Diverse Auswertungen einer Gesundheitsvermessungs-App. (Eigene Aufnahmen)	278
Abb. 5.19	Filmplakat für „10 – Die Traumfrau". (Eigene Aufnahme)	283
Abb. 5.20	Sky Study (Himmelsstudie) von Joseph Mallord William Turner (1775–1851). (Eigene Aufnahme)	292

Abb. 5.21	David von Michelangelo Buonarroti, 1504 fertiggestellt, ausgestellt in der Accademia di Belle Arti, Florenz. (Eigene Aufnahme)	293
Abb. 5.22	Mandelbrotmenge: Ausschnitt vom Apfelmännchen (mit Genehmigung von mathegrafix.de)	294
Abb. 5.23	Auto mit großem Kühlergrill (Ausschnitt aus einer Anzeige für das BMW-Modell i7, veröffentlicht in der Online-Version der FAZ am 19.12.2022)	295
Abb. 5.24	Hogan-Assessment – Risikoprofil. (Eigene Aufnahme)	314
Abb. 5.25	Ergebnis eines MPPI-Tests. (Eigene Aufnahme)	315
Abb. 5.26	Ergebnis einer Umfrage über Mitarbeiterzufriedenheit in den Jahren 2018 bis 2022 (Fritschi & Hänggeli, 2022, S. 4)	323
Abb. 5.27	Variablen mit signifikantem Einfluss auf die Arbeitszufriedenheit (Fritschi & Hänggeli, 2022, S. 7)	324
Abb. 5.28	Bewertung von BioNTech, Mainz, auf kununu.de, Stand 12/2022	328
Abb. 5.29	Bewertung eines Chefs im BASF-Konzern auf meinchef.de, Name geändert	329
Abb. 5.30	Individuelles Ausgabenprofil (Beispiel) im Kontext von Notwendigkeiten und Präferenzen. (Eigene Darstellung)	338
Abb. 5.31	Laufzeit-Risiko-Matrix. (Eigene Darstellung)	342

Tabellenverzeichnis

Tab. 2.1	Motive der Alltagsvermessung. (Eigene Darstellung)	71
Tab. 3.1	Ergebnis eines INCOM-Tests in Deutschland (Schneider & Schupp, 2011, S. 17, gekürzt und übersetzt)	108
Tab. 3.2	APGAR-Score. (Eigene Darstellung)	125
Tab. 4.1	Allgemeine Beurteilungskriterien für die Ausführungsqualität im Turnen (o. V., Bewertungskriterien und Bewertungshilfen Geräteturnen für das Fach Sport in den vier Halbjahren der Qualifikationsphase und in der Abiturprüfung 2023, 2020)	155
Tab. 4.2	Beispiele für Referenz- und Initiativwerte. (Eigene Darstellung)	175
Tab. 4.3	Ranking des Arbeitseinsatzes von Vereinsmitgliedern (fiktives Beispiel, eigene Darstellung)	178
Tab. 4.4	Hochschulranking 2023 (o. V., World University Rankings 2023. Am Rande: Die besten deutschen Universitäten sind nach diesem Ranking die TU München (Platz 30), die LMU München (33) und die Universität Heidelberg (43))	180

Tabellenverzeichnis

Tab. 5.1	Bewertung der individuellen Lebenszufriedenheit basierend auf dem Modell von B. Frey. (Eigene Darstellung)	237
Tab. 5.2	Messkriterien des World Happiness Reports. (Eigene Darstellung)	244
Tab. 5.3	Themen des WHOQOL-BREF (WHO, WHOQOL User Manual, 1998 und Angermeyer et al., 2000)	259
Tab. 5.4	Scoring-Modell für WHOQOL-Fragebogen (fiktives Beispiel, eigene Darstellung)	260
Tab. 5.5	WHOQOL-5-Fragebogen zur Selbstvermessung der empfundenen gesundheitsbezogenen Lebensqualität (fiktives Beispiel, eigene Darstellung)	262
Tab. 5.6	Fragebogen zur Schlafqualität (Ausschnitt) von Dr. D. Hasse, Pöcking (https://www.schlaf-information.de/fileadmin/INTERNET/1-DOWNLOADS/Kurzfragebogen-mit-Logo-02_2017.pdf. Siehe www.einschlafen.info. Hasse, o. J.)	275
Tab. 5.7	Weinbewertungssystem. (Quelle: bonvino.de)	286
Tab. 5.8	Scoring-Modell (Nutzwertanalyse) zum Erwerb eines Smartphones als Konsumentscheidungshilfe. (Eigene Darstellung)	289
Tab. 5.9	Bewertungsbogen für Vertriebler (hier bewertet durch die Fachvorgesetzte, Namen fiktiv, eigene Darstellung)	305
Tab. 5.10	Ausprägungen der Persönlichkeitsmerkmale bei erfolgreichen Managern. (Eigene Darstellung)	311
Tab. 5.11	Mitarbeiterzufriedenheitsmessung nach dem Vitamin-Modell von Ward. (Eigene Darstellung)	326
Tab. 5.12	Kennwerte und deren Gewichtung im Wuppertaler Gesundheitsindex (modifiziert übernommen aus Hammes et al., 2009)	332
Tab. 5.13	Schufa-Scoring für den Online-Versandhandel (Kühnapfel, Scoring und Nutzwertanalysen, 2021, S. 225)	347

1

Hinein in die Welt des Messens, Zählens und Wiegens!

> Dieses Buch beschreibt, wie wir unser Lebensumfeld vermessen, um im Alltag Situationen zu beurteilen und Entscheidungen zu treffen.

Wenn Sie es von vorne bis hinten durchlesen, werden Sie ungefähr sieben Stunden Ihres Lebens investieren, denn die durchschnittliche Lesegeschwindigkeit beträgt 220 bis 240 Wörter pro Minute[1]. Diese Angabe basiert auf einer Messung, und sie ist wichtig, um eine Entscheidung treffen zu können. Denn: Warum sollten Sie diese sieben Stunden investieren? Hier drei Gründe:

- Sie werden verstehen, wie unsere **Gesellschaft** funktioniert, denn „moderne Gesellschaften evaluieren und kontrollieren sich über den **Gebrauch von Zahlen**"[2]. Sie werden die Chancen, die Ihnen

---

[1] Brysbaert (2019).
[2] Wiedemann (2019, S. 42).

geboten werden, besser nutzen und sich nicht an gesetzten und unveränderbaren grenzen aufreiben.
- Sie werden sich selbst besser in ihrem **sozialen Bezugssystem,** ihrer „Herde", einsortieren und zurechtfinden, was Ihnen das Miteinander mit all den anderen um Sie herum erleichtert.
- Sie werden verstehen, worauf es ankommt, wenn Sie Ihre **persönlichen Ziele** erreichen wollen und darum bessere Entscheidungen treffen, weil Sie sich auf die wirklich wichtigen Stellgrößen konzentrieren.

Das sind vollmundige Versprechen. Ob sie eingehalten werden, können Sie leider erst beurteilen, **nachdem** Sie das Buch gelesen haben. Das ist ein Problem für Sie, macht es mir aber leichter, die Versprechen abzugeben. Sie kennen das von Wahlversprechen, von Versprechungen der Reisebürokauffrau[3] (die uns eine Reise verkaufen möchte) und von Ihrem Priester, der Ihnen im Jenseits Seelenheil verspricht, wenn Sie sich im Diesseits an Regeln halten. In allen diesen Fällen haben Sie nur sehr begrenzte Möglichkeiten, den Versprechenden in Regress zu nehmen. Schuld daran ist das Messproblem, denn **keines dieser Versprechen ist messbar.** So auch hier: Zwar werden Sie die **Kosten** des Lesens (Buchpreis, Kaufaufwand und Zeiteinsatz) messen können, aber nicht den **Nutzen.** Bringt das Buch wirklich etwas? Wieviel? Und wann? Schon morgen? In drei Jahren? Sie sehen: Den Nutzen zu bestimmen, ist viel schwerer, als die Kosten zu messen.

Ist unter diesen Umständen eine gute Entscheidung (hier: lesen oder nicht) möglich? Nun, wenn Sie eine Idee davon haben, was Sie sonst mit diesen sieben Stunden Ihres Lebens anfangen könnten, vielleicht. In einer Bar Cocktails mixen. Dann können Sie für diese Alternative ebenfalls Nutzen (Stundenlohn und Trinkgeld) und Kosten (wiederum der

---

[3] An dieser Stelle eine grundsätzliche Anmerkung zum Thema „Gendern": Die deutsche Grammatik hat drei Geschlechter. Mindestens zwei davon sollten stets genannt werden. Das ist schwierig, vor allem für den Lesefluss. Auch sieht die Rechtschreibung keine Konstrukte wie das Binnen-I oder einen Binnendoppelpunkt vor. Also mache ich es in diesem Buch wie folgt: Durcheinander! Ich nutze mal beide Geschlechter, mal traditionell das männliche, mal das weibliche. Nur beim Plural bin ich unflexibel und verwende ausschließlich das weibliche Geschlecht.

Zeiteinsatz, die Anstrengung und die Verpflichtung) bestimmen und vergleichen, ob die Differenz, also der Nettonutzen, größer oder kleiner ist als jener des Buchlesens. Zu theoretisch? Keineswegs, denn genau das machen wir ständig! Schon wenn Sie überlegen, ob Sie den James Bond-Film auf RTL oder Germany´s Next Topmodel auf Pro7 schauen, wägen Sie den jeweiligen Nutzen gegeneinander ab, während die Kosten die gleichen sind: Von welcher Sendung werden Sie besser unterhalten? Und weiter: Selbst kochen oder bei Lieferando bestellen? Krankmelden oder doch ins Büro gehen? Den Partner betrügen oder auf den One-Night-Stand mit dem heißen Typen verzichten?

> Stets bewerten wir Nutzen und Kosten und vergleichen das Ergebnis mit dem alternativer Handlungsoptionen. Bewusst eher seltener, unbewusst aber immer.

Dieser Mechanismus ist uns so in Fleisch und Blut übergegangen, dass er wie ein Automatismus funktioniert. Das ist meistens auch gut so: Schnell, effizient und ohne unser kognitives System zu belasten, treffen wir Entscheidungen. Erfahrung ist nützlich dabei, denn je mehr wir davon besitzen, desto mehr entscheiden wir aus dem Bauch heraus und umso „besser" sind – oder zumindest: erscheinen uns – unsere Entscheidungen.

Erst, wenn es um etwas geht, wenn wir Entscheidungen treffen, die unser Leben, unseren Geldbeutel, unser Zeitbudget oder auch unser Umfeld signifikant beeinflussen, müssen wir diesen Automatismus ausschalten. Dann müssen wir ihn bewusst stoppen und uns die Arbeit machen, Nutzen und Kosten zu bewerten. Dazu müssen wir unser Lebensumfeld, die Situation, die Zeit oder Dinge vermessen und, noch anstrengender, wir müssen einen Blick in die Zukunft werfen, also **prognostizieren,** was die anstehende Entscheidung mit unserer Zukunft anstellen wird.[4]

---

[4] Aber das ist ein anderes Buch: Kühnapfel, Die Macht der Vorhersage. Smarter leben durch bessere Prognosen (2019).

Hier, in diesen sieben Stunden Ihres Lebens, geht es um grundsätzliche Zutaten, die Sie für eine gute Entscheidung brauchen. Dabei setze ich erstens voraus, dass bei Ihnen die drei zentralen Ressourcen

1. Geld,
2. Zeit und
3. Aufmerksamkeit

ebenso begrenzt sind wie bei mir. Ich setze zweitens voraus, dass wir das Optimum aus diesen Ressourcen herausholen wollen. Was das Optimale ist? Ein glückliches Leben! Das ist unser Ziel. Es ist dabei vollkommen egal, auf welche Weise Sie glücklich werden möchten; eine Wertung gibt es nicht! Jeder nach seinem Gusto. Aber dass wir ein glückliches, erfülltes Leben haben möchten, ist Bedingung. Wenn Sie das nicht anstreben … legen Sie dieses Buch weg! Es lohnt sich nicht für Sie.

Für alle anderen: Zeit, Geld und Aufmerksamkeit sind die Ressourcen, die wir einsetzen können und die der Preis einer jeden Entscheidung sind. Wenn wir das geschickt machen, haben wir eine gute Chance, glücklich zu leben. Für jede (wichtige) Entscheidung müssen wir messen, welche Menge der jeweiligen Ressource benötigt wird und was dabei herauskommt. Wissen wir das nicht, tappen wir im Dunkeln.

> Also brauchen wir Orientierung. Eine solche Orientierung bieten uns Zahlen, Daten und Fakten. Sie ersetzen Schätzungen, Vermutungen und … Hoffnungen!

Haben wir Zahlen, Daten und Fakten zur Verfügung, können wir die Folgen unserer Entscheidungen besser abschätzen. Zumindest navigieren wir realistischer in unserem soziokulturellen Universum und können unseren sozialen Interaktionskompass kalibrieren. Es wird konkret! Das betrifft alle Lebensbereiche, aber vor allem jene, bei denen es Ziele zu erreichen gilt und mit der Zielerreichung eine Belohnung bzw. mit der Nichterreichung eine Strafe verbunden ist. Denn:

1 Hinein in die Welt des Messens, Zählens und Wiegens!

> Erst die Quantifizierung macht Anreiz- und Kontrollsysteme möglich.

Nur, wenn wir ein Ziel messen können, können wir es sinnvoll verfolgen. Einer der in der Betriebswirtschaftslehre am häufigsten zitierten Leitsätze (von Peter Drucker, aber auch andere reklamieren die Urheberschaft für sich) lautet:

> „Du kannst nur managen, was Du messen kannst!"

Und das gilt auch für unser Privatleben. Ein Beispiel: „Ich möchte abnehmen" ist kein Ziel. Es ist eine Absichtserklärung, nicht mehr! Erst die Quantifizierung macht es möglich zu überprüfen, ob wir auf dem richtigen Weg sind: „Ich möchte bis zum Sommerurlaub fünf Kilo abnehmen." Jetzt kann überprüft werden, ob das Wunschgewicht erreicht wird oder eine weitere Woche Schmalhans Küchenmeister ist. Das Wiegen macht den Unterschied zwischen einer Absicht und einer Tat.

Doch ermöglicht die Vermessung des Lebensumfelds noch mehr, etwa die **Einordnung in einen Bezugsrahmen.** Bleiben wir beim Beispiel: Wenn meine Freunde alle schlank sind und durchschnittlich geschätzte 75 kg wiegen, ich selbst aber 105, kann ich mich hinsichtlich des Gewichts in meine Gruppe einordnen und die Entscheidung, abzunehmen, drängt sich auf. Anders verhielte es sich, wenn meine Freunde auch alle die 100 Kilo-Marke rissen. In diesem Fall wäre ich gruppenkompatibel und der Entscheidungsdruck wäre gering. Ergo: Die Bewertung des eigenen Körpergewichts sowie die Entscheidung, eine Diät zu machen, sind von der **Vermessung des relevanten Lebensumfelds** abhängig. Wir wiegen uns selbst, wir wiegen unsere Freunde (der Bezugsrahmen) und eine Entscheidung wird getroffen, aber je nach Ergebnis unserer Messung wird sie anders ausfallen. Die Herde ist die Referenz.

Wie ist dieses Buch entstanden?

Gary Becker. So hieß der 2014 verstorbene Wirtschaftsnobelpreisträger, der die Welt der Ökonomen so maßgeblich beeinflusste und mein ganz persönlicher Held ist: Er hat die Leitidee der Ökonomie (alles ist Nutzen und Kosten) auf vermeintlich nicht-ökonomische Aspekte übertragen. Diskriminierung, Verbrechen, Paarbeziehungen:

> Wie keinem anderen ist es ihm gelungen, zu zeigen, dass sich jeder von uns jeden Tag, immer, ausnahmslos ökonomisch und quantitativ beschreibbaren Regeln beugt, wenn Entscheidungen zu treffen sind.

So können wir „berechnen", ob sich eine Heirat, das Falschparken oder die Diskriminierung einer behinderten Frau am Arbeitsplatz lohnen. Und wir können es nicht nur, wir tun es auch; schlecht zumeist, aber immer besser, je mehr wir uns mit Nutzen und Kosten, dem Einsatz unserer Ressourcen Zeit, Geld und Aufmerksamkeit und deren Vermessung befassen.[5]

Dieser Gedanke passt uns oft nicht. Becker wurde anfänglich als **„ökonomischer Imperialist"** beschimpft. Er wolle auch den letzten Winkel der Menschlichkeit in Formeln packen und uns zu algorithmenbasierten Entscheidungs- und Handlungsmaschinen degradieren, so die Kritik. Aber genau das Gegenteil ist der Fall: Becker hat sich intensiv mit Emotionen, Irrationalität, Spontaneität und zwischenmenschlichen Beziehungen jedweder Art beschäftigt – und kommt doch immer wieder zu dem Schluss, dass sich alles auf den Einsatz von Zeit, Geld und Aufmerksamkeit – die Kosten – mit dem Ziel der Nutzenerzielung reduzieren lässt.[6]

---

[5] Becker G. (1993).

[6] Wer sich damit näher beschäftigen möchte, dem seien die Nachrufe von Wolfers (2014) und Tsaoussi (2016) empfohlen. Interessanterweise kommt auch die Bestsellerautorin und weltbekannte Soziologin Eva Illouz zu ganz ähnlichen Schlüssen. Vgl. Illouz (2016).

1 Hinein in die Welt des Messens, Zählens und Wiegens!

Becker ist mein Vorbild. In mehreren Büchern habe ich bereits versucht, seine Lehren und Erkenntnisse zu nutzen. Ich habe mich bspw. in einem Autorendiskurs mit der Frage beschäftigt, ob und welche Entscheidungen mit dem Verstand oder aus dem Bauch heraus getroffen werden sollten[7], wie Alltagsprognosen funktionieren[8] oder einen gewöhnlichen Wochentag einer 35-jährigen Frau beschrieben und all ihre Erlebnisse ökonomisch „übersetzt"[9].

Dieses Buch ist populärwissenschaftlich geschrieben. Das bedeutet, dass die Sprache und das vorauszusetzende Fachwissen angemessen sein sollten, aber die wiedergegebenen Erkenntnisse ausnahmslos wissenschaftlichen Ansprüchen genügen müssen. Empirisch begründete Erkenntnisse sind eben doch etwas anderes als munter herbeierzählte Geschichtchen. Beispielsweise habe ich dutzende sozialwissenschaftliche Schriften gelesen und weggeworfen, weil deren Inhalte letztlich nur auf Narrativen basieren. Da denken sich Autorinnen und Autoren etwas aus und investieren viel Zeit, es in eine verschnörkelte, Ehrfurcht gebietende Sprache zu verpacken. Aber ist es deswegen wahr?

Nun, ich verlasse mich lieber auf das, was messbar und überprüfbar ist. Der Nachteil dieser Arbeitsweise sind viele, viele Monate Recherchearbeit. Über 800 Studien habe ich ausgewertet, einige Hundert hier verwendet und zitiert. Und wenn ein Sachverhalt unklar blieb oder eine Argumentation doch auf meinen Vermutungen basiert, habe ich das kenntlich gemacht.

Die erste Viertelstunde Ihrer Lektüre ist vorbei. Bleiben Sie dran!

---

[7] Küll & Kühnapfel, Kopf zerbrechen oder dem Herzen folgen? Wie Sie gute Entscheidungen treffen – am Beispiel von 10 wichtigen Lebenssituationen (2020).

[8] Kühnapfel, Die Macht der Vorhersage. Smarter leben durch bessere Prognosen (2019).

[9] Kühnapfel J. B., Leben ist Ökonomie! Wie wirtschaftliche Prinzipien den Alltag bestimmen (2021).

2
Über die Zwangsläufigkeit der Alltagsvermessung

Eben habe ich Ihnen drei Versprechen gegeben und behauptet, dass sich für Sie dieses Buch zu lesen lohnt: Sich besser mit der (1) Vermessung der **Gesellschaft,** des (2) **sozialen Bezugssystems** und der (3) **eigenen Person** auszukennen, ermöglicht ein glücklicheres Leben! Tauchen wir etwas tiefer in diese drei Dimensionen ein und ergründen wir Unvermeidlichkeit und Sinnhaftigkeit der Alltagsvermessung.

2.1 Durch Vermessung die Gesellschaft verstehen

Die Welt, in der wir leben, braucht die Quantifizierung. Ohne diese und damit ohne die Vermessung von Allem wäre die soziale Interaktion, so, wie wir sie kennen, erheblich erschwert. Natürlich ist das nur eine Behauptung, eine Hypothese, aber es fällt schwer, sie zu falsifizieren. Mühsam versuchen wir, Gegenbeispiele zu finden, also Lebensbereiche, die ohne Quantifizierung auskommen. Dabei vergessen wir oft, was das Wort bedeutet:

> „Quantifizierung der Gesellschaft" bedeutet, dass alle Aspekte der sozialen Interaktion in einem numerischen Rahmen abgebildet werden können. Dieser Rahmen umfasst Zahlen und Relationen. Neben statischen, isolierten Bewertungen lassen sich damit Zeitreihen, Vergleiche, Rangfolgen und Kategorien (Cluster) bilden.

Einer der führenden deutschsprachigen Soziologen, Steffen Mau, schreibt dazu: „Quantifizierung bringt eine unübersichtliche und komplexe Welt in die standardisierte Sprache der Zahlen, in welcher eineindeutige Ordnungsverhältnisse von größer oder kleiner (oder von mehr oder weniger) herrschen." Und weiter: „Zahlen vermitteln also Präzision, Eineindeutigkeit, Vereinfachung, Nachprüfbarkeit und Neutralität."[1] Erst, wenn wir Aspekte der Gesellschaft vermessen können, können wir im wertenden Sinne über sie sprechen. „Dieses Bild ist schöner als jenes" wird immer eine Frage des Geschmacks bleiben, aber „diese Heizung verbraucht im Jahr 2000 Kilowattstunden weniger als jene Heizung" erlaubt eine sinnvolle, entscheidungsrelevante Wertung.

> Somit ist die Quantifizierung die Voraussetzung für Objektivierung.

Warum aber ist die Quantifizierung und damit die Objektivierung für das Verstehen der Funktionsprinzipien unserer Gesellschaft so wichtig? Weil jeder durch sie die Folgen ihres bzw. seines jetzigen und geplanten zukünftigen Handelns bewerten kann. Die Quantifizierung von Lebensbereichen der Gesellschaft setzt Maßstäbe für jeden, was das Zusammenleben erleichtert. Hier einige Gründe für diese Behauptung, ohne Anspruch auf Vollständigkeit:

---

[1] Mau (2018, S. 27).

2 Über die Zwangsläufigkeit der Alltagsvermessung 11

- **Grenzen bei komplexen Aspekten:** Maximal 10 mg/kg Schwefel in Diesel. Spezifische Absorptionsrate pro Kilogramm Körpergewebe: 2 W bei Mobilfunkgeräten. Und bei Feinstaub der Klasse PM_{10} beträgt der zulässige Jahresmittelwert 40 µg/m^s. Das ist Expertenwissen, aber es regelt unser Zusammenleben. Myriaden von Grenz-, Richt- und Sollwerten reguliert Lebensbereiche, ohne dass uns dies bewusst wäre oder wir den Nutzen beurteilen könnten. Selten rücken solche Quantifizierungen derart prominent ins Blickfeld wie z. B. die Inzidenzzahlen während der Corona-Pandemie, denn diese hatten Auswirkungen auf unsere Lebensgestaltung (Veranstaltungen, Reisen, Ausgangsbeschränkungen usw.). Ähnlich akut präsent war das Tempolimit von 80 km/h, neulich auf der A3 in Richtung Köln. Warum das? Unnötig? Es wäre vermutlich töricht, es als Laie besser wissen zu wollen als die Straßenmeisterei, die die Schilder aufgestellt hat, denn wir können nicht wissen, was die Experten wissen und dass uns bspw. die nicht erkennbare Fahrbahnabsenkung bei einer Überschreitung der erlaubten Geschwindigkeit ins Schlingern bringen würde. Quantifizierte Grenzen, auch wenn wir sie **nicht verstehen,** helfen und schützen uns.[2]

- **Nachvollziehbarkeit und Gerechtigkeit:** Etwas nicht quantitativ zu erfassen, also zu messen, hieße, es der individuellen Interpretation auszuliefern. Bei „Deutschland sucht den Superstar" ist es noch zu verkraften. Bohlen & Co. sprechen ein paar nichtssagende Sätze und fällen ein Urteil, dessen Zustandekommen nicht nachvollzogen werden kann. Es gibt keinen Kriterienkatalog und keine Messskalen. Das ist für die abgewiesenen Teilnehmer vermutlich ärgerlich, aber sie spielen eh keine Rolle: Die Show ist eine Show, soll das Publikum unterhalten und Werbeplätze verkaufen. Die **Nachvollziehbarkeit der Bewertung** ist für das Publikum weniger relevant. Erst, wenn man selbst von einer solchen „Bewertung nach Gutsherrenart"

---

[2] Mir ist bewusst, dass ein Regime auch Grenzen setzen kann, um eigene Privilegien gegen die Interessen der Bevölkerung durchzusetzen. Meine Argumentation ist also nur bei „funktionierenden", demokratisch legitimierten Staatsformen sinnvoll; und vermutlich auch da nicht immer.

betroffen ist, wird das zu einem Problem, z. B. bei der Mitarbeiterperformancemessung: Es wird die individuelle Leistung durch den Vorgesetzten subjektiv bewertet und diese Bewertung führt zu einer Gehaltsanpassung. Eine solche Beurteilung ist nicht nachvollziehbar. Sie wird als „ungerecht" empfunden. Erst die Objektivierung durch Quantifizierung, und dazu gehören Kriterien, Zielvorgaben bzw. Richtwerte und Messungen, macht eine Bewertung nachvollziehbar und „gerecht".

- **Fokussierung:** Zu wissen, auf was es ankommt, erleichtert die Fokussierung des Ressourceneinsatzes. Zeit, Geld und Aufmerksamkeit können dort investiert werden, wohin die Mitglieder einer Gesellschaft blicken. Die Quantifizierung dieser Aspekte erlaubt dann, den Erfolg (Nutzen) in Relation zum Einsatz (Kosten) zu überprüfen und sich auf die Aspekte zu konzentrieren, die wichtig sind, bzw. bei denen der Ressourceneinsatz den größten Nutzen einbringt. So funktioniert bspw. Wahlkampf. Würden Kandidaten die Themen auf ihren Veranstaltungen proportional am vermuteten späteren Zeiteinsatz der jeweiligen Position ausrichten, würden sie das Wahlvolk langweilen. Wer möchte schon Vorträge über Verwaltungsreformen, Diskussionen über Gesetzesvorlagen oder Gespräche mit Lobbyisten hören? Somit gilt es nachzumessen, welche Themen die Wähler interessieren oder besser, bei welcher Themenwahl die Wahrscheinlichkeit am größten ist, eine möglichst große Anzahl Stimmen zu bekommen. Folglich sprechen Kandidaten davon, wie sie die Renten bezahlen werden, den Klimawandel aufhalten, den Weltfrieden bewahren und die Steuern senken. Fokussierung bündelt zuverlässig Kräfte auf das, was bewegt.
- **Kalibrierung und Synchronisation:** Ed Sheeran und Ihr sechsjähriger Enkel singen. Der eine auf einem Konzert im Wembley-Stadion, der andere unter dem Weihnachtsbaum im Kreise der Familie. Und in beiden Fällen sagen die Gäste: „Der singt aber schön!" Aber meinen sie das gleiche? Natürlich nicht. Ihre Urteile sind wortgleich, aber drücken etwas anderes aus. Die Urteile sind nicht synchronisiert, haben also eine unterschiedliche Bezugsbasis:

2 Über die Zwangsläufigkeit der Alltagsvermessung

Der Enkel beherrscht den Text und die Melodie ist erkennbar, Ed Sheeran muss sich an den Weltstars seines Genres messen lassen. Es ist somit auch eine Frage der Erwartungen. Damit Enkel und Ed wissen, was erwartet wird, wissen, was sie investieren müssen und wissen, wann sie gut sind, benötigen sie im Idealfall einen mit dem Publikum abgestimmten Bewertungsmaßstab. Dieser ist zu kalibrieren bzw. zu synchronisieren. Dann weiß jeder, was er zu liefern hat, um sein Ziel zu erreichen, und – Seitenwechsel! – jeder weiß, was er erwarten darf.

- **Konsensbildung:** Die Quantifizierung nutzt in Situationen, in denen grundsätzliche gesellschaftliche Weichen gestellt werden müssen. So haben erst die PISA-Studien durch die Quantifizierung der Leistungen deutscher Schülerinnen und Schüler gezeigt, dass mehr in das Schulsystem zu investieren ist, und erst die Quantifizierung der Einsparziele bei Treibhausgasen haben – oder hätten – Klimapolitik möglich gemacht. Erst die Vermessung des Schulsystems bzw. der Treibhausgasquellen macht möglich, über interessengetriebene Forderungen und Vermutungen hinaus die knappen Ressourcen gezielt auf jene Aspekte zu fokussieren, deren Änderung den größten Nutzen bringen. Dies sollte einen gesellschaftlichen Konsens ermöglichen, wenn nicht sofort, so doch zumindest schrittweise. Geben wir nicht auf!

Schnüren wir diese Argumente zusammen, ergibt das ein Paket von guten Argumenten für die Vermessung unserer Lebenswelt im gesamtgesellschaftlichen Kontext. Wir leben in einer Meritokratie, in der Menschen aufgrund ihrer Fähigkeiten und Leistungen zu Anführern werden (und nicht etwa z. B. aufgrund von Geburtsrecht). Damit dies funktioniert, bedarf es einer Einigung auf Parameter, die das Recht auf Aufstieg determinieren. Bildung? Physische Potenz? Herkunft? Beziehungen? Handicap beim Golf? Mitgliedschaft bei den Rotariern? Vorsicht ist geboten: Wenn Parameter überzogen werden, wird aus der

Meritokratie eine Art Sozialdarwinismus.[3] Also müssen wir diese Parameter sorgfältig wählen und gewichten und je einfacher sie vermessen werden können, desto breiter ist der Konsens, dass eben diese Kriterien sozialen Aufstieg rechtfertigen. Schon der einfache Blick auf die Ministerinnen- und Ministerriegen Deutschlands, der USA, des Irans, Katar oder Chinas zeigen, ohne es hier ausformulieren zu können, die länderspezifische, gesellschaftliche Gültigkeit jeweiliger karriereförderlicher Parameter: Integration in Parteien (Deutschland), Beziehungen (USA), Religionstreue (Iran), Familienzugehörigkeit (Katar) oder Kadavergehorsam gegenüber der politischen Elite (China). Noch komplexer wird es, wenn nicht nur einzelne Parameter, sondern mehrere und dann noch deren **Wechselwirkungen** berücksichtigt werden, etwa der Gesundheitszustand in Verbindung mit dem sozialen Status.[4]

Das offensichtliche Fazit ist, dass durch das Vermessen unseres Alltags ehemals qualitative Phänomene nun vergleichbar, „kommensurabel", werden. Sie werden handhabbar und bekommen eine Funktion.

> Auf gesellschaftlicher Ebene führt Quantifizierung und damit die Ermittlung von und der Umgang mit Daten zu Berechenbarkeit. Zudem vermindert sie Willkür.

Wir können sie für Grenzziehungen nutzen, für Richtwerte, Trends und Muster, wir können Zusammenhänge ermitteln und wir können über sie reden. Oder kurz, mit dem Statistiker W. Edward Deming gesprochen:

> Ohne Daten bist Du nur ein weiterer Mensch mit einer Meinung.

---

[3] Kümmel (2014).
[4] RKI (2012, 2018, 2019) und Lampert und Kroll (2010).

2.2 Durch Vermessung das soziale Umfeld verstehen

Leon Festinger, ein US-amerikanischer Soziologe, hat einige wichtige Theorien zur Erklärung menschlicher Verhaltensweisen hinterlassen. Eine davon ist die **Theorie des sozialen Vergleichs**.[5] Danach bemühen sich Menschen, sich selbst in der eigenen wahrgenommenen Realität durch Vergleiche mit anderen zu verorten. Wo stehe ich, bin ich gut oder schlecht, geht es mir eher gut oder eher schlecht, wer ist mir ebenbürtig, wer ist mir überlegen, wer muss sich mir unterordnen? All diese Fragen lassen sich nicht anhand absoluter Daten beantworten, denn es fehlt ein objektiver Maßstab. Also **vergleichen** sich Menschen mit anderen in ihrer sozialen Bezugsgruppe („Herde") und leiten aus dem Ergebnis Antworten ab.

Meist ist das Ergebnis des Vergleichs die Motivation für bestimmte Verhaltensweisen, etwa die Antriebsfeder für Maßnahmen. Bin ich in meiner Gruppe rennradfahrender Mittfünfziger **vergleichsweise** schlecht, trainiere ich mehr. Ich kann mir auch eine langsamere Gruppe suchen, um vergleichsweise besser abzuschneiden, die Sportart wechseln oder meinen Status akzeptieren, aber in jedem Fall hat das Ergebnis des Vergleichs Maßnahmen zur Folge. Festinger hatte bei seiner Theorie des sozialen Vergleichs allerdings komplexere Vergleichsszenarien im Sinn, nämlich „soziale Vergleiche" – die Beliebtheit in der Clique ist ungleich schwerer zu messen als sportliche Leistungen.

Hier zeigt sich der Nutzen von Quantifizierbarkeit: die Chance zur Vermessung. Der Vergleich ist dann kostengünstiger, objektiver und nachvollziehbarer. Meinungen sind nicht mehr erforderlich („Du bist doch total beliebt" ... „Nein, Du bist doch viel beliebter" usw.). Jetzt können **Daten** sprechen und Streitigkeiten über z. B. ein soziales Ranking werden reduziert.

---

[5] Festinger (1954).

> Daten bilden eine kostengünstige Basis für (soziale) Vergleiche.

Existiert ein solches objektives Messsystem, ist fairer Wettbewerb möglich, oder besser, es ist **effizienter** Wettbewerb möglich! Konkurrieren die vier Großeltern bspw. um die Beliebtheit bei ihrem fünfjährigen Enkelkind, werden sie sich vielleicht mit Geschenken überbieten. Immer ausgefallener, immer teurer werden die Mitbringsel. Der objektive Vergleichsmaßstab ist der Preis der Geschenke. Aber so läuft das nicht! In der Realität ist die Beliebtheit auch von nicht-quantifizierbaren Faktoren abhängig. Das aber macht das Beliebtheitswettrennen ineffizient, den Ausgang unberechenbar und das Ergebnis ist zudem zeitlich instabil. Einfacher wäre es, gäbe es ausschließlich ein objektives Bewertungssystem, das sich messen und quantifizieren ließe.[6]

Gehen wir einen Schritt weiter: Die Theorie des sozialen Vergleichs wird oft mit der **Referenzgruppentheorie** verknüpft:

> Der eigene empfundene Status wird mit dem Urteil verknüpft, „was andere innerhalb der relevanten Referenzgruppe haben, können oder darstellen"[7].

Wertung und Bewerten sind wichtig, um eine individuelle Orientierung im sozialen Handeln zu haben.[8] Das Abschneiden bei diesem Vergleich bestimmt das Selbstwertgefühl und zweifellos ist dies für die persönliche Lebenszufriedenheit mitentscheidend: Wer sich minderwertig fühlt,

---

[6] Gibt es das? Ich bin auf diesem Gebiet nicht kompetent genug für eine Antwort, aber die Beliebtheit der Großeltern hat vielleicht etwas mit der Zeit, die man sich ganz und gar dem Enkelkind widmet, zu tun. Zeit – oder besser: die Zeit der ungeteilten Aufmerksamkeit – ist wiederum messbar! Möglicherweise kann ein noch so großes Stofftier nicht gegen den Spielenachmittag konkurrieren. Vergessen wir auch nicht, dass große Geschenke für Enkel immer auch eine Botschaft der Schenkenden an das soziale Umfeld sind: Seht her, wie lieb ich das Enkelkind habe! Davon hat das Enkelkind freilich nichts.

[7] Mau (2018, S. 54).

[8] Lamont (2012).

2 Über die Zwangsläufigkeit der Alltagsvermessung

kann nicht glücklich sein. Auch aus diesem Grunde ist die Wahl einer adäquaten Herde so wichtig, aber das ist ein anderes Thema.

Bei der Argumentation, dass die Quantifizierung bzw. die Vermessung wichtig ist, um das soziale Umfeld zu verstehen, impliziert die Referenzgruppentheorie auch, dass Vergleiche **unweigerlich** vorgenommen werden. Wer nun – aus welchem Grunde auch immer – in seinem Urteil nicht sicher ist, weil die Vergleichsbasis nichtquantitativ (also subjektiv) ist und der Vergleich durch z. B. Ängste oder negative Erfahrungen verzerrt sein könnte, tut gut daran, **objektive Vergleichsmaßstäbe** zu suchen. Mau stellt hierzu fest, dass die Vergleichsneigung umso ausgeprägter ist, je unsicherer eine Person ist: „Das ‚Wer bin ich?' konvergiert mit dem ‚Wo stehe ich?'".[9]

Bisher stand die Rolle des Ichs in der Herde im Mittelpunkt der Betrachtungen. Doch wenn wir einen Blick auf die Herde als Konglomerat richten, entdecken wir Hierarchien, Machtkämpfe und ständige Veränderungen im individuellen Status der Mitglieder. Rangordnungen sind dynamisch und umkämpft. Doch je besser die Statuskriterien vermessen werden können, desto geringer sind die Kosten, die mit der Etablierung dieser Rangordnungen und der sozialen Interaktion verbunden sind. In einem Panzerbataillon ist so etwas gegeben: Die Abzeichen auf den Schulterklappen sind normierte Symbole für eine Rangordnung, die dazu berechtigt, zu befehlen und dazu verpflichtet, Befehlen zu folgen. Es gibt keine Verluste durch Diskussionen über Handlungsrechte und in dieser Hinsicht ist das Miteinander der Soldaten effizient.

Auch in der sozialen Gemeinschaft der Wissenschaftler gibt es solche statusrelevanten Kriterien. Je nach Fachrichtung sind die Praxiserfahrung im Maschinenbau (Ingenieure), Publikationen (Sozialwissenschaften), aber auch Noten und Ausbildungsweg (Rechtswissenschaften) messbare Primärkriterien.[10] Diese Vermessung mit dem Ergebnis einer Rangordnung der Mitglieder der „Herde Akademiker" ist wichtig! Seine Position zu kennen spart Abstimmungs- und Positionierungskosten

---

[9] Mau (2018, S. 65–67).
[10] Gross et al. (2008).

und gibt Sicherheit. Stabile hierarchische Strukturen führen zu Entspannung, instabile machen Stress.[11]

Das Fazit: Die Vermessung des sozialen Umfelds dient erstens der Bestimmung des individuellen sozialen Status in der Herde und zweitens der Stabilität der Herde selbst. Daten und somit Objektivität erzeugen belastbare Ergebnisse und können selbst unsicheren Menschen helfen, ihren Platz in der sozialen Gruppe zu finden. Daten sind dann Basis einer zivilisierten Form des sozialen Wettbewerbs, quasi der Ersatz für physische Konfrontation. So steigt in der Gruppe der Bodybuilder nicht auf, wer am besten Zuschlagen kann, sondern der, der die schwersten Gewichte auf der Hantelbank drückt. Kilos statt Prügel.

2.3 Durch Vermessung sich selbst verstehen

Neben der Möglichkeit, **gesellschaftliche Zusammenhänge** zu verstehen und sich in seinem **sozialen Umfeld,** seiner Herde, zu verorten, dient die Vermessung des Alltags der **Selbstdisziplinierung.** Dieser Begriff ist negativ konnotiert, zumindest aber wird er mit einem freudlosen, verbissenen oder gar verbitterten Verhalten assoziiert. Dabei ist Selbstdisziplin ausgesprochen wichtig. Die Glücksforschung hält sie für eine Schlüsselfähigkeit:

> Nur, wer sich selbst im Griff hat, kann sein Leben und damit seine Ressourcen (Zeit, Geld und Aufmerksamkeit) auf das richten, was wichtig ist.

Nur, wer sich selbst im Griff hat, kann das vermeiden, was schadet. Das heißt keineswegs, dass vermeintlich „überflüssige" Tätigkeiten wie Faulenzen, das „Sommerhaus der Stars" schauen oder mit den Freundinnen tratschen tabu wären. Selbstdisziplin heißt, sich

---

[11] Vgl. hierzu z. B. Zink et al. (2008).

dessen, was man tut und was man lässt, **bewusst** zu sein. So kann auch ein fauler Abend genossen werden und am anderen Tag werden wieder die Pflichten erfüllt. Gehen wir ferner davon aus, dass Selbstdisziplin kein digitaler Zustand ist, sondern ein gradueller. Zwischen einem undisziplinierten, ausschließlich situativ lustbetonten Leben und einem, in dem die Pflichterfüllung zwanghaft über allem steht, gibt es unzählige Abstufungen. Jeder wird für sich und im Kontext seiner Lebenseinstellung ein eigenes Maß der Selbstdisziplin als sinnvoll erachten. Dieses Maß ist auch nicht fix, sondern es verändert sich mit der Lebensphase, den Zielen, den Erfahrungen und den Möglichkeiten, wird jedoch abhängig vom Charakter und vermutlich auch der Erziehung innerhalb eines gewissen Korridors liegen: Die einen verhalten sich selbstdisziplinierter, die anderen eher „locker". Aber stets ist Selbstdisziplin von erheblicher Bedeutung für die individuelle Lebensführung.

Was hat das alles nun mit unserem Thema, der Vermessung des Alltäglichen, zu tun? Um uns selbst zu disziplinieren, benötigen wir einen **Bezugsrahmen,** der uns hilft, unsere Ziele zu beschreiben, zu erkennen, ob wir auf dem richtigen Weg sind und bei welchen Themen wir den Einsatz von Zeit, Geld und Aufmerksamkeit nachsteuern müssen. Dieser Bezugsrahmen wird operabel durch ein Messsystem, das aus

- dem zu messenden Lebensaspekt,
- einem Referenz-, Soll- oder Richtwert als Zielwert,
- dem aktuellen Wert und damit
- dem Abstand zwischen Ist und Soll

besteht. Auch hier gilt das bereits zuvor Geschriebene: Eine **Messung** ist belastbarer als eine **subjektive Einschätzung.**

Eine besonders interessante Frage ist, woher Zielwerte stammen. Zuweilen ist es ein Anspruchsniveau, das auch ein Einsiedler ohne soziales Netzwerk formulieren könnte. Meistens aber leiten Personen einen Anspruch aus dem Vergleich mit anderen ab, womit wir wieder bei der im vorherigen Kapitel eingeführten **Theorie des sozialen Vergleichs** und der **Referenzgruppentheorie** sind. Dabei wäre die Wahl der Referenz ein eigenes Buch wert, denn sie erscheint „wirr". Es sind keineswegs klassische Vorbilder, denen nachgeeifert wird. Die Vorbilder werden auch nicht als Ganzes übernommen. Vielmehr wird das „Paket" aufgeschnürt und es werden selektiv Aspekte herausgegriffen, denen nachzueifern lohnenswert erscheint.

> Wir bedienen uns der nachahmenswerten Eigenschaften unserer Idole wie an einem kalt-warmen Buffet der Eitelkeiten: Wir wollen so unkonventionell sein wie Elon Musk, so cool wie Tom Cruise, so engagiert wie Greta Thunberg und so mutig wie Frodo Beutlin (ja, auch Fantasiefiguren können Vorbilder sein!).

Erst, wenn wir den Vergleich bewusst konkretisieren, reduzieren wir die Gruppe möglicher Vergleichspersonen auf ein realistisches Set von Menschen, die z. B. in ähnlichen Lebensumständen sind.[12] Dann schauen wir bei Stepstone nach, ob unser Gehalt angemessen ist, bei Strava, ob wir den Berg schnell genug hochgeradelt sind, googeln nach „normalen" Blutdruck- und Pulswerten, schauen, wohin unsere Freundinnen und Freunde in den Urlaub fahren, wie groß deren Auto ist oder wie viele Zimmer ihre Wohnungen haben. Selbst den Wert von Geschenken vergleichen wir, womit wir wieder bei dem Großeltern-Beispiel aus dem letzten Kapitel sind. Wir alle kennen die Frage „Wie viel Euro gibst Du denn dazu?", um einen Maßstab für den eigenen Beitrag zum Hochzeitsgutschein zu haben.

Wie gefährlich es hingegen ist, auf ein auf Objektivierung ausgerichtetes System der Vermessung des individuellen Bezugsrahmens zu verzichten, betont Reckwitz in einem scharfsinnigen Essay.[13] Er plädiert für eine „Kultur der emotionalen Abkühlung" und warnt davor, messbare, vergleichbare und damit objektivierbare Leistung durch das subjektiv empfundene Erleben zu ersetzen. Seine These ist, dass ohne einen objektiven Maßstab der Anspruch auf emotionale Erfüllung

---

[12] Vgl. die Ausführungen in Raab et al. (2016, S. 35 ff.).
[13] Allerdings handelt es sich hier um eine – wenn auch sorgfältig hergeleitete – Argumentation und nicht um eine empirisch fundierte Erkenntnis. Vgl. Reckwitz (2019).

Enttäuschungen produziert. Wenn die Bewertung von Lebensaspekten (Beruf, Partnerschaft, Besitz usw.) vom Zeitgeist abhängig ist und die Scharfrichter die Storys, Typen und Hypes aus den Medien sind, wird das Selbstbild fragil. Früher musste z. B. ein Beruf die Existenz sichern (Geld für die Möglichkeit zum Konsum und zur Vorsorge als Maßstab), heute muss er „herausfordern" und allzeit „Spaß" machen. Enttäuschungen sind so vorprogrammiert. Befeuert wird diese Orientierungslosigkeit im Nebel des individuellen Bezugsrahmens durch die **Logik des Vergleichs,** wie Reckwitz sie nennt: Es herrscht ein ständiger (eingebildeter?) Wettbewerb, der wenige Gewinner und viele Verlierer zurücklässt. In diesem Punkt bin ich allerdings nicht einer Meinung mit ihm: Rankings und Ratings, wir werden sie später in Abschn. 3.4 behandeln, sind sehr wohl ein vernünftiges Instrument zur Vermessung des alltäglichen Lebens. Doch müssen sie bewusst eingesetzt und dürfen nicht zu einer Religion werden.

Kommen wir zu einem Fazit. Es ist nützlich, die Vermessung des **individuellen Bezugsrahmens** zu beherrschen. Sie hilft uns, wie in Abschn. 2.2 dargelegt, uns in unseren Herden zu verorten, aber eben auch, unser eigenes Zielsystem zu leben. Jeder muss sich fragen, wie er seine begrenzten Ressourcen Zeit, Geld und Aufmerksamkeit einsetzt und eine wichtige Hilfe dabei ist das Messsystem.

2.4 Vermessung des Alltags: Ein zweischneidiges Schwert

In den vorherigen Kapiteln stand der Nutzen der Vermessung des Alltags im Vordergrund. Auf allen drei Ebenen sozialer Interaktion, der Gesellschaft, der Herde und des Individuums, hilft die Vermessung, kluge Entscheidungen zu treffen, hat aber auch ihren **Preis**. An diesem möchte ich gerne ansetzen und ihn – zunächst abstrakt – etwas näher beleuchten. Dazu dienen zwei Arbeitshypothesen:

> (1) Die „Verdatung" des Lebens wurde schon immer im Rahmen der Möglichkeiten praktiziert und (2) stellt eine Grundlage effizienter sozialer Interaktion dar.

Ohne viel nachzudenken konstatieren wir eine zunehmende Anonymität. Dabei scheinen Soziale Medien Kontakte zwischen Menschen zu fördern – aber eben nur in abstrakter Form: Weder das persönliche Treffen noch das Telefonat stehen im Vordergrund (beide Kommunikationsformen verlangen einen synchronen zwischenmenschlichen Kontakt), sondern der mediale Austausch von kurzen Botschaften (Bilder, Emojis, Sprachnachrichten usw.), die asynchron gelesen, gehört, betrachtet und beantwortet werden. Diese Asynchronität in der Kommunikation ist nicht neu. Briefe, Faxe, Telegramme usw. gibt es schon recht lange. Sie wurden aber nur bei ausgewählten Anlässen genutzt. Das ist nun anders: Mit den Smartphones hat die asynchrone Form der medial unterstützten Kommunikation alle Lebensbereiche erobert. Alle!

Blicken wir zurück: In historischen Zeiten war die Herde physisch präsent. Familie, Arbeitskollegen oder Bekanntschaften waren an einem Ort, kommunizierten unmittelbar und übten soziale Kontrolle aus. Man kannte sich, man sprach miteinander, man beobachtete sich. Lebensnavigation war stark von den Urteilen dieses Umfelds beeinflusst. Bildungsweg und Berufswahl waren vorgegeben, mindestens aber durch die örtlich vorhandenen Optionen limitiert. Die Partnerwahl war Verhandlungssache. Über Beruf und Familie hinausgehende Entfaltungsmöglichkeiten waren zeitlich und finanziell kaum möglich. Die Vermessung des alltäglichen Lebens funktionierte grundsätzlich genauso wie heute und auch damals gab es Ansätze zur Quantifizierung, sonst wäre eine Berechnung der Steuern und Kirchenabgaben nicht möglich gewesen, aber der individuelle Bezugsrahmen wurde im Wesentlichen durch die präsenten Herden determiniert.

Und heute? Heute haben wir die Freiheit der Anonymität. Wir können die Herden, denen wir angehören, voreinander verstecken. Wir ziehen aus dem Geburtsort weg, ergreifen „neue" Berufe, etablieren

2 Über die Zwangsläufigkeit der Alltagsvermessung

Funktionalfreundschaften, arbeiten im Homeoffice und stülpen uns auf Instagram, TikTok oder Parship virtuelle Persönlichkeiten über, die wir für sozialkompatiblere Versionen von uns selbst halten. Das Ausmaß der sozialen Kontrolle, früher eine nicht verhandelbare gesellschaftliche Konvention, ist heute wählbar. Wir bestimmen – in Grenzen – selbst, inwieweit und hinsichtlich welcher Lebensaspekte wir uns beurteilen lassen möchten. Das geht manchmal auch schief. Dann erleben wir, wie leicht Anonymität zu sozial inakzeptablem Verhalten verführt. Wir werden medial gemobbt und leiden unter all den anonymen Trollen, die letztlich aber auch nur den gleichen Mechanismus ausnutzen und sich wie wir durch die Medien der sozialen Kontrolle entziehen.

Wie hat sich also im historischen Kontext die Selbstpositionierung im sozialen Umfeld verändert? Früher zeichnete sie sich durch Präsenz und unmittelbare Interaktion aus, heute ist es differenzierter und je nach Gruppe findet sie physisch, medial, asynchron oder als Kombination aus allem statt. Und morgen …? Schrumpfen wir zu Datensätzen und schicken unsere Avatare in die Welt, die mit künstlicher Intelligenz ausgestattet unseren Platz auf den Spielwiesen sozialer Interaktivität einnehmen? Oder schwingt dieser Trend wie ein Pendel zurück und wir werden wieder mehr Wert auf unmittelbaren, physischen Kontakt legen? Eine Wertung, ob „früher" oder „heute" besser sei, ist damit nicht verbunden. Es ist vielmehr ein Trend, der sich weiterzudenken und auszugestalten lohnt.

So kommen wir zur zweiten Hypothese:

> Die „Verdatung" des Lebens erlaubt die selbstbestimmte Wahl, anonym zu bleiben oder aber sich physisch in soziale Gemeinschaften zu integrieren.

Wir vermessen unsere biologischen Parameter, unsere Ziele, unsere Interessen, unsere Kontaktwünsche, stellen sie online und erhalten so eine effiziente, kostengünstige Form der sozialen Interaktion. Wir finden Freunde auf der ganzen Welt, teilen unsere Interessen und erschaffen ein Ich, das uns mitunter besser gefällt als unsere reale

Existenz. Angst vor der Beweisführung brauchen wir keine zu haben, denn ein physisches Treffen mit unseren neuen Freundinnen und Freunden ist nicht vorgesehen. Mediale Präsenz und mit ihr die Quantifizierung von persönlichkeitsbeschreibenden Merkmalen führt dann in gewisser Hinsicht zu mehr Sozialität, Gemeinschaft und sozialer Integration. Wir sind mehr Herr unserer gewählten sozialen Interaktion. Mau schreibt hierzu, dass die individuelle Vermessung („Herstellung des metrischen Wir") eine Sogwirkung ausübt, wenn sie mit Sichtbarkeits-, Reputations- und Anerkennungsformen verknüpft ist. Dann erscheint es attraktiver, sich „dem Regime der Zahlen und der Datenweitergabe anzuschließen. [...] Nur, wer sich zählen lässt, zählt auch dazu".[14]

Natürlich hat dies einen Preis: Die selbstbestimmte Preisgabe von Persönlichkeitsaspekten verführt zu „Modifikationen". Das beginnt bei den Selbstporträts in Partnerschaftsbörsen, wenn sich Klienten etwas schlanker, jünger, reicher oder sportlicher beschreiben als sie sind, und endet noch lange nicht bei der Erschaffung eines optimierten Avatars auf „Second Life". Die vorgenommenen „Modifikationen" machen auf den medialen Plattformen attraktiver, erhöhen aber die Kosten (Enttäuschung usw.) im Falle eines physischen, also realen Zusammentreffens. Lieber nicht; besser virtuell bleiben. Aus Furcht vor dem Entlarven der Lügen und Übertreibungen erscheint das Verbleiben in der selbstbestimmten Anonymität des medialen Seins attraktiver.

> Die „Verdatung" des eigenen Lebens erleichtert somit die Navigation durch den virtualisierten Teil des Lebens. Je mehr und je einfacher sich Beziehungen, berufliche Leistungsverpflichtungen, Freundschaften oder Erlebnisse virtualisieren lassen, desto verlockender erscheint dies.

„Endlich kann man so sein, wie man schon immer sein wollte." Abba bleiben als Hologramme auf ewig jung (Show „Voyage" in London). Als „Warrior of Death" zieht der schüchterne Buchhalter furchteinflößend

---

[14] Mau (2018, S. 234).

durch die „World of Warcraft" und die alternde Vorstadtbibliothekarin kann als vollbusige Brünette auf Parship die Flirts erleben, die sie sich im realen Leben nicht traut.

Die Verdatung des Lebens ist zudem effizient. Wenn Unternehmen Bewerber vorselektieren und statt eines Gesprächs erst einmal umfangreiche Daten abfragen, die Teilnahme an einem Online-Test vorschreiben oder KI-Systeme einsetzen, mit Bewerbern online chatten und aus den Antworten auf die soziale Intelligenz des Bewerbers schließen, steht der Gedanke der Kostenreduktion im Vordergrund. Verwerflich ist das nicht, wenn zugleich eine Objektivierung des Auswahlverfahrens möglich ist, denn wie schlecht Personalerinnen und Personaler bei ihrer subjektiven (Vor-)Auswahl der geeignetsten Kandidatinnen und Kandidaten sind, ist legendär! Warum dies also nicht von einer Maschine erledigen lassen, die Menschen mittels Algorithmen zu Datensätzen konvertiert, und so die besseren Kandidatinnen bzw. Kandidaten auswählt? Unzweifelhaft erzeugt dieser Gedanke ein ungutes Gefühl: Wir schätzen die Vorteile der Anonymität, möchten aber nicht anonymisiert werden. Wir schätzen Objektivität, möchten diese aber nicht durch Algorithmen erzeugt sehen.

Nun, wer A sagt, muss auch B sagen, oder?

2.4.1 Die aktuelle Diskussion über den unkritischen Umgang mit der Vermessung des Lebens

Die Überschrift impliziert eine Vermutung: Mit der Vermessung des Lebens, besser: mit den dadurch entstehenden Daten, muss kritisch/sorgsam/vorsichtig/bewusst umgegangen werden. Diese Haltung scheint selbstverständlich und anekdotisch fallen uns sofort Szenarien ein, in denen wir nicht wollen, dass Daten über uns in „falsche Hände" gelangen. Soll z. B. unser Arbeitgeber Einblick in unsere Krankendaten bekommen? Soll die Polizei per Transponder jederzeit unsere Bewegungsdaten im Straßenverkehr erfahren und so jedes (!) Vergehen ahnden können? Soll im Web stehen, wieviel wir verdienen? Nein, wir wollen das nicht. Wir wollen kein Leben wie die Menschen im Roman „1984" von George Orwell: Transparent, öffentlich bis ins intimste Detail, vermessen und gewogen. Wir bevorzugen einen **selbstbestimmten** Umgang mit unserer Datenspur. Doch den haben wir schon lange auf dem Altar medialer Scheinkompetenz geopfert. Dazu gleich mehr.

Derzeit treiben drei Themen die Diskussion über die Vermessung bzw. Quantifizierung des Lebens:

- Social Scoring
- Datensammlung durch Anbieter von Web-Diensten
- Selbstvermessung durch Wearables und Apps

Auch hier begegnen wir wieder den drei Ebenen **Gesellschaft, soziales Bezugssystem** und **Individuum** und es bedarf einer etwas detaillierteren Analyse, um zu verstehen, was Weih und Wehe der Vermessung tatsächlich sind.

Social Scoring Systeme

„Ziel des [Social Scorings][15] ist, Menschen und Unternehmen zu motivieren, ihr Verhalten an gesellschaftspolitisch gewünschten Regeln auszurichten. Tun sie es, werden sie belohnt, tun sie es nicht, bestraft."[16]

> Der Kern der Methodik ist, möglichst umfangreich Daten über Menschen zu sammeln, deren Taten und Unterlassungen zu vermessen und so ein Urteil über die Treue zu gesellschaftlichen Normen zu berechnen.

Schwarzfahren, Verkehrsdelikte oder ein verspätetes Begleichen von Steuern geben Abzüge. Blutspenden, gewonnene Auszeichnungen, freiwillige Dienste oder der Besuch von Fortbildungskursen bringen Punkte ein. Diese spielen eine Rolle, wenn besondere Leistungen ein-

---

[15] Wer sich umfassend mit Zielsetzung und Methodik beschäftigen möchte, dem seien die folgenden Quellen empfohlen: Sartorius (2020), Liang et al. (2018) und Kostka (2018).
[16] Kühnapfel J. B. (2021, S. 183).

2 Über die Zwangsläufigkeit der Alltagsvermessung

gefordert oder erworben werden, etwa Auslandsreisen, Studienplätze, Kredite, provisionsfreie Hotelbuchungen, vereinfachte Behördengänge oder günstigere Tarife beim örtlichen Fahrradverleiher.

Der individuelle Score wird von einer staatlichen Master-Datenbank berechnet (in China ist dies die NCISP = National Credit Information Sharing Platform), die dazu auf hunderte Einzeldatenbanken von Unternehmen und Behörden zugreift. So entsteht für jede Einwohnerin und jeden Einwohner ein digitales Portrait. Die Komplexität besteht darin, in all diesen Datenbanken Verfehlungen oder besondere Leistungen von Bürgerinnen und Bürgern zu erkennen und gerecht zu bewerten. Ein autorisiertes Gremium muss dazu entscheiden, ob Schwarzfahren ebenso viele Punktabzüge bringt wie bei Rot über die Ampel zu fahren, ob die freiwillige Mithilfe bei einer örtlichen Müllsammelaktion das Schwarzfahren kompensiert und wann die Punkte für zurückliegende Taten bzw. Unterlassungen verfallen.

Die Aufgaben beim „Design" eines Social Scoring Systems sind also:

- Auswahl der Lebensbereiche, die in den Social Score mit eingehen sollen
- Installation von jeweiligen Beobachtungssystemen, mit denen Taten bzw. Unterlassungen registriert werden
- Festlegung von Punktwerten für beobachtete Taten bzw. Unterlassungen
- Kalibrierung von Punktwerten und Gültigkeitsdauern mit jenen anderer Taten bzw. Unterlassungen
- Festlegung der Gültigkeitsdauer dieser Punkte

Ein Problem ist sicherlich, dass viele Aspekte, die die soziale Werthaltigkeit eines Menschen bestimmen, nicht gemessen werden können, etwa das Engagement bei der Erziehung des Kindes oder kleine Gesten, wie der alten Dame die schwere Einkaufstasche in die Wohnung zu tragen. Aber dafür ließen sich Lösungen finden.

Wozu braucht es überhaupt ein Social Scoring System? Ist es nicht Teufelswerk? Mitnichten!

> Es ist ein Anreiz- und Kontrollsystem, das sensibler das Sozialverhalten misst und steuert, als es Gesetze und mit ihnen die Exekutivgewalten könnten. Was gewünscht ist und was nicht, kann schneller und kostengünstiger festgelegt und feiner justiert werden. Anreize können flexibel gewährt und Strafen so austariert werden, dass sie angemessen sind.

Natürlich ist der Aufwand eines solchen Systems zu berücksichtigen. Dieser ist so hoch, dass unterstellt werden darf, dass nicht allein die Feinjustage sozialer Interaktion als Begleitinstrument der nur grob wirkenden Gesetzgebung die Motivation sein kann. Der Gedanke drängt sich unweigerlich auf, dass jemand an der **Kontrolle,** die ein Social Scoring System ausübt, Interesse hat und vor allem darum die Kosten in Kauf nimmt. Dieser Jemand ist der Staat, aber weiter gedacht könnte es auch der Arbeitgeber, die Kommunalverwaltung oder der Vorstand des Tennisvereins sein.

Es ist die Frage, **wer** berechtigt ist, die Kriterien, Anreize und Bestrafungen festzulegen. Ist der Staat und damit die Regierung der Initiator, könnte dies der Gesetzgeber übernehmen, denn er ist die demokratisch gewählte Legislativgewalt. Aber kann er es? Wäre er in der Lage, neben seinem primären Steuersystem (Gesetze) das feinere Instrument des Social Scorings zu nutzen? Ganz sicher! Rahmenbedingungen wären zu schaffen, Experten müssten sich über das Messsystem und die IT verständigen und wäre die Teilnahme an einem solchen System freiwillig, würden wir uns daran gewöhnen.

Der Beweis: Genau so etwas haben wir bereits! Es gibt Systeme, die unser Verhalten vermessen und deren Ergebnisse uns Rechte verleihen oder entziehen: Die Verkehrssünderkartei in Flensburg zählt Verstöße und sind es zu viele, müssen wir uns den Strafen stellen. Oder wir bekommen keinen Kredit mehr, wenn die Schufa uns eine zu geringe Bonität bescheinigt, weil wir unsere Rechnungen nicht bezahlt haben. Noch direkter bewerten „Kopfnoten" das Sozialverhalten von Schülerinnen und Schülern (zumindest in einigen Bundesländern). Punkte in Flensburg, Bonitätsauskünfte und das Zeugnis sind Systeme, die in bestimmten Lebensbereichen unser Verhalten messen und belohnen bzw. bestrafen.

2 Über die Zwangsläufigkeit der Alltagsvermessung

Gefallen tut uns das aber selten, denn zumeist steht der Kontrollaspekt im Mittelpunkt und wir argwöhnen eine selbstmotivierende Ausweitung dieser Systeme. Wollen wir zulassen, dass uns der Staat immer intensiver über die Schulter schaut, sich merkt, was wir getan oder unterlassen haben und uns dafür belohnt oder bestraft? Die Frage scheint suggestiv, ist sie aber nicht; stattdessen folgende Hypothese:

> Sind die Anreize groß genug, sind Menschen bereit, sich kontrollieren zu lassen.

Wir sammeln Kaffee-Stempel beim Bäcker, Payback-Punkte in der Drogerie, freuen uns über die nächsthöhere AIDA-Clubstufe und nehmen an der Rewe-Treueaktion teil. Partiell, vor allem auf den Konsumbereich beschränkt, freiwillig und revidierbar darf so ein Scoring System sein. Dann lassen wir uns überwachen, um die Belohnung zu bekommen.

Mit diesen Grundsätzen arbeitet auch die **„Smart Citizen Wallet"** in der italienischen Stadt Bologna.[17] Bürger können durch erwünschte Handlungen (Nutzung öffentlicher Verkehrsmittel und digitaler Angebote der Verwaltung, Mülltrennung, Energiesparen usw.) Punkte sammeln. Technologische Basis ist eine Smartphone-App. Gesammelte Bonuspunkte können lokal eingelöst werden. Das System ist freiwillig, es gibt auch keine Strafpunkte. Belohnung ja, Bestrafung nein!

Warum also nicht „Social Scoring"? Warum nur das Konsumverhalten überwachen lassen? Warum nicht auch den Umgang mit Nachbarn, Kolleginnen, der Gemeinde oder der Natur? Wenn die Anreize für Wohlgefälligkeit groß genug sind, und die Teilnahme vielleicht sogar freiwillig ist, wäre der Grundstein gelegt.

---

[17] Rüb (2022).

> Modular könnte das Social Scoring immer weitere Lebensbereiche umfassen und dort effizient gesellschaftlich gewünschtes Verhalten fördern, wo Gesetze zu „grob" und deren Durchsetzung zu teuer wären.

Für enge soziale Gruppen wäre Social Scoring eine Alternative zu Vertragsmodellen mit Selbstverpflichtungen und Entgelt-gegen-Leistung-Systemen. Statt „Es ist dieses zu tun!" nun ein „Je mehr davon getan wird, desto größer die Belohnung!". Werden Kriterien, Datenerfassung, Tatenbewertung und die Höhe der Anreize bzw. Strafen sorgfältig ausgewählt bzw. bemessen, könnte es gelingen.

Der Preis der Teilnahme an solchen Belohnungssystemen ist die **Aufgabe individueller Präferenzsysteme.** Bringen ausgewähltes Verhalten und Aktivitäten Punkte, und sie müssen ausgewählt werden, um dort mit der Vermessung anzusetzen, muss sich jeder auf diese konzentrieren. Ein Ausscheren ist dann nicht mehr möglich. Individuelle Präferenzen werden aufgegeben, um für eine Belohnung den Vorgaben zu folgen. Wenn der Kleingartenverein z. B. die geleisteten Gemeinschaftsarbeitsstunden misst und die 30 Fleißigsten dürfen mit auf den Wochenendausflug, muss ein Interessent Gemeinschaftsarbeitsstunden leisten. Eine andere Möglichkeit am Ausflug teilnehmen zu können, gibt es dann nicht mehr. Wäre etwa die individuelle Präferenz, statt zu arbeiten Geld zu spenden, weil die Zeit knapp aber das Konto voll ist, würde das nichts nutzen.

Was ferner zu berücksichtigen ist: Eine zunächst freiwillige Teilnahme kann zu einer **sozialen Pflicht** werden. Dies gilt sogar dann, wenn die Anreizsysteme äußerst subtil sind: Die Kirchen haben es vorgemacht, aber auch freiwillige betriebliche Veranstaltungen – vom Chef organisiert – lassen zuweilen keine Wahl. Aber das auszuformulieren, würde hier zu weit führen.

Datensammelwut der Anbieter von Web-Diensten

Das zweite Thema, das im Kontext des kritischen Umgangs mit der Vermessung des Alltags diskutiert wird, ist die Datensammelleidenschaft von Web-Diensten.

> Ziel ist es stets, über die Agglomeration von Nutzerdaten individuelle Profile zu erstellen, die **Konsumvoraussagen** ermöglichen.

Es ist schon lange nicht mehr ausreichend, Stammdaten wie Name, Adresse, Telefon- und Mailadresse oder Bankdaten zusammenzutragen. Diese sind allenfalls ein paar Cent wert. Verdienen können Anbieter individueller Daten erst, wenn sie **prognostisch relevante** Profile verkaufen. Recherche- und Kaufverhalten, Seitenverweildauer, Klickverhalten und -reihenfolge, Präferenzen, Kommunikationskontakte usw. müssen kombiniert werden. Damit lassen sich zwei Prognosen erstellen:

1. individuelles Verhalten (Kaufabsicht, Wahlverhalten, soziale Präferenzen, Intentionen usw.)
2. zukünftiges Verhalten von vergleichbaren Individuen (Cluster)

Um mit diesen Daten und Analysen Geld zu verdienen, benötigen Unternehmen zwei Dinge: Die Daten selbst und die Fähigkeit, mittels komplexer Algorithmen Korrelationen zu bilden. Diese Korrelationen, also der nicht zwingend kausale Zusammenhang zwischen zwei Variablen A und B, sind der Schlüssel: Wenn Personen soundso alt sind und diese und jene Web-Sites besuchen, werden sie mit einer Wahrscheinlichkeit von x % dieses oder jenes Produkt kaufen. Nun, das war recht banal, zeigt aber den Mechanismus:

> Verhaltensweisen, Käufe, Seitenaufrufe, Stammdaten usw. werden kombiniert und es wird berechnet, wie wahrscheinlich ein Ereignis ist.

Es ist eine Welt voller Hypothesen, die aufgestellt und mathematisch untersucht werden. Es ist nicht die Suche nach Kausalitäten (**Weil**

A folgt auch B), sondern es ist das stupide Durchrechnen statistischer Zusammenhänge (**Wenn** A folgt B mit x % Wahrscheinlichkeit). Je mehr Eingangsgrößen untersucht werden, desto wahrscheinlicher ist es, solche Zusammenhänge zu finden. Das ist die Welt von **Big Data**. Je mehr Eingangsdaten ein Unternehmen besitzt (die technischen Fähigkeiten vorausgesetzt), desto präziser kann das Verhalten einer Person oder eines Clusters vorausgesagt werden. So entwickelten sich Geschäftsmodelle für Web-Dienste, die sich mindestens zum Teil über den Handel mit Profilen finanzieren. Oder was glauben Sie, warum Facebook 2014 16,8 Mrd. EUR für WhatsApp bezahlte, einen Dienst, der bis heute für Privatnutzer kostenlos und werbefrei ist?

Nicht nur Meta (Facebook, Instagram, WhatsApp), Alphabet (Google, YouTube, Waymo) oder TikTok sind auf diesem Markt aktiv. Es gibt eine große Anzahl Spezialisten, die Daten einkaufen, aggregieren, analysieren und die Ergebnisse verkaufen, etwa um nutzerindividuelle bzw. clusterspezifische Werbung zu schalten oder entsprechende Angebote zu machen. Nachfrager sind z. B. Online-Versender, Streamingdienste, Versicherungen oder Verlage. Zuweilen erscheint es uns wie Magie, wenn wir einmal zufällig erfahren, was Facebook, Amazon & Co. über uns, unser soziales Umfeld, unsere Konsumgewohnheiten usw. wissen. Tatsächlich aber ist es nichts anderes als das Ergebnis einer Unmenge von Korrelationsanalysen und Abgleichen mit Profilen Millionen anderer, „die so sind wie wir". Die Anbieter lernen und wenden das Gelernte auf andere an.

Es gab eine Zeit, da fürchteten wir die Datensammelwut der Geheimdienste. Wir fühlten uns beobachtet, abgehört, durchleuchtet und verwanzt. Wir fürchteten, dass uns die kleinen Delikte aus der Vergangenheit eines Tages heimsuchen werden. Nun aber wissen wir:

> Nicht die Geheimdienste sind es, die uns beobachten und unser Verhalten analysieren, es sind Web-Diensteanbieter.

Und wir erlauben es ihnen! Mit Cookies und dem akzeptierenden Wegklicken der Allgemeinen Geschäftsbedingungen gestatten wir den Blick auf uns.

Ein Beispiel: Ich fahre einen modernen Volvo. Zu dem Auto gehört eine App, mit der ich verschiedene Funktionen (Standheizung usw.) steuern kann. Die App führt ein automatisches Fahrtenbuch, greift auf meinen Kalender zu, um Zieladressen direkt ins Navigationssystem zu übernehmen und zeigt mir an, wo mein Auto steht. Ich habe das der App erlaubt. Alles. Nur einzelne Funktionen zu gestatten, andere aber nicht, war nicht möglich. Doch die Konnektivität hat wie zu erwarten war einen Preis: Mein Auto überträgt all diese und noch mehr Daten an den Hersteller; welche im Einzelnen, weiß ich nicht. Der ADAC gibt eine Übersicht[18], die mich zusammenzucken lässt. Von den Fahrstrecken über den Fahrstil, die Veränderung der Fahrersitzposition, Einsatz des Gurtstraffers und Bremsassistenten, genutzte Unterhaltungsmedien bis hin zum Zeitpunkt und der Dauer von Telefongesprächen (und das war nur eine Auswahl) reicht das Spektrum. Als Eigentümer des Fahrzeugs habe ich keinen Einblick in diese Daten. Zugriff und Nutzung entscheidet der Fahrzeughersteller und das, obwohl ich für die Nutzung der App 36 € im Jahr bezahle.

Wechseln wir die Perspektive. Für **Unternehmen** bietet das Web die Chance, bessere Prognosen durch nützliche Daten zu machen, Angebote treffsicherer und Werbung fokussierter zu gestalten. Es ist ein Instrument, um den Zauberkasten des Marketings effizienter und effektiver zu nutzen. Der Nutzen hat Grenzen, denn individuelle oder clusterbezogene Profile sind teuer und da die Wettbewerber die gleichen Möglichkeiten haben, sich diese Daten zu beschaffen, ergibt sich auch kein Wettbewerbsvorteil – jedenfalls kein langfristiger. Es ist ein „Must have" im Marketing geworden.

Der Nutzen für Verbraucherinnen und Verbraucher ist entsprechend: Produkte können bedarfsgerecht individualisiert werden, im Idealfall jedem sein eigenes Produkt. Unternehmen nennen das „Losgröße

---

[18] ADAC (2022).

1". Versicherungen bieten beispielsweise Leistungen für bestimmte Fahrerinnen- und Fahrertypen an, kontrolliert durch Online-Daten, die ein im Fahrzeug installierter Transponder oder im einfachen Fall ein mitgeführtes Smartphone liefern. Dies kann ein Vorteil sein für die Frührentnerin, die nur noch 5000 km im Jahr fährt und diese passiv und vorsichtig, die selten stark beschleunigt und noch seltener scharf abbremst, denn sie erhält ein günstigeres Versicherungsangebot als der jungforsche Mittzwanziger, der seinen geleasten AMG als Statement durch die Innenstadt röhren lässt.[19]

Die Datensammelwut der Web-Diensteanbieter ist also durch den Gedanken getrieben, einerseits die Kosten des Marketings zu senken und andererseits neue technische Möglichkeiten für neue Produkte und Produktadaptionen zu nutzen. Grundlage ist das Sammeln und Aufbereiten individueller Daten und Kritiker betonen, dass Verbraucherinnen und Verbraucher dem Erfindungsreichtum der Anbieter in gewisser Hinsicht ausgeliefert sind, weil sie nicht nachvollziehen können, wie und wodurch sie vermessen werden. Der Ruf nach einer Regulierung dieses asymmetrischen Verhältnisses wird immer lauter.

Selbstvermessung durch Wearables und Apps

Die Technik macht es möglich: Eine Woge von Produktneuheiten zur Selbstvermessung rollt über uns. Zunächst war da der GPS-Empfänger, der das Messen von Positionen und Strecken ermöglichte. Wie weit bin ich gejoggt? Wie lang war die Radtour? Wie viele Höhenmeter hatte die Wanderung? Die Treiber der Entwicklung sind Sensoren. Sie messen Schritte, Beschleunigungen, Herzfrequenz, Blutzuckerspiegel, elektrische Impulse (EKG), Bewegungen im Schlaf oder die Sauerstoff-

---

[19] Die Möglichkeit besteht, dass Versicherungen die Verfügbarkeit von Daten dazu verwenden, vom Solidarprinzip abzurücken. Dann bezahlen Risikosportler einen höheren Krankenkassenbeitrag als andere. Bei Privatkrankenversicherungen gab es bspw. einen unterschiedlichen Tarif für Frauen und Männer, bis 2012 der Europäische Gerichtshof das Geschlecht als Differenzierungskriterium verbot. Andere Faktoren wie etwa das Alter dürfen weiterhin für die Tarifberechnung herangezogen werden.

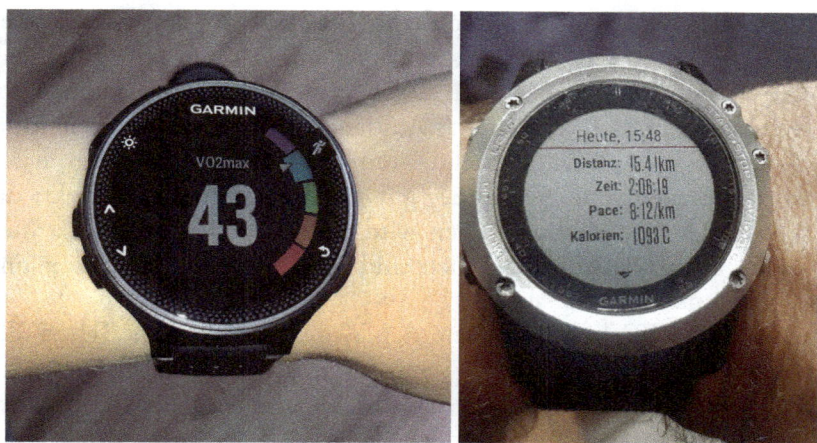

Abb. 2.1 Anzeige der Sauerstoffaufnahmefähigkeit des Blutes und Laufzeitauswertung (Foto links mit Genehmigung von Garmin Deutschland, Foto rechts: eigene Aufnahme)

sättigung des Bluts. Apps werten diese Daten aus und zeigen sie bunt und attraktiv auf der Uhr oder dem Smartphone an (Abb. 2.1).

Weitere Daten kommen hinzu, etwa das Körpergewicht, der Körperfettanteil, die getrunkene Flüssigkeitsmenge oder die aufgenommenen Kalorien, die allerdings manuell in eine App eingegeben werden müssen. Wir vermessen uns selbst und im nächsten Schritt stellen wir diese Daten unserer sozialen Bezugsgruppe (Herde) zur Verfügung. Den Anfang machten die Spitzensportler, die so eine präzisere Trainingssteuerung erreichen konnten, um die vielleicht entscheidenden letzten x % Performance herauszukitzeln. Es folgten die Breitensportler, die ihre Fortschritte, Erfolge und Rückschläge mit anderen teilen wollten. Nun hat dieser Trend auch breite Bevölkerungsgruppen erfasst: In Abspeckgruppen vergleichen Menschen ihre Erfolge beim Abnehmen und auf Facebook diskutieren Apple Watch-Nutzer Anomalitäten bei der EKG-Messung.

Versuchen wir, die Triebfedern dieses Trends zu systematisieren:

- Zunächst wird da das **persönliche Interesse an den Messwerten** sein. Bei ambitionierten Sportlern, egal auf welchem Niveau, scheint dieser Wunsch offensichtlich. Was gemessen werden kann, wird gemessen und interpretiert. Ausdauer, Belastungsfähigkeit oder Regeneration werden beobachtet, um Training und Erholungsphasen zu optimieren. Entsprechendes gilt für den Gesundheitsaspekt; das Leben mit Dysfunktionalitäten wird einfacher: Wer auf sich achten muss, etwa Diabetiker, für den sind neue Sensoren ein Segen und steigern die Lebensqualität.
- Die zweite Triebfeder scheint der Wunsch nach dem **Teilen der Messwerte** mit anderen zu sein. Sei es zur Selbstmotivation, zur Selbstkontrolle oder um ein bisschen anzugeben, gepaart mit dem Wunsch, gelobt werden zu wollen (siehe die Theorie des sozialen Vergleichs, Abschn. 2.2). Unzählige Geschäftsmodelle basieren auf dem Kerngedanken, Messdaten zu erfassen, zu speichern, aufzubereiten, dann in Gruppen zu publizieren und mediale Interaktionen der Mitglieder zu ermöglichen, damit diese ihre Leistungen in Feedbackschleifen gegenseitig kommentieren können. „Likes" als digitales Doping.
- Zuletzt und ebenfalls bereits angesprochen ist als angebotsseitige Triebfeder der **Fortschritt bei alltagstauglicher Sensortechnik** zu nennen und es gilt hier wie für alle denkbaren anderen Produktkategorien auch: „Das Angebot schafft sich seine Nachfrage". Weitere Sensoren ermöglichen weitere Geschäftsmodelle. Laktat, Alkoholspiegel, Atemkapazität, Kraftaufwand, Adrenalin, Flüssigkeitsversorgung usw. ... es gibt noch viel zu messen!

Wie ist dieser Trend zu bewerten? In den Medien finden sich ambivalente Urteile: Neue Vermessungsmethoden werden vorgestellt und für die betreffenden Zielgruppen erläutert. Zugleich finden sich – so meine Wahrnehmung, ohne es belegen zu können – immer häufiger redaktionelle Beiträge, die vor einem Selbstvermessungs-„Wahn" warnen oder ihn zumindest ins Lächerliche ziehen. Kristallisationspunkt der Kritik sind zumeist nicht die Sensoren oder die Selbstvermessung an sich, sondern die Online-Plattformen, auf denen die Daten gespeichert und geteilt werden.

Hier setzt die Kritik an der **„Verobjektivierung des Körpers"** an. Sie führe zu einem instrumentellen oder gar narzisstischen Selbstverständnis.[20] Duttweiler schreibt dazu: „Sein Leben zu reflektieren und ihm eine Bedeutung zu geben, hat sich auf Bilder, Videos, Verlinkungen, Kommentare oder die Vernetzung mit Freunden in sozialen Netzwerken ausgedehnt. Warum also diese kulturkritische Schlagseite, wenn Daten ins Spiel kommen? Sind Kennzahlen und Messergebnisse qualitativ anders als Bilder, Filme, Links oder Erzählungen?"[21]

Schauen wir **nüchtern** auf den Trend der Selbstvermessung: Neue Technik, also Sensoren, Wearables und Apps, erlauben die Erfassung immer weiterer Körperdaten. Diese befriedigen unsere Neugierde oder wir können unser Leben optimieren (Sport, Ernährung, Schlaf, Medikamenteneinnahme usw.), weil wir lernen, welche Aktivität zu welchen Folgen führt. Zudem können wir uns vergleichen. Wir lernen von den Erfahrungen anderer und sehen deren Anstrengungen und Entwicklungen. Hierin kann ich noch nichts Schlechtes erkennen.

> Problematisch wird dieser Trend erst, wenn die Selbstvermessung zu einer **Verpflichtung** wird.

Die Grenze zwischen motivierendem Druck, etwa in einer Gruppe ambitionierter Hobbysportler, und sozial wie rechtlich zweifelhaftem Druck, etwa dem obligatorischen Schrittzähler im betrieblichen Umfeld, ist fließend.

Auf der Suche nach einem „gesunden" Umgang mit der Selbstvermessung

Die drei oben umrissenen Themen, die derzeit die Diskussion über die Selbstvermessung bestimmen, changieren um einen amorphen

---

[20] So z. B. Wolf (2010).
[21] Duttweiler (2018, S. 251–252).

Kern der Unentschlossenheit. Zweifellos geht von Selbstvermessung eine gewisse Magie aus.[22] Uns erscheint unser Körper wie eine Black Box: Der Intelligenzquotient scheint gottgegeben, existenzbedrohende Krankheiten wie Multiple Sklerose, Herzinfarkt oder Krebs kommen überraschend über uns und außergewöhnliche Leistungen bedingen neben Übung auch eines Talents, das sich nicht einfach so abrufen lässt. Jede Chance, diese Black Box besser kennenzulernen, wird ergriffen, denn sie bietet etwas mehr Sicherheit. Dazu gehört allerdings immer der Vergleich mit den Daten anderer. Was nutzt es, zu wissen, dass der Blutdruck 170/120 ist, der Ruhepuls bei 85 oder der BMI bei 32 liegt, wenn es keine Referenzen gibt? Und ist eine Veränderung dieser Werte angeraten, gelingt das nur, wenn bekannt ist, welche Aktivitäten dafür nützlich sind. Dazu benötigen wir Erfahrungswerte, die andere gesammelt und öffentlich gemacht haben. Wir brauchen den Vergleich!

Gehen wir einen Schritt weiter und wagen wir eine weiterreichende Hypothese:

> Wir wünschen uns die **Anonymität der Individualität** und die Entscheidung darüber, wann wir uns vergleichen, aber zugleich wünschen wir uns die **Vergesellschaftung von Risiken** der individuellen Entwicklung.

Das stößt an Grenzen: Wenn eine Solidargemeinschaft Individualrisiken übernimmt, bestimmt sie auch die Regeln. Versicherungen verlangen Selbstauskünfte oder ärztliche Untersuchungen. Sie schreiben ggf. Verhaltensregeln vor. Beugt man sich diesen Regeln, kommt man in den Genuss der Absicherung von Lebensrisiken, finanziert durch die Beiträge der Gemeinschaft (aus denen natürlich auch die Gewinne der Versicherung bezahlt werden). Der Grund für diese Regeln und die von der Versicherung verlangte Selbstvermessung und Selbstbeschränkung ist, „Ausreißer" und „Trittbrettfahrer" zu eliminieren, die durch ihr

---

[22] Berman und Hirschmann (2018), weisen darauf hin, dass die Forschungen zur Selbstvermessung recht etabliert sind. Zahlreiche Fachrichtungen mischten mit und die Themen würden immer kleinteiliger betrachtet werden. Das ist eine gute Nachricht, können wir doch von einem recht gut erforschten Lebensaspekt ausgehen.

Verhalten die Gesamtkosten der Solidargemeinschaft – und damit die Höhe der Beiträge – beeinflussen würden. So wird immer wieder darüber diskutiert, ob Kettenraucher oder Adipöse höhere bzw. Sportler und solche, die sich regelmäßig untersuchen lassen niedrigere Krankenversicherungsbeiträge bezahlen sollten.[23] Bei Kfz-Versicherungen sind wir schon einen Schritt weiter (siehe oben), dort wird die Fahrweise vermessen und ein günstigerer Tarif für vorsichtige Fahrerinnen und Fahrer angeboten.

In diesem Kontext ist der Impuls für die Selbstvermessung die Bereitschaft, Daten über sich preiszugeben, um die erhoffte Sicherheit für die Abdeckung individueller Risiken zu bekommen (oder anderweitige Vorteile). Der Nutzen ist in diesem Fall sogar finanziell bewertbar und damit bekommen die bereitgestellten Daten ein Preisschild. Diesbezüglich führt die (Selbst-)Vermessung zu mehr Transparenz.

Kommen wir zu einem Zwischenfazit: Die Selbstvermessung, um sich selbst besser kennenzulernen, um sich mit Referenzen zu vergleichen und die Preisgabe der Daten, um Vorteile zu ergattern: sie erschleicht sich Akzeptanz und sickert in unseren Alltag ein wie eine üble Gewohnheit. Wir geben fleißig Daten von uns bzw. über uns preis. Wir nutzen Apps, die uns einen Nutzen bieten und sich mit Daten bezahlen lassen. Denn für diese Daten gibt es einen Markt, wobei die Wertschöpfung der Aufkäufer dieser Daten darin besteht, die Daten unterschiedlicher Quellen zu Profilen zusammenzustellen. Zudem zeigen Daten Reputation an, etwa Statusdaten: Freunde, Follower, Likes, Kilometer auf Strava usw. Sie signalisieren die Stellung in einer sozialen Gruppe und ist diese wie gewünscht oder besser, fühlen wir uns gut. Ist das „gesund"?

Messen oder vermessen werden – mehr als nur ein Perspektivenwechsel

Zu messen ist ein aktiver, willentlicher Akt. Wir tun es aus Neugierde, um eine Veränderung zu erfassen oder aber, um eine Entscheidung

---

[23] Für den Fall der Lebensversicherungen haben dies Berman und Hirschmann (2018, S. 262), diskutiert.

bzw. Handlung zu fundieren. Wir messen, weil wir es so wollen oder müssen. Aber **vermessen zu werden** ist passiv. Unsere Entscheidung spielt keine Rolle. Unwillkürlicher Widerstand regt sich – selbst dann, wenn die Vermessung selbst unkritisch ist. Alleine schon der Umstand, nicht gefragt zu werden, erzeugt Reaktanz. Ja, wenn wir dadurch etwas Begehrenswertes erhalten, erdulden wir das (Partner, Job, Kredit usw.), aber auch das nur, weil es eben erforderlich ist. Dann akzeptieren wir das Vermessenwerden als Preis.

Bleiben wir bei dem als unangenehm empfundenen Konzept des Vermessenwerdens ohne explizite Einwilligung, etwa dem Social Scoring System in China, in Ansätzen das in Bologna, die Produktivdatenerfassung des Arbeitgebers, das Tracking eines Fernfahrers durch den Spediteur oder die Messung der schulischen Leistung durch Noten. All diese Messverfahren provozieren Widerstand – wer möchte sich schon gerne ständig beobachten, vermessen und bewerten lassen? Wenn dann noch hin und wieder bekannt wird, dass die Vermessung des eigenen Lebens illegal erfolgt wie beim Facebook-Cambridge Analytica-Skandal[24], oder aber Landgerichte diese „Internetwelt" nicht verstehen[25], wird einem Angst und Bang.

Wir werden ständig beobachtet und wann immer es möglich ist, Daten über unsere Lebensführung, unsere Präferenzen und Abneigungen, unsere Tagesgestaltung oder unsere sozialen Kontakte zu sammeln, wird dies getan. Meist ist dies legal, oft ist es noch unreguliert, zuweilen überschreitet es die Grenze des Erlaubten. Die zunehmende Nutzung technischer, vernetzter Geräte und Apps erlaubt die erfolgreiche Jagd auf diese Daten, die ihrerseits immer billiger und

---

[24] Zur Auffrischung der Erinnerung an die Ereignisse siehe bspw. o. V. (2022). Der Skandal wurde unter dem Titel „Cambridge Analyticas großer Hack" sogar verfilmt.

[25] Ich spiele hier auf die richterliche Anordnung der Aushändigung von Nutzerdaten der Porno-Seite redtube.com durch Internetprovider an. Daraufhin erhielten tausende Seitennutzer ein Abmahnschreiben von der Anwaltskanzlei Urmann & Collegen wegen angeblicher Urheberrechtsverletzungen. Das Gericht hatte „Streaming" und „Download" verwechselt. Später wurde der Beschluss zur Herausgabe der Nutzerdaten wieder einkassiert (Urteil 209 O 188/13 des LG Köln). Aber spätestens seit diesem Vorfall sollte jedem bewusst sein, dass jegliches Surfen im Web protokolliert wird.

somit für immer mehr Interessengruppen kommerziell interessant werden.

Sich diesem zu entziehen, hat einen hohen Preis. Es hieße, sich sozialen Aktivitäten zu verweigern und zuweilen sogar, ins kommunikative Exil zu gehen. Ob Verein, Hochzeitsplanungsgruppe, Schulklasse, Reisegruppe, Familie oder Freundeskreis – alle diese Herden werden mittels WhatsApp oder anderen Soziale Medien organisiert. Das ist einfach, jeder versteht's, es ist schnell und es ist kostengünstig. Niemals zuvor in der Menschheitsgeschichte war es so einfach, Gruppen und Aktivitäten zu organisieren. Und der Grund dafür, dass die Anbieter der genutzten Medien diese kostenlos zur Verfügung stellen und teilweise sogar auf Einnahmen aus dem Verkauf von Werbeplätzen verzichten, ist, dass die Auswertung und der Verkauf unserer Kommunikationsströme genug Einnahmen ermöglicht. Wir bezahlen die „neuen Möglichkeiten" mit unseren Daten und wer sich dem System verweigert, wird zum Außenseiter.

Sollen wir also kapitulieren oder sollen wir uns gegen die Datensammelwut der „anderen" auflehnen und Verzicht üben?

Weder das eine noch das andere ist die Antwort! Wann immer sich in unserer Geschichte neue Technologien durchsetzten, weil sie von hinreichend Vielen als nützlich erachtet wurden, gab es auch Missbrauch bzw. Kollateralschäden. Selten war dann der richtige Weg, diese Innovationen zu verbieten. Es war auch nicht der Weg, sich zu verweigern. Der sinnvolle Weg war stets, die Nutzung dieser Neuerungen zu **reglementieren.** Dabei werden die Voraussetzungen geschaffen, die eine Nutzung ermöglichen, ohne sich selbst oder anderen zu schaden. Es ist der Ruf nach dem **Staat!** Von ihm beauftragte Instanzen regulieren die Isolierung von stromführenden Leitungen, die maximale Menge von Schwermetall in Würstchen, die Zulassung und Prüfung von Sicherheitseinrichtungen in Personenaufzügen und die Öffnungsgeschwindigkeit von Airbags. Kein „Normalbürger" durchschaut die Komplexität solcher Technologien, erwartet aber zurecht vom Staat, sich um den Schutz vor schädlichen Folgen der Nutzung zu kümmern. Die zugehörige Hypothese lautet im Kontext unseres Themas:

> Der Staat ist in der Verantwortung, uns Bürgerinnen und Bürger vor der missbräuchlichen Vermessung unseres Seins und Tuns zu schützen, denn wir selbst sind dazu nicht in der Lage.

Wie sieht es dann mit der **Eigenverantwortung** aus? Die bleibt, aber sie konzentriert sich auf zwei Bereiche:

- Zum einen muss jeder selbst überprüfen, ob er sich in einem vom Staat beaufsichtigten Bereich bewegt. Dann kann er hoffen, dass seine Privatsphäre geschützt ist. Kryptowährungen oder das Darknet sind definitiv keine staatlich kontrollierten Bereiche, also ist dort auch kein Schutz der Privatsphäre zu erwarten.
- Zum anderen liegt es in unserer Verantwortung, zu überprüfen, welche **Handlungsrechte** wir „Vermessenden" einräumen.

Die Allgemeinen Geschäftsbedingungen (AGB) von Web-Diensten zu genehmigen, ohne sie gelesen zu haben, heißt dann eben auch, die Erlaubnis zur Protokollierung unserer Aktivitäten im Web zu erteilen. Ist es aber statthaft, viele Seiten AGB in Mikroschrift einzublenden und die Nutzung der Dienste nur zu gestatten, wenn diese zur Gänze goutiert werden? Müssen wir jede unbequeme Klausel schlucken, damit wir von der Nutzung nicht ausgeschlossen werden? Üblich ist es, diese AGB als notwendiges Übel „wegzuklicken". Wahlweise denken wir uns: „Der Staat wird schon darüber wachen, dass das seine Ordnung hat", „Jetzt ist es auch egal" oder „Ich tue nichts Unrechtes, von mir darf jeder alles wissen".

2.4.2 Aspekte der gesellschaftlichen Diskussion über die Quantifizierung des Alltags

In diesem Kapitel steht die Diskussion über die Quantifizierung im Alltag im Fokus. Es ist eine „gesellschaftliche" Diskussion, weil das Thema

- erstens komplex und bedeutsam genug ist, um einen Disput über einen Grundkonsens gemeinsamer Werte im Rahmen unserer pluralistischen, freiheitlich demokratischen Grundordnung zu rechtfertigen und
- zweitens noch so neu ist, dass recht unterschiedliche Sichtweisen um die Deutungshoheit konkurrieren.

Leider ist es in der gebotenen Kürze kaum möglich, diese Diskussion in gebotener Weise zu strukturieren und wiederzugeben. Darum kann hier nur ein Abriss angeboten werden und die angegebenen Quellen mögen bei einer gewünschten Vertiefung dienlich sein. Fangen wir an!

Bestimmt das, was und wie wir messen, unseren Blick auf die Dinge?

Messungen verändern unseren Blick auf Dinge. Messwerte beeinflussen unser Denken und helfen, unsere Aufmerksamkeit auf den Einsatz der Ressourcen Zeit, Geld und Aufmerksamkeit zu richten. Wie bereits erläutert, neigen wir dazu, jenen Aspekten besondere Aufmerksamkeit zu schenken, die wir messen können und vernachlässigen die anderen, die wir nicht messen können. Messwerte wirken so wie ein Brennglas.

Ein Beispiel: Für diverse Aspekte spielt der Body-Mass-Index (BMI) eine Rolle. Es wurde eine einfache Berechnungsformel etabliert[26] und es werden Werte festgelegt, ab denen eine medizinische Intervention angezeigt ist. So gilt ein Mensch mit einem BMI von über 25 als übergewichtig.[27] Allerdings berücksichtigt der BMI nicht die Zusammensetzung des Körpers. Muskulöse Menschen, z. B. Kraftsportler, erreichen leicht einen Wert von über 25, ohne auch nur ansatzweise als „dick" gelten zu können. Wäre der BMI nun hypothetisch ein Maß für den Krankenversicherungsbeitrag, wäre es sicherlich ungerecht, besonders sportliche Menschen einen höheren Beitrag

---

[26] BMI = Körpergewicht: Körpergröße^2.
[27] Die Festlegung erfolgte durch die Weltgesundheitsorganisation WHO. Die Tabelle der BMI-Korridore mitsamt der zwölf universellen Regeln für eine gesunde Ernährung finden sich hier: WHO, A healthy lifestyle – WHO recommendations (2010).

bezahlen zu lassen. Die Vermessung des Körpers ist nicht grundsätzlich falsch, ebenso wenig wie die unterstellte (und leicht zu überprüfende) Korrelation von hohem BMI und Krankheitsanfälligkeit. Aber wenn wir es uns zu einfach machen, droht die Gefahr, Teilgruppen aufgrund der Messmechanik bzw. Kennzahlenbildung zu bestrafen.

> Das Problem ist die Maßzahl (hier: BMI), die wie ein Brennglas wirkt und für sich in Anspruch nimmt, die Krankheitsanfälligkeit eines Menschen ausdrücken zu können!

Abstrakter, aber mit dem gleichen Ergebnis, nähert sich Mau einer Antwort auf die oben in der Überschrift gestellte Frage. Er erkennt – wenn auch nur nachrichtlich und um sich gegen Kritik zu immunisieren – die Bedeutung von Quantifizierung für unsere Gesellschaft an, wenn er ihr eine „wichtige und unabdingbare Funktion für [die] moderne Gesellschaft" zubilligt und erwähnt, dass sie „für Fortschritt, Erkenntnis und Rationalisierung ein wichtiger Schlüssel" sei.[28] So konstatiert er einen Trend in Richtung „Bewerbungsgesellschaft" und beschreibt die „Quantifizierung des Sozialen"[29]. Diese entfalte in drei Richtungen eine Wirkung:

1. Die Sprache der Zahlen verändere „unsere alltagsweltlichen Vorstellungen von Wert und gesellschaftlichem Status".
2. Die quantifizierende Vermessung „befördert eine Ausbreitung, wenn nicht gar eine Universalisierung von Wettbewerb".
3. Den Trend hin zu gesellschaftlicher Hierarchisierung, weil Darstellungen wie Tabellen, Grafiken, Listen oder Noten qualitative Unterschiede in quantitative Ungleichheiten transformieren.

---

[28] Mau (2018, S. 20).
[29] Mau (2018, S. 16–18).

2 Über die Zwangsläufigkeit der Alltagsvermessung

Diese Beschreibung geht mit einer Bewertung Hand in Hand, die ich nicht teile. Entsprechend meiner kritisch-rationalistischen Grundhaltung gehe ich davon aus, dass sich durchsetzt, was sich bewährt. Und was sich bewährt, entscheiden langfristig wir Menschen. Wenn wir (Punkt 1) die Sprache der Zahlen einer Sprache der semantischen Beschreibungen bevorzugen, dann deswegen, weil sie sozio-ökonomische Vorteile bietet (Präzision, kulturübergreifend, objektiv usw.). Wenn wir (Punkt 2) den Wettbewerb suchen und dafür Vermessung erlauben, dann deswegen, weil wir möglicherweise nach Wettbewerb streben oder unsere Position in der sozialen Bezugsgruppe kennen wollen. Wenn wir (Punkt 3) Ungleichheiten herausarbeiten wollen, dann deswegen, weil wir uns abgrenzen möchten und/oder weil die Transaktionskosten der Quantifizierung geringer sind.

> Ob in all diesen Punkten die Vermessung respektive Quantifizierung der richtige Weg ist, wird sich im Wettbewerb der sozialen Gestaltungsmöglichkeiten zeigen. Noch einmal: Es setzt sich durch, was sich bewährt.

Und nein, wir sind nicht nur Opfer, wir sind auch Täter. Wir saugen kopfschüttelnd Berichte darüber auf, wie wir „verdatet" werden, wie unser Leben von Behörden und Unternehmen auf Algorithmen, Datenprofile und Korrelationen reduziert wird und sehen uns hier wie Versuchskaninchen im Labor. Aber sind wir das wirklich? Welchen Anteil an diesem Trend haben wir selbst? Wie viel Privates, wie viele Daten über uns werfen wir freiwillig oder unbedacht wie Holzstücke in das Feuer, dass die Dampfmaschine der informationshungrigen Marketingmaschinerie antreibt?

Das, was wir messen, bestimmt zweifellos (auch) unseren Blick auf unsere Welt und darum liegt es in unserer Verantwortung, sorgfältig damit umzugehen. Natürlich probieren wir viel aus, individuell und als Gesellschaft. Existenz und Koexistenz verändern sich durch die Erzeugung und Nutzung von Daten und wir werden sehen, was sich bewährt.

Daten aus der Vergangenheit und was sie mit Sekundenkleber zu tun haben

Wir erleben uns selbst als dynamische Personen im Rahmen unseres sozialen Bezugssystems. Wir entwickeln uns, das Bezugssystem entwickelt sich. Panta Rhei, alles fließt. Doch was ist, wenn wir uns „ändern"? Werden die Daten, die in der Vergangenheit über uns erzeugt und gesammelt wurden, mitgenommen? Werden sie vielleicht zu Ballast? **„Das Internet vergisst nichts"** heißt es oft und gemeint ist damit, dass Datensammler nicht unbedingt bereit sind, die über uns akkumulierten Informationen zu aktualisieren. Es gibt kein Verfallsdatum.

> So kleben historische Daten, vor allem auch, wenn sie uns kompromittieren, wie mit Sekundenkleber an unser virtuelles Profil gepappt.

Das alleine wäre mehr oder weniger unkritisch, hätten diese Daten keine Relevanz für die Zukunft. Doch Prognosen auf Basis von Individualprofilen, auch solcher, die mit veralteten Inputdaten erstellt werden, sind oftmals schiere Trendextrapolationen: „Wie früher, so auch morgen!" Nun hat sich die Unterstellung bewährt, dass Menschen ihr grundsätzliches Verhalten selten ändern. Die allermeisten bleiben sich treu, nur eine Minderheit zeigt später ein wesentlich besseres oder wesentlich schlechteres Verhalten. Wer früher leichtfertig sein Konto überzog und Rechnungen nicht bezahlte, wird dies vermeintlich auch in Zukunft tun. Wer früher immer unpünktlich kam, wird auch in Zukunft unpünktlich sein.

Diese grundsätzliche Wesenskonstanz machen sich z. B. Streamingdienste zunutze: Wer als Kunde von Apple Music, Deezer oder Spotify gerne Schlagermusik hört, bekommt Schlager oder schlagerähnliche Musik vorgeschlagen. Wer als Kunde von Amazon Prime, Netflix oder Disney gerne Wikingerfilme schaut, bekommt Wikingerfilme vorgeschlagen oder zumindest Filme eines ähnlichen Genres. Die Wahrscheinlichkeit, damit ins Schwarze zu treffen und als Angebot attraktiv zu erscheinen, ist hoch: „Was Sie gestern gerne schauten, gefällt Ihnen auch morgen noch!" Die Treffsicherheit von Prognosen auf Basis von Individualprofilen ist hinreichend genau und die Streukosten von Ausreißern, also Menschen, die ihr Verhalten tatsächlich ändern und bei denen eine Neubewertung (Löschen alter Daten, Sammeln neuer) angezeigt wäre, werden eingepreist.

Doch was ist dann mit einer persönlichen Weiterentwicklung? Wer geschmacklich von Fantasy-Epen auf französische Melodramen umschwenkt, muss sich selbst um das Angebot kümmern und darf nicht mehr auf die Angebote der Streamingdienste vertrauen. Eigenverantwortlichkeit ist gefragt und ersetzt die Bequemlichkeit einer algorithmengesteuerten Lebensführung.

Der Nettonutzen des Messens und des Gemessenwerdens

Den Nettonutzen bestimmen Ökonomen, indem sie vom Nutzen die Kosten abziehen. Beide Variablen sind aber nicht leicht zu bestimmen. Abonnieren Sie eine Zeitschrift, scheinen die Kosten aus dem Abopreis zu bestehen. Das stimmt aber nicht. Die Zeit, die Sie zum Lesen benötigen, kommt auch noch hinzu. Diese stehen in engem Zusammenhang mit den **Opportunitätskosten,** die den entgangenen Nutzen einer Alternative bezeichnen. Den Abopreis und die Lesezeit hätten Sie auch anderweitig verwenden können (Kino, auf YouPorn surfen usw.). Und der Nutzen? Wie messen und quantifizieren Sie den Nutzen der Zeitschrift? Sie unterhält, liefert vielleicht auch die eine oder andere Information, aber welches Preisschild hängen Sie daran? Zu viele Komponenten lassen sich nicht zählen, messen oder wiegen.

> Den Nettonutzen zu bestimmen ist komplex und zuweilen unmöglich. Für unsere Zwecke, also Antworten auf die Fragen rund um die Vermessung des Alltags zu finden, ist es aber ein guter Anfang, sich bewusst zu machen, dass Kosten und Nutzen aus weitaus mehr bestehen als nur Geld.

Nach dieser grundsätzlichen Klarstellung kommen wir auf die eigentliche Fragestellung zurück: Worin besteht nun der Nettonutzen des Messens und des Gemessenwerdens?

Relativ einfach ist der Fall, wenn Thema der Vermessung eine **Zugangsberechtigung** ist, z. B. in eine soziale Gemeinschaft, für einen Arbeitsplatz oder eine Versicherung. Anders wäre die Leistung nicht zu bekommen. So muss man sich bei Weight Watchers dem Punktezählen und dem Wiegen stellen (das „PersonalPoints Budget", und das klingt gleich viel aufregender), ein Gutteil der Studiengänge verlangen eine prima Note im Abitur, der Golfclub verlangt ein bestimmtes Handicap, um im Clubteam mitspielen zu dürfen und Tests entscheiden, ob jemand eingebürgert wird, einen Führerschein erhält oder im Schlauberger-Club MENSA Mitglied werden darf. Das Vermessenwerden ist die Eintrittskarte in geschlossene Herden. Dies wissen die Mitglieder zu verteidigen, denn Exklusivität hat einen Nutzen, und sei es nur das gute Gefühl, zu einer erlesenen Gemeinschaft zu gehören. Der Nettonutzen ist hier relativ einfach zu bestimmen, weil die Kosten digital zu akzeptieren sind (Ja oder Nein), um den gewünschten Nutzen zu erhalten.

Etwas komplexer ist der Fall, wenn die Vermessung oder das Gemessenwerden der **Orientierung bzw. Einordnung** dient, also nicht zwingend und nicht digital erfolgt. Lamont stellt bspw. in einer bemerkenswerten Studie fest, dass Eltern grundsätzlich stark motiviert sind, ihre Kinder zu fördern und für eine Welt mit wachsendem Wettbewerbsdruck zu präparieren.[30] Die Orientierungshilfe hierfür seien **Rankings** jedweder Art und Eltern würden gezielt nach Betätigungsmöglichkeiten suchen, die solche Rankings böten. Ein interessantes Ergebnis: Hier geht es nicht mehr darum, sich einem Ranking zu stellen, sondern es geht um die gezielte Suche nach Ranking-bewährten Aktivitäten mit dem Ziel, einen wettbewerblichen Vergleich zu haben. Dies sei nicht etwa, so Lamont weiter, ein kleines, absonderliches

---

[30] Lamont (2012, S. 202 ff.).

Phänomen, sondern es handele sich hier um eine umfassende **Soziologie der Wertung und Bewertung.**

Solcherlei Suche nach Orientierung („Wo stehe ich?" „Wo steht mein Kind?" „Wo steht meine Geschäftsidee?" usw.) kommt nicht von ungefähr. Rankings bieten, und das werden wir in Abschn. 3.4 ausführlicher diskutieren, eine kostengünstige Möglichkeit, über den Ressourceneinsatz zu entscheiden. Wenn ein Motorradrennfahrer mit zwei Minuten führt, wäre er schlecht beraten, auf der letzten Runde alles und damit einen Sturz zu riskieren. Es ist nützlich für ihn, seine Position im Rennen zu kennen, denn dann kann er vorsichtiger fahren und seinen Sieg sicher über die Ziellinie bringen. Dazu muss er sich messbar machen (was in diesem speziellen Fall selbstverständlich ist), so, wie eine Person lediglich dann die Vorteile des Rankings und damit der Kenntnis seiner individuellen Position im Wettbewerb nutzen kann, wenn sie sich vergleichbar macht. Es ist die Unterwerfung unter ein Messsystem samt der Akzeptanz der Kriterien, die den Nutzen ermöglicht. So könnte ein Motorradrennfahrer auch nicht den Sieg für sich reklamieren, nur, weil er andere Kriterien bevorzugt, etwa den Fahrstil oder das Design seines Rennanzugs. Individualität wird zugunsten der Vergleichbarkeit aufgegeben.

Greifen wir den Ansatz von Lamont noch einmal auf: Espeland und Stevens entwickeln diesen zu einer **„Soziologie der Quantifizierung"** weiter.

> Sie unterstellen den Wunsch der „Gesellschaft als Ganzes und in allen ihren Gliedern und Ausprägungen" nach einer **Quantifizierung sozialer Phänomene.**[31]

Sie halten die Quantifizierung sozialer Phänome für nützlich, ja, sie fordern sogar eine **„Ethik der Quantifizierung"**, denn Messungen könnten komplexe Phänomene einfacher begreifbar machen, aber

---

[31] Espeland und Stevens (2008), aber auch Berman und Hirschmann (2018) und Diaz-Bone und Didier (2016).

ebenso verschleiern – ein Missbrauch ist möglich. Interessant ist, dass sie neben den Kosten der Messung auch ihre disziplinierende und ihre fokussierende Wirkung betrachten, um schlussendlich für Messungen eine gewisse **Ästhetik** zu fordern: sie sollen fesselnd sein, etwas erzählen, faszinieren – etwas, das wir als Teil der Selbstvermessungskultur bei z. B. Sportlern tatsächlich erleben. Für Espeland und Stevens sind Messungen Teil unsere Soziokultur. Sie sind nicht gut oder schlecht, sie sind unabdingbar. Denn:

> „Etwas zu sehen ist der erste Schritt, etwas zu kontrollieren!"[32]

Einen weiteren wertvollen Beitrag zu dieser Diskussion liefert Porter in seinem wegweisenden Buch „Trust in Numbers – The Pursuit of Objectivity in Science and Public Life".[33] Er hält die Quantifizierung (Messen und Gemessenwerden) für besonders wichtig, wenn

- richtungsbestimmende Eliten schwach sind,
- private Verhandlungen schwierig sind,
- das Vertrauen von Interakteuren gering ist.

Eine seiner Hauptthesen ist, dass die Quantifizierung und damit einhergehend die Tendenz zur Standardisierung eine Reaktion schwacher Gruppen auf die Forderung der Gesellschaft und der Politik nach **Rechenschaft** sei. Beides schaffe universelles Vertrauen. Ein Beispiel: In Deutschland werden Geschwindigkeitsverstöße mit komplexer Technik und objektiv gemessen und entsprechend eines Bußgeldkataloges geahndet. Das schafft Vertrauen in die Exekutive. Anders wäre es, wenn ein Polizist die Geschwindigkeit nach persönlichem Eindruck schätzt und das Bußgeld nach willkürlichen Kriterien festlegt, etwa dem Preis

---

[32] Espeland und Stevens (2008, S. 415).
[33] Porter T. M. (1995).

2 Über die Zwangsläufigkeit der Alltagsvermessung

des Fahrzeugs (so habe ich es in Guatemala erlebt). Vertrauen wir dem guatemaltekischen Polizisten? Sicherlich nicht. Der Nutzen der Objektivität einer Messung ist deutlich.

Während Espeland und Stevens noch die soziologischen Aspekte der Vermessung in das Zentrum ihrer Betrachtung rücken, ist Porter schon auf dem Weg in Richtung des ökonomischen Imperialismus, also der von Gary Becker vertretenen Idee, dass sich alle Lebensbereiche (auch) einer ökonomischen Analyse unterziehen lassen. Auf diesem Pfad möchte ich noch einige Schritte weiter gehen und behauptete:

> Quantifizierung und Vermessung senken die **Transaktionskosten** in allen Lebensbereichen.

Transaktionskosten sind die monetären wie nichtmonetären Kosten, um einen Informations- oder Leistungsaustausch bzw. Leistungsübergang zu bewerkstelligen. Jede Handlung, jede Entscheidung, jede Interaktion verursacht solche Kosten. Einen Marmorkuchen zu backen verursacht Transaktionskosten: Zutaten müssen beschafft werden und eine Backprozedur nach einem bestimmten Protokoll (Rezept) ausgeführt werden. Dazu mussten Informationen beschafft (Rezept oder Erlernen des Backvorgangs), Verträge verhandelt und umgesetzt (Einkauf), die Ergebnisse kontrolliert und ggf. die Prozedur für das nächste Backen angepasst werden. Schreiben wir uns auf, wie wir zu einem guten Backergebnis gekommen sind, halten also unser Vorgehen mittels Daten und Algorithmen fest (Zutatenliste und -mengen, Backdauer und -temperatur usw.), reduzieren sich die Kosten für das nächste Mal. Es lohnt sich also aus Sicht der „Lebenstransaktionskosten", den Mehraufwand der Vermessung zu investieren und unser Vorgehen aufzuschreiben, um bei Wiederholungen Ressourcen zu sparen und sichere Ergebnisse zu reproduzieren.

Fassen wir zusammen: Die Vermessung des Lebens dient der Kalibrierung des Ichs in der sozialen, ökonomischen, medizinischen und sogar der transzendentalen Umwelt. Die Kosten sind die Unterwerfung, um in den Genuss der Vorteile des jeweiligen Systems zu kommen und die unvermeidbaren Transaktionskosten. Somit sind Nutzen und Kosten beschrieben, wenn auch recht abstrakt. Die Differenz ist der Nettonutzen und in diesem Unterkapitel stand der Nettonutzen des Messens und Gemessenwerdens im Mittelpunkt. Konnten wir ihn quantifizieren? Nein, das ist nicht gelungen. Es bleibt unscharf und damit ein Thema für eine gesellschaftliche Diskussion, die ihr Ende im Faktischen finden wird.

Übertreiben wir das Vermessen?

Zu übertreiben hieße, zu hohe Kosten für einen gegebenen Nutzen in Kauf zu nehmen und somit einen negativen Nettonutzen zu erzielen. Ferner gilt auch für den Fall der Vermessungsanstrengungen das **Gesetz vom abnehmenden Grenznutzen**. Dieses Gesetz beschreibt das universelle Phänomen, dass der Nutzen der letzten konsumierten Einheiten immer geringer wird. Ein Beispiel? Heißhunger auf Schokolade! Das erste Stück schmeckt göttlich, das zweite auch noch, das dritte noch super, aber das zehnte Stück schmeckt allenfalls noch „gut", das zwanzigste Stück „geht so" und so fort. Jedes weitere Stück ist immer weniger nützlich als das Stück, das davor gegessen wurde. Irgendwann ist der Nutzen sogar negativ und die Schokolade ekelt uns an. So auch bei der Vermessung: Um ein Auto im Straßenverkehr zu steuern, ist die Messung der Geschwindigkeit ausgesprochen nützlich. Der Füllstand des Benzintanks ist auch wichtig; der Verbrauch ist es möglicherweise auch. Die Drehzahl, na ja. Die Motortemperatur? Der Ladedruck des Turboladers? Die Ladespannung der Lichtmaschine? Die Temperatur des Katalysators? Immer unwichtiger werden diese Messwerte für den eigentlichen Zweck. Der Grenznutzen jeder weiteren Messvorrichtung nimmt ab.

Wieviel Vermessung und wieviel Gemessenwerden ist optimal? Wann wird noch mehr „Messerei" unökonomisch? Zweifellos erleben wir gerade eine Welle der Vermessung des Alltags, der Erzeugung von Daten durch uns und über uns, ermöglicht durch Technik, getrieben vom Wert der Daten und befeuert von der Faszination des Machbaren. Wir erleben einen „Zahlenrausch", vermutlich, ohne dass wir die Chance haben zu verstehen, wozu diese Datenakkumulation dient und wofür die Daten verwendet werden.³⁴ Alle machen mit, Spielverderber gibt es kaum und „Warner in der Wüste" haben zwar eine laute Stimme, aber ihnen gelingt es nicht, nachteilige Konsequenzen unserer Mitmachbereitschaft so zu beschreiben, dass sie abschreckend wirken.³⁵ Mau formuliert es plastisch: „Mit der Durchsetzung der Quantifizierung werden wir aber alle – mehr oder weniger – zu Gläubigen in der Kirche der Zahlen. Wir sitzen im Zahlengehäuse und beobachten uns selbst."³⁶

Allerdings hat dieser geradezu apokalyptisch erscheinende Trend auch eine Sonnenseite:

> Wir befreien uns von den Mühen (Kosten), Maßstäbe unseres Handelns in einer sozialen Welt zu finden und diese mit den jeweiligen Interaktionspartnern zu verhandeln.

Es hat sich bewährt und es wird sich weiter bewähren. Wir bezahlen Brot mit Geld und nicht mit Autowaschen oder einer anderen Gegenleistung, weil es sich bewährt hat, eine objektive Größe, eine Zahl, hier einen Geldbetrag, als Preis zu nutzen (geringe Transaktionskosten). Niemand möchte ernsthaft in die Welt der Naturalwirtschaft zurück, denn die ökonomischen und sozialen Kosten des Warentauschs wären gigantisch. Nein: Preisschild ans Brot, Preis akzeptieren oder nicht, fertig.

Preisschilder an Waren und Dienstleistungen sind eine feine Sache. Sie reduzieren die Transaktionskosten des Produkthandels. Aber kann das auch übertrieben werden? Wie wäre es, wenn zukünftig auch Dienstleistungen im privaten Umfeld bepreist werden würden? Einkaufstaschen in den dritten Stock tragen: 3,- €. Tür aufhalten: 50 Cent. Der Partnerin den Nacken massieren: 5,50 €. Und weiter: Ihr ein Kompliment machen 40 Cent, sie in den Arm nehmen 1,20 € und jeder Kuss kostet 30 Cent. Wäre das übertrieben? Spontan: Ja! Wo

---

³⁴ Hornbostel et al. (2009, S. 65).
³⁵ Vgl. hierzu auch Mau (2018, S. 11).
³⁶ Mau (2018, S. 46).

soll das hinführen? Sollte jegliches Miteinander bepreist werden? Und wie wird das verrechnet? Ist es nicht zu mühsam, solche alltäglichen Leistungen zu verrechnen? Aber wäre es dann nicht nur eine Frage der Technologie? Per App? Sind nicht mit jedem neuen Sensor, jedem neuen tragbaren Gerät (Wearable) neue Leistungsbepreisungen denkbar? Wann ist es übertrieben, weil zu aufwendig und schädigend für unser Miteinander, und wann ist es akzeptabel und eine gute Idee, um Leistungsbereitschaft lohnend zu machen?

> Die Antwort auf diese Frage ist ebenso leicht wie unbefriedigend: Es gibt kein rechtes Maß, wann die Übertreibung beginnt. Jede Festlegung wäre eine Momentaufnahme! Es ist purer Pragmatismus: Alles, was geht, wird ausprobiert werden und wenn es sich bewährt, wird es akzeptiert.

Dass es einen grundsätzlichen Drang zum Austesten von Vermessungsmöglichkeiten gibt, liegt vermutlich an der so anschaulich von Espeland und Stevens beschriebenen Eigenfaszination und daran, dass Daten, Zahlen und Fakten, also Objektivität, einen berechenbaren, verhandelbaren und transparenten kleinsten gemeinsamen Nenner für unsere sozialgesellschaftlichen Interaktionen darstellen. Wenn wir bspw. Taxi fahren wollen, ist es beruhigend zu wissen, dass Kilometerpreis und Entfernung objektive Größen sind. Diese Daten bieten die Sicherheit, nicht betrogen zu werden. Wir können uns auf sie verlassen und vertrauen auf die Macht der Daten als Regulativ, denn jedes Gerücht, dass die Taxifahrer betrügen würden, weil sie z. B. Umwege führen, schädigte das Geschäft. Die Alternative wären Preisverhandlungen vor Fahrtantritt, aber die Verhandlungspartner – Fahrgast und Taxifahrer – hätten unterschiedliche Informationen (Verkehrslage, Ortskenntnis usw.). Unbefriedigend. Die Objektivität der Messwerte, die dem Taxipreis zugrunde liegen, beruhigt und senkt die Transaktionskosten.

Die Hypothese drängt sich auf: Der Mensch verlässt sich gerne auf Zahlen und „scheint lieber zu zählen als zu lesen oder sich selbst ein Bild zu verschaffen."[37]

---

[37] Hornbostel et al. (2009, S. 51).

> Wie weit er es bei der Quantifizierung treibt, ist eine Frage der Sinnhaftigkeit und das rechte Maß stellt sich durch Ausprobieren ein. Trial and Error.

Das Fazit ist also eine positivistische Basisannahme: Die Quantifizierung unserer Welt muss sich wie jede andere Lebenshypothese bewähren. Wenn wir lernen, dass sie uns nichts nutzt, was in der Sprache der Ökonomen bedeutet, dass die Kosten höher sind als es der Nutzen ist, werden wir es wieder sein lassen. Allerdings ist die Übergangsphase kritisch, denn es droht der Zustand, dass wir selbst die Quantifizierung als unnütz oder gar schädlich ansehen, andere, von denen wir abhängig sind, es aber anders einschätzen. Wir werden vermessen, ob wir wollen oder nicht, um bestimmte Leistungen zu erhalten. Daten werden dann zum Preis, einer Forderung, der wir uns nur zu hohen Kosten, etwa dem Verzicht, entziehen können. Eine Übertreibung erleben wir als Momentaufnahme, gewöhnen uns aber daran und halten es rückblickend für „normal". Übertreibung ist ebenso relativ wie die temporäre Einschätzung.

Die Bedeutung von Standards als Orientierungshilfen

Standards sind freiwillige Richtwerte. Werden sie verhandelt, anerkannt und akzeptiert, geben sie Orientierung und helfen, sich in der Welt zu verorten und das eigene Dasein zu kalibrieren. Das macht sie zu einem hilfreichen, effizienten Instrument der Lebensgestaltung. Sie helfen bei Zuweisung der drei stets begrenzten Ressourcen Zeit, Geld und Aufmerksamkeit. In ihrem Aufsatz über die Welt der Standards beschreiben Timmermans und Epstein ihre Funktionen.[38] So sind Standards

1. eine Quelle von Autorität, nach denen sich gerichtet werden sollte oder muss,

---

[38] Timmermans und Epstein (2010).

2. ein effizientes Element der sozialen Regulierung, denn sie ersetzen aufwendiger durchzusetzende und zu kontrollierende Regeln (Verordnungen, Gesetze usw.) und
3. eine Möglichkeit, das soziale Leben zu homogenisieren, was im besten Falle Sicherheit im Handeln nach sich zieht (tue ich dies, erreiche ich – im Normalfall – jenes).

Standards entstehen, sofern es sich um solche im sozialen Kontext handelt, in einem konstruktiven Prozess und schaffen „Uniformität über Zeit und Raum"[39]. Einmal im Raum, können sie, so Timmerman und Epstein weiter, Teil des sozial-moralischen Wertesystems einer Gesellschaft werden. Wieviel Taschengeld sollen die Kinder bekommen? Wie viele Flaschen Bier pro Tag sind noch akzeptabel? Wie viele Geigenstunden sind erforderlich, damit die unter dem Weihnachtsbaum vorgetragenen Lieder nicht nach einer sterbenden Katze klingen? Welches Budget sollten wir für den nachträglichen Anbau eines Wintergartens einplanen? Wie viel Zeit ist für die Pflege der Schwiegermutter erforderlich? All diese Fragen sind Fragen nach Standards, nach Richtwerten, die Orientierung für prädiktive Entscheidungen geben. Die individuelle Situation mag von der „Standardsituation" abweichen, dann werden auch die Zielgrößen variiert, aber den Ausgangspunkt für Planungen markieren Standards.

Neben diesen **informellen Standards** gibt es natürlich auch die Welt der **formalen Standards.** Das Deutsche Institut für Normung definiert technische und Designstandards, die uns kompatible Komponenten bescheren. Wie lästig wäre es, wenn unsere Mineralwasserflasche plötzlich ein Linksgewinde hätte oder Eingangstüren aus Kostengründen nur noch 1,70 m hoch wären. Auch Terminologiestandards vereinfachen das Zusammenleben, indem sie die Bedeutung von Wörtern über soziale Gruppen und Regionen hinweg vereinheitlichen. Stellen Sie sich vor,

---

[39] Ebenda, S. 71.

2 Über die Zwangsläufigkeit der Alltagsvermessung

das, was Sie „Tisch" nennen, hieße im Nachbarort „Stuhl". Welch ein Durcheinander entstünde?[40]

In der beruflichen Welt haben sich Performancestandards durchgesetzt: Fehler je 1000 Auslieferungen, Verbrauch je Stunde Betriebsdauer, ausgelieferte Päckchen je Tag usw. Und schließlich sind Prozedurenstandards von Bedeutung. Auf diese kommen wir in Abschn. 3.5, wenn es um Checklisten geht, noch einmal zu sprechen, denn die Checkliste eines Piloten ist nichts anderes als eine Standardprozedur, die vor dem Abflug oder im Falle einer außerordentlichen Situation durchgegangen wird. Doch auch im Alltag haben Prozedurenstandards eine große Bedeutung: Schon nach dem Aufstehen haben wir eine Toilettenroutine, wir gehen die immer gleichen Parameter durch, nach denen wir unsere Kleidung auswählen und auch das Schminken folgt einer Standardprozedur. Es wäre mühsam, sich jedes Mal das Vorgehen neu zu überlegen und hier zeigt sich einmal mehr, welchen ökonomischen Nutzen Standards bringen.

Bleiben wir kurz bei der Motivation für Standards.[41] Der **ökonomische Aspekt** liegt auf der Hand. Einem Standard zu folgen bzw. ihn anzuwenden senkt die Handlungs- oder Transaktionskosten. Es ist effizient. Wir vertrauen dem Etablierten, Bewährten und gehen davon aus, dass ein gewünschtes Handlungsergebnis erreicht werden wird. Somit bietet ein Standard **Sicherheit** für die Nutzen-Kosten-Relation: „Wenn ich so viel einsetze, wie es ‚üblich' ist (Standard), werde ich ein ‚übliches' Ergebnis erreichen." Ein drittes Motiv ist die **soziale Absicherung.** Sofern wir uns an Standards halten, droht keine gesellschaftliche Isolierung; davon abzuweichen, außergewöhnlich zu sein oder zu handeln erregt hingegen Stirnrunzeln. Standards sind grundsätzlich ein Basislevel für Bewertungen, warum dann nicht auch im sozialen Miteinander? Die Herde beurteilt ihre Mitglieder und allen dient der jeweilige Standard als Orientierung.

---

[40] Die Folgen sind wunderbar in der Kurzgeschichte „Ein Tisch ist ein Tisch" von Peter Bichsel skizziert Bichsel (1969).
[41] Vgl. hierzu auch Timmermans und Epstein (2010, S. 78 ff.).

Dies wirft die Frage auf, **wer** Standards setzt. Bei technischen formalen Standards ist dies leicht zu beantworten: Es sind diejenigen, die ein Interesse an Standards haben und die sich darum bemühen, im Konsensverfahren einen zu definieren. So sind Kleidergrößen entstanden, wurde der Durchmesser von Fußbällen festgelegt und der optimale Abstand zwischen der Höhe einer Sitzfläche und jener der Esstischplatte. Einige dieser Standards machen „Karriere" und werden später als verbindliche Vorgaben formuliert (DIN-Norm), andere verschwinden wieder, wenn sie sich nicht bewähren.

Komplizierter ist der Fall, wenn keine formale Organisation Definitionen und Messverfahren erarbeitet, ja, es nicht einmal formalisierbare Aspekte sind, die zu Standards werden. Regionale Kuchenrezepte wurden auch nicht durch Interessensvertreter definiert, jedenfalls nicht am Anfang. Hier etablieren sich Standards mit der Zeit, und der Grund ist, dass sie sich bewährt haben. Zutaten waren verfügbar und die Zubereitungsart war sinnvoll, um das gewünschte immer gleiche Ergebnis zu erzielen. Auch für den Nachwuchs waren die Standards von Vorteil, sicherten sie doch gegen Fehlschläge ab. Informelle Standards entstehen, weil sie nützlich sind.

Allerdings, und nun kommen wir zu der in der Überschrift angekündigten Zweischneidigkeit, haben Standards auch weniger wünschenswerte Konsequenzen:

Erstens **kosten Standards Individualität.** Je nach gesellschaftlicher Akzeptanz ist ihre Einhaltung gewünscht oder gar erzwungen. Einen anderen Weg zu gehen, wäre riskant. So können Standards, die einen hohen Akzeptanzgrad haben, den Fortschritt behindern. Dies ist regelmäßig im Umfeld der Diskriminierung von Minderheiten zu erleben. Der soziale Standard sieht vor, dass ein Mitglied der Mehrheit bspw. ein Amt begleitet, auch dann, wenn der differenzierende Parameter keine Rolle für das Amt spielt. Dies ist regelmäßig so, wenn wegen Hautfarbe, Ethnie, Geschlecht, sexueller Orientierung usw. diskriminiert wird. „Anders" zu sein, versperrt den Zugang zu dem Amt, egal, wie schlau, eloquent und fähig die Kandidatin oder der Kandidat ist. Die Folge ist, dass das Potenzial der Minderheit für die Entwicklung der Gesellschaft nicht genutzt wird. Steht diese Gesellschaft in einem

Wettbewerb mit anderen, kann die Vernachlässigung eben dieses Potenzials einen erheblichen Nachteil bedeuten.

In diesem Kontext stellen Standards auch gedankliche Barrieren dar. Sie sind effizient, weil der standardisierte Bereich „eh klar" ist und sich auf diesen zu beschränken keine Anstrengung zu verlangen scheint. Somit wird auch nicht darüber nachgedacht. Oft sind externe Störimpulse erforderlich, um die Entwicklungen im vormals standardisierten Bereich anzustoßen. Im entwicklungstheoretischen Sinne ist es durchaus wünschenswert, Standards infrage zu stellen und durch bessere, sich neu etablierende Standards zu ersetzen, und nicht erst dann, wenn Störimpulse dazu zwingen. Bei Produkten ist es der Wettbewerb, der das Weiterdenken triggert. Dies gilt vermutlich auch für soziale Strukturen, sofern die Mitglieder zu vertretbaren Kosten zwischen Sozialgemeinschaften wechseln dürfen und somit ein Wettbewerb der Systeme besteht. So profitieren Länder von Einwanderungen, denn neue Ideen kommen hinzu und die alten Ideen werden einem Wettbewerb ausgesetzt. In diesem Kontext ist die Diskussion über „kulturelle Aneignung" lächerlich, denn meine (empirisch nicht belegte) Beobachtung ist, dass sich Kulturen als soziale Systeme vor allem durch die Übernahme von Ideen aus anderen Kulturen entwickeln.

Die oben en passant formulierte Nebenbedingung, dass Mitglieder zwischen den Kulturen zu vertretbaren Kosten wechseln können, ist dabei von besonderer Bedeutung. Ist es ihnen nämlich nicht gestattet, entwickeln sich Herden ob der geltenden starren Standards nur langsam weiter. Neue Ideen bleiben außen vor. Plakative Beispiele sind die Amischen, die Mennoniten, die Wahabiten, die Scientologen, die Taliban, der Peoples Temple oder die Neo-Sannyas-Bewegung (Bhagwan).[42] Wer die Herde verlässt, hat Repressalien zu befürchten.

Zweitens können Standards selbst diskriminieren, weil sie **Ausnahmen bei den Ausgangskonstellationen** nicht berücksichtigen. Häuser, Autos, Möbel oder Kleidung werden mit Blick auf

---

[42] Dass mir hier nur religiöse Gruppen einfallen, ist typisch. Nur wenige gesellschaftliche Regulativsysteme waren und sind ähnlich restriktiv und wirkmächtig.

Standardmaße der späteren Nutzerinnen und Nutzer konstruiert. Weisen diese aber Maße außerhalb der Standards auf, müssen die Produkte gesondert gefertigt werden; die Kosten der individuellen Anpassung sind hoch. Umgekehrt argumentiert bieten Standards die Möglichkeit, für große, sich parameterspezifisch gleichende Gruppen in großen Mengen und damit günstiger zu produzieren. Dabei können sich die Standards natürlich ändern, wenn sich die Parameter ändern. Kleidergrößen bspw. werden immer mal wieder angepasst, denn die Körpermaße der Mitteleuropäer ändern sich. Was früher Herrengröße „L" war, kann heute schon „M" sein.

2.4.3 Messungen als Entscheidungsgrundlage

All die oben skizzierten Themen der gesellschaftlichen Diskussion lassen sich selbstverständlich auch auf **individueller** Ebene spiegeln. Auf dieser möchte ich in diesem Kapitel bleiben, aber den Fokus auf einen zentralen Aspekt des Alltags richten, **Entscheidungen,** und die Frage stellen: Wie essenziell sind Vermessungsdaten für unsere Entscheidungen?

Vordergründig ist die Antwort einfach: Ist es möglich, valide Daten mit vertretbarem Aufwand zu beschaffen, sollten diese immer Grundlage der anstehenden Entscheidung sein. Aber natürlich treffen wir Entscheidungen auch dann, wenn uns relevante Daten fehlen. Ja, wir treffen sie sogar, wenn wir diese Daten beschaffen könnten, uns dies aber zu aufwendig, mühsam oder anspruchsvoll erscheint. Und um noch einen draufzusetzen: Wir treffen auch Entscheidungen, obwohl vorhandene Daten einen anderen Beschluss anraten würden. Dann ignorieren wir die Fakten, weil wir glauben, es intuitiv („aus dem Bauch heraus") besser zu wissen.

Wir füllen Lücken durch Annahmen und Hoffnungen und ersetzen Fakten durch Überzeugungen, was wir spielend leicht vor uns selbst rechtfertigen. Das weite Feld der Verhaltensökonomie befasst sich mit diesem und ähnlichen Phänomenen: Wir handeln nicht nur rational![43] Was genau unsere Entscheidungen beeinflusst, ist allerdings nicht einfach zu ergründen und noch schwerer zu beschreiben. Es ist eben nicht nur ein plumper Algorithmus, dessen Variablen bedient werden müssen, um eine Entscheidung auszulösen. Oder vielleicht doch? Ist es einer, aber wir kennen nur noch nicht alle Variablen? Nun, die Frage, die uns hier im Kontext dieses Buches beschäftigt, ist nicht, inwieweit Messergebnisse in die Entscheidungen einbezogen werden, sondern, wie Datenlücken, gefüllt werden.

Ohne Daten keine Prognose

Datenlücken in Entscheidungssituationen gibt es immer. Das ist tautologisch, denn jede Entscheidung betrifft die Zukunft. Wie diese sein wird, ist selbstredend nur unvollständig bekannt. Wie viele Daten konkret fehlen, ändert sich mit dem betrachteten Ausschnitt der Zukunft und dem Zeithorizont. Grundsätzlich gilt: Je umfassender der Blick nach vorne („Breite des Ausschnitts") und je weiter wir nach vorne schauen („Prognosehorizont"), desto unsicherer und verschwommener ist das Bild von der Zukunft (Abb. 2.2); die Datenlücken werden größer.

Bei einer Entscheidung geht es immer um eine Antwort auf eine der zwei folgenden Fragen:

1. „Was soll ich tun, um die Zukunft im für mich gewünschten Sinne zu gestalten?" bzw.
2. „Was soll ich tun, um mit einer angenommenen Zukunft bestmöglich zurecht zu kommen?"

Der Unterschied zwischen diesen zwei Fragen ist, dass im ersten Fall die Zukunft durch eine Entscheidung gestaltet werden kann. Im zweiten

---

[43] Über das Thema „Entscheidungen" gibt es unzählige Werke. Ausdrücklich empfehlen möchte ich bei weiterem Interesse jedoch Giegerenzer, 2020, und natürlich das populärwissenschaftliche Standardwerk des Nobelpreisträgers Daniel Kahneman: Kahneman, Schnelles Denken, langsames Denken (2016).

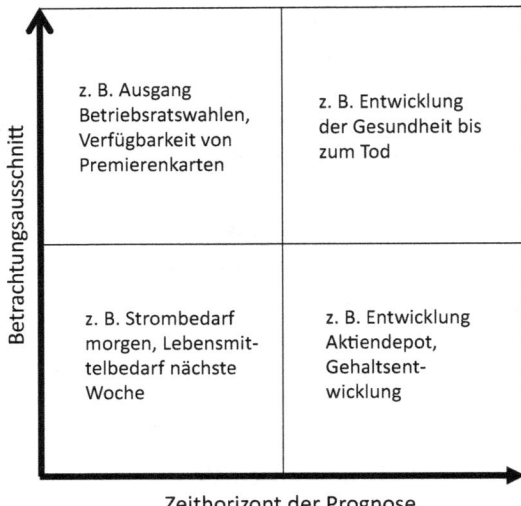

Abb. 2.2 Bedeutung von Betrachtungsausschnitt und Zeithorizont bei Prognosen. (Eigene Darstellung)

Fall ist die Zukunft eine Konstante und das Verhalten muss so gestaltet werden, dass die Ziele im Hinblick auf die zur Verfügung stehenden Ressourcen bestmöglich erreicht werden.[44]

> Gemeinsam ist beiden, dass Prognosen umso sicherer werden, je mehr wir uns auf eine Fortschreibung der Vergangenheit verlassen dürfen (morgen wird es so sein, wie es gestern war).

Natürlich wird die Zukunft allenfalls zufällig genau so sein, wie wir es uns vorstellen.[45] Hier bringen Prognostiker die **Eintrittswahrschein-**

---

[44] Ausführlich siehe Kühnapfel, Die Macht der Vorhersage. Smarter leben durch bessere Prognosen (2019).
[45] Oder aber wir haben einen winzigen Zukunftsausschnitt in sehr naher Zukunft betrachtet, etwa den Zustand der Spagetti, die wir gerade ins kochende Wasser gelegt haben, in acht Minuten.

lichkeit einer Vorhersage ins Spiel. Diese ist immer, immer, immer kleiner als 100 %! Stets kann ein Störereignis auftreten, vom Herzinfarkt über einen Stromausfall bis zum Erdbeben. Aber wenn für eine Prognoseaufgabe eine solide, lineare Vergangenheit festgestellt wird und es keinen Grund dafür gibt anzunehmen, dass eine Fortschreibung nicht sinnvoll ist, sollten wir extrapolieren. Die Eintrittswahrscheinlichkeit der erwarteten Zukunft steigt. Für diese Fortschreibung benötigen wir Daten, die oft – so das Thema dieses Buches – über die Vermessung des Alltags erhoben werden. Wenn die Spagetti immer nach acht Minuten al dente waren, ist es ökonomisch sinnvoll, dies auch für die Zukunft anzunehmen.

Was ist aber, wenn keine Vergangenheitsdaten zur Verfügung stehen? Versetzen wir uns in die Lage eines Pioniers, der aufbricht, neue Länder zu entdecken. Anscheinend hat er keine Informationen, ob, wann, wo und wie er Erfolg haben wird. Eine Eintrittswahrscheinlichkeit des Erfolgs, eventuell noch gekoppelt an einen zeitlichen Horizont, ist für sein Vorhaben unmöglich zu beziffern. Erst wenn es viele Entdeckungsreisen gibt, entstehen statistische Wahrscheinlichkeiten. Ob die konkrete geplante Reise des Pioniers ein Erfolg wird, bleibt dann immer noch ungewiss, aber wenn bisher bspw. jede vierte Reise dieser Art erfolgreich war (Erfahrungen der Vergangenheit), ist anzunehmen, dass die Erfolgswahrscheinlichkeit seiner Reise 25 % beträgt. Ein Forschungsminister müsste mit dieser Erkenntnis vier Forschungsreisen finanzieren und losschicken, damit zumindest auf einer mit hinreichender Sicherheit neue Länder entdeckt werden. Die Kenntnis der Eintrittswahrscheinlichkeit macht Entscheidungen besser.

Die Verführungsmacht der eigenen und der übernommenen Erfahrungswerte

Eine typische Datenquelle sind also Erfahrungswerte. Diese wurden in der Vergangenheit gesammelt und sollen extrapoliert oder als Analogien verwendet werden („wie die damals so ich zukünftig"). Dagegen ist nichts einzuwenden, wenn es richtig gemacht wird. Aber vier mögliche Fehler stehen einer sinnvollen Verwendung von Erfahrungswerten im Weg:

Erstens ist die **Anzahl von Erfahrungen** zu beurteilen:

> Immer ein Fehler wäre die Einzelfallinduktion, bei der von einem einmaligen Erlebnis auf eine generelle Regel geschlossen wird.

Nur, weil der Schwarzfahrer letzte Woche ein Tätowierter war, heißt das noch lange nicht, dass alle Schwarzfahrer Tätowierte sind. Es heißt auch nicht, dass alle Tätowierten schwarzfahren und erst recht nicht, das wäre die nächste Verallgemeinerungsstufe, dass alle Tätowierten Verbrecher sind.

Dass von einem Einzelfall nicht auf eine Regelmäßigkeit geschlossen werden darf, mag einleuchten. Doch was ist, wenn der gleiche Sachverhalt ein zweites Mal oder ein drittes Mal beobachtet wird? Irgendwann darf eine Gesetzmäßigkeit oder zumindest eine hohe Eintrittswahrscheinlichkeit vermutet werden. Aber ab wann? Fährt die nächste in den Bus einsteigende tätowierte Person schwarz? Wie sicher ist das? Lohnt es, den Kontrolleur zu rufen? Und wie wahrscheinlich ist es, dass die oder der nächste Erwischte tätowiert ist? Es gibt keine generelle Regel, ab wie vielen Wiederholungen eine Beobachtung eine **prognostische Relevanz** bekommt. Klar ist aber, dass die Geschichte des erfolgreichen Auswanderers, den wir kennen, keinesfalls das Fundament unserer Entscheidung sein sollte.

Die zweite Fehlerquelle schließt sich hier gleich an: Der **Selektionseffekt.** Wir alle sind in einem sehr beschränkten sozialen Umfeld, unserer „Bubble", unterwegs. Wir kennen unsere Herden, lesen unsere Zeitschriften, folgen unseren Instagram-Influencern oder schauen unsere Fernsehsendungen. Folglich sind unsere Erfahrungen selektiv. Ein umfassendes Bild entsteht so nicht. Sind wir dick und wollen abnehmen, reicht es aber nicht aus, Erfahrungen in unserem Umfeld zusammenzutragen.

Ein etwas beleibter Radsportfreund fragte neulich in unserer WhatsApp-Rennrad-Gruppe, was er tun könne, um abzunehmen.

Die Antworten waren erwartungsgemäß: Viele rieten auf Basis eigener Erfahrungen zu mehr oder anderem Radtraining, manche zu ergänzendem Sport. Andere Möglichkeiten, Gewicht zu verlieren, wurden hingegen keine diskutiert. Was blieb, war die Regel, dass mehr Sport zu weniger Gewicht führe. Mehr hatte die Herde nicht zu bieten und entsprechend selektiv waren die Tipps. Oder, um das Beispiel der Auswanderer aufzugreifen: Nur, weil in der VOX-Serie „Goodbye Deutschland – die Auswanderer" Berichte über einen, drei oder acht erfolgreiche Auswanderer gezeigt werden, heißt das noch lange nicht, dass Auswandern immer erfolgreich ist, denn die Produktionsgesellschaft dieser Sendung wird unterhaltsame, vielleicht auch spektakuläre oder emotional herausragende Fälle selektieren.

Ein dritter Fehler könnten **Mängel im Notieren der Daten** sein. Insbesondere bei Zeitreihen, also Messungen über einen gewissen Zeitraum, sind die Daten einheitlich zu erfassen und zu notieren. In der oben beschriebenen WhatsApp-Gruppe berichteten einige über ihre Diäterfolge, ohne die Zeiträume oder das Ausgangsgewicht zu nennen, á la „Ich habe mit GA1-Training acht Kilo abgenommen!" Die puren Kilogrammangaben als Erfahrungswerte sind dann nicht vergleichbar. Unpräzise dokumentierte Daten verlieren ihren Wert.

Der vierte und letzte hier relevante mögliche Fehler beim Erfassen von Erfahrungswerten als Datenquelle ist die **Unvergleichbarkeit der Bedingungen**. Im Falle des Abnehmens unserer Radsportler wäre das bspw. der ursprüngliche Body-Mass-Index (BMI) der Radler. Einer mit einem BMI von 40 wird mehr und schneller abnehmen als einer mit einem BMI von 25. Auch bei Auswanderern dürfte es sich so verhalten: Eine Facharbeiterin mit Berufserfahrung und hinreichend Erspartem auf dem Konto dürfte eine höhere Chance auf einen Neuanfang auf Mallorca haben als eine ungelernte Hilfsarbeiterin mit überstrapaziertem Dispo. Nur, wenn die Rahmenbedingungen der Erfahrungswelten mit den eigenen Rahmenbedingungen vergleichbar sind, können die Daten verwendet werden und haben einen prognostischen Wert.

„Without data, you're just another guy with an opinion!"

„Ohne Daten bist Du nur eine weitere Person mit einer Meinung." Diesen Spruch, der passenderweise auf einen Statistiker (W. Edwards Deming) zurückgeht, sollte sich jeder „Experte", ob Arzt, Manager oder Koch, einprägen. Ja, zuweilen ersetzt umfangreiches Erfahrungswissen die Notwendigkeit der Vermessung, aber meist und im Zweifel reicht die individuell gemachte Erfahrung nicht aus, um ein valides Urteil zu fällen. Gerade dann, wenn Entscheidungen außergewöhnlich weitreichend sind, ist Intuition, vulgo das „Bauchgefühl", nicht nur ein schlechter Ratgeber, sondern geradezu gefährlich.[48] Gerade „Experten" stehen oft unter Aussagedruck und auch dann, wenn sie mangels Daten lieber eine vage Prognose abgeben würden, erwarten andere eine deutliche Ansage. Jede Führungskraft, von der Entscheidungen verlangt werden, jede Ärztin, die eine Therapie vorschlagen muss und jede Vermögensberaterin, die das Geld ihrer Kunden mehren soll, kennt dieses Problem.

Doch noch viel mehr als Expertinnen und Experten sollten **Laien** Demings Spruch berücksichtigen: Wie oft erleben wir, dass Menschen zu Themen Meinungen äußern, aber ihr Wissen so stabil ist wie das Bambusgerüst an einem Hochhaus in Jakarta. Ähnlich wie so mancher selbstzufriedene Talkshow-Philosoph haben sie zu allem und jedem eine Analyse anzubieten, gerieren ihre Meinung als einzig mögliche und warten mit Sachinformationsfetzen und -fetzchen auf, um ihrem Selbstbild als Fachfrau oder Fachmann gerecht zu werden. „Ich habe gehört/gelesen/gedacht … also weiß ich es." So gibt es nicht nur über 40 Mio. begnadete Fußballbundestrainer in Deutschland, es gibt noch viel mehr versierte Vermögensberater, fachkundige Ärzte oder Fachleute für Werbung. Wer weiß nicht spontan zu urteilen, dass die Seitenbacher-Müsli-Werbung „nervig" oder dass der CO_2-neutrale Vodafone-Spot „Love-Share-Protect" super gut gelungen sei. Dabei ist das Problem nicht neu. Schon 1929 bemängelte der deutsche „Reklame"-Pionier

---

[48] Hier ist nicht der Raum, um dies zu vertiefen. Mehr dazu siehe Moch (2015), und Kühnapfel, Die Macht der Vorhersage. Smarter leben durch bessere Prognosen (2019.)

Hans Domizlaff, dass sich „fast sämtliche Laien" ein Fachurteil über Werbung erlauben würden, ohne Ahnung davon zu haben.[49] Sich vor diesen Meinungslaien zu schützen, ist aber leicht: **„Woher weißt Du das?"** reicht als Kontrollfrage meist aus und entlarvt die, die da glauben, aber nicht wissen. Schwieriger ist es, nicht selbst in die Falle zu tappen und allzu voreilig Urteile abzugeben, denen die Substanz in Form von Daten fehlt.

Glauben oder Wissen? Was trägt eine Entscheidung?

Meinungen sind eine schlechte Grundlage für Entscheidungen. Da letztere zukunftsgerichtet sind und die Zukunft im Ungewissen liegt, bleibt ein Rest an Unsicherheit. Dieser Rest wird umso kleiner, je mehr gemessen wird und Daten akkumuliert und bei der Entscheidung berücksichtigt werden. Was dann an Unsicherheit übrig bleibt, ist ein Maß für das **Restrisiko.** Wichtig ist für uns, dass wir lernen, Glauben von Wissen zu unterscheiden. Nur dann stellt sich Bewusstsein für das Risikomaß ein. Die Entscheidungen werden besser.

2.5 Systemtheorie oder: „Alles hängt zusammen!"

In der Einleitung in Kap. 1 habe ich mich als ein Fan von Gary Becker geoutet. Zur Erinnerung: Becker wurde für seine Ansätze, so ziemlich alle Lebensbereiche einer ökonomischen Analyse zu unterziehen (darunter auch Emotionen, Familie oder Partnerschaften), erst als „ökonomischer Imperialist" beschimpft und erhielt dann genau dafür den Wirtschaftsnobelpreis. Seine Theorien bieten eine Klammer, die alle Entscheidungen des Alltags zusammenhält: Kosten und Nutzen. Im weitesten Sinne ist damit menschliches Verhalten ein Optimierungs-

---

[49] Domizlaff (1929, S. 9).

geschäft wie jedes andere auch.[50] Die Ökonomie hält alles zusammen und bietet einen Weg, sowohl die kleinen Aspekte des Alltags als auch die großen Schwungräder des Lebens zu verstehen. Nichtmonetäres und Monetäres vermischen sich zu einer Kosten- und Nutzenbilanz.

Es ist nun nur noch ein kleiner Schritt, zu akzeptieren, dass wir alle unsere Entscheidungen (auch) auf Basis einer Kosten-Nutzen-Abwägung treffen. Doch niemals erfolgt eine solche entscheidungsspezifische Abwägung isoliert. Vielmehr hängen alle Entscheidungen mit allen anderen Entscheidungen zusammen. Mit dem Riesenrad zu fahren kostet Geld, das wir dann nicht mehr für eine Bratwurst ausgeben können und kostet Zeit, die wir nicht mehr am heimischen TV-Gerät sitzen und „Goodbye Deutschland! Die Auswanderer" schauen können.

> Zugegeben: Der Gedanke, dass die Ökonomie alle Entscheidungen unseres Leben umklammert, ist unromantisch, befremdlich und unbequem, aber jede, aber auch jede Entscheidung ist von Nutzen und Kosten bestimmt und keine Entscheidung kann isoliert getroffen werden. Alles hängt zusammen.

Becker hat diesen Gedanken des systemischen Zusammenhangs für den ökonomischen Blick auf menschliche Entscheidungen entwickelt. Dabei folgt er einer viel älteren wissenschaftlichen Tradition: Gut 150 Jahre vorher wirkte der Naturforscher Alexander von Humboldt. Sein Credo:

> Alles hängt zusammen. Alles steht in Wechselwirkung miteinander und wenn wir das Eine verändern, verändern wir zwangsläufig auch das Andere.

Das Problem ist allerdings: Wir können mit dieser Erkenntnis nichts anfangen! Würden wir versuchen, bei einer Entscheidung den Zusammenhang von und mit allem zu erfassen, müssten wir schnell

---

[50] Siehe hierzu beispielsweise De Hert und Muraszkiewicz (2014).

kapitulieren. Es wäre unmöglich, alles zu durchdringen. Selbst nichts zu entscheiden würde nicht helfen, denn „keine Entscheidung ist auch eine Entscheidung". Wir müssen stattdessen einen **Ausschnitt der Realität** kreieren, diesen vermessen und so Daten für eine Entscheidung sammeln. Dabei können und sollten wir versuchen, Abhängigkeiten und Wechselwirkungen zu verstehen und zu berücksichtigen, aber vollständig kann uns das nicht gelingen. Ergo bleiben Lücken. Die Qualität einer Entscheidung, die sich am Fortschritt zur Zielerreichung (vielleicht „Lebenszufriedenheit") unter Berücksichtigung des Ressourcenverbrauchs (Zeit, Geld und Aufmerksamkeit) beurteilen lässt, ist dann von der Fähigkeit abhängig, intuitiv die **wirklich relevanten** Abhängigkeiten zu erkennen, also eine zielführende Selektion vorzunehmen. Doch selbst diese kann selten bewusst und nach objektiven Maßstäben erfolgen. Dann ist das Werkzeug der Wahl die Intuition, und da diese nichts anderes ist als Erfahrungswissen, haben Erfahrene, Experten und Gelehrte Vorteile bei Entscheidungen.[51]

Fassen wir die Erkenntnisse dieses kurzen Kapitels zusammen: Für jede Vermessung im Alltag ist es erforderlich, den Blick auf einen Ausschnitt der komplexen Realität zu richten. Dies verlangt Abgrenzung. Die Herausforderung ist dabei, die systemischen Verstrickungen zu erkennen und zu bewerten, inwieweit sie zu berücksichtigen sind oder ob sie vernachlässigt werden können. Den Verbrauch des Autos zu messen, verlangt vielleicht nur, die Zusammensetzung der gefahrenen Verkehrssituationen (Stadt, Autobahn usw.) zu berücksichtigen. Um den gemessenen Blutdruck zu bewerten, bedarf es schon mehr Expertise, denn die Wechselbeziehungen sind komplexer (Tageszeit, Essen, Bewegung, Medikamente, psychischer Zustand, Krankheiten usw.). Versuchten wir als nächste Stufe der Komplexität, die Aktienkursentwicklung zu messen und dann auch noch zu prognostizieren,

---

[51] Dass dies tatsächlich so ist, hat der Nobelpreisträger Herbert Simon in seinen umfangreichen Forschungen über die Bedeutung von Expertise und Intuition für Entscheidungen festgestellt. Vgl. bspw. Simon (1987). Für den Sportsektor haben das Baker et al. (2003), untersucht. Und unbedingt erwähnt werden muss hier auch Gary Klein, der einen anderen Ansatz zur Erklärung intuitiver Entscheidungen propagiert, aber ebenfalls Erfahrungswissen als Schlüsselgröße sieht: Klein G., Developing expertise in decision making (1997).

würden wir scheitern: Die Prognose der Kursentwicklung wird nicht besser sein als das Urteil von Affen.[52]

2.6 Warum vermessen wir unseren Alltag?

In diesem Kapitel geht es um die Motive der Vermessung. Gutes akademisches Handwerk wäre nun, eine Systematik der Motive zu entwickeln. Leider wäre diese für unsere Zwecke nicht sonderlich nützlich. Also bleibt es bei einer Aufzählung, die ich in Tab. 2.1 mit Beispielen aus dem Alltag ergänze. Eine Sortierung, etwa nach der Bedeutung für unsere Alltagsentscheidungen, ist damit nicht verbunden.

So recht befriedigt diese Auflistung natürlich nicht, denn das subjektive Empfinden ist ein anderes: Menschen scheinen **in stark unterschiedlichem Maße** an der Vermessung ihres Lebensumfelds und an den resultierenden Daten interessiert zu sein. Ist es eine Charakterfrage, eine Folge frühkindlicher Prägung oder eine bewusste Entscheidung, auf Messwerte zur Beherrschung des Alltags zu vertrauen, gemäß dem bereits beschriebenen Motto.

> „Without data, you are just another guy with an opinion!"?

Der Versuch einer Antwort auf diese Frage ruft zwangsläufig nach einer umfassenderen Perspektive: Wir erleben Menschen, die erst einmal Daten (Fakten usw.) suchen, um eine Entscheidung zu treffen, und wir erleben Menschen, die spontan ihrer Intuition vertrauen. Gerne nennen wir diese Archetypen „Kopfmenschen" und „Herzmenschen". Es ist wohl eine Frage des Zeitgeistes, dass wir diese Dichotomie werten und hierbei die Herzmenschen besser abschneiden, obgleich sie im All-

---

[52] Leider stimmt das tatsächlich! Siehe das Experiment der Chicago Sun-Times, in dem über mehrere Jahre hinweg ein Affe ein Aktienportfolio zusammenstellte, das in den meisten Jahren die Vergleichsportfolios der besten Anlageberater schlug. Der Affe hieß übrigens „Adam Monk". Siehe Leins (2013).

Tab. 2.1 Motive der Alltagsvermessung. (Eigene Darstellung)

Motiv	Beschreibung	Beispiel
Vergleich	Vergleich der Messdaten alternativer Objekte bzw. Phänomene	Sportliche Leistungen, Gehälter, Gewichtsreduktion
Referenzierung	Vergleich der Messdaten eines Phänomens mit einem Referenzwert zur Feststellung von Abweichungen	Feststellen von Rekorden, Restback- und -kochzeiten, verbleibende Urlaubstage, Fiebermessung
Kalibrierung[46]	Wie Referenzierung, nun mit dem Ziel der Justierung des Messphänomens mittels eines Normwertes	Prüfen der Backofentemperatur, der Personenwaage oder des Gaszählers
Navigation	Ermitteln von Raum- und Zeitdaten zur Bestimmung einer Position, ggf. in Abweichung zu einer Referenzposition	Navigationsgerät im Auto oder am Fahrrad
Zielfindung zur Nachahmung	Erzeugen eines Referenzwertes, dem nachgeeifert wird	Persönliche Sportrekorde als Zielmarken und Herausforderungen
Absicherung	Kontrolle von Soll-Ist-Abweichungen	Einhalten von Grenzwerten, etwa Mindestgeldreserve auf dem Tagesgeldkonto
Trendermittlung	Vermessung in zeitlicher Abfolge zur Identifikation und Extrapolation von Entwicklungen über die Zeit (Messreihe)	Vorhersage von Entwicklungen bei Beibehaltung der Rahmenbedingungen (z. B. Körpergewicht) mit dem Ziel, präventive Maßnahmen zu ergreifen[47]

(Fortsetzung)

---

[46] Siehe die Ausführungen zum Normalismus bei Wiedemann (2019, S. 64–69).

[47] Vor allem in der Medizin, siehe Wiedemann (2019, S. 58). Das Ziel ist es, die Zukunft berechenbarer zu machen, also die Wahrscheinlichkeit von Risiken zu kontrollieren, z. B. Adipositas, Stoffwechselerkrankungen, Pflegebedürftigkeit, aber auch Altersarmut, Diebstahl und Einbruch, Umweltgefahren, Katastrophen usw.

Tab. 2.1 (Fortsetzung)

Motiv	Beschreibung	Beispiel
Erzeugen von Steuer- und Regelgrößen	Identifikation von messbaren Ansatzpunkten für aktive Eingriffe zur Beeinflussung dynamischer Entwicklungen	Kalorienzählen
Gewohnheit	Vermessen als habituelles Verhalten ohne eigenständigen Nutzen im Rahmen von Routineabläufen	Zählen von Treppenstufen, morgendliche Gewichtskontrolle
Spaß am Vermessen an sich	Objekt- oder Referenzwertvergleiche als Selbstzweck	So ziemlich alle Einträge im Guinness Buch der Rekorde

tag eindeutig die schlechteren Entscheidungen treffen. Seiner Intuition zu vertrauen, wenn Geld angelegt, ein Partner oder Beruf gewählt oder eine Immobilie gekauft werden soll, ist einfältig. Erst Messwerte und damit der bewusste Blick auf zähl-, wieg- und messbare Aspekte und deren Vergleich kann eine Entscheidung substanziell vorbereiten. Vor allem, wenn keine Erfahrungen vorhanden sind, ist es erforderlich, die Datenlage zu kennen, und sei es nur, um herauszufinden, was alles nicht bekannt ist und somit das Entscheidungsrisiko erhöht.[53]

> Das Fazit: Wir vermessen unseren Alltag, um Entscheidungen vorzubereiten. Diese Entscheidungen sind immer zukunftsgerichtet. Messungen helfen, das Risiko einschätzen zu können und es zu reduzieren, denn unser Vorrat an Zeit, Geld und Aufmerksamkeit ist begrenzt. Messungen sind somit ein Werkzeug effizienter und effektiver Lebensführung (geringe Transaktionskosten).

---

[53] Ausführlich zum Thema erfahrungs- und datengestützte bzw. intuitive Entscheidungsfindung siehe (Kahneman & Klein, Conditions for Intuitive Expertise – A Failure to Disagree, 2009). Allgemeinverständlich aufbereitet findet sich die Diskussion dieses Themas bei Küll & Kühnapfel, Kopf zerbrechen oder dem Herzen folgen? Wie Sie gute Entscheidungen treffen – am Beispiel von 10 wichtigen Lebenssituationen (2020).

Wen interessiert's?

Um eine Antwort auf die Frage im Titel dieses Kapitels, „Warum vermessen wir unseren Alltag?", zu finden, ist die Suche nach dem **Adressaten** der Messergebnisse von Bedeutung: Wer hat Interesse an der Datenspur, die unser Leben hinterlässt? Da ist zunächst einmal die messende Person selbst. Das **Ich**. Lebensoptimierung, Kalibrierung im sozialen Umfeld, Beobachtung von Veränderungen oder Vergleiche werden benötigt, um im Meer der sozialen Interaktionen unserer Bezugsgruppen navigieren zu können. Die Vermessung des Alltags ist dann erzwungen, erforderlich, hilfreich oder ein Versuch (siehe Tab. 2.1).

Wer sich darüber hinaus für die Messergebnisse interessiert, ergibt sich aus dem Messszenario. Was wird wie vermessen? Darum kommen wir nicht um eine Aufzählung herum, die nicht vollständig ist, aber einen guten Überblick über die Bandbreite von Interessenten für die Daten bietet. In Klammern dahinter finden sich exemplarische Motive:

- selbstgewählte soziale Gruppen wie die Familie, reale oder virtuelle Freunde, Clique, Verein (Vergleiche von Tätigkeiten, die Spaß machen, Reputation)
- Anbieter von Konsumgütern (Schärfung der Zielgruppe zur Optimierung der Maßnahmen des Marketingmixes)
- Infrastrukturlieferanten (langfristige Prognose von Liefermengen)
- Versicherer (Kalkulation gewinnoptimaler und zugleich wettbewerbsfähiger Tarife)
- Schuldner, Banken (Bewertung von Ausfallrisiken)
- Regierung (Steuerung gesellschaftspolitischer Themen entsprechend der politischen Ziele)
- Arbeitgeber (Optimierung der Leistungs-Gehalt-Relation)
- Kriminelle (Suche nach Ansatzpunkten für illegalen Verdienst)
- Forscher (Überprüfen von Hypothesen über das Warum und Wie des Seins)

Und welcher dieser Adressaten sollte, kann oder muss reguliert und beobachtet werden?

3

Mit welchen Methoden vermessen wir unseren Alltag?

Messmethoden erfordern in jedem Falle Aufwand, zum Teil sogar die Verfügbarkeit von Expertise bzw. Geräten. Und wenn Etwas etwas kostet, muss es auch etwas nutzen, sonst sollten wir es lassen. „Messen" ist zudem etwas anderes als „Bewerten". Wir bewerten ständig, meist subjektiv, intuitiv und spontan. Wir bewerten, ob uns die Bluse gefällt, ob das Tor von Ronaldo „schön" war, ob uns die Lasagne schmeckt oder ob das Auto in der 30er-Zone zu schnell war. Solche subjektiven Bewertungen referenzieren wir an unseren Erwartungen bzw. Vorstellungen. Erfahrungen, gewünschte Ergebnisse, die soziale Prägung und das aktuelle Lebensumfeld bestimmen die Einschätzungen. Sie bilden einen Teil der subjektiven Wahrheit; objektiv sind sie allerdings nicht.

Dennoch können sie Gegenstand von Messungen sein. Dann geht es bei der Bewertung des Designs einer Bluse nicht mehr um eine Quantifizierung anhand einer Skala, sondern um einen **Vergleich,** z. B. mit anderen Blusen. Es kann eine **Rangfolge** der hübschesten Blusen erstellt werden oder es erfolgt ein Vergleich mit der Vorstellung von dem, was individuell als hübsche Bluse durchgeht – die **Referenzierung.** Auch das sind Messungen.

© Der/die Autor(en), exklusiv lizenziert an Springer Fachmedien Wiesbaden GmbH, ein Teil von Springer Nature 2023
J. B. Kühnapfel, *Die Vermessung des alltäglichen Lebens,*
https://doi.org/10.1007/978-3-658-42344-5_3

Messen ist also mehr als nur zu zählen, zu wiegen und ein Maßband dranzuhalten. Dafür, dies zu erläutern, dient dieses Kapitel. Wir werden die unterschiedlichen Methoden kennenlernen, mit denen wir unseren Alltag vermessen, um Futter für Entscheidungen zu erhalten. Die Werte, die wir erhalten, können

- einen statischen Zustand abbilden,
- dynamische Veränderungen aufzeigen,
- Vergleiche oder
- das Bilden von Rangfolgen ermöglichen.

Jeder Zweck hat im Kontext der Bewertung von Objekten und dem Treffen von Entscheidungen seine Daseinsberechtigung und jede der nachfolgend beschriebenen sechs Methoden kann diesem Zweck dienen.

3.1 Messen

„Messen" oder „Vermessen" wird umgangssprachlich als Oberbegriff für jegliche Art der Erfassung von Daten verwendet, auch für das Zählen, Wiegen usw. Hier jedoch ist eine präzisere Beschreibung erforderlich und ich möchte mich zunächst auf Raum- und Zeitmaße als die Essenz des Messens im engeren Wortsinn konzentrieren:

> Messen ist das Erfassen von Maßpunktdifferenzen in den drei räumlichen Dimensionen oder der Zeit.

Es geht also um räumliche Koordinaten oder um Zeitpunkte. Die Differenz zwischen räumlichen oder zeitlichen Punkten ergibt das **Maß**. Wenn bspw. die Zeit einer Hundertmeterläuferin gestoppt wird, ist eine Zeitmarke beim Startschuss zu setzen (die Stoppuhr wird bei 0:00 gestartet) und beim Überschreiten der Ziellinie wird ein zweiter Zeitpunkt markiert. Die Differenz, die praktischerweise auf der Stoppuhr angezeigt wird, beschreibt die Dauer des Laufs. Ähnlich verhält es sich mit der Vermessung einer Strecke. Soll die Breite einer Kaffeetasse gemessen werden, wird ein Lineal benutzt und auf dieses werden zwei Punkte übertragen, die die Außenseiten der Tasse markieren. Die Differenz dazwischen ist die Breite und das Lineal zeigt diese praktischerweise gleich an. Hier wird zuweilen zwischen „direkter" und „indirekter" Messung unterschieden, aber den Unterschied macht letztlich nur, ob ein Gerät vorhanden ist, auf dem das Maß zwischen zwei Messpunkten direkt abgelesen werden kann oder nicht.

Wir verwenden für eine Messung also Instrumente, die ermöglichen, die Messpunkte festzulegen und die Differenz zwischen diesen abzulesen. Die Einrichtung dafür nennen wir **Skala** und es ist eine prima Sache, dass wir uns darauf verlassen können, dass diese Skalen **normiert** sind. Wir sind gewohnt, dass unsere Uhren, das Bandmaß, das Lasermessgerät oder das Geometriedreieck exakt messen und das Ergebnis mittels einer Skala mit einem normierten Maß anzeigen. Das war nicht immer so. Der erste Urmeter wurde 1795 aus Messing gegossen und erst 1875 unterzeichneten die damals wirtschaftlich und militärisch führenden Nationen den sogenannten „Metervertrag".

Die Idee eines international standardisierten Längenmaßes ist also noch keine 150 Jahre alt! Bis dahin gab es eine unübersichtliche Menge an regional gültigen Längen- und Gewichtsmaßen, was den Handel zweifellos unübersichtlich machte. So vermaß man Stoffe hunderte Jahre lang mit „Elle", einem bemerkenswert flexiblen Maß. Je nach Ort war es zwischen 50 und über 80 cm lang. Da war es bereits ein Fortschritt, wenn auf lokalen Märkten einheitliche Ellenmaße vorgegeben wurden (auch eine Form von Regulierung). Hierzu dienten offizielle Ellen, die als Muster aus Stein oder Metall an Rathauswänden angebracht wurden. Abb. 3.1 zeigt eine solche Elle, die auch heute noch am Eisenacher Rathaus besichtigt werden kann. Solche Möglichkeiten, Maße und Waagen zu kalibrieren, gibt es noch heute und sie haben geholfen, so manchen Streit über das korrekte Maß zu schlichten.

Ein anderes Maß, dessen Einheitlichkeit das Zusammenleben effizienter macht, ist die Uhrzeit. Anfänglich durch den Sonnenstand bestimmt, wuchs schon früh der Wunsch nach einer präziseren Messung. Relativ einfach war es, Zeitintervalle durch Kerzen, Stundengläser und Sanduhren zu bestimmen. Schwieriger war jedoch die

Abb. 3.1 Eisenacher Elle. (Eigene Aufnahme)

Messung der Tageszeit, abgesehen von der Bestimmung der Tagesmitte im Augenblick des höchsten Sonnenstands.

Treiber der technischen Entwicklung geeigneter Uhren war die Schifffahrt. Zwar ließ sich schon immer recht genau der Breitengrad durch einen Blick in die Sterne bestimmen (astronomische Navigation), also eine Abdrift nach Norden oder Süden verhindern, aber nicht die Entfernung in Ost-West-Richtung (der Längengrad). So kannte ein Segler auf dem Weg nach Madeira zwar den Breitengrad, wusste aber nicht, wie weit er vorgedrungen war. Wehe er machte bei der astronomischen Navigation einen Fehler und fuhr wegen schlechter Sicht ein paar Seemeilen an der Inselgruppe vorbei! Erst die Einführung exakter Uhren in der britischen Marine (ca. 1750) löste dieses Problem, indem die lokale Uhrzeit am Standort des Schiffes durch die Vermessung des Sonnenstands errechnet wurde. Nun benötigte man noch die Uhrzeit eines Ortes, dessen Längengrad bekannt war. Dazu dienten möglichst exakt funktionierende Uhren wie die berühmt gewordenen Marinechronographen von Harrison (Abb. 3.2).

Man legte Greenwich als Referenzort mit dem Längengrad Null fest. Die dort geltende Uhrzeit nahmen die Segler mit an Bord. Aus der Differenz zwischen der Greenwich- und der lokalen Zeit und bei

Abb. 3.2 Harrison-Schiffsuhr H5. (Eigene Aufnahme)

bekannter Erdrotationsgeschwindigkeit, die je nach Breitengrad unterschiedlich ist, ließ sich die Position bestimmen.

Bis zum Einzug von passabel genauen Uhren in den Alltag der breiten Bevölkerung dauerte es jedoch noch lange, was zum einen eine Frage der Notwendigkeit und zum anderen eine Frage des Preises war. Lange reichte das Geläut von Kirchen- und Rathausuhren, bis sich im 19. Jahrhundert erst Taschen- und im 20. Jahrhundert Armbanduhren durchsetzten. Und heute? Heute sind präzise Funkuhren allgegenwärtig, im Smartphone, im Auto, auf dem Fernseh- und Computermonitor oder als Wanduhr im Wohnzimmer.

Das Vermessen von Raum und Zeit ist sicherlich am präsentesten in unserem Alltag. Doch gibt es noch zahlreiche weitere Maße, etwa die **Temperatur.** Interessant ist, dass wir eine erfahrungsgestützte Vorstellung von den Wirkungen von Temperatur haben, jedenfalls in einem gewissen Korridor. Sind für morgen früh drei Grad angesagt, legen wir den warmen Pulli heraus, weil wir ahnen, wie sich drei Grad anfühlen. Ist Frost angesagt, leeren wir die Wasserleitungen im Garten und stellen uns darauf ein, vor dem Losfahren am Morgen die Scheiben des Autos freikratzen zu müssen. Sind hingegen 32 Grad angesagt, befürchten wir Schweißflecken unter den Armen. Allerdings ist diese Temperaturwahrnehmung ausgesprochen ungenau. Ein Beispiel: Wie warm es in einem Raum ist, können wir nur ungefähr schätzen und das Ergebnis ist stark davon abhängig, welche Temperatur die Umgebung hatte, aus der wir in den Raum eingetreten sind. Eine Abweichung von einigen Grad ist bei der subjektiven Temperaturmessung also leicht möglich, fatal, wenn wir bspw. versuchen, durch das Auflegen der Hand auf die Stirn die Fiebertemperatur einer Person zu messen. Wir benötigen für mehr Präzision ein Thermometer, denn ähnlich wie bei der Zeit sind unsere Schätzungen – je nach Anspruch – grob und von vielen verzerrenden Einflüssen verfälscht.

Wie gut schätzen wir eigentlich Messwerte? Wenn wir die Genauigkeit subjektiver Schätzung als Sortierkriterium nehmen, dann sind wir vermutlich bei Raummaßen (Länge, Breite, Höhe) in den üblichen Grenzen der alltäglichen Umgebung (Wohnräume usw.) recht gut, verglichen mit der Zeit und der Temperatur. Erstaunlich unsicher ist das Abschätzen des **Volumens.** Steht beispielsweise bei der Abschätzung einer Flüssigkeitsmenge (z. B. ein halber Liter Milch) kein übliches Gefäß zur Verfügung, dessen Volumen wir aus Erfahrung kennen (Referenzmaß), wird es schwierig. Vor allem liegen wir bei Volumina außerhalb des für das Kochen üblichen Bereichs oft und weit daneben. Sind es fünfzehn oder zwanzig Liter?[1]

---

[1] Eine interessante Randnotiz ist übrigens, dass das Volumenmaß „ein Liter" mit einer anderen Maßgrößen gekoppelt wurde: Es ist das Volumen eines Kilos reinen Wassers.

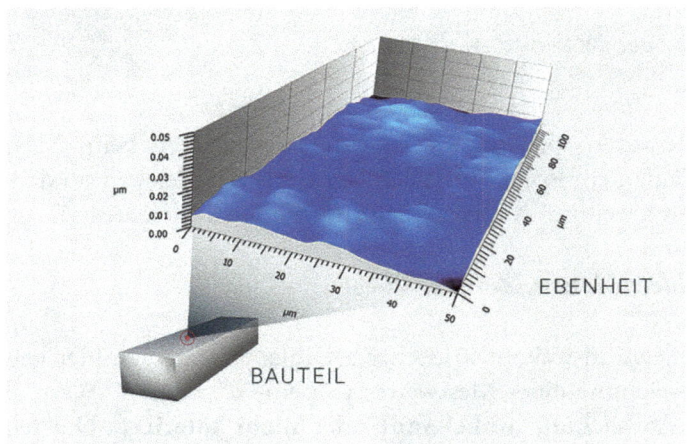

Abb. 3.3 Messung der Ebenheit eines Bauteils (mit Genehmigung des Steinbeis-Transferzentrums, Karlsruhe)

Ebenso benötigen wir für das Abmessen von **Drücken** ein Messgerät. Aber zugegeben, oft messen wir Druck nicht, allenfalls den von Auto- oder Fahrradreifen und manche Wetterstation besitzt ein Barometer, um den Atmosphärendruck zu messen, ein Wert übrigens, der erst dynamisch und damit durch die Beobachtung seiner Veränderung Relevanz erhält. Weitere messbare Phänomene, die hier aber kaum eine Rolle spielen dürften, wären die Vermessung von Strom (Spannung, Stärke, Widerstand), Winkelmaße, Rundlauf, Positionierungen (Zentrizität) oder Wölbungen bzw. Ebenheit (Abb. 3.3).

Messtoleranz (Messen, Zählen, Wiegen)

Eine Messtoleranz ist eine akzeptierte Abweichung des Messwerts von einem „wahren" Wert. Bei einer Wanderung an einem Sommertag ist auf die Frage nach der Uhrzeit eine Abweichung von vielleicht ± 15 min akzeptabel. Braten wir ein Steak, ist nur noch eine Minute Abweichung erlaubt und posten wir unser Gewicht in die „Diätgruppe", sollte die Angabe auf 100 g genau sein. Messtoleranzen korrespondieren mit den Anforderungen an die Genauigkeit des Messinstruments und für dieses gilt:

> Je geringer die Messtoleranz, desto höher die Kosten.

Messtoleranzen spielen so wie beim Wiegen auch beim Messen und beim Zählen ein Rolle. Inhaltlich ist es aber das gleiche und darum wird es in den jeweiligen Kapiteln nicht noch einmal thematisiert.

Messfehler (Messen, Zählen, Wiegen)

Messfehler sind weitaus kritischer als Toleranzen. Auch hier geht es um die Abweichung eines Messwertes von einem „wahren" Wert, aber nun ist die Abweichung **unbekannt** oder **nicht toleriert**. Die fehlerhafte Messung verfälscht die Einschätzung des Messphänomens und kann zu einer falschen Entscheidung führen. Sind die Folgen weitreichend (hohe Kosten), lohnt es sich, Ursachen und möglichen Umfang von Messfehlern im Vorhinein zu identifizieren, auszuschließen oder aber das Ausmaß eines möglichen Messfehlers in der Entscheidung zu berücksichtigen.

Welches können Ursachen von Messfehlern sein? Als Quellen kommen grundsätzlich

1. das Messsystem,
2. die Umgebungsbedingungen oder
3. der oder die messende Person

in Frage.

Eine gute Nachricht vorweg: Die meisten **Messsysteme,** die im Alltag verwendet werden, sind unkritisch: Ein Gliedermaßstab (vulgo: Zollstock), ein Raumthermometer oder ein Fahrradreifendruckmesser sind einfach zu bedienen. Sie unterliegen teilweise nicht einmal einem Verschleiß und die Wartung reduziert sich oftmals auf das Auswechseln von Batterien. Auch die **Umgebungsbedingungen** spielen relativ selten eine Rolle und müssen eher bei professionellen Anwendungen und dort bei Feinmessungen berücksichtigt werden.

Vor allem die dritte Fehlerquelle, **die Person, die misst**, ist hier im Kontext der Alltagsvermessung relevant. Selbst wenn die Fehlerursache vordergründig die Umgebungsbedingungen zu sein scheinen, zeigt sich oft, dass tatsächlich der Messende schuld ist: Das Außenthermometer wurde an die Hauswand geschraubt und wird nun von der Sonne beschienen, der Kompass auf eine Tischplatte mit Metallkern gelegt oder der Zollstock nicht vollständig ausgeklappt. Beliebt ist auch das fehlerhafte Ablesen der Werte, z. B., wenn die Lichtverhältnisse nicht gut sind: Strom- und Gasversorger kennen das Problem, dass bei der Selbstablesung der Zähler absurde Werte übermittelt werden und haben darum automatisierte Plausibilitätschecks in ihre Abrechnungssysteme implementiert. Zweifellos: Messende als Quellen von Messfehlern können ein Problem sein.

Das Fazit: Messfehler passieren. Messfehler auszuschließen verursacht Kosten. Und Messfehler können Folgen haben. Der bestellte Schrank ist dann zu breit, für die Fahrstrecke benötigen wir eine halbe Stunde länger oder das BBQ misslingt, weil in der Marinade drei Esslöffel anstatt drei Teelöffel Tabasco gelandet sind. Also ist die naheliegende Frage, wie sich Messfehler ausschließen lassen.

Ausschalten von Messfehlern

Messfehler lassen sich nur feststellen, wenn eine Messung **wiederholt** wird. Dies kann die Vermessung des gleichen Objektes sein, z. B. um eine erste Messung zu verifizieren, oder eine wiederholte Anwendung des Messverfahrens. In beiden Fällen muss der Verdacht bestehen, dass die Messung fehlerbehaftet gewesen sein könnte. Darum misst ein Installateur auch zwei Mal die Länge des benötigten Rohrs, bevor er es zuschneidet. Der Aufwand der redundanten Prüfmessung ist bedeutend geringer als der Aufwand, ein Rohr noch einmal zuzuschneiden. Aus ökonomischer Sicht sollte der Installateur dieses Prozedere erst ändern, wenn sich zeigt, dass bei häufigem Vermessen von Rohrlängen die Summe der Kosten der Prüfmessungen höher ist als es die Kosten des gelegentlichen Verschnitts wären. Oder: Wenn die Prüfmessung (Zeitaufwand) einen Euro kostet und ein verschnittenes Rohr 20 € (Zeit,

Material), lohnt es sich, auf die Prüfmessung zu verzichten, wenn sich der Installateur seltener als jedes 20. Mal vermisst und damit ein Rohr verschneidet. Somit haben wir eine recht praktikable ökonomische Analyse der Kosten von Messfehlern, des Nutzens der Messfehlervermeidung und der Kosten von Redundanz:

$$K_{False} = N_{Elim} = K_{Elim} * W_{False}$$

Die Kosten von Messfehlern (K_{False}) entsprechen dem Nutzen der Vermeidung (N_{Elim}) derselben. Für die Vermeidung fallen Kosten an. Diese Kosten der Messfehlervermeidung (K_{Elim}) müssen geringer sein als die Wahrscheinlichkeit (W_{False}), mit der ein Messfehler auftritt, multipliziert mit den Kosten der Messfehler (für alle Kosten werden die Absolutwerte angegeben).

Was lernen wir daraus?

> Es ist von Bedeutung, sich über die Höhe der Kosten eines Messfehlers und dessen Eintrittswahrscheinlichkeit Gedanken zu machen, jedenfalls immer dann, wenn eine auf der Messung basierende Entscheidung weitreichende Konsequenzen hat (Kosten, unumkehrbar usw.).

Die erste Kontrollfrage wäre, „Was kostet es mich, wenn ich mich hier vermesse?" und die zweite, „Wie wahrscheinlich ist es, dass ich mich vermesse?" Ist das Produkt aus Kosten und Wahrscheinlichkeit zu hoch, um mögliche Messfehler in Kauf zu nehmen, sollten sie ausgeschlossen werden.

Welche Maßnahmen sind praktikabel, um Messfehler auszuschalten?

Die erste haben wir bereits kennengelernt: Es ist die Wiederholung des Messvorgangs, auch **redundante Prüfmessung** genannt. In der Regel können so zumindest Fehler ausgemerzt werden, die auf mangelnde Konzentration, Fahrlässigkeit oder schlichtweg Schusseligkeit zurückzuführen sind. Noch besser ist es, wenn eine zweite Person die Messung überprüft – das **Vier-Augen-Prinzip.** Beide Verfahren lassen sich im häuslichen und im beruflichen Umfeld recht einfach umsetzen. Als zweite Maßnahme kann das Messsystem überprüft werden, um **systemimmanente** Messfehler zu finden. Der Pulsmesser wird ungenau, wenn die Batterien zu Neige gehen, die Wanduhr auch und die Waage des Thermomix misst fehlerhaft, wenn das Gerät ungeschickterweise auf das eigene Kabel gestellt wurde.

Es finden sich in der (technischen, handwerklichen und naturwissenschaftlichen) Fachliteratur weitere Maßnahmen, die zur Vermeidung oder dem Ausschluss von Messfehlern empfohlen werden. Aber diese führen hier zu weit und haben für die Vermessung des Alltags nur eine geringe Bedeutung. Belassen wir es dabei und bitten unsere Partnerin bzw. unseren Partner, unsere Messung zu überprüfen, bevor wir den Tisch bestellen.

3.2 Zählen

Das (Ab-)Zählen ist eine recht einfache Form der Alltagsvermessung. Ob wir die Anzahl Paprika für ein Rezept abzählen, die Dachlatten für unser Heimwerkerprojekt oder die Anzahl Rosen im Geburtstagsblumenstrauß, das Messverfahren ist banal. Erst, wenn die zu zählende Menge unübersichtlich wird, beginnen wir zu schätzen, worin wir – Sie ahnen es schon – nicht sonderlich gut sind.

Möchten Sie einen Selbsttest versuchen? In der Abb. 3.4 ist ein Erbsenglas zu sehen. Es ist 8 cm hoch, rund, hat einen Innendurchmesser von 7 cm und das Abtropfgewicht der Erbsen beträgt 230 g (steht auf dem Etikett). Wie viele Erbsen sind es?

Es ist schwierig, die Anzahl zu zählen, weil es zu viele sind. Unter Umständen ist aber eine Schätzung wichtig, etwa für einen Maurer, wenn er den Restbestand an Steinen ermitteln möchte oder für Händler, wenn sie Kleinwaren für eine Inventur abzählen müssen. Schwierig ist auch die Schätzung der Anzahl von Personen in einer Gruppe, etwa einer Demonstration, auf einem Rockkonzert vor der Bühne oder in einem Tanzclub. Ein Zählen ist ausgeschlossen, aber die Anzahl zu ermitteln ist von großer Bedeutung, z. B., um den weiteren Zustrom von Menschen aus Brandschutzgründen zu unterbinden.

Wie also werden Menschen in großen Ansammlungen gezählt (und die gleichen Verfahren eignen sich auch für Erbsen in einem Glas, für Steine auf einem Haufen und für Kleinwaren in einer Schütte)?

Abb. 3.4 Erbsenglas. (Eigene Aufnahme)

Methode 1: Flächenunterteilung: Sind die Personen hinreichend gleichmäßig verteilt, kann die Gesamtfläche unterteilt werden, bis eine Flächengröße entsteht, auf der die Anzahl der Personen gezählt werden kann, z. B. 5 mal 5 m oder eine Fläche von z. B. 1/16 der Gesamtfläche. Die Multiplikation mit der Anzahl der Flächen ergibt eine Schätzung der Personenzahl. Voraussetzung ist, dass es gelingt, mit einer Fotografie oder durch schiere optische Vorstellungskraft die Gesamtfläche in gleich große Teile zu gliedern. Bei der Polizei oder dem Militär wird das geübt und im Ernstfall schätzen mehrere Personen gleichzeitig und bilden den Mittelwert aus den individuellen Ergebnissen. Aus historischen (hier aber nicht genannten) Quellen ist bekannt, dass schon in der Antike auf diese Weise Soldatengruppen, Reiterscharen oder Viehherden gezählt wurden.

Methode 2: Hochrechnung (auch: Cluster-/Raster-/Blockmethode): Es wird erst die Personenzahl auf einer kleinen Fläche (z. B. 3 mal 3 m) und dann die Gesamtfläche ermittelt, also geschätzt. Eine einfache Multiplikationsrechnung reicht dann aus, um die Gesamtzahl zu erhalten – wiederum hinreichende Gleichverteilung vorausgesetzt. Nach dieser Methode ließe sich die Anzahl Erbsen im Glas (Abb. 3.4) ermitteln: Es sind ca. drei je Kubikzentimeter. Das Glas hat bei einer Füllhöhe von ungefähr 8 cm und einem Durchmesser von ungefähr 7 cm ein Volumen, dass sich mit der Formel „Grundfläche mal Höhe" berechnen lässt: Unser Glas ist zum Glück rund, was es uns einfach macht:

$$\text{Volumen}(\text{Füllhöhe}) = \pi * r^2 * \text{Höhe} = \pi * 3,5^2 * 8\,\text{cm} = 308\,\text{cm}^3$$

$$\text{Anzahl Erbsen im Glas} = 308\,\text{cm}^3 * 3\,\text{Erbsen} = 924\,\text{Erbsen im Glas}$$

Methode 3: Softwareunterstütze Schätzverfahren: Nur der Vollständigkeit halber seien hier Tools erwähnt, die bei existierendem Bild- und Videomaterial Personenmengen recht gut schätzen können. Das ist für die Vermessung des Alltags irrelevant, aber sicherlich wird es schon bald eine App für das Smartphone geben, die diese Aufgabe übernimmt.

Zu erwähnen ist, dass mit diesen drei Methoden die Menge (z. B. Personenzahl) zu einem bestimmten Zeitpunkt ermittelt („gezählt") wird. In dynamischen Situationen, wenn also die Menge schwankt oder aber Personen gehen und andere hinzukommen, ist im Messverfahren zu beschreiben, wann und wie gezählt wird. Bei den Erbsen ist das kein Problem, denn die Menge ist statisch (jedenfalls, bis ich das Glas öffne und sie esse). Bei Personen in einem Club ist das ebenso unkritisch, denn für die brandschutzrechtliche Limitierung reicht es aus, wenn die Zählung in gewissen Zeitabständen wiederholt wird. Welche Personen kommen oder gehen ist irrelevant. Alleine die Anzahl der sich zu einem Zeitpunkt im Club befindlichen Personen ist entscheidend. Aber bei Demonstrationen ist es das offenbar nicht. So ist zu erklären, warum die Polizei oft eine geringere Anzahl Demonstrierende nennt als der Veranstalter: Die Polizei misst statisch und zählt die Anzahl Personen zum Zeitpunkt des maximalen Besuchs, aber der Veranstalter schätzt die Wanderungsbewegung und gibt an, wie viele unterschiedliche

Menschen im Laufe der Gesamtdauer der Demo anwesend waren. Diese Zahl ist sicherlich höher, die Zählgenauigkeit aber geringer, denn die Zu- und Abwanderung muss zusätzlich gezählt oder zumindest geschätzt werden.[2]

Was folglich noch fehlt, sind zwei Zählmethoden für sich dynamisch bewegende Gruppen:

Methode 4: Reihenzählung: Ist eine Ansammlung unterwegs, z. B. Fußballfans auf dem Weg vom Bahnhof zum Stadion und gibt es keine Möglichkeit, sich einen Gesamtüberblick zu verschaffen, kann an einem Fixpunkt eine Zählstelle eingerichtet werden, an der Reihen vorbeilaufender Menschen gezählt und die Anzahl Personen je Reihe geschätzt werden. Selten sind diese Reihen wie bei einer Militärparade geordnet, sodass auch diese Zählung ungenau bleibt; in der Praxis zeigt sich aber, dass statistische Mittel – natürlich je nach Anforderung – zu einer hinreichend genauen Abschätzung der Gesamtzahl führen.

Methode 5: Zählschleuse: Muss die Anzahl der Einheiten exakt erfasst werden, ist das Zählen von Individuen unerlässlich. Sich bewegende Objekte (Menschen, Schafe, Fische usw.) werden dann durch Schleusen geschickt, in denen an der engsten Stelle eine Vereinzelung stattfindet. Das Ergebnis wird per Strichliste oder Lichtschranke ermittelt.

Kommen wir zum Fazit: Zählen ist oftmals weniger das **„Abzählen"** als vielmehr die **Berechnung** von Gesamtmengen mittels geschätzter Inputdaten. Um den Aufwand einer Zählung zu rechtfertigen, gilt auch hier das ökonomische Prinzip: Ist jede Entität einer Menge relevant, muss genau abgezählt werden (Geldscheine, Goldbarren, Siegermedaillen, Grillwürstchen usw.), ansonsten reicht die Hochrechnung mittels einer der genannten Methoden.

Ach ja: Ich habe abgezählt: Im Glas befanden sich 878 Erbsen. Also war die Hochrechnung (924 Erbsen) mit einer Abweichung von 4,98 % nicht übel, oder?

---

[2] Sehr anschaulich beschreiben dieses Problem Szabó und Böhm (2022), und in Dilger (2022).

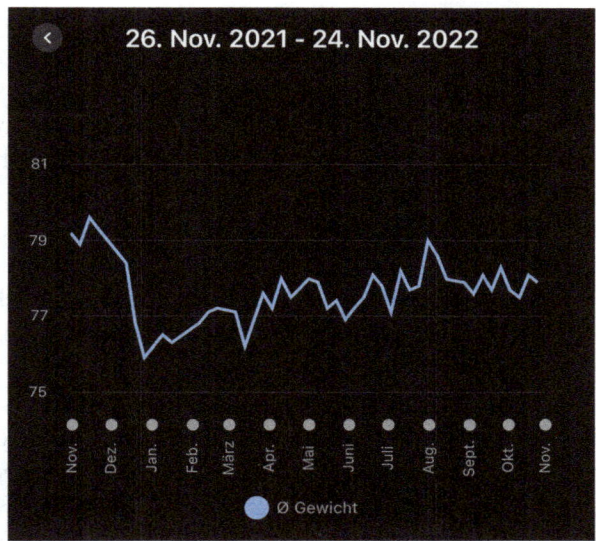

Abb. 3.5 Smartphone-Anzeige des Körpergewichtstrends. (Eigene Aufnahme)

3.3 Wiegen

Nach dem Messen und dem Zählen ist das Wiegen sicherlich das Verfahren, dass am wenigsten oft im Alltag zum Einsatz kommt. Es ist auch insofern das unkritischste, als dass wir auf genormte Gewichtsmaße zurückgreifen können und die Waagen, die wir im Alltag benötigen (Personen-, Küchen- oder Briefwaage), vergleichsweise günstig sind. Auch sind sie für die allermeisten Zwecke gut genug. Durch verbundene Apps sind sie heutzutage zudem praktischer, denn die Wiegeergebnisse können aufgezeichnet werden (Abb. 3.5).

Ohne Waagen geht es nicht. Das Abschätzen eines Gewichts[3] gelingt uns nur schlecht. Die Ungenauigkeit wird beträchtlich sein, wobei sich die Fähigkeit schulen lässt. So kann ein Koch die arbeitstypischen Mengen nach Gefühl abwiegen, aber selbst seine Schätzungen werden

---

[3] Gewicht? Natürlich könnten wir in einem naturwissenschaftlichen Exkurs darauf hinweisen, dass nicht das Gewicht, sondern die Masse eines Körpers gewogen wird. Aber wozu?

erstaunlich streuen. Ein Selbstversuch zeigt, warum: Wenn wir ein paar Minuten lang eine Literpackung Milch in der Hand halten, vielleicht damit ein wenig herumspielen, sie absetzen und anheben, sie mal auf die linke und mal auf die rechte Hand legen, werden wir recht genau abschätzen können, ob ein Gewicht, das wir anschließend hochheben, ebenfalls ein Kilo schwer ist. Wenn wir aber vorher anstatt der Milchpackung eine 5-Kilo-Hantel stemmen oder verschiedene (sehr leichte) Geldmünzen abwiegen, zeigt sich, dass es viel schwerer ist, zu prüfen, ob das anschließend in die Hand genommene Gewicht ein Kilogramm wiegt. Die Muskelspannung bzw. -sensibilität verändert unsere Wahrnehmung von Gewicht.

Diese Alltagserfahrung spiegelt sich auch im Ergebnis zahlreicher Studien wider. So neigen erwachsene Personen dazu, ihre Körpergröße zu über- und ihr Gewicht zu unterschätzen. Insbesondere Männer und kleine Personen überschätzen ihre Größe, während Frauen und Übergewichtige ihr Gewicht unterschätzen.[4] Auch Fachleute können es nicht viel besser. So ist in der Medizin zuweilen die Kenntnis des Körpergewichts für die Berechnung von Medikamentendosen erforderlich. Doch in einer Untersuchung der Universitätsmedizin Greifswald zeigte sich, dass Ärzte nicht sonderlich präzise sind.[5] Lediglich in 50 % aller Fälle lag die Schätzung des Körpergewichts in einem tolerierbaren Bereich von bis zu vier Kilogramm Abweichung (Abb. 3.6). In über 11 % der untersuchten Fälle lag die Schätzung um therapiekritische 13 kg oder mehr daneben.

Die Lösung sind Waagen. Es gibt sie in allen erdenklichen Formen und Bauarten. Je nach Anforderung unterscheiden sie sich (Gewichtsbereich, Genauigkeit, Fassungsvermögen der Wiegevorrichtung, Wiegemechanismus usw.). Eine ausführlichere Darstellung ist an dieser Stelle überflüssig. Interessant ist ähnlich wie bei der Festlegung von Maßen und Uhrzeit auch hier, dass die Normierung von Gewichten das Zusammenleben von sozialen Gemeinschaften erleichtert. Ein gutes

---

[4] Menisink et al. (2005, S. 1353).
[5] Dorow und Bahls (2013).

3 Mit welchen Methoden vermessen wir unseren Alltag?

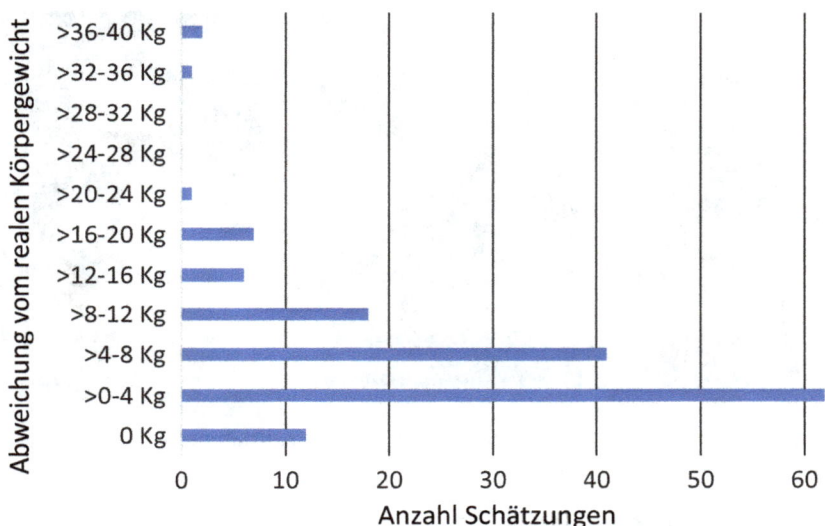

Abb. 3.6 Absoluter Fehler bei der Abschätzung des Patientengewichts durch Ärzte. (Eigene Darstellung)

Beispiel dafür sind Kalibrierwaagen. Sie wurden und werden auch heute noch dazu genutzt, um Waagen zu prüfen. Abb. 3.7 zeigt drei Beispiele. Links ist eine moderne Kalibrierwaage auf einem Obst- und Gemüsemarkt zu sehen, mit der im Streitfall das Gewicht der gekauften Ware verbindlich festgestellt wird. In der Mitte findet sich eine historische Sackwaage mit Prüfgewichten, wie sie im 17. Jahrhundert von der Hanse für den Schiffshandel verwendet wurde und rechts ist eine geeichte Kalibrierwaage auf einem Bangkoker Streetfood Market zu sehen (Eichmarke in der Mitte der Skalenscheibe).

Das Fazit: Vermutlich ist das Wiegen der unkritischste Bereich bei der Vermessung des Alltags. Wir sind schlecht im Schätzen von Gewichten, akzeptieren dies aber auch und nutzen deswegen Waagen. Was gibt es dazu noch zu sagen?

Abb. 3.7 Kalibrierwaage und Sackwaage. (Eigene Aufnahmen)[6]

3.4 Rankings und Ratings

Rankings und Ratings sind ein wichtiges Fundament für die Beurteilung unserer Umwelt. Wir nutzen diese Instrumente viel häufiger, als uns bewusst ist, wenn auch nicht methodisch durchdacht, sondern intuitiv. Doch fangen wir vorne an und beschreiben wir zunächst die Methoden:

Was ist ein Ranking?

Schon wenn wir uns die Speisekarte unseres Lieblingsitalieners anschauen, erstellen wir ein Ranking der Speiseangebote. Es bildet sich ein **Präferenzprofil:** Am liebsten hätte ich das Ossobuco alla Milanese, aber wenn das nicht verfügbar ist eben die Lasagne al forno oder notfalls die Tagliatelle al Ragù Ricetta. Doch wie ist dieses Ranking entstanden? Was hat dazu geführt, dass ein Gericht – in diesem Augenblick, unter diesen Umständen – dem anderen bevorzugt wird? Offensichtlich ist

---

[6] Die linke und die mittlere Waage befinden sich in Riga. Die Kalibrierwaage hängt heute noch in der Gemüsehalle des Zentralmarktes und die Sackwaage ist in den Kellergewölben des Schwarzhäupterhauses ausgestellt.

die Reihenfolge aus einem Vergleich heraus entstanden. Hier reichte eine intuitive Einschätzung im Sinne von „Ist mir lieber als ..." aus, um durch einen multiplen Paarvergleich eine Rangfolge – ein Ranking – zu erstellen. So vorzugehen wäre aber mühsam gewesen, denn so ein italienisches Restaurant hat 50 oder mehr Gerichte auf der Karte. Also gab es vermutlich eine Abkürzung, eine **„Heuristik"**, durch die zunächst eine Vorauswahl von Gerichten getroffen wurde, die infrage kamen. So blieben nur wenige auf der „Short List" und diese konnten nun auch ohne Excel-Sheet miteinander verglichen werden.

Doch wie erfolgt ein solcher Vergleich? Die Grundlage sind stets **Kriterien**. Diese Kriterien zerlegen das Entscheidungsproblem „Auswahl eines Gerichts" in all die Teilaspekte, die zu berücksichtigen sind: Der erwartete Geschmack, die Menge, der Preis, Fleisch, Fisch oder vegetarisch, gibt es Empfehlungen, die Beilagen oder die Zubereitungszeit könnten solche Kriterien sein. Diese werden von den unterschiedlichen Gerichten in jeweils unterschiedlichem Maße erfüllt. In einer bewussten Entscheidungssituation könnte nun die Erfüllung der Kriterien je Gericht mit Punkten bewertet werden und die Summe der Punktwerte ergäbe einen **Score**. Dieser Score würde über die Rangfolge entscheiden. Und um es perfekt zu machen, könnten die Kriterien nun noch **gewichtet** werden: So könnte der erwartete Geschmack wichtiger sein als der Preis usw. Die Summe aller Kriteriengewichte wäre natürlich 100 %, und diese 100 % würden entsprechend der individuellen Einschätzung der **Bedeutungsgewichte** auf die Kriterien verteilt werden. Das Ergebnis wäre ein Scoring, in Deutschland üblicherweise **Nutzwertanalyse** genannt.[7]

Versuchen wir eine Definition:

> Rankings stellen Modelle, also reduzierte Abbilder der Wirklichkeit, dar, die helfen, Rangordnungen vergleichbarer Beobachtungsobjekte herzustellen. Sie vereinfachen, sie sparen Zeit und sie helfen, Entscheidungen zu finden.

---

[7] Wie immer ist die Technik komplizierter als hier in nur einem Absatz dargestellt. Ausführlich: Zangemeister (2014), und Kühnapfel, Scoring und Nutzwertanalysen (2021).

Rankings bringen so eine Ordnung in eine unübersichtliche Welt. Ohne sie wäre die Entscheidung, welches Essen ich auswähle, ein Zufallsverfahren. Zu oft müsste ich essen, was ich nicht mag, würde ich das falsche TV-Programm sehen, meine Zeit mit einem uninteressanten Buch verbringen, den falschen Urlaubsort wählen und auch die Partnerwahl wäre weniger erfolgreich. Rankings sortieren nach Maßgabe meiner kriteriellen Präferenzen und führen so zu besseren Entscheidungen. Außerdem helfen sie, situative oder anderweitig verzerrte Urteile zu vermeiden und die Entscheidung bewusster, nüchterner zu treffen: Die Differenzierung eines Beurteilungsproblems (in Kriterien) erzeugt Objektivierung, ja, er erzwingt sie geradezu. Durch das bewusste Nachdenken über Kriterien und deren Bedeutungsgewichte wird ein möglicherweise unbewusst vorhandenes Vorausurteil über das Entscheidungsobjekt überlagert. Nicht selten ist das Resultat eines bewussten Scorings überraschend und hilft, sein Präferenzsystem neu zu kalibrieren. Aber aufwendig ist es.

Was ist ein Rating?

Nach dem gleichen methodischen Grundmodell wie Rankings funktionieren Ratings. Auch hier wird ein Bewertungsobjekt anhand bestimmter Kriterien beurteilt. Das Ergebnis ist auch hier ein Score. Der Unterschied ist, dass bei den kriteriellen Urteilen kein direkter Vergleich mit anderen Objekten stattfindet. Darum ist das Rating auch schwieriger: Es wird anstelle des relativen Vergleichs ein **objektiver Maßstab** benötigt, an dem die Bewertung je Kriterium referenziert wird. Diese Anforderung ist wichtig, vor allem, wenn von einem Rating eine wichtige Entscheidung abhängt. Ein Beispiel ist die Beurteilung der Kreditwürdigkeit einer Person, z. B. durch die Schufa. Es werden diverse Kriterien beurteilt, die zu einem Score führen, der interpretiert wird. Normierte Wertekorridore, die die Funktion objektiver Maßstäbe übernehmen, führen zu einem Urteil. Ist der Score nicht gut, gibt es keinen Kredit. Darum muss das Bewertungssystem, also vor allem das Werturteil je Kriterium, objektiv und nachvollziehbar sein – Daten und Fakten sind hier maßgeblich.

3 Mit welchen Methoden vermessen wir unseren Alltag? 95

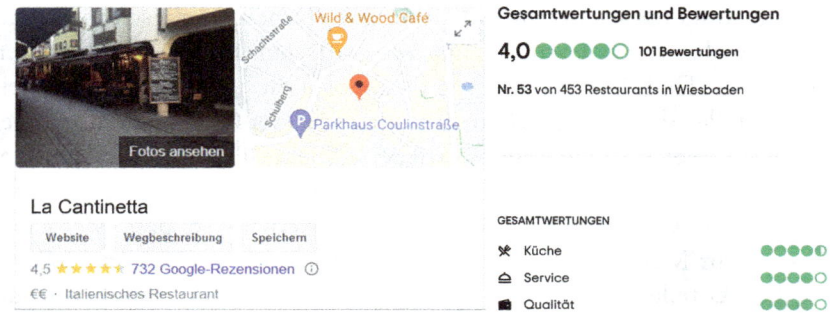

Abb. 3.8 Bewertung eines Restaurants, links auf Google, rechts auf TripAdvisor

Doch zuweilen fehlt dieser objektive Maßstab. Bleiben wir beim Abendessen im italienischen Restaurant. Für dieses finden sich auf TripAdvisor, aber auch bei Google und etlichen Social Media-Plattformen Ratings. Abb. 3.8 zeigt die Bewertung meines Lieblingsitalieners. Die rechte findet sich auf TripAdvisor und sie bietet neben dem Rating („4,0") noch ein Ranking („Nr. 53 von 452 Restaurants in Wiesbaden"). Ferner werden die für die Bewertung genutzten drei Kriterien („Küche, Service, Qualität") und die jeweiligen Einzelergebnisse genannt.

Die Urteile kamen durch die Bewertung von Gästen zustande. Dieser Bewertung lagen keine objektiven Maßstäbe zugrunde. Vielmehr dürfte jeder Gast eine andere individuelle Referenz für seine Bewertung gehabt haben: Der Gourmet beurteilte die Qualität des Essens mit drei Punkten, weil er „Besseres" gewohnt ist, der Student mit fünf, weil er hungrig war. Aber eine hinreichend große Anzahl an Bewertungen sollte für eine Glättung solcher Ausreißer sorgen und sich ein repräsentatives Bild ergeben, auf das Verlass ist.

Rankings und Ratings in Sozialen Medien

Im weiten Land der Sozialen Medien stoßen wir an jeder Ecke auf Bewertungen. Fast scheint es, als seien Urteile über andere und anderes der Fond, der dem Content-Eintopf den Geschmack verleiht. Urteile wie die Restaurantbewertung in Abb. 3.8 erscheinen da schon erfreulich formalisiert, jedenfalls verglichen mit den informellen Urteilen über jedes TikTok-Video, jeden Facebook-Post und jeden Blog-Beitrag. Urteile, die herniederfahren wie das Fallbeil der Guillotine, aber in ihrer Substanzlosigkeit selbst wieder Objekte von Urteilen werden, die Objekte von Urteilen werden, die Objekte von Urteilen werden und so fort. Das Grundkonzept aller Sozialer Medien ist, dass Menschen Content für Menschen produzieren. Dieser Content wird dann schutzlos den Urteilen der Meute preisgegeben wie eine Kandidatin im Dschungelcamp – ohne Kriterienkatalog, ohne Bewertungsrichtlinie, ohne Kompetenznachweis der Wertenden.

Besser, es wird zumindest eine Beurteilungsskala vorgegeben, mittels der eine Nutzerin oder ein Nutzer eine Bewertung abgibt. Diese Skala muss differenziert sein, um ein Leistungsspektrum des Beurteilungsobjektes darstellen zu können, aber auch einfach, um nicht zu überfordern. Ferner ist bei der Entwicklung der Methode zu entscheiden, ob ein Gesamturteil abgegeben werden soll, oder ob dieses als Kombinat oder Durchschnitt mehrerer kriterieller Einzelurteile dargestellt werden soll. Ersteres ist einfach, letzteres differenzierter. Nach diesen Grundsätzen arbeiten die beliebten Bewertungsportale und oben war bereits von der uns innewohnenden Motivation zu lesen, zu bewerten und, ja, bewertet und verglichen zu werden.

> Der Nutzen von Bewertungsportalen aller Art ist die Hilfe bei einer Auswahlentscheidung. Liegen keine objektiven Daten vor, ist es immer besser, dem Urteil Vieler zu vertrauen als dem Urteil eines Einzelnen, das von individuellen Eindrücken verzerrt sein kann. „Die Crowd hat immer recht!", so ein Mantra der Sozialen Medien.

Die Bewertung durch Laien ist dabei kein Nachteil. Das Zustandekommen des Urteils wird eh kaum hinterfragt und wenn, werden die Unsicherheiten bei der Urteilsfindung in Kauf genommen. Das ist regelmäßig unkritisch bei nicht existenziellen Entscheidungen: Die Entscheidung einem Bewertungsportal anzuvertrauen, bei einem London-Trip erst den Piccadilly Circus oder die Westminster Abbey zu besichtigen, ist wenig problematisch. Doch ist bei der Beurteilung eines Arztes, eines Anwalts oder eines Vermögensberaters das Laienurteil hilfreich? Können wir bspw. nach einer zahnärztlichen Behandlung die Qualität der Leistung tatsächlich beurteilen? Haben wir die Kompetenz zu einem Fachurteil? Oder neigen wir eher dazu, uns mit Nebensächlichkeiten wie der Parkplatzsituation vor der Praxis, der Freundlichkeit des Empfangs oder der Zeitschriftenauswahl im Wartezimmer zu beschäftigen?

Dies ist natürlich auch den Portalbetreibern klar. So fragt Jameda bspw. eine Reihe von Kriterien ab, um eine Ärztin oder einen Arzt zu bewerten – aber der Erfolg der Behandlung, ersatzweise die „Fachkompetenz" oder die „Wahl der bestmöglichen Therapie", sind keine davon (vgl. Abb. 3.9). Lediglich ein Kriterium, „Behandlung", kommt dem nahe, auch wenn unklar bleibt, was darunter zu verstehen ist.

Ist diese Bewertung hilfreich? Es darf auch bei Medizinern davon ausgegangen werden, dass sie eine jeweils unterschiedliche Fachkompetenz besitzen, unterschiedliche Erfahrungen mit Therapieformen haben und ein unterschiedliches Geschick in der Diagnostik aufbringen. Aber all dies kann von Laien nicht geprüft werden, einerseits, weil diese nicht die erforderliche Kompetenz besitzen, andererseits, weil sie keine Erfahrung haben. Ein fachspezifischer Leistungsvergleich vieler Mediziner wäre nützlich, aber mir ist keiner bekannt. Also unterstellen wir eine Korrelation der in Abb. 3.9 aufgelisteten Kriterien mit der medizinisch-fachlichen Leistungsfähigkeit des Arztes. Vermutlich ist das besser als nichts.

Was solche Bewertungsportale bewirken, ist **Vertrauen.** Die Forscher Jeacle und Carter stellen in Ihrer Studie über TripAdvisor heraus, dass die Menge der Bewertungen Vertrauen schafft.[8] „Was viele sagen, kann nicht falsch sein." Der Portalanbieter übernimmt die Rolle eines unabhängigen „Zertifizierers" und die vielen Laienurteile aggregieren sich zu einem Urteil, dem vertraut wird. Die meisten Portale machen es sich dabei sehr einfach und gewichten die Urteile nicht einmal nach der Zeit, wann sie erstellt wurden. Alte Urteile sind dann genauso wichtig wie neu

---

[8] Jeacle und Carter (2011).

Ø Note: 1,2

Benotung der Hauptkriterien
Behandlung 1,1
Aufklärung 1,3
Vertrauensverhältnis 1,1
Genommene Zeit 1,2

Freundlichkeit 1,2

Optionale Bewertungen
Wartezeit Termin 1,1
Wartezeit Praxis 1,2
Sprechstundenzeiten 1,2
Betreuung 1,1
Entertainment 1,6
Alternative Heilmethoden 1,2
Kinderfreundlichkeit 1,2
Barrierefreiheit 1,2
Praxisausstattung 1,2
Telefonische Erreichbarkeit 1,4
Parkmöglichkeiten 2,0
Erreichbarkeit ÖPNV 1,1

Abb. 3.9 Bewertungskriterien auf Jameda (Noten exemplarisch, eigene Darstellung)

eingegangene und Anstrengungen des Bewerteten, sich zu verbessern, wirken durch die simple Durchschnittswertbildung erst langfristig.

Wann Taxifahrer ihre Gäste nicht mehr betrügen

Tun sie das denn? Oh ja. Schauen wir uns eine Untersuchung über Taxifahrerinnen und Taxifahrer an: In Ländern mit geringem Durchgriff der Aufsichts- und Regulierungsbehörden und geringen ethischen Standards wird nicht ortskundigen Fahrgästen erfahrungsgemäß mehr berechnet oder ein Umweg gefahren. Dies war – oder ist es noch? – auch ein Problem in Athen. Wie kann das abgestellt werden? Ein Game Changer kann ein Bewertungsportal sein. In einer Studie war nach 430 Testfahrten klar: Wenn dem Taxifahrer bewusst ist, dass er auf einem Portal bewertet werden könnte, stieg die Qualität der Fahrten (Dauer, Preis, Hektik usw.).[9] Erforderlich war lediglich ein Sticker im Fahrzeug, auf dem die Webadresse des Taxifahrerbewertungsportals (bzw. ein QR-Code) sowie die jeweilige Fahrernummer angegeben waren. Wohlgemerkt: Ob sie tatsächlich bewertet werden, war den Fahrern nicht bekannt. Aber die **Möglichkeit,** dass dies passieren könnte, reichte aus, um ihr Verhalten zu verändern. Die Macht der möglichen Bewertung wirkt erzieherisch.

Konsequenter ist das Angebot von privaten Fahrdiensten. Wird ein (ich bleibe bei dem gängigen Begriff) Taxi angefordert, liefern Anbieter wie Uber oder Bolt, die als Vermittler fungieren, per App zwei Informationen, die öffentliche Taxiunternehmen nicht bieten: Erstens wird bereits vor der Buchung der endgültige Fahrpreis angezeigt und zweitens mehrere Fahrer mit ihren jeweiligen Autos (Typ, Platzangebot) und ihrem persönlichen Rating angeboten. Für den Fahrgast ist das eine komfortable Situation, weil der Fahrpreis unabhängig von Staus oder Umwegen feststeht. Das Risiko (Unfall auf der Strecke usw.) trägt der Fahrer. Eine gute Bewertung macht ihn attraktiver und er erhält sie für Freundlichkeit, ein sauberes Auto und eine gelassene Fahrweise – Faktoren, die, so meine unmaßgebliche Erfahrung, bei den Taxiunternehmen in meiner Heimatstadt keine Rolle spielen, denn sie werkeln (noch) in einem geschützten Markt ohne Wettbewerb. Umgekehrt kann aber auch der Fahrgast bewertet werden.

Bewertungen verändern Verhalten

Experimente zeigen nun, dass sich diese Erkenntnis auch auf andere, wenn nicht sogar alle Leistungsangebote übertragen lässt, z. B. auch

---

[9] Alysandratos et al. (2018).

auf Automechaniker.[10] Ein Selbsttest gefällig? Stellen Sie sich vor, Ihre Arbeitsleistung könnte anonym von Kollegen bewertet werden. Hilfsbereitschaft, Pünktlichkeit oder Ansprechbarkeit bringen Punkte, keinen neuen Kaffee aufzusetzen, Mails unbeantwortet zu lassen oder Kollegen bloßzustellen Abzüge. Der Score wäre bei der nächsten Gehaltsverhandlung ausschlaggebend, würde im Intranet des Unternehmens veröffentlicht und käme natürlich auch ins Arbeitszeugnis.

Das erinnert an das **Social Scoring System,** wie es in China zum Einsatz kommt und wir lehnen es spontan ab. Hier ein paar beliebige Gründe für diese ablehnende Haltung eines Social Scorings im Arbeitsalltag:

- Wir fühlen uns ausgeliefert, weil wir die Bewertung durch andere nicht kontrollieren können (Kontrollverlust).
- Wir vermissen die Chance, uns zu rechtfertigen, denn vermutlich (nein: ganz sicher!) haben wir eine andere Version der Geschichte zu bieten, die uns die Minuspunkte eingebracht hat (Deutungshoheit).
- Wir fürchten, dass die extrovertierten Spaßmacher Punkte bekommen, aber eher Unauffällige übersehen werden und keine positiven Bewertungen bekommen (Prominenz).
- Wir fürchten, dass Entwicklungen nicht gewürdigt werden. Alte Urteile bleiben stehen, auch wenn wir uns anstrengen, besser zu werden.
- Wir fürchten, dass soziale Aspekte überbewertet werden und unser „wahrer" Beitrag zum Unternehmenserfolg untergeht. Mehr noch: Wer die Unternehmensinteressen im Blick hat und darum auch einmal weniger nett zu den Kollegen ist, wird benachteiligt.
- Wir erwarten Denunziantentum, das auf negative Geschehnisse fokussiert ist. „Bedarfspolizisten" gibt es bekanntlich viele und Negatives wird mit Sicherheit registriert. Aber wer garantiert denn, dass auch Gutes gesehen wird und in die Bewertung einfließt?
- Wir fürchten eine „Hidden Agenda" der Bewertenden.

---

[10] Balafoutas (2013).

Aber ein solches System hätte auch einen Nutzen: Wir würden uns bewusster verhalten und uns zum nett sein zwingen. **Bewertung verändert Verhalten.** Ob das Ergebnis einer solchen Plattform dann aus Sicht des Unternehmens als Arbeitgeber nützlich ist, käme auf einen Test an, aber mir reicht an dieser Stelle, wenn ich Sie dabei erwischt habe, dass Sie den beschriebenen Effekt bei der Bewertung des Athener Taxifahrers noch toll fanden, aber ein System der Bewertung Ihres eigenen Verhaltens am Arbeitsplatz rigoros ablehnen.

Was Ratings und Rankings mit der Reputation zu tun haben

Ein Zeichen von anonymen Märkten sind asymmetrische Informationen. Vor allem Web-basierte Märkte sind anonym. Verkäufer bieten Waren in Online-Shops an, aber die potenziellen Käuferinnen und Käufer können diese nicht prüfen, bestellen auf Basis einer ob ihrer Glaubwürdigkeit kritischen Beschreibung und müssen meist im Voraus bezahlen. Klar, die Ware kann zurückgesendet werden (sofern die Versenderin keine Kriminelle war), aber auch dann entstehen Kosten: Reklamieren, Zettel ausdrucken, Verpacken, zur Post marschieren und aufs Geld warten.

Ein Problem für einen besonders guten Versender ist nun, dass seine Leistungsqualität kaum bemerkt wird. Seine Selbstdarstellung reicht nicht aus, um sich von den Wettbewerbern abzusetzen, denn alle werden sich in den höchsten Tönen selbst loben. Dennoch hat er höhere Kosten als die Konkurrenz, wird also einen höheren Preis verlangen, was die Klientel aber nicht honoriert. Er wird den Markt verlassen und der Qualitätsdurchschnitt der verbleibenden Anbieter sinkt. Dieses Problem ist hinreichend erforscht und nennt sich **„Adverse Selektion"**. Wir kennen es z. B. von Autoverkäufern. Auch hier haben wir asymmetrische Informationen, denn wir können die Qualität des Gebrauchtwagens nicht einschätzen, der Verkäufer aber schon. Lohnt es sich für ihn, ehrlich zu sein, oder verdient er mehr, wenn er die Qualität seiner Ware übertreibt? Ehrliche Anbieter mit guter Ware, deren Qualität die Interessenten aber auch nicht einschätzen können, werden vom Markt verdrängt und es bleiben die schlechteren oder mittleren Anbieter übrig.[11]

> Die Lösung für dieses Problem ist (wieder einmal der „Game Changer"), die Käufer den Verkäufer bewerten zu lassen – mittels Bewertungsportalen. Die entstehenden Ratings fungieren dann wie Reputationskontrollmechanismen.

Mit diesen Bewertungen entsteht eine neue Währung im Online-Business, die langfristig über Erfolg und Misserfolg entscheidet: Sie bilden das Reputationskapital oder schlicht: **Vertrauen**.[12] Am wirksamsten ist es, wenn Portalbetreiber ein Bewertungssystem installieren, dem sich die Anbieter, die über das jeweilige Portal ihre Produkte verkaufen, stellen müssen. Amazon oder Ebay haben bspw. solche Mechanismen installiert.[13]

Alle drei Parteien profitieren davon:

- Der **Produktanbieter** erreicht eine Bewertung seiner Leistung. Ist diese preiswürdig und sind seine Beschreibungen ehrlich, wird er besser bewertet als andere, die lügen.
- Der **Interessent** kann sich vor dem beabsichtigten Kauf mit geringem Aufwand über die Ware und den Anbieter informieren. Ein Vergleich von Anbietern ähnlicher Waren ist ebenso schnell und kostengünstig möglich. Nach dem Kauf kann sich der Kunde dann durch die Abgabe einer Bewertung etablieren.
- Der **Plattformbetreiber** (z. B. Amazon oder Etsy), der ebenfalls ein Interesse an der Kontrolle der Qualität der Produktanbieter hat, verlagert die Kosten der Qualitätssicherung auf die Kunden.

---

[11] Das Problem ist keineswegs theoretischer Natur. Der Wirtschaftsnobelpreisträger George A. Akerlof nennt solche Märkte „Lemon Markets". Siehe bei Interesse seinen bahnbrechenden Aufsatz von Akerlof, The market for „lemons": Quality uncertainty and the market mechanism (1978).

[12] Klein et al. (2013).

[13] Die Wirkung von Kundenbewertungen auf den Absatzerfolg ist hinreichend gut erforscht und die Korrelation ist bestätigt. Siehe exemplarisch Trenz und Berger (2013), oder Mudambi und Schuff (2010).

Wie immer wird auch hier versucht, diesen Mechanismus unseriös auszunutzen. Produktbewertungen können gekauft werden. Eine recht große Anzahl an Agenturen bietet ganz offen solcherlei Dienste an. Ursprünglich wollte ich an dieser Stelle solche Anbieter nennen, stellte dann aber fest, dass diese oft nur wenige Wochen im Markt sind. Offenbar ist das Geschäft nicht einfach und am Rande der Legalität, sodass Anbieter häufig ihre Unternehmenspräsenz und damit auch ihren Namen ändern.

Ziehen wir ein Fazit: Ratings sind ein effizientes Mittel, Vertrauen aufzubauen. Gute Anbieter können positive Bewertungen ansammeln und sich vom Wettbewerb absetzen. Nachfrager haben in unübersichtlichen Vertrauensmärkten eine Chance, zu niedrigen Kosten Hinweise auf die Qualität von Anbietern und Produkten zu erhalten. Missbrauch möglich.

Expertenbasierte Ratings und Rankings

Eine andere Facette zeigen Ratings und Rankings, die nicht von Laien erstellt werden, sondern von Experten. Stiftung Warentest prüft bspw. Waren und Dienstleistungen und bewertet diese mittels eines Kriterienkatalogs. So entsteht ein Rating je Produkt und letztlich ein Ranking. Entsprechend gehen Fachverlage vor, wenn sie Produkttests durchführen und als redaktionellen Inhalt verwenden. Natürlich ist ein unterschiedliches Maß an Objektivität zu unterstellen, denn Verlage werden die Produkte ihrer wichtigsten Werbekunden nicht diskreditieren. Aber das Vertrauen in solche Tests ist dennoch erstaunlich hoch.

Ist es das auch, wenn Blogger und Influencer auf Youtube, Instagram oder Facebook Produkte testen? Findet dann überhaupt ein Rating statt? Nein, tut es nicht. Zuweilen findet sich ein subjektives Ranking („Diese Creme ist besser als jene"), aber Gehaltvolleres ist selten. Influencer empfehlen Produkte, weil sie Material (Content) benötigen, um sich selbst als Produkt in Szene zu setzen. Dass die Produktempfehlungen von Herstellern bezahlt werden, ist willkommen, aber für diesen Mechanismus kaum von Belang. Folgerichtig darf auch nicht erwartet werden, dass diese Youtuber/Blogger/Influencer verraten, nach welchen Kriterien sie ein Produkt bewerten, ob sie Vergleiche anstellen, den Marktüberblick oder auch nur einen Hauch Ahnung von dem besitzen, worüber sie sich verbreiten.

Aus diesem Befund lässt sich – mutig und empirisch nicht gestützt – eine Regel ableiten:

> Einem expertenbasierten Rating bzw. Ranking ist umso mehr zu trauen, je mehr objektive und messbare Kriterien zum Ergebnis beitragen.

Keine Frage: Die Vermessung von Kriterien ist aufwendig, zumindest aufwendiger als die Wiedergabe eines subjektiven Eindrucks. Die Aussage „Dieses Auto beschleunigt von 0 auf 100 in 9,4 s" ist teurer als „Dieses Auto beschleunigt rasant", aber eben auch präziser, glaubwürdiger und ggf. relevanter. Dieser These folgend sollte ominösen Tests z. B. aus dem Web, deren Methodik nicht beschrieben wird, kein Glauben geschenkt werden, aber einer Bonitätsberechnung durch die Schufa (oder für Unternehmen eine der Creditreform) schon.

> Die Expertise solcher Anbieter verspricht die Auswahl der korrekten Kriterien für die beabsichtigte Aussage, die fachgerechte Vermessung der Parameter und die transparente Offenlegung des Ergebnisses, also des Ratings respektive Rankings.

Es lohnt sich sicherlich, bei der Anschaffung einer Waschmaschine ein paar Euro für einen seriösen Test zu bezahlen. Experten haben eruiert, welche Parameter gebrauchsrelevant sind, haben diese vermessen und garantieren die Qualität ihrer Ergebnisse. Täten sie das nicht, drohte ein Reputationsverlust.

Aber was ist überhaupt ein **„Experte"**? Wem darf man trauen und wer ist nur ein Blender? Auch zu diesem Thema gibt es umfangreiche Forschung und der Konsens ist, dass es vier Kriterien sind, die einen Experten ausmachen. Alle vier finden sich in der folgenden Definition:

> „Ein Experte hat langjährige Erfahrung mit dem Thema [...], die Umwelt ist stabil, er verfolgt keine Eigeninteressen und er ist bereit, Ihre individuelle Situation zu hinterfragen und ins Kalkül zu ziehen."[14]

Ein Vermögensberater, der seit einem Jahr im Geschäft ist, ist also kein Experte. In einem Jahr ist es unmöglich, hinreichend viel über die Kapitalmärkte zu lernen. Aber auch nach 20 Jahren ist er keiner, denn er verfolgt immer ein Eigeninteresse: seinen Beraterumsatz. Und er ist erst recht keiner, wenn er nach der Begrüßung direkt Produkte empfiehlt, ohne sich dafür zu interessieren, welche Anlageziele seine Kundin hat.

Echte Experten kosten aber auch Geld. „Guter Rat ist teuer", zweifellos. Zuweilen ist es sogar eine gute Idee, ein Expertenhonorar zu akzeptieren, etwa in der Versicherungsbranche. Denn wer wird objektiver und eher im Interesse des Kunden arbeiten: der Makler, der von der Versicherungsgesellschaft eine Provision für eine verkaufte Police erhält oder der Makler, der vom Endkunden ein pauschales Honorar erhält und etwaige Provisionen durchreicht?

Das „soziale Ranking" – und wie vermessen wir es?

Dass wir uns in unserem sozialen Umfeld mit anderen vergleichen, erscheint uns selbstverständlich. Aber das ist es nicht. Welchen Grund hat es, dass wir wissen wollen, ob wir schöner, reicher, schneller, attraktiver, humorvoller, schlagfertiger oder beliebter sind als andere? Können wir nicht einfach nur wir selbst sein?

Offenbar nicht. Tatsächlich sind derlei Vergleiche eine **„grundlegende Sozialform"**.[15] Sie vermessen unseren sozialen Rang. Das Ergebnis ist auf vielerlei Arten wichtig und beeinflusst unsere Emotionen: Wird bspw. wahrgenommen, dass wir einen niedrigeren

---

[14] Kühnapfel, Die Macht der Vorhersage. Smarter leben durch bessere Prognosen (2019, S. 198). Wer es genauer wissen möchte: Ericsson et al. (2007).
[15] Heintz (2010).

sozialen Rang in der Bezugsgruppe (Partygäste, Kolleginnenkreis, Jiu-Jitsu-Gruppe usw.) haben als angestrebt, empfinden wir Scham, soziale Angst und im ausgeprägten Fall sogar Depressionen.[16]

> Vermutlich ist dies eine mögliche Wirkungskette, die im vorwiegend beruflichen Umfeld das „Burn-out-Syndrom" hervorruft: Eine soziale Rangfolge wird festgestellt, sich eingestanden, selbst einen niedrigen Rang innezuhaben und aus der Enttäuschung resultiert eine Depression, sofern ein Aufstieg auf der sozialen Leiter hoffnungslos erscheint.

Grundlage ist die Vermessung der sozialen Rangfolge. Wie geschieht das? Können wir ein Maßband an unseren sozialen Status legen und ablesen, wo wir stehen? In Experimenten ist dies noch relativ einfach: Das gängige Verfahren ist, dass in Befragungen sogenannte semantische Differenziale gebildet werden und sich die Probandinnnen und Probanden selbst einschätzen (bspw. „offen" … „verschlossen" oder „laut" … „leise"). Oder es werden unvollständige Sätze gebildet, denen zwei gegensätzliche Begriffe zugeordnet sind. Auf einer Skala darf eingeschätzt werden, wie ausgeprägt der eine oder eben der gegensätzliche Begriff den unvollständigen Satz beenden. Alternativ werden Aussagen vorgegeben, denen graduell zugestimmt wird (z. B. auf einer Skala von Null bis Zehn). Das Ergebnis nennt sich dann **„Social Comparison Scale"**.[17] Für diesen Test haben sich verschiedene Standardverfahren durchsetzen können, etwa die **INCOM-Skala.**[18] Abb. 3.10 zeigt einen solchen Test.

Eine Auswertung von etwas über 1.000 Tests mit deutschen Probandinnen und Probanden liefert das in Tab. 3.1 dargestellte Ergebnis. Hier eine Lesehilfe für die in der Tabelle grau markierten exemplarischen Messwerte: 31,2 % der Probanden stimmten der Aussage überhaupt nicht zu, ihre sozialen Fähigkeiten mit denen anderer zu vergleichen (Frage 4); 73,3 % stimmten der Aussage „voll" bzw.

---

[16] Gilbert (2000).
[17] Allan und Gilbert (1995), und Gibbons und Buunk (1999).
[18] Anschaulich beschrieben in Schneider und Schupp (2011).

„Die meisten Menschen vergleichen sich ab und an mit anderen. Zum Beispiel vergleichen sie wie sie sich fühlen, ihre Meinungen, Fähigkeiten und/oder ihre Situation mit der anderer Menschen. Es gibt nichts was besonders „gut" oder „schlecht" wäre an dieser Art von Vergleichen und einige Menschen tun dies öfter als andere. Wir möchten nun herausfinden, wie oft Sie sich mit anderen Menschen vergleichen. Um dies zu erfahren, möchten wir Sie bitten uns mitzuteilen wie sehr Sie den folgenden Aussagen zustimmen."

Bitte antworten Sie anhand der folgenden Skala:
Der Wert 1 bedeutet: stimme überhaupt nicht zu.
Der Wert 5 bedeutet: stimme voll and ganz zu.
Mit den Werten zwischen 1 und 5 können Sie Ihre Meinung abstufen.

1	2	3	4	5
Ich stimme überhaupt nicht zu				**Ich stimme voll und ganz zu**

1. Ich vergleiche häufig das Wohlergehen meiner Angehörigen (Partner, Familienangehörige, etc.) mit dem von anderen.
2. Ich achte immer sehr stark darauf, wie ich Dinge im Vergleich zu anderen mache.
3. Wenn ich herausfinden möchte, wie gut ich etwas erledigt oder gemacht habe, dann vergleiche ich mein Ergebnis mit dem anderer Personen.
4. Ich vergleiche häufig meine sozialen Fähigkeiten und meine Beliebtheit mit denen anderer Personen.
5. Ich bin nicht der Typ Mensch, der sich oft mit anderen vergleicht.
6. Ich vergleiche mich häufig selbst mit anderen in Bezug auf das, was ich im Leben (bislang) erreicht habe.
7. Ich tausche mich gerne häufig mit anderen über Meinungen und Erfahrungen aus.
8. Ich versuche häufig herauszufinden, was andere denken, die mit ähnlichen Problemen konfrontiert sind wie ich.
9. Ich möchte immer gerne wissen wie sich andere in einer ähnlichen Situation verhalten würden.
10. Wenn ich über etwas mehr erfahren möchte, versuche ich herauszufinden was andere darüber denken oder wissen.
11. Ich bewerte meine Lebenssituation niemals im Vergleich zu der anderer Personen.

Abb. 3.10 Möglicher Fragenkatalog zur Bestimmung der INCOM-Social Comparison Scale (entnommen aus Schneider & Schupp, 2011, S. 33)[19]

---

[19] Vgl. auch Gilbert (2000).

Tab. 3.1 Ergebnis eines INCOM-Tests in Deutschland (Schneider & Schupp, 2011, S. 17, gekürzt und übersetzt)

Komponente	Frage	Verteilung der Antworten auf der 5er-Skala in %					ø
		1	2	3	4	5	
Fähigkeiten	1	29,6	22,1	22,4	18,9	7,1	2,5
	2	26,4	23,6	24,2	17,8	8,1	2,6
	3	23,1	20,5	23,9	22,7	9,8	2,8
	4	31,2	25,6	22,3	15,8	5,1	2,4
	5	10,6	13,9	20,1	22,9	32,5	3,5
	6	28,9	25,9	23,9	15,2	6,2	2,4
Meinung	7	2,0	7,1	18,6	36,5	35,8	4,0
	8	9,3	12,5	23,7	32,2	22,4	3,5
	9	12,3	14,8	28,1	27,3	17,6	3,2
	10	11,3	11,9	23,8	35,5	17,5	3,4
	11	10,1	19,5	25,5	21,0	23,9	3,3

„voll und ganz" zu, sich mit anderen gerne häufig über Meinungen und Erfahrungen auszutauschen (Frage 7).

Zum einen liefert ein solches Ergebnis die Grundlage zum **Vergleich sozialer Gemeinschaften** bis hin zu ethnischen oder kulturellen Gruppen. Aber eine andere Anwendung ist für unsere Zwecke spannender: „Einzelpersonen können ihre Fähigkeiten und/oder Meinungen mit anderen vergleichen, um ihre eigenen Leistungen zu bewerten und/oder um Einblicke in die Überzeugungen anderer zu gewinnen und damit Bewältigungsstrategien für schwierige Lebenssituationen abzuleiten."[20]

> Genau darum geht es: Den eigenen sozialen Rang zu kennen, hilft, sich selbst in der Gruppe zu kalibrieren und ein realistisches Bild auf die eigene soziale Bedeutung zu erhalten.

Die quantifizierende Vermessung bietet hier eine effiziente Form des Vergleichs. Doch stehen uns im Alltag solche Experimente selten zur Verfügung und auch das Ausfüllen des Tests aus Abb. 3.10 würde ohne bekannte Referenzwerte unserer sozialen Herde wenig nutzen.

---

[20] Eigene Übersetzung aus Schneider und Schupp (2011, S. 12).

Festzuhalten ist, dass in der sozialen Interaktion der interpersonelle Vergleich zur Bildung einer Rangordnung komplex ist. Er findet immer statt, aber eher auf verschiedenen kommunikativen Ebenen. Die Körpersprache ist wichtig (aufrechtes Gehen oder gebückte Haltung), das Verhalten (Reihenfolge der Begrüßung, Aufstehen oder Sitzenbleiben), die Sprache, aber auch Aussageinhalte. Geradezu prototypisch ist das Verhalten so mancher Führungskraft als „Leittier" der sozialen Herde „Abteilung" (o. ä.): Betritt sie den Besprechungsraum, natürlich etwas zu spät, verstummen die bereits Anwesenden. Sie begrüßt als erstes. Sie sitzt am Kopfende oder in der Mitte der Breitseite. Sie legt die Tagesordnung fest, ruft auf, hört zu, leitet über, fragt nach, bricht ab und zuweilen benutzt sie eine Anredeform, die zwar erzwungen klingt, aber die Rangfolge klarstellt: Das Plural-Du. Die Anwesenden werden jeder für sich gesiezt, aber im Plural wird geduzt: „Das solltet **ihr** bis Dienstag schaffen." Solcherlei Kommunikation zur Herstellung einer sozialen Rangordnung kann noch viel subtiler sein, wird jedoch immer ineffizienter, denn die Gefahr von Missverständnissen wächst.

Vorteilhafter wäre, einen quantifizierbaren Vergleichsmaßstab zu nutzen, um soziale Rangordnungen zu bestimmen, denn quantitative Vergleiche werden leichter wahr- und übernommen.[21] Das müssen keineswegs immer Zahlen sein. **Rangabzeichen** beim Militär, der Feuerwehr oder der Polizei erfüllen die Anforderungen einer quasinumerischen Identifikation in einem Ranking – ein ausgesprochen effizientes System, das möglich ist, weil der Zweck der Rangordnung eindeutig und unidirektional ist: **Handlungs-, Kontroll- und Sanktionsrecht** zu signalisieren, auch, wenn man sich nicht persönlich kennt.

Was bleibt, und hier kommen wir zum Fazit, ist die Frage, wie sich außerhalb dieser angesprochenen speziellen Situationen (Normierung durch Rangabzeichen oder Hierarchiegrade) eine soziale Rangordnung entwickelt. Das Auskämpfen wie bei Tieren in der Herde/Meute/Rotte oder in einem Rudel ist bei uns Menschen aus der Mode gekommen. Also benötigen wir andere Indikatoren, oft subtilere, die fehleranfälliger sind.

---

[21] Heintz (2010, S. 163 und 167).

> Und je unpersönlicher die Kommunikation abläuft, desto schwieriger wird es, eine soziale Rangordnung auszumachen, etwa in User-Foren, Blogs oder WhatsApp-Gruppen.

Die Folgen? Chaos! Menschen, die sonst Underdogs wären, trumpfen auf, hetzen mit schrillen Formulierungen und reklamieren Meinungsführerschaft, ohne dass ihr Intellekt dem eigenen Anspruch gerecht wird. Es gibt kein Regulativ in Form einer Hierarchie, keinen Rudelführer, der eingreift und scheinbar keine Regel der sozialen Interaktion, die zu beachten wäre.

Exkurs: Die Quantifizierung richterlicher Entscheidungen

Zum Schluss dieses doch recht langen Kapitels über Rankings und Ratings als Vermessungsmethoden möchte ich noch zwei kleine Sonderfälle diskutieren, weil sie den Mechanismus der **Bewertung mittels quantifizierender Rankings** anschaulich darstellen und wissenschaftlich gut erforscht sind. Als erstes geht es um die algorithmenbasierte Unterstützung bei der Festlegung von Strafmaßen, als zweites folgt ein Ausflug in die Welt des Sports.

In den USA wird versucht, Strafmaße durch das System COMPAS („Correctional Offender Management Profiling for Alternative Sanctions") zu objektivieren. Ethnie, Geschlecht, Alter oder Herkunft sollen bei der Urteilsfindung ebenso unberücksichtigt bleiben wie das sprachliche Ausdrucksvermögen, das Verhalten oder das Benehmen der Angeklagten vor Gericht. Antipathien oder andere subjektive Verzerrungen sollen beim Festlegen des Strafmaßes bzw. der Beurteilung der Folgen des Strafvollzugs (insb. des Rückfallrisikos) ausgeschlossen werden.[22] Das System wurde und wird heftig kritisiert. Technisch ist es ein einfaches Rating. Kriterien werden gewichtet und die Delinquenten bewertet. Die Kriterien, die zum Einsatz kommen, erscheinen aber auf den ersten Blick chauvinistisch und widersprechen offensichtlich dem

---

[22] Räz (2022).

Anspruch des Systems: Hautfarbe, Vorstrafen, familiärer Hintergrund, Wohnsitz oder Bildung! Haben bspw. zwei Delinquenten die exakt gleichen Werte in allen übrigen Kriterien, aber eine unterschiedliche Hautfarbe, wird COMPAS das Rückfallrisiko des Schwarzen höher einschätzen als das des Weißen. Ursache ist die Datengrundlage und tatsächlich besteht ein statistischer Zusammenhang zwischen der Hautfarbe und Rückfallwahrscheinlichkeit. Allerdings wird der Algorithmus die Risiken nur proportional zu den historischen Daten über Rückfälle bewerten. Eine Übertreibung des Risikos, etwa wegen persönlicher Ressentiments eines Richters, gibt es nicht.

COMPAS ist also nicht etwa die blinde Justitia im Gewand einer Software, sondern ein Rating auf Basis von Erfahrungswerten in Gestalt gewichteter Bewertungskriterien in einem Algorithmus. Was bei der Anwendung des Systems nun passiert, ist erstens eine ständige Kalibrierung der Parameter (Kriterien) durch neu hinzukommende Erfahrungswerte – ein mühsames Unterfangen, das sich aber angesichts des Ziels, Willkürlichkeit im Gerichtssaal zu reduzieren, lohnt, und zweitens die Anforderung an die Richter, auf „Ausreißer" zu achten, die eine ungewöhnliche Kriterienkonstellation aufweisen, die die Grenzen des Algorithmus sprengen. Ratingbasierte Entscheidungsunterstützungssysteme wie COMPAS (aber auch die Schufa-Auskunft usw.) sind für die große Mehrheit der „gewöhnlichen" Fälle, aber Außergewöhnliches bedarf noch immer der individuellen Begutachtung.[23]

Die Quantifizierung des Sports – wie viel ist Ronaldo wert?

Der Job von Spieler-Scouts ist es, junge Talente aufzuspüren, unter Vertrag zu nehmen, zu fördern und zu hoffen, dass diese eines Tages ihr Geld wert sein werden. Je besser die Scouts sind, desto weniger

---

[23] Es sei hier ausdrücklich darauf hingewiesen, dass eine allzu oberflächliche Parametrisierung erhebliche Auswirkungen haben kann, wenn der Glaube an die Korrektheit von Algorithmen blind ist. So halten einige Forscher COMPAS für voreingenommen gegenüber Schwarzen, so bspw. Dieterich et al. (2016).

„Nieten" werden finanziert. Solche Scouts müssen viel Erfahrung haben, um die Besten zu selektieren, oder?

Ja, sicherlich. Die Erfolgswahrscheinlichkeit korreliert mit der Erfahrung. Aber es geht einfacher! Warum nicht die Scouts durch Algorithmen und Vermessungen ersetzen? Genau das passiert! Es wird eine geringe Anzahl sportlicher Einzelleistungen gemessen und diese werden mit den Ergebnissen solcher Spieler, die später erfolgreich wurden, verglichen (Referenzgruppenvergleich). Der Score des Kandidaten entscheidet dann darüber, ob er einen Vertrag erhält oder nicht. Das Ergebnis beeindruckt: Ein paar quantitative, messbare Parameter wie (im Falle von Basketballspielern)

- die Sprunghöhe,
- die Freiwurftrefferquote,
- die Spurtstärke oder
- die Anzahl Fouls in einem Testspiel

liefern eine bessere Prognose über das Entwicklungspotenzial eines Spielers als die allermeisten Scouts.[24]

Damit solche Algorithmen gut sind, braucht es aber – ähnlich wie bei COMPAS – eine gute Vorbereitung in Form einer breiten Datengrundlage.

Ein simples Scoring zu entwickeln, ist aber keineswegs einfach: Dutzende, vermutlich sogar hunderte Kriterien wurden getestet, bis in einem mathematischen Reduktionsverfahren nur noch wenige übrig blieben, die einerseits leicht messbar sind und andererseits hinreichend genaue Ergebnisse liefern, also eine prognostische Relevanz besitzen.

> *Regressive* **Muster** (Kausalitäten) müssen gefunden werden: Welche Parameter weisen alleine oder in Kombination mit anderen auf eine hohe Erfolgschance hin?

---

[24] Siehe die Beschreibung des Verfahrens in Lewis, (2016).

Vielleicht bedarf es späterer Anpassungen, etwa, wenn sich die strategischen Spielansätze und damit die Anforderungen verändern. Aber es hat sich gelohnt: Die Spielerprognosen sind **besser** geworden und vor allem ist das Auswahlverfahren wesentlich **günstiger** als zuvor.

Am Rande: Natürlich sind die Scouts nicht arbeitslos geworden und das aus zwei guten Gründen: Erstens führt ein Talent nur zu „vermessen" noch nicht zu einem Vertrag, denn wenn allen Vereinen die gleichen Daten zur Verfügung stehen, beginnt der Wettbewerb um die besten Spieler und um diese für sich zu gewinnen bedarf es eines Scouts, der begeistert, Optionen aufzeigt und motiviert. Zweitens darf ein in Kap. 4 noch zu beschreibender Effekt nicht unterschätzt werden: die manipulativ-erzieherische Wirkung von Messkriterien: „People don´t do what you expect, but what you inspect". Wenn Basketballtalenten klar wird, dass sie im Screening gut abschneiden, wenn sie antrittsschnell sind, hoch springen, viele Korbtreffer erzielen und nur wenige Fouls begehen, werden sie genau das trainieren. Aber sie werden möglicherweise ungenaue Pässe werfen, keinen Spielüberblick haben und Spielzüge nicht antizipieren können, weil sie die Interaktion mit ihren Mitspielern eben nicht trainieren. Sie konzentrieren sich – aus ihrer Sicht und ökonomisch vollkommen korrekt – auf die entscheidungsrelevanten Parameter. Hier schlägt der beschriebene **korrumpierende Effekt der Konzentration auf die Messwerte** durch.[25] Nein, Scouts werden nicht arbeitslos, doch der Algorithmus ist eine wertvolle und kostenreduzierende Entscheidungshilfe.

Diese Erfolge in der Quantifizierung von Spielerpotenzial führten zu einer Welle von Rankings und Ratings im Sport. Sportstatistiken gab es schon immer, aber erst um die Jahrtausendwende wurden sie „jedermanntauglich" und per Web bzw. Apps allgemein verfügbar. Statt über subjektive Eindrücke zu streiten, wird zunehmend mit Daten und Fakten argumentiert, und Medien und Dienstleister liefern das Futter. Ein Vorreiter war die SAT1-Sportsendung „ran". Die Redaktion

---

[25] Campbell-Effekt, vgl. Kap. 4. Ich bitte um Geduld.

sammelte von Beginn an akribisch Daten über Spieler und Spiele mit dem Ziel,

- Berichterstattung substanziell zu unterlegen,
- „Redakteure [zu] befähigen, Ereignisse historisch einzuordnen",
- Trends und Veränderungen aufzeigen und
- neue journalistische Themen zu erschließen.[26]

Heute erledigen dies Agenturen wie Sportec, Opta, Deltatre, Mastercoach, Perform Group, Running Ball oder Sportradar. Abb. 3.11 zeigt als Beispiel Statistiken des Web-Dienstes „ProCycling Stats" aus der Welt des Radsports. Als Datendienstleister bieten sie eine Grundlage für die Arbeit der Sportjournalisten, Trainer, Scouts oder Verbandsfunktionäre.

Das Konzept von Rankings und Ratings und der Alltag

Dieses Kapitel ist recht lang geworden. Es ist aber auch essentiell, denn das Verständnis von Rankings und Ratings ist von zentraler Bedeutung für das Verständnis der Art und Weise, wie wir Präferenzen ausbilden und zwischen Optionen entscheiden. Kriterienkataloge werden erstellt, gewichtet und jede Option wird bewertet. Dieses Quantifizierungsverfahren ist Grundlage vieler Alltagsentscheidungen. Die Wahl des Urlaubsortes, des neuen Laptops, des Partners, der Kita, der neuen Hose, des Abendessens oder die Wahl des abendlichen Fernsehprogramms – immer bewerten wir bewusst oder unbewusst Kriterien und kommen so zu einem Score, der zwar nur selten seine numerische Inkarnation erlebt, aber doch eine Entscheidungsgrundlage sein kann.

---

[26] Hodek (2018).

3 Mit welchen Methoden vermessen wir unseren Alltag? 115

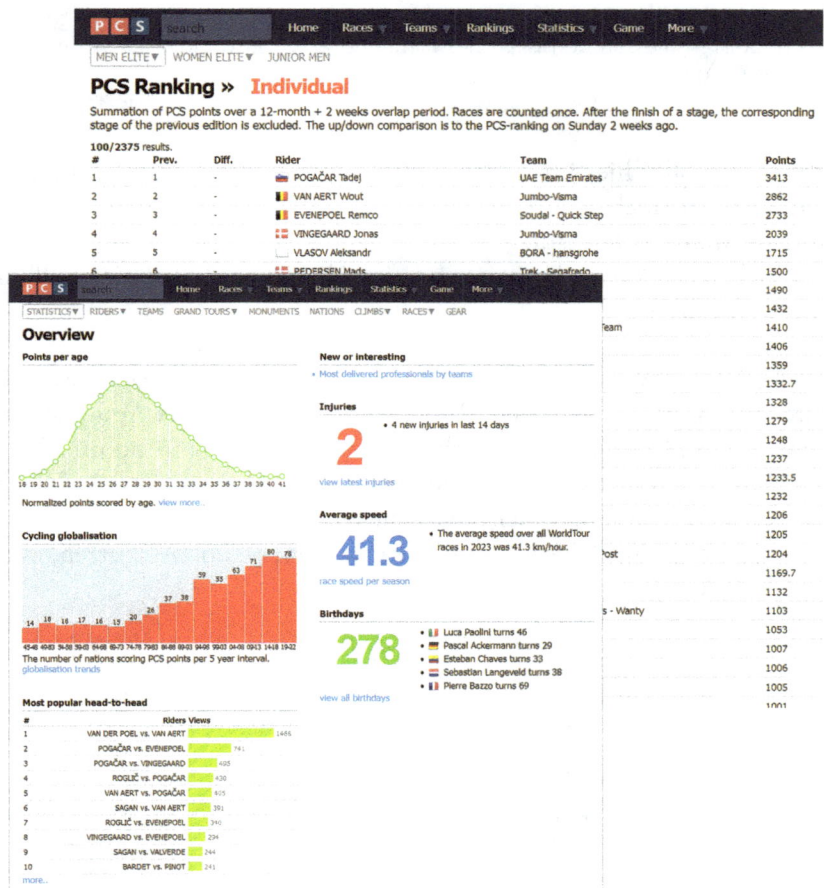

Abb. 3.11 Ranking von Fahrern und diverse statistische Auswertungen von Procyclingstats.com

3.5 Checklisten

Warum sind Checklisten eine Messmethode? Der Zusammenhang ist nicht offensichtlich und muss zunächst erläutert werden.

> Checklisten messen den Grad der Erfüllung einer vordefinierten Aufgabe oder Aufgabenkohorte.

„Aufgabe" sollte hier im weiteren Sinne verstanden werden. Eine **Einkaufsliste** ist auch eine Checkliste, auf der Lebensmittel stehen. Die Aufgabe wäre der Einkauf.

Welche Checklisten begegnen uns im Alltag noch? Hier eine willkürliche Auswahl:

To-do-Liste (Item-Kontrolle): Es ist die klassische Aufgabenliste, die hilft, den Alltag zu managen. Abb. 3.12 zeigt bspw. eine App-gestützte „Haus- und Hofliste", in der sich Jobs ansammeln, die rund ums Haus zu erledigen sind (alternativ: Packliste für den Urlaubskoffer, Aufgabenliste für die Organisation der Hochzeitsfeier usw.).

Um eine solche Checkliste als Organisations-Tool zu nutzen, wäre noch zu klären,

Abb. 3.12 Beispiel einer Liste der App „To do" zur Kontrolle von Aufgaben. (Eigene Aufnahme)

- wer Aufgaben hinzufügen darf (nur der Eigner oder auch andere Haushaltsangehörige),
- wie die Aufgaben terminiert werden,
- wer Priorisierungen festlegen darf und
- was bei Nichterfüllung zum vorgegebenen Termin passieren soll (Verschieben, Delegieren, Sanktion).

Kochrezepte und Aufbauanleitungen (Prozessschrittkontrolle): Auch dieser Listentyp dürfte sich in jedem Haushalt finden. Es ist ein typischer Vertreter der Kategorie „Prozessschritt-Checkliste". Sie hilft, in einer bestimmten Reihenfolge zu erledigende Aufgaben abzuarbeiten. Kein Schritt wird ausgelassen, übersprungen oder in der falschen Reihenfolge erledigt. Ferner kann zu jedem Schritt eine konkretisierende Arbeitsanweisung erfolgen: Statt „Kuchen in den Ofen schieben" nun „Kuchen für 45 min bei 180 Grad Umlufttemperatur im Ofen backen".

Die bekannteste Prozessschritt-Checkliste ist vermutlich die Aufbauanleitung für IKEA-Möbel und wäre eine eigene wissenschaftliche Analyse wert. Mich persönlich begeistert sie, denn IKEA hat es wie kaum ein anderes Unternehmen geschafft, diese im Laufe der Jahre soweit zu perfektionieren, dass sie von Menschen jedes Bildungsstands in allen Teilen der Welt verstanden wird. Sie mag zwar immer noch Thema mancher Witze sein, aber sie hat sich im Alltag bewährt.

In diese zwei Kategorien, die **Item-Vollständigkeitskontrolle** und die **Prozessschrittkontrolle,** lassen sich alle Checklisten einsortieren. Einige erfüllen beide Aufgaben oder haben über den Primärzweck hinaus einen Zusatznutzen.

Der Nutzen von Checklisten

Checklisten als Instrumente zur Vermessung bestimmter Aufgaben haben sich als nützlich erwiesen, wenn

- Aktivitäten, Prozessschrittfolgen oder Item-Listen formalisiert werden können und
- jedes Item von hinreichender Bedeutung ist

oder wenn

- die Gefahr besteht, bei der Erledigung der Aufgabe abgelenkt zu werden.

Der Nutzen im Alltag ist offensichtlich. So ist es geradezu entspannend, eine Packliste abgehakt zu haben und zu wissen, dass alles im Koffer ist, was mit muss. Die Voraussetzung ist, dass die Liste vollständig war. Idealerweise hat sie sich bereits bewährt, sodass auf sie **Verlass** ist. Die Verlässlichkeit ist einer der Erfolgsfaktoren für eine Checkliste. Ein weiterer ist die **einfache Sprache**[27]: Checklisten müssen semantisch kurz, präzise und verständlich sein. Und schließlich ist auf das **Format** der Checkliste hinzuweisen. Die Anwendung darf keine intellektuelle Hürde darstellen. Im privaten Umfeld haben sich neben flüchtigen, formlosen Notizzetteln Apps durchgesetzt, die einer Liste Struktur geben, Zusatzangaben ermöglichen und helfen, die Liste für spätere Anwendungen zu modifizieren und zu speichern.

Funktionen und Arten von Checklisten im beruflichen Umfeld

Mehr noch als im privaten, haben sich im beruflichen Umfeld Checklisten als Methode durchgesetzt. Sie erfüllen über den Primärzweck (Messung der Vollständigkeit der Kontroll-Items oder der Prozessschritte) hinaus noch weitere Funktionen. Sie können bspw. als **Rechenschaftsbericht** im Sinne eines Arbeitsnachweises fungieren. Je nach Wichtigkeit der Aufgaben wäre dieser dann zu kontrollieren (Vier-Augen-Prinzip oder Nachkontrolle). Auch während der Einarbeitung neuer Kräfte sind solche Checklisten hilfreich, da durch sie der Umfang und die Parameter der Tätigkeiten normiert werden können. Somit wäre eine weitere Aufgabe die **Kontrolle.** Ferner eignen sich Checklisten zur effizienten **Arbeitsteilung,** wenn Tätigkeiten unterschiedlichen Personen zugewiesen werden. Diese Zuweisung wäre eine der oben genannten konkretisierenden Arbeitsanweisungen. Je

---

[27] Mindestens die Bedeutung dieses Aspekts ist auch empirisch nachgewiesen. Siehe Catchpole und Russ (2015).

nach Präzision dieser Zusatzinformationen hilft eine Checkliste dann, die **Qualität einer Tätigkeit zu sichern.** Eng damit verwandt ist die **Synchronisationsfunktion.** Arbeiten mehrere Personen zusammen, kann eine Checkliste das Arbeitsziel oder den Arbeitsumfang normieren, bspw., indem sie Zielwerte vorgibt.

Hier eine exemplarische Liste von Checklisten, denen man im Arbeitsalltag begegnet:

- Objektbegehung, z. B. für die Überprüfung vorgegebener Einrichtungen (Arbeitsschutz, Hygiene, Brandschutz usw.)
- Ladungssicherung (LKW, Schiff usw.)
- Arbeitssicherheit (Schon die Bergmannsmünze oder der Zug-Knuddel sind solche Checklisten, wenn auch in einfacher Form)
- Einarbeitung neuer Mitarbeiterinnen und Mitarbeiter, Arbeitsunterweisung
- Reinigungskontrolle (Umfang, Zeit, ausführende Personen usw.)
- Maschinenwartung, -instandhaltung, -abnahme bei Arbeitsübergabe
- Baustellenbegehung
- Zimmerreinigung in Hotels
- Kfz-Inspektion
- Abarbeiten von Aufgaben, etwa durch Haus-, Hand- oder Heimwerker
- Werkzeug- und Ersatzteilliste für Übergaben
- Installation von Software oder das Einrichten von Nutzer-Accounts
- Prüfung der Vollständigkeit von Pflichtangaben für Rechnungen

Checklisten als Mittel gegen Routinefehler

Auf der Suche nach Forschungsliteratur zu diesem Kapitel bin ich immer wieder über die gleichen zwei Themen gestolpert: Checklisten für das Fliegen und Checklisten im medizinischen Umfeld. Ihre Anwendung scheint bis ins Detail „durcherforscht".[28] Sie stehen

---

[28] Sogar hinsichtlich des Designs von Checklisten in Burian (2006), oder ihrer soziologisch-methodologischen Grenzen Hilligoss und Moffatt-Bruce (2014).

exemplarisch für alle Arten von Checklisten, bei denen es auf jedes einzelne Item ankommt. Sie bieten inhaltlich den Nutzern keine Überraschung: Vermutlich hat noch nie ein Pilot erstaunt aufgemerkt, wenn der Co-Pilot vorlas, dass nun die Bremsen zu lösen seien, und kein Mediziner wurde jemals mit der Aufforderung überrascht, den richtigen Sitz einer Infusionsnadel zu überprüfen. Fachlich bieten diese Checklisten nichts neues. Wozu sind sie also da? Sie verhindern **Routinefehler.**

Die Gefahr von Routine ist die Routine. Man wird unaufmerksam, lässt sich ablenken oder lässt Prozessschritte aus. Wenn schon dutzende Male ein Item unauffällig war, wird es beim nächsten Mal vielleicht in der Annahme übersprungen, dass es so sein wird wie immer. Wir Menschen sind nicht gerade geduldig darin, einem Aspekt wieder und wieder und wieder volle Aufmerksamkeit zu schenken, auch wenn er sich schon 100 Mal unauffällig zeigte.

Clay-Williams und Colligan unterzogen die zwei genannten Checklisten (Luftfahrt und Gesundheitswesen) einer beachtenswerten Untersuchung.[29] Zunächst unterschieden sie „Normalfalllisten" und „Nichtnormalfalllisten". Solche der ersten Kategorie, etwa die Preflight-Checkliste, seien nützlich, wenn

- immer das Gleiche herauskommen soll (Prozessergebnisstandardisierung),
- die Menge der Items zu groß ist, um sich jedes einzelne zuverlässig zu merken,
- das Vergessen eines Items kritisch ist,
- die Gefahr besteht, dass man bei der Tätigkeit unterbrochen/ abgelenkt werden könnte, aber
- Zeit nicht kritisch ist.

Checklisten der zweiten Kategorie, die „Non-Normals", seien nützlich, wenn

---

[29] Clay-Willliams und Colligan (2015).

- Aktionen in einem Sonderfall schnell und vollständig getan werden müssen, um größeren Schaden abzuwenden,
- Stress wahrscheinlich ist, denn in Stresssituationen wird häufig Wichtiges vergessen,
- es vermutlich keine oder wenig Erfahrung im Umgang mit der Situation gibt oder
- die Situation komplex ist, z. B. ein multiples Systemversagen.

Die Vorstellung mag verwundern, dass Piloten in kritischen Situationen erst einmal nach einer Checkliste greifen. Sind sie nicht dafür ausgebildet, Krisen durch ihr Eingreifen zu meistern? Doch, natürlich sind sie das. Aber zweifellos sind Flugzeuge komplexe Systeme, die weitgehend autonom agieren können, doch bei einem systemischen Problem müssen Menschen eingreifen. Diese Eingriffe in die Systeme haben Folgen und es ist für die Piloten nützlich, wenn diese Folgen bereits durchgespielt wurden.

Ähnlich ist es mit Checklisten für Mediziner. Auch hier zeigten Fehler (z. B. im Operationssaal) den Bedarf auf, Chirurginnen und Chirurgen sowie deren Crews bei den Routinetätigkeiten zu unterstützen. So entstanden zahlreiche Checklisten, von denen die mit Abstand bekannteste die 2008 veröffentlichte **Surgical Safety Checklist** der Weltgesundheitsorganisation (WHO) ist.[30]

Sie besteht aus drei Teilen, entsprechend der drei Hauptphasen eines operativen Eingriffs: Narkosephase, Eingriff, Nachversorgung. Abb. 3.13 zeigt die deutschsprachige Version dieser Checkliste.[31]

Doch welchen Nutzen hat die Einführung dieser Checkliste? Einen beträchtlichen! Die Todesrate in den untersuchten Krankenhäusern konnte von 1,5 % auf 0,8 % der Patienten reduziert werden und die

---

[30] Siehe vertiefend z. B. die Erörterungen in Weiser et al. (2010).
[31] OP-Sicherheitscheckliste der Deutschen Gesellschaft für Chirurgie: https://www.dgch.de/fileadmin/media/pdf/dgch/Sicherheitscheckliste.pdf. Das Original der WHO findet sich bei https://cdn.who.int/media/docs/default-source/patient-safety/safe-surgery/surgical-safety-checklist-other-languages/sssl_checklist_german.pdf?sfvrsn=ac20fec7_11. Beschrieben wird die Liste in Bauer (2010).

Sicherheits-Checkliste Chirurgie

„Safe surgery saves lives"
Globale Initiative für Patientensicherheit der WHO

1. Initialer-Check (vor Narkoseeinleitung)

- ○ Patient bestätigt seine Identität (Personalien), Eingriffsort, Art des Eingriffs und Zustimmung zum Eingriff
- ○ Eingriffsort markiert/nicht anwendbar
- ○ Anästhesie – Sicherheitscheck abgeschlossen
- ○ Pulsoxymeter ist am Patienten angebracht und funktioniert

Hat der Patient:

Allergie	○ nein	○ ja
Intubationsschwierigkeit/ Aspirationsrisiko	○ nein	○ ja (notwendige Instrumente und Personal sind vorhanden)
Risiko von Blutverlust > 500 ml (> 7 ml/kg bei Kindern)	○ nein	○ ja

2. Vor Hautschnitt (Team Time Out)

- ○ alle Mitglieder des Teams haben sich mit Namen und Funktion vorgestellt
- ○ Operateur, Anästhesist und Pflegepersonen bestätigen Identität des Patienten, von Eingriffsort und -art sowie korrekte Lagerung

Vorhersehbare kritische Ereignisse

- ○ Operateur fasst entscheidende und mögliche kritische Schritte der Operation zusammen und nennt zu erwartende(n) OP-Zeit und Blutverlust
- ○ Anästhesieteam definiert evtl. notwendigen Reanimationsplan und patientenspezifische Probleme
- ○ Pflege nennt Ergebnisse der Sterilisations-Indikatoren und Funktionsweise spezieller Geräte

Wurde Antibiotika-Prophylaxe während der letzten Stunde gegeben?
○ ja   ○ nicht sinnvoll

Wurden alle nötigen Bilder (Röntgen, MR usw.) sichtbar präsentiert?
○ ja   ○ nicht sinnvoll
andere Punkte ....

3. Finaler Check (bevor Patient OP Raum verlässt)

Pflege bestätigt mündlich:

- ○ Art des Eingriffs
- ○ vollständige Zahl von Instrumenten, Tupfern, Bauchtüchern, Nadeln, etc.
- ○ Korrekte Beschriftung der Gefäße für Pathologie (entnommenes Gewebe)
- ○ evtl. Fehlfunktion von Geräten

Operateur, Anästhesist und Pflege definieren:

- ○ wichtige Gesichtspunkte für Aufwachphase und postoperative Versorgung

(Unterschrift) Für das Team   (Datum)

Abb. 3.13 Sicherheits-Checkliste für die Chirurgie, deutsche Übersetzung der WHO Surgical Safety Checklist

Rate der Komplikationen sank von 11 % auf 7 %.[32] Ganz offensichtlich sind Checklisten geeignete Instrumente, um das fehlerfreie Abarbeiten von Routinetätigkeiten zu vermessen.

Checklisten als Gedächtnishilfe

In einer umfangreichen Studie wurde untersucht, wie nützlich Checklisten als didaktisches Mittel im Rahmen von Lehre und Ausbildung sind. Insbesondere ging es dabei um sogenannte **Selbstbeobachtungschecklisten,** die nach den jeweiligen Trainings zum Einsatz kamen. Die methodische Idee dabei ist, die „Lücke zwischen Erlerntem und später in der Praxis Angewendetem zu verringern".[33]

Trainer wie Lehrer kennen das Problem und nennen es „Train and hope!": Im Schnitt wissen Schulungsteilnehmer nach wenigen Tagen nur noch 40 % des Gelernten[34] mit individuellen Unterschieden bei den Inhalten. Der eine merkt sich dieses, der andere jenes. In **„Skill-Checklisten"** werden nun alle gelehrten Themen aufgelistet. Individuelle Lücken sollen beim späteren Durchgehen dieser Checklisten selbst erkannt werden, um gezielt Lehrstoff nacharbeiten zu können. Tatsächlich konnte ein größerer durchschnittlicher Lernerfolg alleine schon durch die Checklisten nachgewiesen werden. 90 % der Probanden fanden die Listen hilfreich.

Dieses Ergebnis konnte auch im schulischen Umfeld bestätigt werden. Ein anderes Team konzentrierte sich dabei auf die Frage, ob Checklisten helfen, die typische Erosion von Wissen aufzuhalten.[35] Auch hier waren die Ergebnisse signifikant. Zudem weisen die Autoren darauf hin, dass Checklisten kostengünstig sind, sowohl in der Konzeption als auch bei der Nutzung, vor allem verglichen mit der Alternative (der nicht priorisierten, alle Themen umfassenden Nachbereitung oder einer umfänglichen Nachhilfe).

---

[32] Haynes et al. (2009).
[33] Hughes et al. (2018).
[34] Ebenda.
[35] Oliver et al. (2015).

Checklisten als Rating-Tools

Zwei grundsätzliche Verfahren bieten sich an, um aus einer Checkliste ein Rating-Tool zu machen: Es können „richtige" bzw. „erfüllte" Listen-Items gezählt bzw. in Relation zur Gesamtzahl gesetzt werden, also die Anzahl oder der Anteil abgehakter Items ermittelt werden, oder die Checkpoints werden zusätzlich bewertet. Dazu später mehr.

Der erste Fall ist sinnvoll, wenn anders als bei den oben diskutierten Piloten- und Chirurgen-Checklisten nicht ausnahmslos alle Items abgehakt werden müssen, sondern offene bzw. fehlerhafte erlaubt sind und die Summe oder der Anteil erfüllter Items ermittelt werden soll. Ein Beispiel hierfür sind Checklisten für Arbeitgeber, um die Vollständigkeit von Bewerbungsunterlagen zu prüfen. Typisch sind aber auch „Wunschlisten" für anzuschaffende Produkte, die schwer vergleichbar sind, weil nicht alle Optionen alle gewünschten Features besitzen.

Der zweite Fall: Werden Items auf einer Checkliste nicht nur abgehakt („Ja" oder „Nein", „erfüllt" oder „nicht erfüllt" usw.), **sondern die Erreichung eines Ergebnisses graduell bewertet,** ist der erste Schritt in Richtung einer Nutzwertanalyse bzw. eines Scorings gemacht. Ein Beispiel für eine solche Methode ist der **APGAR-Score.** Die US-amerikanische Ärztin Virginia Apgar entwickelte in den 50er Jahren ein ausgesprochen einfaches System zur Bewertung des Zustands Neugeborener.[36] Ausgangspunkt war die Feststellung, dass Komplikationen bei Neugeborenen erstaunlich oft nicht erkannt oder falsch behandelt wurden, weil sich das anwesende Personal uneins über die Notwendigkeit war. Gibt es ein Problem oder nicht? Der APGAR-Score stellt für dieses Problem eine simple Methodik dar, die beim ersten Schritt hilft: Konsens über die Beurteilung des Zustands herzustellen, damit Maßnahmen umgehend eingeleitet werden können. Dafür werden genau fünf beobachtbare Aspekte direkt nach der Geburt und zu zwei weiteren Zeitpunkten betrachtet. Sie werden nicht nur „abgehakt", wie bei einer einfachen Checkliste, sondern mit einer einfachen Skala

---

[36] Apgar (1953).

Tab. 3.2 APGAR-Score. (Eigene Darstellung)

	Kein Punkt	Ein Punkt	Zwei Punkte
Atmung	Keine Atmung	Unregelmäßig	Schreien, Spontanatmung
Puls	Kein Puls	Weniger als 100 Schläge/min	Mehr als 100 Schläge/min
Grundtonus	Schlaffe Muskeln	Leichte Beugung	Normale Spontanmotorik
Aussehen	Blaue oder weiße Hautfarbe	Blaufärbung von Finger, Zehen usw	Vollständig rosige Haut
Reflexe	Keine Reaktion	Grimassieren	Schreien, Husten, Niesen

bewertet. Je nachdem, wie weitreichend ein Aspekt erfüllt ist, gibt es keinen, einen oder zwei Punkte (siehe Tab. 3.2).

Die Summe der Punkte entscheidet über das weitere Vorgehen: Erreicht das Neugeborene neun oder zehn Punkte, ist alles in Ordnung, sind es weniger, erfolgen geeignete Maßnahmen. Den Werten sind also **Handlungsanweisungen** bzw. Eskalationsprotokolle zugeordnet. Wie im Cockpit eines Flugzeugs auch, wird keine Zeit verloren, weil diskutiert werden muss, ob ein Problem vorliegt oder nicht.

Das Fazit: Checklisten sind Lebensbegleiter. Sie helfen uns, unseren Alltag zu organisieren. Komplexe Aufgaben fallen leichter, Vollständigkeit ist kein Problem mehr. Die Beispiele aus dem professionellen Umfeld zeigen ein erstaunliches Anwendungsspektrum und die Kosten der Checklisten sind im Vergleich zum Nutzen gering. Es ist zweifellos nützlich, bewährte Alltags-Checklisten aufzuheben, wiederzuverwenden und zu verbessern.

3.6 Intuitives Schätzen und Bewerten – Das „Gegenteil" von Vermessen?

So allgegenwärtig die Vokabel „Intuition" auch ist, so unterschiedlich ist das Verständnis dieses Begriffs.

Was ist „gute" Intuition?

Gemeinsam ist den Definitionen, die sich in der Literatur finden, lediglich, dass es sich bei Intuition um einen nicht-kognitiven Prozess handelt, also um „irgendwie Unbewusstes". Einigen wir uns für die Zwecke dieses Buches auf folgende Definition:

> Intuition ist eine spontane, nicht bewusst herbeigeführte Eingebung. Es ist eine **unbewusste** *Intelligenz*. Dieses „gefühlte Wissen" dringt schnell ins Bewusstsein ein und ist nicht begründbar, aber wirkmächtig genug, um ihm zu trauen.[37]

Im Rahmen von Entscheidungsprozessen ist der Vorteil die Geschwindigkeit: Auch ohne hinreichende Daten und ohne angemessen zur Verfügung stehende Zeit fallen Entscheidungen, die interessanterweise **anschließend** gerechtfertigt werden (quasi ein Selbstbestätigungsmechanismus). Das Problem ist nun, dass unsere Intuition uns **immer** eine Entscheidung, eine Bewertung oder eine Handlung vorschlägt, selbst dann,

- wenn mehr **Informationen** mit angemessenem Aufwand für eine fundierte Bewertung zur Verfügung stünden,
- ausreichend **Zeit** für eine sorgfältiger vorbereitete Entscheidung gegeben wäre und die
- **Folgen der Entscheidung** von wesentlicher Bedeutung sind.

Auf der Suche nach den Quellen von Intuition hat sich die Erkenntnis durchgesetzt, dass insbesondere **Erfahrungswissen** eine wesentliche Rolle spielt. Dieses Erfahrungswissen kann auf breiten Füßen umfangreicher Erlebnisse stehen oder aber nur geglaubt sein. Das Fundament fühlt sich zunächst einmal und ohne bewusste Überprüfung recht ähnlich an.

---

[37] Kühnapfel, Die Macht der Vorhersage. Smarter leben durch bessere Prognosen (2019, S. 109 ff.).

> Liegt relevantes Erfahrungswissen vor, liefert die Intuition verlässlichere Entscheidungsvorschläge als ohne. Bei intuitiven Entscheidungen oder Einschätzungen ist also stets zu hinterfragen, ob es ausreichend Erfahrungen mit dem jeweiligen Themenkomplex gibt oder nicht.[38]

Unterlassen wir diese Prüfung, ist die Intuition immer noch da, aber wird von Kräften befeuert, die zufällige Ergebnisse produzieren.

Darf intuitiven Schätzungen getraut werden?

Schätzen. Darum geht es hier. Wenn die Möglichkeit einer Vermessung nicht besteht, schätzen wir Maße, Gewichte, Mengen, Rangfolgen oder Vollständigkeiten. Das ist grundsätzlich akzeptabel, aber eben nicht verlässlich. Hierfür gibt es gleich mehrere Gründe:

Grund Nr. 1: Unsere Sinne lassen sich täuschen. Bspw. verschätzen wir uns bei Temperaturen, wenn wir unmittelbar davor anderen Temperaturen ausgesetzt waren: Wenn wir nach einer Gassirunde mit Hund im tiefen Winter zur Türe hereinkommen, erscheint uns die Wohnung mollig warm. Doch die gleiche Raumtemperatur wird als zu kalt empfunden, wenn wir morgens aus dem Bett aufstehen. Oder das bekannte Wasserbeispiel: In einer Schale befindet sich handwarmes Wasser. Tauchen wir unsere Hand nun in Eiswasser und unmittelbar danach in das handwarme, erscheint uns dieses heiß. Tauchen wir die Hand zuvor jedoch in tatsächlich heißes Wasser, wirkt das handwarme erfrischend kühl. Den gleichen Effekt erzielen wir beim Abschätzen eines Gewichts (vorher eine Feder in der Hand wiegen oder vorher einen Vorschlaghammer hochheben, vgl. Abschn. 3.3) oder beim Abschätzen großer Mengen. Unsere Sinne, die wir für die Vermessung unserer Umgebung benötigen, sind erst dann hinreichend zuverlässig, wenn wir sie zeitnah vor der Schätzung **kalibrieren.** Dann erfühlen wir

---

[38] Siehe hierzu den lesenswert aufbereiteten Disput zweier Denkschulen in Kahneman & Klein, Conditions for Intuitive Expertise – A Failure to Disagree (2009).

genauer die 200 g Möhren oder die 38 Grad des Badewassers. Damit verlassen wir aber den Einflussbereich der Intuition und Betreten den verlässlicheren Bereich bewusster Vermessung.

Am Rande: Oftmals beeinflussen unsere Sinne Entscheidungen in einer Art und Weise, die nur schwer nachvollzogen werden kann. In einem Experiment mussten einige Probanden schwere Einkaufstaschen tragen, andere leichte Taschen.[39] Beide Versuchsgruppen waren in dem Glauben, in der Studie ginge es darum, wie viel Gewicht Konsumenten bereit seien zu tragen. Die Probanden mussten anschließend das Gewicht der Einkaufstaschen schätzen, aber das spielte keine Rolle. Den Forschern kam es auf eine andere Frage an, die scheinbar nicht in Bezug zum Experiment stand: Sie fragten, wie wichtig den Probanden Nährwertangaben auf den Produkten seien und wie wichtig das Recht auf freie Meinungsäußerung sei. Das Ergebnis: Probanden, die zuvor schwer zu tragen hatten, maßen beidem eine deutlich (!) größere Wichtigkeit bei.

Solcherlei Experimente werden oft durchgeführt und die Erkenntnis ist jedes Mal:

Sinneswahrnehmungen beeinflussen unsere Einstellungen.

Grund Nr. 2: Unsere kognitive Wahrnehmung lässt sich ebenso täuschen. Auch unser Bewusstsein macht Fehler, trotz allem Nachdenken, Grübeln und Überlegen. Ein vielfach untersuchter Effekt sei hier exemplarisch beschrieben: Die Wirkung der **Ankerheuristik**.[40]

---

[39] Zhang und Li (2012).
[40] Die Ankerheuristik zählt zu den am meisten in der Verhaltensökonomie untersuchten Verzerrungsphänomenen. Entsprechend zahlreich ist die Literatur dazu. Eine gute Einführung bieten bspw. Epley und Gilovich (2006), Schweitzer und Cachon (2000), und Kahneman, Schnelles Denken, langsames Denken (2016, S. 152 ff.).

3 Mit welchen Methoden vermessen wir unseren Alltag?   129

> Hören oder lesen wir unmittelbar vor einer Einschätzung (Maß, Gewicht, Menge usw.) etwas, in dem Werte eine Rolle spielen, wird eine anschließende Schätzung in Richtung dieser Werte driften.

Machen wir ein Experiment. Bitte lesen Sie den folgenden Text laut!

„Ein ausgewachsener Elefant wiegt bis zu 6500 Kilogramm. Ein Nashorn wiegt bis zu 3500 Kilogramm. Ein Blauwal bis zu 150.000 Kilogramm. Ein Seeelefant bringt 4000 Kilogramm auf die Waage. Der Mann auf dem Foto in Abb. 3.14 wiegt 78 Kilogramm. Wieviel wiegt der Hund?"

Abb. 3.14 Wie viel wiegt der Hund? (Eigene Aufnahme)

Ihre Schätzung wird höher sein, also hätten Sie den folgenden Text laut vorgelesen:

„Eine Kohlmeise wiegt um die 20 Gramm. Ein Hamster kann bis zu 150 Gramm wiegen; ein Huhn bis zu 1,5 Kilo. Ein Eichhörnchen bringt 0,4 Kilo auf die Waage. Der Mann auf dem Foto in Abb. 3.14 wiegt 78 Kilo. Wieviel wiegt der Hund?"

Wenn Sie gerade ausreichend viele Personen um sich herum haben, teilen Sie diese in zwei Gruppen und lassen jede einen der beiden Texte lesen und eine Schätzung abgeben. Ich habe genau das getan und die Mitglieder der Gruppe, die zuvor von schweren Tieren lesen mussten, schätzen im Durchschnitt 13,4 kg, die „leichte Gruppe" hingegen 10,6.

Der Effekt der Verzerrung durch die Ankerheuristik wirkt so, dass unmittelbar vor unserer Antwort aufgenommene Informationen – die Anker – unsere Einschätzung beeinflussen. Hören wir hohe Werte, überschätzen wir das Gewicht des Hundes, hören wir niedrige Werte, unterschätzen wir es. Diesen Effekt können wir auch nachweisen, wenn es um die Wahrnehmung von Größen oder Mengen geht. Auch die Einschätzung von Wahrscheinlichkeiten oder zukünftigen Ereignissen (Prognosen) ist davon betroffen.

Nein, trauen können wir unserer Wahrnehmung nicht. Die komplette Wissenschaftsdisziplin der Verhaltensökonomie kreiselt um die Identifikation und das Verständnis von Effekten, die dazu führen, dass wir uns nicht wie programmierte Roboter verhalten. Aber auch die Werbung sucht nach immer neuen Hebeln, um unsere Kaufentscheidung jenseits der Ratio zu beeinflussen und Psychologen und Soziologen suchen nach dem Schlüssel zur Erklärung all der Entscheidungen und Verhaltensweisen, die uns Menschen in unserer Unvorhersehbarkeit spannend machen. Intuitives Schätzen ist eben auch aus diesem Grunde fehleranfällig – unsere kognitive Wahrnehmung ist allzu leicht beeinflussbar.

Die Hündin in Abb. 3.14 heißt „Lady", ist ein scheuer, liebenswerter Mischling aus dem Tierschutz und wiegt 12 kg.

Grund Nr. 3: Eine Schätzung ist abhängig vom Wunschergebnis. Die in den Sozialwissenschaften etablierte **Theorie des geplanten Verhaltens** von Icek Ajzen verknüpft individuelle Überzeugungen mit individuellem Verhalten.[41] Drei wesentliche Treiber bestimmen laut dieser Theorie unsere Verhaltensabsicht, die wiederum Voraussetzung für das Verhalten selbst ist: Die Einstellung (individuelles Wertesystem, Ziele, Meinung), subjektive Normen (empfundene Kontrolle durch das soziale Umfeld, insb. durch wichtige Bezugspersonen) und die wahrgenommene Verhaltenskontrolle (Leichtigkeit oder Schwierigkeit, ein Verhalten auszuführen, Selbstwirksamkeit). Was in den wenigen Zeilen etwas komplex klingen mag, erklärt weitere Einflussfaktoren auf eine intuitive Schätzung:

- Die **Einstellung** hinsichtlich eines Ergebnisses oder dessen Vermutung, die umso stärker wirken, je mehr diese Vermutung im individuellen Glaubensgerüst verankert ist. Ein Angler wird die Länge und das Gewicht seines gefangenen Fisches übertreiben, weil in seinem Wertesystem ein großer gefangener Fisch mit „Erfolg" konnotiert. Ist es das Ziel des Angelns, möglichst große Fische zu fangen, wird er übertreiben.
- Die erwarteten **Urteile der sozialen Bezugsgruppe,** sowohl jene bzgl. der Schätzung als auch jene über den Schätzenden, die er befürchtet oder sich erhofft, wenn er eine Schätzung vornimmt, von der er glaubt, sie sei konform mit oder abweichend von der Gruppenschätzung. Ist der Fischfang ein Gruppenerlebnis und das Konkurrenzdenken nur moderat ausgeprägt, werden auch andere anwesende Angler die übertriebene Größe des Fisches bestätigen und ggf. noch mehr übertreiben, weil dies das Gruppengefühl stärkt. Selbst offensichtliche Fehlschätzungen werden übernommen, denn gemeinsames Lügen ist eine Form der Stärkung des Zusammenhalts.[42] Darf man das den „Trump-Effekt" nennen?

---

[41] Ajzen (1991), und in überarbeiteter Form Ajzen, Behavioral Interventions Based on the Theory of Planned Behavior (2006).
[42] Vgl. Kocher et al. (2018). Im unternehmerischen Umfeld haben dies Conrads et al. (2013), untersucht.

- Die **Kosten, die mit der Äußerung der Schätzung einhergehen.** Wie mutig darf eine Schätzung sein? Wann ist sie derart krude, dass die eigene Reputation infrage gestellt wird? Zuweilen wird eine Schätzung korrigiert, weil sie außerhalb eines für realistisch gehaltenen Korridors liegt. Vermutlich ist es sogar so, dass wir unsere Schätzungen an einem Ankerwert referenzieren, sofern ein solcher greifbar ist. Zuweilen wird dieser Ankerwert durch eine Konsensmeinung etabliert und sich mit der Schätzung allzu weit von diesem Wert zu entfernen, hieße, das Ansehen in der Gruppe zu gefährden.

Kommen wir zu einem Fazit und zu einer Antwort auf die Frage in der Zwischenüberschrift, ob der Intuition getraut werden darf? Nein! So einfach ist das.

Wie können intuitive Schätzungen verbessert werden?

Es gibt ein gewisses Spektrum an Methoden, um Intuition als Entscheidungshilfe in bestimmten Anwendungen zu „verbessern". So wurden Konzepte entwickelt, um intuitive Entscheidungen von Fußballschiedsrichtern zu unterstützen[43], jene von Studierenden bei der Einschätzung von mathematischen Lösungen[44] oder jene von Landwirten bei zu treffenden Entscheidungen[45].

> Den Stein der Weisen hat kein Forscher gefunden: Intuition bleibt spontanes, kreatives, nicht-evidentes Wissen und ist anfällig für Verzerrungen aller Art.

Der Vorteil ist die Schnelligkeit, wenn keine Zeit für kognitive Prozesse bleibt. Dies betrifft Entscheidungen im allgemeinen genauso

---

[43] Schweizer et al. (2011).
[44] Hirza und Kusumah (2014).
[45] Nuthall und Old (2018).

wie Schätzungen als Vorstufen von bzw. Input für Entscheidungen gleichermaßen.

Als Quintessenz aus all den wissenschaftlichen Arbeiten zu unserem Thema lassen sich folgende Ratschläge zur Verbesserung intuitiver Schätzungen geben:

Erfahrungen und Daten sammeln: Erfahrungen sind die Grundlage „guter" Intuition (siehe oben). Aber Erfahrungen lassen sich nur auf isolierten Feldern gezielt aufbauen. Sie sind im erforderlichen Augenblick vorhanden oder sie sind es nicht. Selbstverständlich lässt sich Schätzen üben. Ein Scharfschütze übt das, um Entfernungen zum Ziel besser für den Einsatzfall einschätzen zu können. Ein Jäger übt das aus gleichem Grund. Ein Arzt sollte das üben, um die Medikamentendosis im Kontext des einzuschätzenden Gewichts der Patientin berechnen zu können. Und der Kapitän eines Kreuzfahrtschiffes übt, Entfernungen zur Kaimauer und den Brems- und Reaktionsweg seines träge reagierenden und durch Wind und Strömung beeinflussten Schiffs einzuschätzen, damit die Gäste beim Anlegemanöver nicht ihren Aperol Spritz verschütten.

Zweite Meinung einholen: „Vier Augen sehen mehr als zwei" sagt der Volksmund. Warum sollte es also verkehrt sein, seine intuitive Schätzung von einer zweiten Person verifizieren zu lassen? Wir bitten also andere um ihre Einschätzung.[46]

Expertenrat einholen: Idealerweise ist diese zweite Person ein Experte oder eine Expertin. Der Kapitän wird sicherlich nicht ein beliebiges Crew-Mitglied oder gar eine Passagierin fragen, ob seine Einschätzung der Strömungsverhältnisse richtig sei. Erstens kann er keine kompetente Auskunft erwarten, zweitens ist zu befürchten, dass seine Reputation infrage gestellt wird. Aber er kann den ersten Offizier oder die Lotsin fragen.

---

[46]Vgl. die Erläuterungen in Abschn. 4.4 und den Verweis auf Epley & Dunning, The mixed blessings of self-knowledge in behavioral prediction: Enhanced discrimination but exacerbated bias (2006).

Rational bleiben: Normalerweise liegen reale Werte innerhalb eines schmalen Korridors um den Basiswert herum. Extreme Werte sind eher selten. Wenn also eine spontane, intuitive Einschätzung abgegeben werden muss, wird es wahrscheinlicher sein, dass diese nahe an diesem Basiswert liegt. Eine erhebliche Abweichung davon sollte nur angenommen werden, wenn besondere Gründe dafür sprechen. Wenn im Garten also ein japanischer Zierapfel gepflanzt und dabei berücksichtigt werden soll, wie hoch dieser wächst (Schattenwurf), so ist es sinnvoll, die durchschnittliche Wuchshöhe dieses Baums sowie die Streuung dieses Wertes in Erfahrung zu bringen (es sind vier bis sechs Meter). Aber auch hier gilt: Rationalität kostet Aufwand.

Methodenwissen: Wie am Beispiel der Abschätzung von Menschenmengen in Abschn. 3.2 gezeigt, gelingen Schätzungen besser, wenn auf hilfreiche Methoden zurückgegriffen werden kann. Die intuitive Einschätzung solcher Menschenmengen geht leicht fehl, weil uns schwer fällt, von einem Wimmelbild bunter Menschenleiber auf deren Anzahl zu schließen.

Aber auch Methoden benötigen Zeit. Alle hier gelisteten Techniken haben gemein, dass sie Spontaneität „herausnehmen" und durch intellektuelle, kognitive Prozesse ersetzen. Das verursacht Kosten, die durch eine bessere Schätzung gerechtfertigt werden.

Der Net Promoter Score – das Schweizer Messer der Vermessung intuitiver Einschätzungen

Zum Schluss dieses Hauptkapitels und im Kontext intuitiver Einschätzungen sei noch ein Hilfsverfahren vorgestellt, um individuelle Einschätzungen von Erlebnissen simpel, kostengünstig und doch recht zuverlässig zu erfragen. Es ist das **„Net Promoter Score"**-Konzept (NPS) von Reichheld.[47] Bitte überspringen Sie dieses kurze Unterkapitel nicht, denn der NPS taucht in diesem Buch noch häufig auf!

Entwickelt wurde das Konzept, um mit **einer einzigen Frage** die zukünftige Entwicklung eines Produktes oder eines Unternehmens

---

[47] Reichheld (2003).

hinreichend genau zu prognostizieren. Die Frage, die auf einer Skala von Null bis Zehn bewertet wird, ist:

> „Wie wahrscheinlich ist es, dass Sie uns (unser Produkt) einem Freund oder Bekannten empfehlen werden".

Die Skalenwerte werden in drei Segmente eingeteilt: Alle, die maximal eine Sechs ankreuzen, sind Kritiker, diejenigen, die eine Sieben oder eine Acht ankreuzen, passiv Zufriedene und wer eine Neun oder Zehn ankreuzt, zählt zu den Promotoren. Vom relativen Anteil an Promotoren wird der Anteil an Kritikern abgezogen und das Ergebnis ist der Net Promoter Score. Wird dieser im Zeitverlauf immer wieder erhoben bzw. berechnet, lässt sich erkennen, wie sich die Stimmung der Probanden entwickelt (Abb. 3.15).

Das ist ein erstaunlicher Anspruch! Eine einzige, geschickt formulierte Frage soll die klassischen multikriteriellen Modelle schlagen,

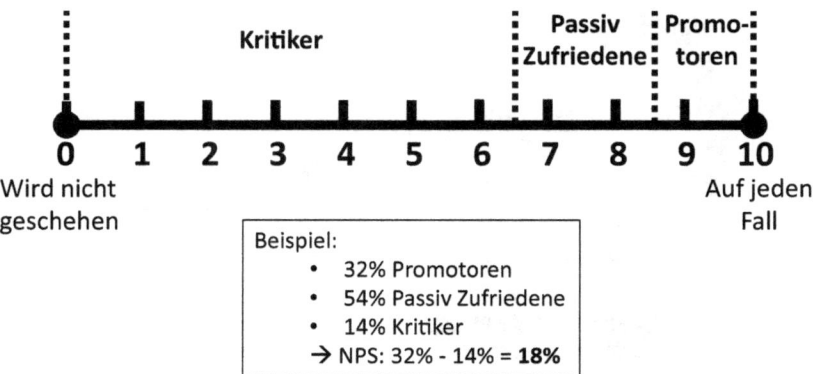

Abb. 3.15 Beispiel der Berechnung des Net Promoter Scores (Kühnapfel, Vertriebscontrolling. Methoden im praktischen Einsatz, 2022, S. 307 ff.)

die umfangreiche Analysen und Prognosen umfassen ... und an denen Marktforscher so viel verdienen? Nun, in der betrieblichen Praxis zeigt sich, dass umfangreiche Marktforschung Antworten auf vielfältige, detaillierte Fragen liefert. Sie ist nicht überflüssig. Aber ist nur ein Aspekt interessant oder soll eine grundsätzliche, abstrakte Einstellung und Meinung abgefragt werden, ist der NPS erstaunlich genau. Die Befragung ist mit sehr geringen Kosten verbunden und so ist es kein Wunder, dass wir dieser einfachen Frage immer häufiger begegnen. Abb. 3.16 zeigt ein Beispiel.

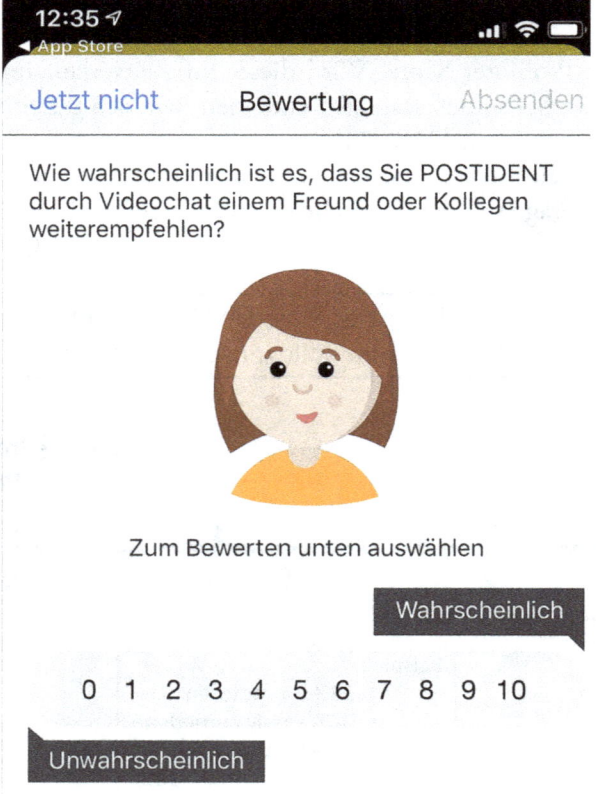

Abb. 3.16 NPS als Kurzumfrage nach Nutzung des Postident-Verfahrens. (Eigene Aufnahme)

4

„Wer misst, misst Mist!" – Messproblemen auf der Spur

In diesem Kapitel widmen wir uns den Tücken der Vermessung. Wenn wir messen, sollte die Messmethode tatsächlich messen, was gemessen werden soll. Wenn wir messen, sollten wir uns auch auf die Ergebnisse verlassen dürfen. Andernfalls könnten wir uns den Aufwand sparen und schätzen. Etwas weiter gedacht wäre es sogar sinnvoll, mit jedem Messwert immer auch die Wahrscheinlichkeit anzugeben, mit der dieser dem „wahren" Wert entspricht, alternativ einen Korridor, innerhalb dessen der Messwert mit einer vorgegebenen Wahrscheinlichkeit stimmt. Statistiker nutzen solche Konstrukte der Wahrscheinlichkeitstheorie, etwa in Form von Konfidenz- bzw. Vertrauensintervallen oder als „p-Wert". Doch im Alltag spielen sie keine Rolle. Im Mittelpunkt steht allein die berechtigte Frage, wie sehr wir uns auf eine Messung verlassen dürfen.

> Eine grundsätzliche Frage bei der Vermessung des Alltags ist, in welchem Maße ein Messwert die Wirklichkeit repräsentiert. Die Genauigkeit ist ebenso zu hinterfragen wie es zu überprüfen ist, ob der Messwert überhaupt das zu beobachtende Phänomen repräsentiert (die sog. Reliabilität).

Wie gehen wir dann mit Ungenauigkeiten in der Messung um? Ein Zimmermann wird seinen Balken vielleicht erst einmal etwas länger als gemessen absägen (sofern er kein Werkzeug zum „Dransägen" dabei hat) und später exakt kürzen. Bei der Vermessung der Körpergröße am Abend wird der Arzt einen halben Zentimeter draufschlagen, weil der Patient morgens etwas größer ist (und drei Zentimeter abziehen, wenn wir selbst messen und das Ergebnis für das Dating-Profil ist). Ein Apotheker hingegen, bei dem das Gewicht einer Ingredienz sehr exakt sein muss, wird sehr viel Geld in eine Feinwaage investieren und sorgfältig mit dieser umgehen. Hier scheint es einen Zusammenhang zwischen Sorgfalt und Präzision zu geben: Man kann das eine (Nutzen einer präzisen Messung) nur mit dem anderen (Kosten der Sorgfalt) bekommen. Sind die Kosten zu hoch, haben der Zimmermann, der Arzt oder der Apotheker die Wahl, mit geringerem Aufwand zu messen und eine mögliche größere Abweichung vom realen Wert zu akzeptieren. Wir haben es selbst in der Hand – wenn wir bewusst mit diesem Trade-off umgehen.

Die Gefahr der Transparenzillusion

Wenn wir als Individuen, als Gruppe (Familie, Clique usw.) oder als sonstiges soziologisches Gefüge (Verein, Kollegenkreis, Staat usw.) entscheiden und handeln, benötigen wir Daten in Form von Messergebnissen. Der Umgang mit diesen Ergebnissen kann sehr unterschiedlich sein: Je nach Argumentationsziel werden diese „weggebügelt", gerne, indem die Messmethode angezweifelt wird, „pflichtschuldig erwähnt" oder wie eine Monstranz des Beweises gefeiert. Eine unreflektierte und hinsichtlich ihrer Aussagegrenzen objektive Verwendung findet sich selten.[1] Je nach Thema häufig anzutreffen ist hier der Streit um die **Interpretation** von Messergebnissen oder der damit erstellten Statistiken. Sprüche wie „Traue keiner Statistik, die Du nicht selbst gefälscht hast" sind typisch, zeigen ein grundsätzliches Misstrauen

---

[1] Siehe hierzu auch die Diskussion in Mayntz (2017), der auch auf Hansen (2015), verweist.

und werden regelmäßig von jenen lanciert, denen die gezeigten Daten nicht in den Kram passen.

Doch was wäre die Alternative zu Daten und Messwerten? Meinungen? Glaube? Vermutungen? Induktive Schlüsse („Einer Tante von mir ist das passiert, also muss es immer so sein!")? Nein, natürlich nicht.

> Die Grundlage jedweden Handelns sollte eine evidenzbasierte Entscheidung sein. Hierzu werden verlässliche Daten und Messwerte benötigt. Sind diese nicht verfügbar oder unklar, bleibt Unsicherheit. Eine Entscheidung ist dann immer noch möglich, wenn das Risiko akzeptiert und berücksichtigt wird.

Es geht also um eine Abwägung zwischen der Verlässlichkeit der Datengrundlage bei einer Entscheidung und dem verbleibenden Risiko. Daten schaffen Transparenz, aber eben nicht als Absolutum. Es gibt keine Erleuchtung im Lichte der Messwerte. Sie bringen immer nur mehr Licht ins Dunkel und tragen ihren Teil dazu bei, um eine Entscheidung unter bewusstem Blick auf die Unsicherheiten und Risiken zu treffen. Es wäre eine Illusion, zu glauben, dass sie alleine vollkommene Transparenz verschaffen.

Ein Streben nach Zielen – das „Malen nach Zahlen" der Vermessung

Gibt es eine **Herrschaft der Zielvorgaben,** wie Mau unterstellt?[2] Ich hoffe: ja! und verweise hier einmal mehr auf mein akademisches Fundament, dass der „ökonomische Imperialist" Gary Becker (siehe Kap. 1) geprägt hat. Ohne Ziele verschwenden wir unsere Ressourcen, von denen mindestens die verschwendete Zeit nie mehr wiederbeschafft oder durch Verzicht erweitert werden kann. Das heißt nicht, dass wir nicht faulenzen, Trash-TV schauen oder einen über den Durst trinken

---

[2] Mau (2018, S. 42).

dürfen. Es heißt, dass wir bewusst mit dem umgehen müssen, was uns gegeben ist.

> Doch jegliches bewusste Handeln braucht **Ziele**. Keine Entscheidung ist denkbar, wenn nicht klar ist, wohin sie führen soll. Und ein Ziel muss greifbar sein. Diese Greifbarkeit kann am einfachsten mit quantitativen Vorgaben hergestellt werden.

Nicht-quantifizierbare Ziele haben es schwerer. Man weiß nie, wann sie erreicht sind. „Ich möchte aufmerksamer mit meinen Mitmenschen umgehen" oder „Ich möchte einen Job, der mich mehr ausfüllt" sind Ziele, deren Erreichen nicht messbar ist. Maßnahmen, um sie zu verfolgen, kosten Ressourcen (Zeit, Geld oder Aufmerksamkeit), aber ihr Beitrag zur Zielerreichung bleibt unklar. Die Folge ist, dass Maßnahmen willkürlich entschieden werden, immer in der Hoffnung, dass sie wirken. „Trial and Error."

Besser sind messbare Ziele. Der tausendfach zitierte Spruch **„Du kannst nicht managen, was Du nicht messen kannst"**, gilt uneingeschränkt auch hier! Und Ziele brauchen Vorgaben, damit klar ist, welchen Anteil eine Maßnahme an der Erreichung hat und wann das Ziel erreicht ist. Mein Fazit ist an dieser Stelle:

> Maus Vokabel der „Herrschaft der [quantifizierten] Zielvorgaben" klingt wie eine graue Wolke am Horizont der Lebensgestaltung, ist aber ein Sonnenstrahl in der Düsternis unserer Begrenztheit.

Doch eine Gefahr ist gegeben, und hier stimme ich mit Mau vollkommen überein: Die Notwendigkeit von Zielvorgaben bedeutet immer auch eine **Reduktion der Kriterien**, die gemessen werden. Diese Reduktion ist unabdingbar, wenn ein zu vermessendes Phänomen nicht als Ganzes und mit allen Facetten erfasst werden kann. Problematisch kann dann sein, dass nicht diejenigen Parameter vermessen werden, die das Phänomen bestmöglich beschreiben, sondern jene, die sich **messen lassen**. „Erfolg im Beruf" wird dann auf das Gehalt reduziert und eine

„erfolgreiche Partnerschaft" auf ihre Dauer. Die Vermessung des Alltags verlangt also immer auch nach der bewussten Auswahl der wichtigen Kriterien, die die Zielerreichung repräsentieren.
Nicht erst hier fangen die Messprobleme an.

4.1 „Gaming the System" – Warum Messsysteme falsche Anreize setzen können

Nicholas Kerr schrieb 1975 (aktualisiert 1995) einen kurzen Aufsatz, der zu einem Klassiker der Managementliteratur avancierte. Der Titel ist Programm und heißt ins Deutsche übersetzt: „Von der Dummheit, A zu belohnen und auf B zu hoffen".[3] Er beschreibt für verschiedene Bereiche (Politik, Krieg, Medizin, Managementberatung, Sport, Verwaltung usw.), wie die Messung des „Falschen" zu anderen als den erwünschten Verhaltensweisen führt. So hoffen Fußballtrainer darauf, dass sich ihre Spieler dem **Mannschaftserfolg** verpflichten, aber belohnt werden diese dafür nicht. Ruhm und Geld gibt es für **individuelle Leistungen,** für Tore, für Assists oder für spektakuläre Einzelaktionen. Oder Unternehmen: Diese wollen Gewinne erzielen, belohnen Verkäufer aber für Umsätze, egal, ob diese margenträchtig sind oder nicht. Ähnlich beschreibt Michael Jensen in einem vielbeachteten Aufsatz das Verhalten von budgetverantwortlichen Vertriebsleitern, je nach Belohnungsmodell Aufträge ins Folgejahr zu verschieben.[4] Und dem ehemaligen IBM-Chef Louis Gerstner wird der bereits oben zitierte Satz zugeschrieben: **„People don't do what you expect, but what you inspect":**[5] Kontrollen reizen an und steuern Verhalten.

---

[3] Kerr (1995).
[4] Jensen (2001). Auch: Cohen (1998). Für den öffentlichen Sektor haben das van Thiel und Leeuw (2002), mit gleichem Ergebnis untersucht.
[5] „Menschen tun nicht, was Du erwartest, sondern was Du inspizierst." Siehe Poon (2017).

> In all diesen Situationen werden komplexe Handlungen vermessen, um das Erreichen bestimmter Ziele zu bewerten. Erstaunlicherweise verhalten sich die Protagonisten vernünftig: Sie optimieren (meist: maximieren) exakt den vermessenen Parameter. Leider zeigt sich dann, dass diese Optimierung nicht mit der gewünschten Zielerreichung korreliert.

Das Problem ist, dass es sich um eine systemische Verknüpfung **vieler** Einflussfaktoren hinsichtlich eines Ziels handelt. Nur **einzelne** Faktoren zu vermessen, vielleicht, weil es eben geht, führt dazu, dass diese Faktoren auch im Fokus der Entscheidungsfindung stehen. Korrelieren diese Faktoren nicht stark genug mit dem Gesamtziel, entstehen suboptimale Ergebnisse, denn die Akteure konzentrieren ihre Leistungen – vernünftigerweise – auf das, was gemessen wird.[6] Sie „bespielen" das Messkonstrukt. Dafür steht der Terminus **„Gaming the System"**.

> Wer Leistungsvariablen festlegt und misst, akzeptiert auch, dass diese lenken und leiten. Sie messen nicht nur, sondern sie entwickeln eine Eigendynamik und beginnen zu steuern. „Die Geister die ich rief ..."

Für die Sozialwissenschaft hat Campbell diesen Effekt so eindrücklich beschrieben, dass er nach ihm benannt wurde: **„Campbell's Law"**. Er beschreibt damit den korrumpierenden, verzerrenden Effekt vor allem für soziale Entscheidungen. Auch betont er, dass dieser Effekt umso stärker wirkt, je bedeutsamer der vermessene Faktor für die Begründung von Entscheidungen ist. Dann entwickelt dieser Faktor ein Eigenleben und verzerrt und verfälscht soziale Prozesse.[7]

Nun ist es unzulässig banal, den Finger auf die Schöpfer solcher fehlweisender Anreizsysteme zu richten. Das Problem der korrumpierenden Wirkung der Messkriterien ist vermutlich auch ihnen bekannt und wird

---

[6] Vgl. hier auch die Erläuterungen bei Mau (2018, S. 218). Häufig findet sich auch der Ausdruck „reaktive Messung", siehe bspw. Campbell (1957).
[7] Campbell, Assessing the Impact of Planned Social Change (1979, S. 85).

in Kauf genommen, weil das Ziel selbst nicht gemessen werden kann. Dieses Problem ist uns in diesem Buch schon begegnet, etwa bei der Beurteilung einer zahnärztlichen Behandlung. Die Liste an Beispielen ließe sich beliebig fortsetzen: Die Sekretärin, das Sommerlager der Kreisjugendhilfe, der Gottesdienst, das Motivationsseminar oder das Straßenfest. Waren sie erfolgreich? Wie lässt es sich messen? Woran lässt es sich messen, wenn nicht am subjektiven Empfinden? Wenn die Vermessung des Erfolgs aber zwingend erforderlich ist, etwa um ein Gehalt festzulegen, Entwicklungen zu beobachten, Fördergelder zuzuweisen oder auch um weiterhin die Kosten der Nutzung zu akzeptieren, wird es schwierig. Die Lösung liegt dann darin, einen messbaren Faktor zu finden, der möglichst gut mit der eigentlichen Zielgröße korreliert.

Ein Beispiel: Wenn der Erfolg des Straßenfests nicht gemessen werden kann, ließe sich die Anzahl verkaufter Würstchen zählen, um öffentliche Zuschüsse der Stadt zu rechtfertigen: Mehr Würstchen hieße „tolles Fest" hieße mehr Zuschüsse. Dann aber würde der Veranstalter, der diese Zuschüsse haben möchte, die Würstchenpreise senken, um mehr zu verkaufen. So könnte er sein Ziel (mehr Zuschüsse) erreichen. „Gaming the System". Aber was wäre die Alternative? Hier liegt die Antwort natürlich auf der Hand: Die Besucher könnten befragt werden. Zettel ausfüllen, fertig. Aber oft genug funktioniert das nicht, weil die Befragten keine Bewertung der Kernleistung abgeben können; wie bei einem Zahnarzt. Auch er wird sich die Messkriterien auf der Ärztebewertungsplattform Jameda anschauen und in genau jene Bereiche investieren, für die am leichtesten (kostengünstigsten) Punkte ergattert werden können; aber eben nicht in die Qualität der Behandlung selbst, denn für diese gibt es keine Punkte.

Es ist also nicht so leicht, zu verhindern, dass ein System „bespielt" wird. Oft gibt es nur Näherungen, unbefriedigende Trade-offs zwischen Messpräzision und Messaufwand oder eben durch die Kriterienauswahl verzerrte Effekte. Spielen Motivation bzw. Sanktion eine größere Rolle, ist es immer eine gute Idee, zu unterstellen, dass sich alle Akteure im egoistischen Sinne vernünftig verhalten und versuchen, ihren individuellen Nutzen zu maximieren. Darum schreiben Ärzte Gesunde viel häufiger krank als vermeintlich Kranken eine Krankschreibung verweigert wird, denn mit einer Krankschreibung lässt sich Geld verdienen und eine Sanktion bei zu häufigen unnötigen Krankschreibungen gibt es de facto nicht. Umgekehrt ist das Risiko hoch, einem Kranken das Attest zu verweigern. Wie wird sich der vernünftig handelnde Arzt im Zweifelsfall also verhalten?

4.2 Selektion von Messkriterien

Bei der Vermessung von Phänomenen, die uns begegnen, ist eine der Fragen, wie viele Kriterien erforderlich sind, um den Zustand oder die Entwicklung des Phänomens zu beurteilen. Wird das Wachstum des Kindes beobachtet, reichen zwei Kriterien aus: die Körpergröße und das Lebensalter, wobei auf letzteres sogar verzichtet werden könnte. Auch ist die Bewertung des Kontostands einfach (Geldsaldo und Zeitraum bis zur nächsten Gehaltszahlung); das Abwiegen des Futters für den übergewichtigen Hund ebenso. Eine „selektive Wahl der Messkriterien" kommt ins Spiel, wenn komplexere Sachverhalte vermessen werden sollen. Komplexität zeigt sich dann dadurch, dass mehr Kriterien für eine vollumfängliche bzw. „perfekte" Vermessung betrachtet werden müssten, als dies technisch möglich ist bzw. wirtschaftlich (Aufwand-Nutzen-Relation) sinnvoll erscheint. Hier einige Beispiele:

- Qualität des aktuellen Beschäftigungsverhältnisses
- Entwicklung einer Erkrankung mit all ihren Symptomen
- Qualität der Partnerschaft
- Adäquate Förderung der Entwicklung des Kindes
- Qualität des aktuellen Urlaubs
- Qualität der Hochschullehre

Auffällig an diesen Beispielen ist, dass die Komplexität dadurch entsteht, dass die zu vermessenden Phänomene „multikriteriell" bewertet werden müssen. Das Setting der Kriterien kann sich auch je nach Zielsetzung ändern. Die Qualität z. B. des Beschäftigungsverhältnisses zu vermessen, ist entweder sinnvoll, um eine Entwicklung zu beobachten (Vermessung der Kriterien an aufeinanderfolgenden Zeitpunkten, um Trends zu erkennen), oder aber, um den aktuellen mit alternativen Jobs zu vergleichen. Die Auswahl der relevanten Kriterien ist eine andere. Es könnten z. B. jene ausgewählt werden, die beim jetzigen Job stören und jene, die für eine befriedigende Beschäftigung als besonders wichtig erachtet werden. Sind es die selben Kriterien ... umso besser. Es erfolgt eine „selektive Wahl der Messkriterien". Sie ist jedoch bewusst erfolgt und – Sachfehler wie das „Vergessen" wichtiger Einflussfaktoren einmal ausgeklammert – damit korrekt.

> Eine bewusste Wahl von Messkriterien, also die willentliche Selektion der Einflussfaktoren auf ein Phänomen, ist die Voraussetzung für eine korrekte Messung. Voraussetzung ist der **„Wille zum Wissen"**[8]. Ohne diesen droht Willkür.

Wir haben in Kap. 4 bereits das Problem kennengelernt, dass nur allzu oft etwas gemessen wird, aber ein motivierender Effekt hinsichtlich der erwünschten Zielsetzung ausbleibt, weil die Messkriterien dazu anreizen, etwas ganz anderes zu tun. Wenn bspw. (und verzeihen Sie mir die Wiederholung dieses Beispiels) ein Fußballspieler der Mannschaft dienen soll, aber seine Leistung nach Toren, Assists oder gelaufenen Metern bewertet wird, wird er sich auf genau diese Faktoren konzentrieren. Er wird riskante Torschüsse und Flanken wagen und laufen wie ein phönizischer Wanderhirte, denn das erhöht seinen Marktwert. Er wird aber nicht mannschaftsdienlich spielen, denn das wird nicht gemessen. Im American Football läuft das anders: Dort wird ein unglaublich hoher Aufwand getrieben, alle, aber auch wirklich alle Aktionen eines Spielers statistisch zu erfassen. Durch diesen Aufwand werden tatsächlich auch Aktionen gemessen, die „mannschaftsdienlich" sind. So werden nicht nur die Anzahl „Pässe" und die dabei überwundenen Strecken gemessen, sondern eben auch die Quote „angekommener Pässe". Fehlwürfe nutzen nichts.

---

[8] Vgl. Passoth und Wehner (2013).

> In Messszenarien sind jene Kriterien zu vermessen, die erstens das beobachtete Phänomen bestmöglich beschreiben und zweitens das Verhalten der Akteure nicht beeinflussen.

Sind diese zwei Voraussetzungen erfüllt, ist eine verzerrende unbewusste selektive Wahl der Messkriterien ausgeschlossen. Das Problem ist aber, dass zuweilen diese Voraussetzungen nicht erfüllt werden können. Dann werden Kriterien vermessen, die das Phänomen eben nicht optimal, sondern nur indikativ beschreiben bzw. Anreize bieten, das Verhalten so zu verändern, dass ein nicht erwünschtes Ergebnis getriggert wird.

Ein Beispiel hierfür ist das Ärztebewertungsportal Jameda (siehe Abschn. 3.4). Die dortigen Kriterien messen alles Mögliche, aber nicht die Qualität der ärztlichen Behandlung. An der gleichen „Krankheit" leidet die Bewertung der Lehre von Professorinnen und Professoren über Meinprof.de oder im Rahmen der Evaluierungsprogramme der jeweiligen Landesministerien. Gemessen werden sollte (!), ob die Lehre den Studierenden hilft, später im Berufsleben erfolgreich zu sein (oder so ähnlich). Gemessen werden jedoch Aspekte, die nur teilweise mit dem Lehrerfolg korrelieren. Es werden jene Professorinnen und Professoren hoch bewertet, die bessere Noten vergeben, deren Kurse leichter sind oder die attraktiver aussehen. Auch spielt es eine Rolle, ob die Professoren bei politischen Fragen die gleichen Positionen wie die Studierenden einnehmen.[9] Doch geht es auch anders? Können Studierende überhaupt bewerten, ob sie der Beitrag der Lehrkraft später einmal erfolgreicher machen wird? Nein, das können sie nicht. Sie könnten es erst später, rückblickend. Aber die Kosten einer solchen späteren Messung wären höher, das Feedback käme um Jahre versetzt und die Bedeutung des früher einmal gelernten Stoffes könnte vermutlich nicht korrekt eingeschätzt werden.

Diese Aufzählung von fehlerbehafteten Messungen durch die selektive Wahl der falschen Kriterien könnten wir beliebig fortsetzen:

---

[9] Felton et al. (2008).

Bei der Geldanlage schauen wir auf die Entwicklung des Aktiendepots, aber nicht auf die Entwicklung der Kaufkraft des angelegten Geldes (Inflation, Gebühren), bei der Bewertung der Beziehung schauen wir auf die Jahre des Zusammenlebens, nicht aber auf die Qualität, wir informieren uns über die Flugzeit nach Wien, wollen aber eigentlich die Reisezeit wissen (ab/bis Haustüre), fragen nach dem Erfolg im Beruf und schauen allein auf das Gehalt und zählen „Freunde" und „Follower" auf Facebook und schließen anhand dieser Zahlen auf die Beliebtheit oder – schlimmer noch – auf die Qualität des sozialen Umfelds.

Oftmals sind es Surrogate, weil wir das zu messende Phänomen nicht greifen können oder aber die korrekte Messung ein multikriterielles Verfahren zu hohen Kosten verlangen würde. Manchmal sind wir aber auch nur zu faul oder tauschen aus, weil das Surrogat positiver erscheint bzw. uns besser aussehen lässt.

Halten wir fest: Eine Selektion von Messkriterien ist erforderlich, wenn das zu vermessende Phänomen komplex ist. Aus der Menge an möglichen Kriterien sind jene auszuwählen, die

- messbar sind (mit vertretbarem Aufwand), das
- Phänomen bestmöglich beschreiben und die das
- Verhalten der Akteure nicht beeinflussen.

Lernen muss erlaubt sein – Verbesserung von Messsystemen

Einige Formen von Vermessung werden erst durch neue Technologien möglich, vor allem durch die fortschreitende Digitalisierung unseres Lebensumfelds und damit unseres Alltags. Die Systeme sind am Anfang der technischen Entwicklung nicht perfekt und leiden mehr oder weniger unter den drei genannten Aspekten

- Aufwand,
- Exaktheit der Phänomenbeschreibung bzw.
- Beeinflussung des Akteurverhaltens.

Aber sie werden besser. Gibt es Anreize dafür, sie zu perfektionieren, dann wird auch der technologische Aufwand getätigt werden. Wettbewerb ist ein solcher Anreiz, und wenn z. B. die Hotelqualität von Bewertungsportal A nur unzureichend abgebildet wird, aber Portal B ein Messsystem entwickelt, das ein verlässlicheres Bild bietet, ist das ein Wettbewerbsvorteil. Jameda (Ärzte), TripAdvisor (Hotels, Reisen etc.) oder idealo.de (Waren) sind Beispiele für Systeme, deren Produkt die Bewertung von Produkten ist. Sie stellen sich dem Wettbewerb und würde TripAdvisor unnütze Bewertungen publizieren, aber bspw. HRS zuverlässigere, hätte letzterer einen Wettbewerbsvorteil.

Doch auch ohne marktwirtschaftliche Konstellationen arbeiten Institutionen an der Verbesserung der Messsysteme. PISA (schulische Kompetenz von Kindern), der Nationale Wohlfahrtsindex, der Deutsche Glücksatlas (Lebenszufriedenheit in Deutschland) oder der Global Liveability Index (Lebensqualität in Städten) sind Beispiele für Messsysteme, die keinen vordergründig kommerziellen, sondern einen gesellschaftspolitischen Zweck erfüllen und an deren Optimierung dennoch ständig gearbeitet wird. Es sind durchweg renommierte Wissenschaftler bzw. deren Institute, die den Versuch wagen, unglaublich komplexe Phänomene durch möglichst wenige, aber mess- und vergleichbare Kriterien zu beschreiben; ein ständiger Akt, der vermutlich niemals zu einem finalen Ergebnis führen wird. Täten sie das aber nicht, wären das Ergebnis Scorings mit hunderten von Faktoren, die dem Ziel nachlaufen, möglichst alle Aspekte zu erfassen. Doch selbst wenn das möglich wäre, wäre der Aufwand so hoch, dass der Nettonutzen dieser Scorings fraglich wäre. Aus meiner persönlichen Erfahrung kenne ich solche methodischen Ansätze mit dutzenden Kriterien nur aus dem Umfeld von Unternehmensberatungen, die ein Interesse an möglichst aufwendigen Vermessungen haben. Sie bringen Umsatz.

> Die Kunst ist, die Anzahl von Messkriterien auf jenes Minimum zu reduzieren, das eine hinreichend exakte Vermessung des beobachteten Phänomens ermöglicht. Es ist ein Trade-off zwischen Exaktheit und Aufwand.

Auf Details wird dann bewusst verzichtet, aber die Messungen werden übersichtlicher, vielleicht schneller und zuverlässiger. Ein geradezu prototypisches Beispiel für eine solche inhaltliche Reduktion und Konzentration auf das Wesentliche ist der beschriebene Net Promoter Score (siehe Abschn. 3.6).

4.3 Tücken von Maßeinheiten und Messskalen

Einheiten und Skalen müssen bekannt sein, sonst nutzen sie nichts. Mehr noch: Sie können verwirren. Brennholzhändler kennen das Problem und verwenden viel Zeit darauf, Interessenten am Telefon den Unterschied zwischen Schüttraummeter, Raummeter oder Festmeter zu erklären. Diese Einheiten zu kennen und voneinander unterscheiden zu können ist aber wichtig, um über Preise zu reden.[10] Ähnlich verhält es sich mit Maßen, die wir kennen sollten, wenn wir Leuchtmittel kaufen: Lumen, Lux, Candela ... was davon ist wichtig? Luftdruck wird in Bar gemessen, aber auf Pumpen steht zuweilen PSI oder – auf alten – At. Temperaturen werden bei uns in Celsius angegeben, aber kurz hinter der Grenze in Fahrenheit oder Kelvin. Wir haben uns weder an die KW-Angabe des Automotors gewöhnt noch an die Joule der Praline. PS und Kilokalorien sind im Alltag eher gebräuchlich und bei der Angabe des Messwerts auf solche Maßeinheiten zu verzichten, hieße, eventuell missverstanden zu werden.

> Eine erste Regel im Umgang mit Maßen ist also, sicherzustellen, dass die Bedeutung der Einheiten bekannt ist, sowohl inhaltlich als auch hinsichtlich dessen, welches Phänomen gemessen wird.

Der zweite Aspekt, der von Bedeutung ist, ist die individuelle Erfahrung mit einer Maßeinheit, zuweilen die mit Maßen. Zu lesen oder zu hören,

---

[10] Für Holz gilt näherungsweise: 1 Raummeter = 0,7 Festmeter = 1,4 Schüttraummeter.

dass ein Mann 140 kg wiegt, zaubert das Bild eines Beleibten in unseren Kopf. Erzählt zu bekommen, die Fahrt wäre 290 km lang gewesen, löst unmittelbar die Vorstellung einer mehrstündigen Autofahrt aus. Es sind Erfahrungen, die uns helfen, ein Maß in Verbindung mit einem Messszenario unmittelbar zu **bewerten**. So würde ein Vorschulkind bei der Angabe eines Körpergewichts von 140 kg keine Vorstellungen vom Körperbau des Mannes haben, denn ihm fehlt die Erfahrung. Wir Erwachsenen aber haben schon unzählige Male Gewichtsangaben für Menschen „erfahren" und uns gelingt die Umsetzung in ein Bild.

> Die zweite Regel für den Umgang mit Maßen ist also: Für die Interpretation von Maßen nützliche Alltagserfahrungen beschleunigen kognitive Prozesse und erleichtern Einschätzungen und Entscheidungen.

Was im Alltag gilt, gilt für Experten erst recht: Ein Fachmann kann mit Ohm, Mol, Becquerel oder Hertz umgehen, Messwerte einschätzen und im Kontext des Messszenarios als Interpretation des Wertes Einschätzungen vornehmen und Entscheidungen treffen. Ein Laie nicht. Skalen und mit ihnen die Maßeinheiten müssen also **gelernt** werden, um sie nutzen zu können.

Die Anforderungen an Maßeinheiten ergeben sich nun quasi von selbst. Sie müssen **einheitlich** definiert sein, **praktikabel** und geeignet, das zu vermessende Phänomen zu beschreiben, also **repräsentativ**. Die Anforderungen an Skalen sind ähnlich, aber darüber hinaus müssen sie geeignet **differenziert** sein. So wäre ein Meterstab, vulgo: Zollstock, nicht sonderlich nützlich, wenn es nur alle fünf Zentimeter einen Markierungsstrich gäbe. Dann wäre die Skala zu „grob" und das Messwerkzeug würde nicht die Erwartungen und Ansprüche der Nutzer erfüllen. Genauso unsinnig wäre es, die Kilometeranzeige im Auto zu verfeinern. Schon die Anzeige in 100-m-Schritten ist genauer als benötigt. Eine noch feinere Messung würde die Ablesbarkeit erschweren, ohne dass wir mit den präziseren Messwerten etwas anfangen könnten.

Im Alltag bereiten solcherlei „technische" Skalen eher wenig Probleme. Meist sind sie der Problemstellung angepasst, denn es gibt eine natürliche Selektion: Nur jene Skalen setzen sich durch, die sich bewähren, weil sie nützlich sind. Sie basieren in der Regel auf physikalischen Maßeinheiten und es gibt einen Konsens über deren Nutzung. Andere Skalen zu verwenden hieße dann, hohe Transaktionskosten in Kauf zu nehmen, weil das Umfeld die Maße nicht korrekt interpretiert. Wer sich im Baumarkt Bretter zuschneiden lassen möchte, ist gut beraten, metrische Maße (Zentimeter usw.) anzugeben. Vielleicht würde eine Angabe in Inch bzw. Zoll noch funktionieren, weil dieses Maß Fachleuten bekannt ist, aber die Brettmaße in der astronomischen Einheit „Parsec" oder dem finnischen Maß der Renntiertreiber „Poronkusema" anzugeben, wäre nicht hilfreich.

Skalentypen und deren Verwendung

Drei Skalentypen kennen wir. Diese drücken eine unterschiedliche Beziehung der Messobjekte zueinander aus.[11]

Nominalskalen: Die vermessenen Merkmale der Objekte bzw. Phänomene sind unterschiedlich, aber weisen keine Rangfolge auf. Autos sind rot, blau oder schwarz und jede Farbe repräsentiert eine Skalenkategorie. Es gibt keine Rangfolge.

Ordinalskalen: Hier findet eine Sortierung der Merkmale statt (Rangfolge). Doch, und das ist ein wesentlicher Aspekt: Die Abstände zwischen den Kategorien und damit die relativen Unterschiede zwischen den Merkmalen sind ungleich. Ein gutes Beispiel sind Schulnoten. Es gibt sechs Kategorien, also die Noten eins bis sechs, aber der Abstand zwischen einer drei und einer vier ist geringer als der zwischen einer vier und einer fünf (jedenfalls dann, wenn ich die Noten vergebe,

---

[11] Eine ausführliche Erläuterung findet sich u. a. in Kühnapfel, Scoring und Nutzwertanalysen (2021, S. 69 ff.), und ergänzend Fourcade, Ordinalization: Lewis A. Coser Memorial Award for Theoretical Agenda Setting 2014 (2016).

denn eine fünf bedeutet: Durchgefallen!). Andere Ordinalskalen sind die bekannten 5-Sterne-Bewertungen für Hotels, Produkte bei Amazon, Touren bei TripAdvisor oder als werbliche Botschaften (Abb. 4.1). Sie sind bekannt, assoziativ und „geübt". Doch jeder weitere Stern bedeutet nicht eine Verbesserung der gemessenen Leistung in jeweils gleichem Maße. Rangfolge ja, Intervallhomogenität nein.

Intervall- und Verhältnisskalen: Hier sind die Abstände zwischen den Werten immer gleich. Die Skala auf dem Lineal, das Thermostat des Backofens oder der Tempomat im Auto nutzen solche Skalen und der absolute Geschwindigkeitsunterschied zwischen 30 und 40 km/h ist exakt der gleiche wie der zwischen 120 und 130 km/h – zumindest physikalisch.

Abb. 4.1 5-Sterne-Bewertungsskalen auf Plakaten in der Londoner U-Bahn. (Eigene Aufnahmen)

Das besondere Problem der Ordinalskalen

So einfach dies zu erklären und zu verstehen ist, so häufig finden sich nun Probleme bei der Vermessung des Alltags, die durch die fehlerhafte Verwendung solcher Skalen entstehen.

> Die meisten Missverständnisse und Unklarheiten entstehen durch **Ordinalskalen**, also jenen, die eine Rangfolge abbilden, bei denen aber die Abstände zwischen den Skalenwerten nicht bestimmt sind.

Häufig werden ungleichmäßige Merkmalsintervalle definiert. Ein eher unkritisches Beispiel sind die Altersklassen im Rennradsport: So gehören Fahrer von 19 bis 22 Jahren zur Klasse „U23", ab 23 Jahren sind sie „Elite", aber werden sie 30, gehören sie zur Klasse „Master 1", ab 40 zu „Master 2" und so fort. Die Altersintervalle sind unterschiedlich groß und scheinen willkürlich gewählt. Kritischer ist es, wenn Leistungsbewertungen ordinal erfolgen und Interessenten sie zur Grundlage von Entscheidungen nutzen. Abb. 4.2 zeigt ein eher (gar nicht so) humoristisches Beispiel für Produktbewertungen:

Ein numerisch mittelgutes Urteil, hier wären es drei Sterne, bedeutet realiter „schlecht". Der Grund dürfte sein, dass denjenigen, die bewerten, ein Maßstab fehlt, etwa ein objektiver Referenzwert oder der relative Vergleich mit anderen Produkten. Wer einen Staubsauber bestellt, kann

Abb. 4.2 Launige Interpretation einer fünfstufigen Bewertungsskala. (Eigene Darstellung)

diesen nur absolut bewerten, aber eben nicht mit anderen Staubsaugern vergleichen. Dies jedenfalls stellten Forscher an der TU Dortmund fest.[12] Sie verglichen Amazon-Bewertungen mit den Testergebnissen der Stiftung Warentest. In lediglich ca. 30 % aller Fälle waren die Testsieger auch die bestbewerteten Produkte. Das heißt, dass wer sich auf Amazon-Produktbewertungen verlässt, um das beste Produkt auszuwählen, mit einer Wahrscheinlichkeit von 70 % fehlgeleitet wird. Die Ursachen dafür zu finden, ist gar nicht so leicht. So gibt es eine grundsätzliche Hemmung, Anbieter zu schädigen[13], im Widerspruch dazu ist aber nach Enttäuschungen auch Rachsucht anzutreffen, Selbstbestätigung, vor allem, wenn das Produkt teuer war oder die Motivation, als „Produktexperte" wahrgenommen zu werden usw. Auch signifikante Abweichungen zwischen den Bewertungstexten und der Anzahl vergebener Sterne wurden festgestellt, vor allem bei sehr positiven Bewertungen.[14]

Das Problem ist also, dass die Bewertenden keine adäquate und mit ihren Produkterfahrungen korrelierende Einschätzung der metrischen Beziehung der Bewertungskategorien vornehmen können.[15] Sie „denken" sich ein Urteil (Sterne, Punkte, Note), aber dieses ist abhängig von subjektiven Parametern, sei es die Vorerfahrung, die situative Laune, der Grad der Erwartungserfüllung oder das Urteil anderer, das wie eine Ankerheuristik wirkt.

Wie kann das Problem geheilt werden? Die Lösung ist, das mit der Ordinalskala eine **Bedienungsanleitung** geliefert wird. Anhand möglichst objektiver Kriterien oder mittels Faktoren, deren Zutreffen die Bewertenden einschätzen sollen, wird ein Urteil empfohlen. Tab. 4.1 zeigt als Beispiel eine Bewertungshilfe für Sportlehrer. Hier werden

---

[12] o. v., Sollten wir nach den Sternen greifen? (2018). Darüber hinaus kritisiert Stiftung Warentest Hotelbewertungen: Stiftung Warentest (2010).

[13] So wurde bei Booking.com in einer Studie aus dem Jahr 2015 kein Hotel gefunden, dessen Bewertung auf einer 10er-Skala schlechter als 2,5 war: Mellinas et al. (2015). Das Zustandekommen einer Bewertung untersuchte Tengilimoglu (2016).

[14] Mudambi, Schuff, & Zhewei, Why aren't the stars aligned? An analysis of online review content and star ratings (2014).

[15] Ausführlich siehe Espeland und Stevens (2008, S. 409).

Tab. 4.1 Allgemeine Beurteilungskriterien für die Ausführungsqualität im Turnen (o. V., Bewertungskriterien und Bewertungshilfen Geräteturnen für das Fach Sport in den vier Halbjahren der Qualifikationsphase und in der Abiturprüfung 2023, 2020)

Prüfbereich	„Sehr gut"	„Gut"	„Befriedigend"	„Ausreichend"	„Mangelhaft"
Gesamtleistung	Ausgezeichnete Gesamtleistung	Gute Gesamtleistung	Zufriedenstellende Gesamtleistung	Noch ausreichende Gesamtleistung	Nicht ausreichende Gesamtleistung
Rhythmik	Rhythmische und dynamische Ausführungen	Kleine Störungen im Rhythmus	Störungen im Rhythmus, wenig Dynamik	Deutliche Störungen im Rhythmus, keine Dynamik	Häufige Störungen im Rhythmus
Haltung	So gut wie keine Haltungsfehler	Leichte Haltungsfehler	Mehrere leichte und teilweise auch deutliche Haltungsfehler	Deutliche Haltungsfehler	Grobe Haltungsfehler
Technische Ausführung	So gut wie keine technische Mängel	Geringe technische Mängel	Mit technischen Mängeln	Deutliche technische Mängel	Grobe technische Mängel
Bewegungsablauf	So gut wie keine Mängel im Bewegungsablauf	Teilweise Mängel im Bewegungsablauf	Mängel im Bewegungsablauf	Deutliche Mängel im Bewegungsablauf, Übungsablauf noch erkennbar	Grobe Mängel im Bewegungsablauf, Übungsablauf nur in Ansätzen erkennbar

Abb. 4.3 Multikriterielle Bewertung (Auszug) bei Holidaycheck.de. (Eigene Aufnahme)

fünf verschiedene Faktoren zur Bewertung herangezogen und jeweilige Wahrnehmungen einem Urteil zugewiesen.

Dieses Konzept, Unterkriterien mittels Ordinalskalen abzufragen, ist die Grundlage vieler Bewertungsverfahren. Es wird versucht, anstatt eines Gesamturteils mehrere Teilurteile zu ermöglichen, wie es Abb. 4.3 veranschaulicht.

Aus den Bewertungen je Kriterium kann dann ein Durchschnittswert errechnet werden. Die methodische Schwäche der verwendeten Ordinalskalen, die darin besteht, dass die Abstände zwischen den Urteilen (in Abb. 4.3 sind es „Sonnen") uneinheitlich ist und von den Bewertenden auch durchaus unterschiedlich interpretiert wird, soll sich so relativieren. Dieses methodische Konstrukt, ein Gesamturteil in Teilurteile zu fragmentieren, wird von ausnahmslos allen Scoringmodellen genutzt.[16] Damit wird aber nicht nur das Problem mit der Interpretation von Antwortskalen geheilt, sondern es werden

---

[16] Vertiefend siehe die Ausführungen in Kühnapfel, Scoring und Nutzwertanalysen (2021, S. 7 ff.).

auch emotionale Grundeinstellungen gegenüber dem zu bewertenden Phänomen aufgebrochen. So kann es sein, dass ich eine Automarke „irgendwie nicht mag", bei der Einzelbewertung der kaufrelevanten Kriterien aber feststelle, dass Fahrzeuge dieser Marke meine Anforderungen erfüllen.

Einen anderen Weg, Verzerrungen in den Urteilen durch die individuelle und subjektive Interpretation bei der Anwendung von Ordinalskalen zu vermeiden, gibt es nicht.

Subjektive Skalen

Subjektive Urteile sind grundsätzlich eine Notlösung. Insbesondere bei der Vermessung des Alltags sind subjektive Verfahren, Einschätzungen und Urteile nicht verlässlich. Der Grund ist, dass es anders als im beruflichen Umfeld selten belastbare Expertise gibt.

> Wenn subjektive Einschätzungen verlangt werden, sind Menschen schnell damit überfordert, feine Bedeutungsunterschiede zu erkennen und zu benennen.

Sie werden Beobachtungsverzerrungen unterliegen und Heuristiken unsachgemäß anwenden. Die Gründe sind offensichtlich und wurden zum Teil schon benannt:

- Mangelnde Erfahrung mit Bewertungen
- Mangelnde Erfahrung mit dem zu bewertenden Phänomen (Produkt usw.)
- Keine Vergleichsmöglichkeiten, keine Referenzen, keine Analogien
- Limitiertes sprachliches Ausdrucksvermögen
- Verzerrte Kalibrierung der Bemessung
- Überzogene Erwartungen
- Priming durch andere Bewertungen
- Mangelndes Verständnis für außergewöhnliche Situationen

- Mangelndes Vorstellungsvermögen, wie Dritte die Bewertung interpretieren werden
- Kognitive Verzerrungen durch spezifische Botschaften wie Marken, Herstellungsland, Design, Produktdarstellung usw.

Ja, die Liste ist unvollständig. Sie soll in erster Linie verdeutlichen, wie umfassend das Problem ist.

> Wir Menschen sind schlecht darin, auf Basis subjektiver Einschätzungen ein objektives Urteil abzugeben.

Wir erleben dies, wenn wir skalierte Bewertungen für Phänomene abgeben sollen, für die wir Laien sind. Ein Selbsttest: Versuchen Sie, die Benotung einer Übung in Rhythmischer Sportgymnastik, eines Turmsprungs oder einer Rassebeurteilung auf einer Zuchtkaninchenschau zu erraten, natürlich ohne einen Fachkommentar zu hören! Oder urteilen Sie selbst und vergleichen Sie Ihr Ergebnis mit dem Fachurteil der Jury! Anfänglich werden Ihre Bewertungen weit streuen. Vermutlich werden Sie dann aber lernen und nach einer gewissen Zeit grobe bewertungsrelevante Aspekte richtig erkennen und einem Bauchklatscher weniger Punkte geben als einem für Ihre Augen perfekten Sprung. Aber wie viele Punkte weniger? Und erkennen Sie die Unterschiede zwischen den Sprüngen der drei Bestplatzierten?

> Ohne eine Kalibrierung des individuellen Bewertungssystems durch Erfahrung, Normierung oder Anleitung, sind subjektive Urteile nicht verlässlich.

Dann sind sie auf ein „gefällt mir" oder „gefällt mir nicht" reduziert und damit allenfalls für die Selbstkundgabe der individuellen Präferenzen geeignet. Ein Anspruch auf universelle Gültigkeit darf nicht erhoben werden. Doch genau das erleben wir immer wieder: Meinungsführer in der sozialen Herde reklamieren Deutungshoheit für sich und

Talkshowgäste bewerten alles Erdenkliche, ohne auch nur den Hauch von Expertise vorweisen zu können, erzeugen aber mit der Macht wohlgesetzter Formulierungen Glaubwürdigkeit.[17] Der bestens erforschte Halo-Effekt, der erklärt, warum wir Menschen, denen wir Expertise zutrauen (Ärzten, Chefs, Professoren, KfZ-Mechatronikern, Anwälten usw.), eher glauben als anderen, schlägt zu![18]

Gezählte Mengen und gemessene Werte ... die uns nichts sagen

Mit diesem letzten Unterkapitel schließt sich der Kreis. In der Einleitung war von der Verwirrung z. B. bei Temperaturangaben zu lesen: Celsius, Fahrenheit, Kelvin usw. Weitere bekannte Beispiele für je nach Kulturkreis unterschiedliche Messwertangaben finden sich zuhauf:

- Kraftstoffverbrauch: Bei uns ist der Verbrauch in Liter je 100 km Fahrstrecke üblich. In Thailand wird die Fahrstrecke je Liter angegeben und in den USA die Fahrstrecke in Meilen je Gallone (mpg). Dann entspricht eine Angabe von 36,2 mpg dem uns vertrauten Verbrauch von 6,5 l/100 km.
- Datumsangabe: Das Format DD.MM.YYYY ist uns vertraut, aber die ISO-Norm 8601 gibt das Format YYYY-MM-DD vor, das auch durchaus seine Vorteile hat (etwa beim Sortieren von Fotos und Dateien). ISO 8601 ist in zahlreichen Ländern verbindlich anzuwenden.
- Zeitangabe: Üblich ist es bei uns, „sechs Uhr morgens" zu sagen. Geschrieben wird es 06:00 Uhr, aber im militärischen Sprachgebrauch ist die Angabe Nullsechshundert oder 0600 Uhr gebräuchlich. Klingt auch zackiger. Ferner ist bspw. in den USA oder in Großbritannien die Angabe einer Zeit im 24-h-Format unüblich. Dort wird die Zeit in die zwei Zwölfstundenzonen „a.m." und „p.m."

---

[17] Am Ärgsten treiben es hier Politiker, selbstverliebte Moderatoren und noch viel selbstliebtere Philosophen mit Honorarprofessuren – aber das ist nur eine ebenso unsubstantiierte wie subjektive Wahrnehmung.
[18] Nisbett und Wilson (1977).

unterteilt. Aber selbst in Deutschland kommt es bei der Zeitangabe oft zu Missverständnissen. Die in Ostdeutschland gebräuchliche Angabe „viertel sechs" ist für so manchen Westdeutschen kryptisch (gemeint ist 05:15 Uhr).

- Wanderstrecke: Insbesondere im alpinen Gelände würde eine Kilometerangabe auf einem Wanderwegschild wenig nutzen. Stattdessen werden Strecken in Gehzeiten angegeben, an denen sich Wanderer besser orientieren können. Der Umrechnung liegt ein Algorithmus zugrunde, nach dem je Kilometer, je 100 Höhenmeter Aufstieg und je 167 Höhenmeter Abstieg 15 min zur Gesamtzeit addiert werden.
- Wind: Segler messen sie in Knoten oder in Beaufort mit einer Skaleneinteilung von Null bis Zwölf. Doch unsere Wetter-App zeigt die Windgeschwindigkeit in km/h an, gelegentlich auch in Meter pro Sekunde oder in Meilen je Stunde (USA).
- Lautstärke: Noch immer hat sich im Alltag kein Maß für Lautstärke durchsetzen können. Technisch wird sie üblicherweise in Dezibel gemessen und mit dem Kürzel „dB(A)" angegeben. Aber wer kann die Lautstärke eines Geräuschs auch nur annähernd in Dezibel abschätzen oder umgekehrt etwas mit der Angabe anfangen, dass ein Gerät einen Schalldruck von 90 dB(A) erzeugt? Es ist übrigens ein Laubbläser mit Benzinmotor in drei Metern Entfernung. Warum aber haben wir kein intuitives Gefühl für Dezibel-Angaben? Offensichtlich reicht für die Alltagskommunikation eine grobe Beschreibung oder ein Vergleich (leise, laut, höllisch laut, wie ein startendes Flugzeug usw.) aus. Das gleiche gilt für die Helligkeit oder die Luftfeuchtigkeit.

Dabei ist eine Einigung auf Maßeinheiten und Messskalen für ein effizientes Zusammenleben so wichtig! Stellen Sie sich vor, ein Kellner fragt Sie im Restaurant, wie viele Erbsen Sie als Beilage wünschen. Sie werden etwas Vages antworten, „einen Kleks" oder „ein paar Esslöffel". In der Regel reicht das aus, weil das genaue Maß nicht von Bedeutung ist. Würde Ihnen der Kellner 60 g vorschlagen, könnten Sie sich die Menge vermutlich nicht vorstellen, wüssten aber aus Erfahrung, dass das „irgendwie passt". Eine noch präzisere Mengenangabe würde jedoch verwirren. Der Kellner könnte Ihnen z. B. anbieten, 250 Erbsen zu servieren. Das ist zweifellos eine präzise Angabe, mit der alle (Koch, Sie, der Kellner) zufrieden sein müssten … aber nicht sind. Wie viel sind 250 Erbsen? Wir benötigen einen Vergleich, um uns diese Zählung als Menge auf unserem Teller vorstellen zu können. Das zeigt sehr schön auf, dass auch noch so präzise Werte **bemerkenswert uninformativ** sein können.

Hierzu fand ich ein nettes Beispiel beim Besuch der Tower Bridge in London. Abb. 4.4 zeigt ein Plakat, mit dessen Inhalt die meisten Menschen, auch die Londoner, die ich gefragt habe, nichts anfangen konnten, obgleich es präzise Informationen bietet: Wieviel mögen eine Million viktorianische Pfund heute wert sein?

Besser machten es die Gestalter in den Innenräumen der Pfeilertürme. Die angebrachten Informationstexte werden durch eine Referenzierung verständlich (Abb. 4.5). Der Vergleich mit den in London bekannten Taxis („Black cabs") bzw. Telefonhäuschen („Telephone boxes") erleichtert die Vorstellung der angegebenen Menge.

Abb. 4.4 Plakat mit Angabe der Baukosten für die Tower Bridge, London. (Eigene Aufnahme)

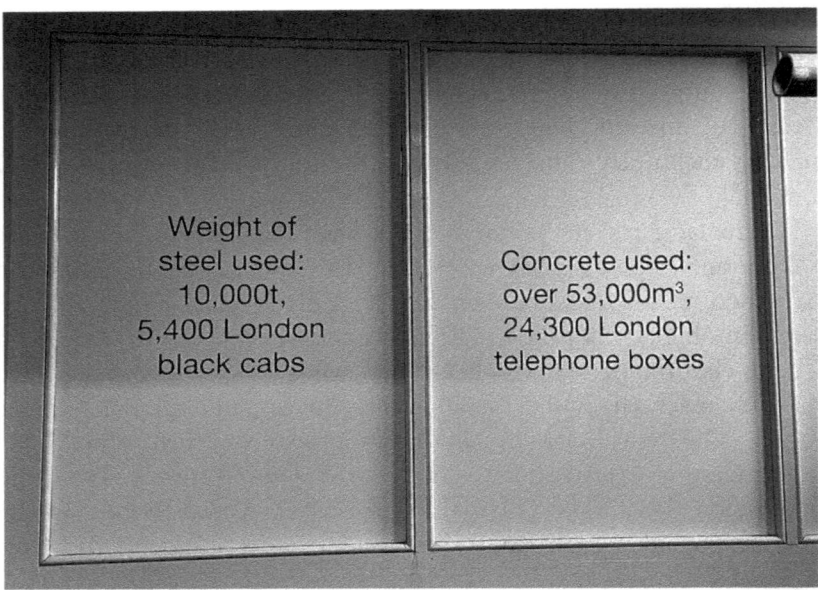

Abb. 4.5 Hinweis zum verbauten Material in den Pfeilertürmen der Tower Bridge, London. (Eigene Aufnahme)

Zumindest lässt sie den Besucher staunen, und das ist ja das Ziel dieser Inschriften.

Ein letztes Beispiel stammt aus dem „King Power Mahanakhon"-Wolkenkratzer in Bangkok (Abb. 4.6). Die Angabe der Aufzugsgeschwindigkeit in Meter je Minute ist für uns schwierig zu bewerten, zumal der Aufzug weit weniger als eine Minute benötigt, um die Passagiere in den 74. Stock zu befördern. Alltagsüblich und informativ wäre die Angabe in Kilometer je Stunde (es sind 28,8 km/h) oder die Anzahl Stockwerke, die der Aufzug je Sekunde oder Minute zurücklegt.

Fazit: Die Tücken von Maßeinheiten und Messskalen

Halten wir fest: Maße und Skalen sind zwingend erforderlich, um Messungen zu kommunizieren. Es sind Anforderungen an sie zu stellen, damit sie nützlich sind. Dann werden sie sich bewähren und

Abb. 4.6 Geschwindigkeitsanzeige im „King Power", Bangkok (Eigene Aufnahme)

uns helfen, unseren Alltag zu vermessen, Einschätzungen vorzunehmen und Entscheidungen zu treffen. Tücken gibt es, vor allem solche, die bei mangelnder Objektivität zu Verzerrungen führen. Bleiben wir wachsam: Wann immer Subjektivität zu erkennen ist, sollte die Messung hinterfragt werden. Lassen wir eine Bewertung auf Basis von Meinungen nicht zu! Es gilt einmal mehr der bereits zitierte Satz von Deming:

> „Without data, you're just another guy with an opinion!"

4.4 Wahl von Zeitpunkt und Zeitraum der Messung – eine Frage der Repräsentativität

Ist die Messung repräsentativ für die Lebenssituation, für die eine Entscheidung zu treffen ist? Diese Frage erscheint überflüssig, denn wer würde die Messung schon in einer Ausnahmesituationen vornehmen? Tatsächlich aber passiert genau das so häufig, dass die Frage nach der **Repräsentativität der Messsituation** gestellt werden muss.

Oftmals ist es eine Folge unbewusster Effekte. Dann wünschen wir uns ein Ergebnis, um unser Handeln zu bestätigen oder um uns Enttäuschungen zu ersparen. So messen wir gerne unser Körpergewicht, wenn wir wissen, dass wir am Tag zuvor nur wenig gegessen, aber ungern, wenn wir abends geschlemmt haben. Wir bewerten den Gewinn mit der Aktie, die wir vor einem Jahr erworben haben, exakt, aber den Verlust einer anderen überschlagen wir nur. Wir messen unseren Fitnesslevel, wenn wir uns fit fühlen, aber nicht nach einer durchzechten Nacht. Diese Art von Selbstbetrug ist unkritisch, wenn keine relevanten Entscheidungen damit verbunden sind.

> Doch ist es das Ziel der Messung, uns in unserer sozialen Umwelt zu bewegen oder eine wichtige Entscheidung zu treffen, müssen wir sicherstellen, dass die Messung **repräsentativ** ist. Optimismus oder Pessimismus, selektive Wahrnehmung oder der Wunsch, erhoffte Entwicklungen bestätigt zu sehen, sind fehl am Platze.

Wie können wir sicherstellen, dass wir nicht unbewusst oder durch unsere Ergebniswünsche gesteuert untypische Messsituationen wählen?

Das beste Gegenmittel ist die **Normierung von Messreihen,** indem eine Messvorschrift festgelegt wird. Dann messen wir unser Gewicht nicht dann und wann, sondern jeden Morgen vor dem Frühstück. Abb. 4.7 zeigt ein Beispiel für eine langfristige, regelmäßige Messung, die sogar einen langfristigen Trend erkennen lässt.

Die Auswertung der Messreihe kann dann mittels unterschiedlicher statistischer Methoden erfolgen, die helfen, langfristige Trends deutlich zu erkennen. Ein gutes Beispiel sind gleitende Durchschnitte. Abb. 4.8 zeigt ein solches Ergebnis für die Entwicklung des Körpergewichts (nicht meines).

Natürlich muss ein Trend über eine hinreichend lange Zeit beobachtet werden. Bei einer Diät zur Gewichtsreduktion sind dies Wochen, bei der Beobachtung sportlicher Entwicklungen Monate. Oft sind wir zu ungeduldig: Die Durchschnittsgeschwindigkeit auf unserer Fahrt nach München stellen wir ja auch nicht in den drei Minuten fest, in denen wir auf einem kurzen Autobahnstück Vollgas geben konnten.

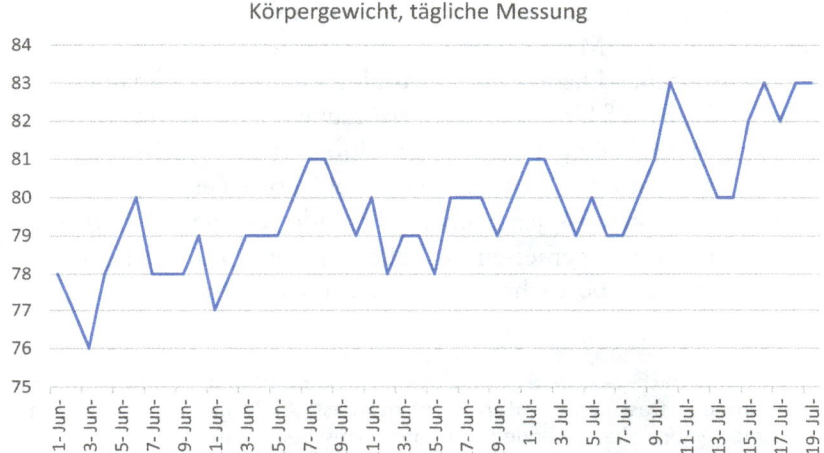

Abb. 4.7 Entwicklung Körpergewicht. (Eigene Darstellung)

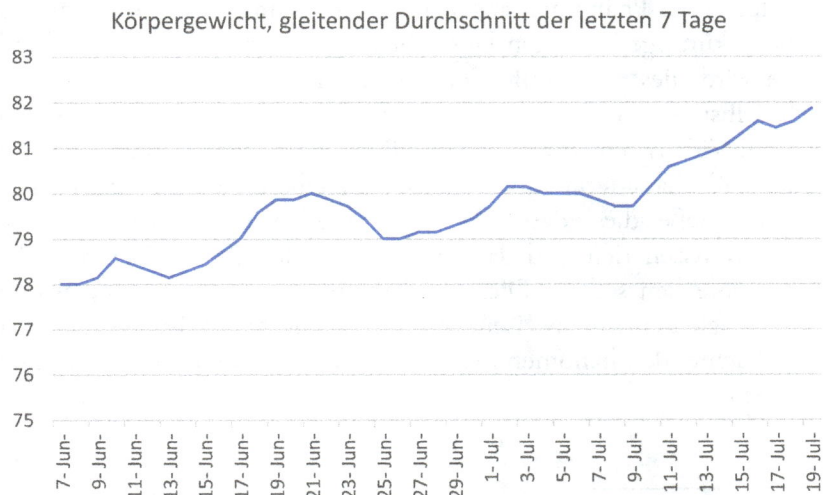

Abb. 4.8 Entwicklung Körpergewicht, gleitender Durchschnitt. (Eigene Darstellung)

Eine zweite Möglichkeit, sich gegen unbewusste Manipulation oder Selektion der Messsituation zu immunisieren, ist die Suche nach Vergleichswerten. Dieses auch **Analogiemethode** genannte Vorgehen hilft, Messfehler sensibler wahrzunehmen. Wenn ich fleißig mit meinen viel jüngeren und ambitionierteren Radsportfreunden trainiere und feststelle, dass sich meine objektive Leistung[19] erheblich schneller entwickelt als jene meiner Freunde, ist die Wahrscheinlichkeit größer, selektiv gemessen zu haben als jene, mit 56 Jahren noch außergewöhnliche sportliche Entwicklungen zu erleben.

> Die Suche nach realistischen Referenzen erzwingt die Beurteilung von Messungen. Das heißt natürlich nicht, dass Außergewöhnliches nicht stimmen kann, aber es erzieht zu einer kritischen Begutachtung des Vorgehens.

Die dritte Möglichkeit ist großzügig von dem überraschenden, aber gut erforschten Phänomen abgeleitet, dass **Freunde und Bekannte** das eigene zukünftige Verhalten besser beurteilen können als man selbst.[20] Gerne wird dies angezweifelt („Niemand kennt mich so gut wie ich mich selbst!"), aber tatsächlich trüben unsere Wünsche, Ängste und „inneren Videos" einen realistischen Blick auf unsere Muster, Gewohnheiten und charakterliche Limitierungen. Übertragen auf unser Messproblem hieße dies, dass wir mit Freunden und Bekannten über unsere Messszenarien und das, was wir mit den Ergebnissen anstellen wollen, sprechen sollten. Diese werden eher in der Lage sein, uns auf Unstimmigkeiten hinzuweisen, sei es, dass die Messkriterien nicht das zu beobachtende Phänomen repräsentieren oder die Messsituation nicht geeignet ist.

---

[19] Gemessen z. B. in „Watt pro Kilogramm Körpergewicht" oder „durchschnittliche Maximalleistung für 20 min". Es zeugt von erstaunlichem Einfallsreichtum: Die Sportindustrie erfindet jedes Jahr neue Verfahren, wie sich Sportlerinnen und Sportler selbst vermessen können und bietet selbstverständlich die dafür erforderlichen Geräte und Apps an.

[20] Epley & Dunning, The mixed blessings of self-knowledge in behavioral prediction: Enhanced discrimination but exacerbated bias (2006).

Wie lösen wir das Problem unpassender Messsituationen?

Die Lösung ist die Formalisierung der Messung durch Festlegung einer Messvorschrift, die Protokollierung und die fachgerechte Auswertung der Daten. Vielleicht hilft uns bei der Einhaltung dieser Messvorschrift ein gelber Post-it-Zettel an der Badezimmertüre, vielleicht nutzen wir eine App oder schreiben uns eine Aufgabe in den Kalender. Wenn wir uns und unsere Umwelt vermessen, dann richtig. Es nutzt und die Kosten der Selbstdisziplinierung sind überschaubar.

Exkurs: Das Spezialproblem des subjektiven Zeitempfindens

Jeder kennt den Effekt, der auch wissenschaftlich gut belegt ist: Das subjektive Empfinden einer Situation beeinflusst die Einschätzung, wie lange sie dauert. Haben wir Spaß, vergeht die Zeit subjektiv schnell, haben wir Langeweile, langsam.[21] Unsere Zeitwahrnehmung wird offensichtlich auch von Emotionen bestimmt, und das nicht nur im erlebten Augenblick, sondern auch retrospektiv: Wir schätzen die Dauer erlebter kurzweiliger Momente kürzer, als sie waren, und die Dauer der erlebten langweiligen Momente länger. Die Begriffe „Kurzweil" und „Langeweile" sind beredt.

So konnte gezeigt werden, dass während der Corona-Pandemie für Menschen, die sich sozial isoliert und unglücklich fühlten, die Zeit subjektiv langsamer verging.[22] Grundsätzlich dehnt sich die wahrgenommene Zeit in depressiver Stimmung.[23] Es gibt sogar einen Begriff für dieses Diskontinuum der Zeitwahrnehmung: „Chronästhesie".[24]

---

[21] Stellvertretend für eine Vielzahl von Forschungsarbeiten zu diesem Thema siehe Sakett et al. (2010).

[22] Kosak et al. (2022).

[23] Blewitt (1992).

[24] Tulving (2002). Siehe aber auch Szpunar (2011).

> Die Konsequenz ist einfach: Da wir uns schwer damit tun, Zeit einzuschätzen, sollten wir uns auf unsere Uhr verlassen, jedoch nicht auf die „innere" Uhr, sondern auf die an unserem Handgelenk.

4.5 Wiedergabe von Messwerten – Verzerrungen durch Selektion und Narrative

Hier kommen wir zu einem der Hauptprobleme bei der Vermessung des Alltags. Dabei klingt die Aufgabe so einfach, **gemessene Werte zu kommunizieren.** Ist sie aber nicht. Das Problem ist der „Ergebniswunsch"! Jede Kommunikation eines Messergebnisses hat einen Grund. Sie soll etwas beschreiben und in der Regel eine Entscheidung getroffen werden. Die Verführung zur Manipulation lauert dabei wie der Hund hinter der Hecke, wenn der Postbote kommt.

Ein Beispiel: Wissenschaftler reklamieren für sich, der Objektivität verpflichtet zu sein. Sich kritisch zu hinterfragen und jegliches Wissen nur als mögliches und vorläufiges Wissen zu betrachten, gilt als Ehrensache. Nonsens! Die meisten Wissenschaftler verlieben sich in ihre Erkenntnisse, ihre Vermutungen, ja, sogar in ihre Formulierungen. Wissenschaftler sind eitel und meiner Erfahrung nach zu stolz, um ihren vermeintlichen Expertenstatus selbst infrage zu stellen oder zu ertragen, dass er oder sie in Frage gestellt wird. Sie geben in ihren Texten vor, zu wissen und begründen das damit, dass der typische Adressat, der Laie, wissenschaftlich korrekte Formulierungen als vage und unbestimmt interpretieren würde. Und ja, natürlich ist ein „die vermutliche Erderwärmung in den nächsten 50 Jahren wird unter Annahme von Szenario A unter Beibehaltung der Rahmenparameter Alpha, Beta und Gamma bis zu 2,5 Grad betragen" weniger knallig als das „die Temperatur auf dieser Erde steigt um dramatische 2,5 Grad!". Aber hier missinterpretieren Wissenschaftler ihre Aufgabe! Sie sind dem Wissen verpflichtet, nicht der Entscheidung, was mit ihren Erkenntnissen geschehen soll.

4 „Wer misst, misst Mist!" – Messproblemen auf der Spur

> Wissenschaftler sollen Entwicklungen, Handlungskonsequenzen, Nutzen und Kosten aufzeigen und vielleicht Empfehlungen abgeben, wenn sie in der Lage sind, deren Nutzen und Kosten zu bestimmen. Damit ist ihr Job getan.

Genau das, die Schaffung eines soliden Fundaments für Entscheidungen, sollte der Job eines jeden Experten sein. Aber gibt es solche Alltagsexperten? Ist der Vermögensberater der Sparkasse einer, weil er den Aktienmarkt vermisst und unsere Rente prognostiziert? Ist es der Mechatroniker in der Autowerkstatt, der die Dicke der Bremsbeläge misst? Oder ist es der Arzt, der unseren Cholesterinspiegel misst? Nein. Keiner ist ein Experte, denn alle ziehen einen Nutzen aus der Interpretation dieser oder jener Messwerte. Sie verkaufen. Also darf unterstellt werden, dass sie Messwerte so auslegen und kommunizieren, dass es ihnen zum Vorteil gereicht.

Wir messen, was uns gut tut

Nicht nur Experten verhalten sich nutzenorientiert. Wir alle neigen dazu, Messwerte so zu „lesen", dass sie uns passen. Sie sollen unsere Handlungsabsicht untermauern. Wir bedienen uns der gemessenen Werte oder wir spielen ihre Bedeutung herunter, gerade so, wie es gefällt.

> Wir bevorzugen Messszenarien, die zu Ergebnissen führen, die uns gefallen. Dies geschieht unbewusst oder durch einen Mechanismus, den wir **selbstwertdienliche Verzeihung**[25] nennen: Wir rechtfertigen unsere Selektion durch ebenso selektierte Argumente.

Duttweiler schreibt in gleichem Sinne: „Man suspendiert, was zu deprimierend ist und man misst nur das Positive. Es wird gemogelt, die Zahlen werden manipuliert oder die Bedeutung der Daten

---

[25] Babcock und Loewenstein (1997).

negiert."[26] Dann wird das „Ausrollen", nachdem das Schild mit einer Geschwindigkeitsbegrenzung passiert wurde, zu einer „umweltschonenden Maßnahme", weil durch das eigentlich erforderliche Abbremsen Energie vernichtet werden würde. Falsch ist es trotzdem.

Ein anderer Mechanismus, der in diese Kategorie fällt, ist die **Ausweitung des Messszenarios**. Es werden Randphänomene vermessen und die Ergebnisse einer Kategorie zugeschlagen, deren Gesamtergebnis ein Aussageziel unterstützt. Ein pragmatisches Beispiel sind Sportuhren: Sie vermessen sportliche Aktivitäten, zählen aber auch Schritte und Bewegungen während alltäglicher Verrichtungen (Haushalt, Einkaufen, Gassigehen usw.). Diese werden dann als sportliche Aktivität bewertet, was sie aber nicht sind.[27]

Auf- und Abrunden, um zu über- und zu untertreiben

Zwei der bekanntesten Methoden zur Adaption von Messwerten an das Aussageziel ist das zielgerichtete Auf- und Abrunden. Aus dem Nettogehalt von 2300 € wird ein „ungefähr zweitausend", wenn wir uns als Ausgebeutete darstellen wollen, oder ein „zweieinhalb", wenn wir zeigen wollen, wie erfolgreich wir sind. 37,6 Grad Körpertemperatur kann eine „leichte" oder eine „stark" erhöhte Temperatur sein, je nachdem, ob wir mit den Kumpels zum Fußballspiel ins Stadion oder in die Berufsschule müssen. Im Parship-Profil werden Daten wie die Körpergröße, das Gewicht oder der Fitnesslevel „beigeschliffen", um attraktiver zu erscheinen.[28] Nun gut. Jeder Fregattvogel bläht seinen Kehlsack auf, und für uns intellektuelle Menschen, die wir uns in unserem komplexen sozialen Umfeld positionieren wollen, sind Daten unser Kehlsack.

Semantische Manipulation als Stilmittel

Wir strapazieren den Korridor der legitimen Interpretation von Messwerten, um gewünschte Einschätzungen zu erzeugen. Oft geschieht dies

---

[26] Duttweiler (2018, S. 253).
[27] Duttweiler (2018, S. 269).
[28] Zillmann (2017).

durch Adjektive, die zu einem gewünschten Verständnis führen sollen.[29] Dann wird – siehe oben – die Erde nicht um 2,5 Grad, sondern um „beunruhigende", „dramatische" oder „verheerende" 2,5 Grad wärmer, je nachdem, welcher Apell oder welche Forderung dieser Aussage folgt. Das ist semantische Manipulation, aber so üblich, dass sie als „Stil" oder als Argumentationsstrategie entschuldigt wird. Es bleibt aber Manipulation und die Forderung nach staatlicher Unterstützung klingt berechtigter, wenn das Hochwasser mit einem Pegel von 3,8 m ein „Jahrhunderthochwasser" war, auch, wenn der Flusslauf vor einigen Jahrzehnten ein anderer war (nicht eingefasst, begradigt und kanalisiert) und darum die Pegelstände als Messwerte nicht vergleichbar sind.

Hyperbolik, also die semantische Übertreibung durch Wortkonstrukte oder Adjektive, ist gut erforscht. Sie ist nützlich, um besondere Aufmerksamkeit zu erzeugen. Wenn Daten und vermeintliche Fakten, also Messwerte, verbal aufgeplustert werden, wirkt sie besonders. Sie wird sogar als unverzichtbar akzeptiert, wenn die Aufmerksamkeit auf ein eher langweiliges oder abgegriffenes Thema gerichtet werden soll.[30]

Relativierung durch Vergleiche

Nützlich ist die Relativierung eines Messwerts mittels eines Vergleichsobjektes, denn sie verbessert die Anschauung („Dieser Schokoladenosterhase hat so viele Kalorien wie drei mittelgroße Schnitzel").[31] Die Absicht ist, einen Vergleich zu bemühen, der die Einschätzung erleichtert. Dazu muss die Referenz, oder besser, der jeweils im Fokus stehende Messwert dieser Referenz, bekannt sein. Doch wie viele Kilokalorien hat so ein mittelgroßes Schnitzel? Sind es viele oder wenige? Interessanterweise funktioniert die Relativierung des Kaloriengehalts auch, obwohl der Energiegehalt der Schnitzel unbekannt ist. Der

---

[29] Vgl. hierzu Duttweiler (2018, S. 255).
[30] Zu den Forschungen siehe bspw. McCarthy und Carter (2004), Colston (1997), oder Martin (1990).
[31] Richie (2003).

Grund ist, dass der Empfänger der Information mit dem Vergleich eine Botschaft antizipiert.

Humoristisch überspitzte diesen Mechanismus ein Freund von mir: Als wir über den Preis von Rennrädern sprachen, sagte er nur: „Ziemlich billig, wenn man bedenkt, wieviel ein Hubschrauber kostet." Ernsthafter, aber genauso wenig aussagend sind die in Abschn. 4.3 beschriebenen Vergleiche auf einigen Infotafeln in den Türmen der Tower Bridge in London (Abb. 4.4).

Kommunikation von Unsicherheit

Zuweilen sind Messwerte nur wahrscheinliche Werte. Das Messszenario erlaubt dann keine präzise und verlässliche Bestimmung eines Ergebnisses. Diesem Problem sind wir bereits in Abschn. 3.2 bei der Aufgabe, Erbsen oder Menschenmengen zu zählen, begegnet.

> Müssen solche Messwerte kommuniziert werden, ist es fachlich sinnvoll, die Wahrscheinlichkeit anzugeben, mit der ein Messwert zutreffen wird.

Alternativ kann ein Korridor angegeben werden, in dem der Messwert mit einer als ausreichend angesehenen Wahrscheinlichkeit liegen wird. Oft werden Wahrscheinlichkeiten jedoch nur verbal umschrieben („geringe" Wahrscheinlichkeit, „vermutlich", „voraussichtlich" usw.).[32] Dies kommt dem Hör- und Interpretationsverhalten entgegen: Wir empfinden grundsätzlich die Umschreibung mittels Worten statt mit Nummern als natürlicher. Wir verstehen sie intuitiv und müssen uns nicht die Arbeit der Interpretation machen.

„Das Hochwasser wird höchstwahrscheinlich die Marke von 2007 überschreiten"

---

[32] Siehe hierzu vor allem Dhami und Mandel (2022).

ist aber eine andere Botschaft als

„Das Hochwasser wird mit 90 %iger Sicherheit den 2007er Pegel von 4,50 m überschreiten".

Die zweite Aussage ist präzise, aber die erste ist ungleich einfacher zu verstehen und für den Adressaten ohne nachzudenken zu bewerten. Sie ist eingängiger und löst Bilder aus. Dieses bildhafte Denken fällt uns leichter. Wir lernen früher, Messwerte mittels semantischer Begriffe zu interpretieren: Erst entwickeln wir ein Verständnis für beschreibende Adjektive, später für Zahlen.

Verbale Beschreibungen von Wahrscheinlichkeiten können also Interpretationsrichtungen vorgeben. Positive Ausdrücke deuten auf das Erscheinen eines Ereignisses hin, negative auf das Ausbleiben. Auch wenn verbale Ausdrücke unpräziser sind, haben sie den Nutzen, dass sie eine Interpretationshilfe mitliefern. Nummern können das ohne weitere Erläuterung nicht.

Interessanterweise besitzen wir im Schnitt nur ca. zehn Worte, um verbal Wahrscheinlichkeiten zu beschreiben, doch diese reichen in der Alltagskommunikation aus.[33] Dhami und Mandel empfehlen als Ergebnis ihrer Studie, eher verbale Ausdrücke zu verwenden als Zahlen anzugeben, um Unsicherheiten bei Messergebnissen zu dokumentieren. Die Unschärfe sei als Preis für ein einheitliches und schnelles Verständnis akzeptabel. Diese Empfehlung leuchtet ein, unterstellt aber, dass der Absender sorgsam mit seinen Wörtern umgeht. Selbstredend ist hier jedoch die Gefahr manipulativer Rhetorik gegeben. Das sehen auch Dhami und Mandel so und betonen, dass in kritischen Entscheidungssituationen und dann, wenn Objektivität von Bedeutung ist, Zahlen **unersetzlich** seien.

---

[33] Ebenda.

4.6 Referenzen und Rankings als Hilfen für das Verständnis von Messergebnissen – und deren steuernde Wirkung

Wir sind nun schon mehrfach dem Thema „Referenzwerte" begegnet. Solche Referenzwerte werden benötigt, wenn den absoluten Messwerten die Aussagekraft fehlt. Zwei Fälle spielen in diesem Kontext eine Rolle:

1. Es bedarf eines Referenzwertes, um ein **singuläres** Messergebnis zu beurteilen.

Zeigt das Fieberthermometer den Wert „39,8 Grad" an, ist die Interpretation dieses Messergebnisses nur möglich, wenn wir diese Temperatur referenzieren können, hier natürlich an der durchschnittlichen Körpertemperatur gesunder Menschen von 36,6 Grad. Tatsächlich aber reicht es nicht aus, dies zu wissen. Wir benötigen noch mehr Referenzen, um die Bedeutung der Temperatur von 39,8 Grad einschätzen und entscheiden zu können, was zu tun ist. Es sind also zwei Referenzen, erstens der **Normal- bzw. Durchschnittswert** und zweitens ein **Initiativwert** in der Nähe des Messwertes, der Handlungsbedarf anzeigt. Typisch ist, dass dieser Initiativwert weniger normiert ist als der Normal- bzw. Durchschnittswert und oft auf Erfahrungswerten basiert. Zuweilen definiert er sich durch eine Korrelation mit einer anderen Variable, wie die Beispiele in Tab. 4.2 zeigen.

Besondere Probleme bereiten Referenzvergleiche für singuläre Werte nicht. Insbesondere dann, wenn es sich um Messwerte und nicht nur um semantische Beschreibungen (Gargrad des Grillsteaks, motorische Fähigkeiten des Vorschulkindes usw.) handelt, ist allenfalls das Verständnis des Initiativwertes sicherzustellen.

2. Messwerte werden miteinander verglichen (referenziert). Es wird eine Rangfolge gebildet. Ein Basiswert wird nicht genutzt.

Hierbei handelt es sich um ein Ranking. In Alltagssituationen werden Objekte mittels eines ausgewählten Kriteriums, des Messwertes,

Tab. 4.2 Beispiele für Referenz- und Initiativwerte. (Eigene Darstellung)

Messobjekt	Messwert	Normal- bzw. Durchschnittswert	Initiativwert und Maßnahmen
Autorreifendruck	1,9 bar	2,5 bar (Vorgabe: Schild in der Türfalz, Manual)	Unter 2,0 bar fährt sich das Auto schwammig – Luft nachfüllen
Backofentemperatur für Auflauf	160 Grad	180 Grad	Garzeit um 10 min verlängern (Temperatur und Zeit korrelieren negativ)
Abiturnote	2,0	2,2 (Berlin 2022)	1,5–1,7 NC für Jura in Berlin – anderes Studienfach wählen
Laufzeit Joggingstrecke	36:45	33:35 (Bestmarke)	Individuell bestimmte Maximalzeit ist 37:00 – mehr trainieren
Länge des gefangenen Welses	54 cm	262 cm (Fang im Rhein im September 2022)	60 cm Mindestmaß in Hessen – Wels ist zurückzusetzen

sortiert. Online-Shops bieten an, Produkte einer gewählten Kategorie nach diversen Kriterien zu ranken und damit die Reihenfolge, in der die Funde angezeigt werden, festzulegen: „Kundenempfehlungen", „Preis: aufsteigend", „Preis: absteigend" usw. HRS bietet an, gefundene Hotels rund um das angegebene Reiseziel nach Preis, Entfernung zum Zentrum oder Empfehlungen zu sortieren und eine Fußballbundesligatabelle listet Fußballmannschaften nach der Anzahl erspielter Punkte auf.

Solche auf Referenzen basierende Rankings vereinfachen Entscheidungen signifikant, vor allem, wenn die Anzahl möglicher Vergleichsobjekte unüberschaubar ist. Die Crux ist, dass Rankings nur legitim sind, wenn die Vermessung der Objekte streng einer normierten Messvorschrift folgt. Der Preis von Hotelzimmer A muss mit dem Preis von Hotelzimmer B vergleichbar sein und das ist er nur, wenn die Leistungen normiert sind. Schon dann, wenn in einem Fall das Frühstück inkludiert ist und im anderen Fall nicht, hinkt der Vergleich. Das hat Folgen für die Hotels: Bieten sie das Zimmer inklusive des Frühstücks an, fallen sie im Preisranking zurück, aber bieten sie das Zimmer ohne Frühstück an, sind sie zwar weiter vorne gelistet, verkaufen aber weniger Frühstücke. Rankings beeinflussen Märkte.

Eine Alternative wären multikriterielle Vergleiche, wie sie in Scorings verwendet werden.[34] Dann werden mehrere Kriterien gewichtet und bewertet (im Falle der Hotelzimmer vielleicht Lage, Preis, Größe des Zimmers, Größe des Betts, Zusatzleistungen, Ausstattung des Badezimmers, Empfehlungen, Anzahl Bettwanzen pro Quadratzentimeter usw.) und das Ergebnis wäre ein Score, der für ein Ranking genutzt werden könnte. Solche multikriteriellen Rankings finden sich häufig, sowohl bei der Referenzierung an singulären Werten (Kreditwürdigkeit von Verbrauchern/Schufa, Produktbewertung bei Otto.de, Chinas Social Scoring System, Leistungsbeurteilung im Beruf, sportliche Leistung bei Bundesjugendspielen usw.), als auch bei der relativen Referenzierung in Form von Rangfolgen (Kunden-Scoring, Mitarbeiter des Monats, Glücksatlas Deutschland usw.).

Im Alltag begegnen uns ständig Entscheidungssituationen, in denen die Auswahl einer Option von mehreren Kriterien abhängt, die unterschiedlich wichtig sind. Die Auswahl einer Waschmaschine ist so ein Beispiel. Preis, Trommelinhalt, Design, Lieferung, Garantiezeit oder Energieverbrauch wären die Kriterien. Mühelos lässt sich dieses Beispiel auf die nächste Urlaubsreise, den nächsten Partner oder die Berufswahl übertragen.

> Die Herausforderung ist, die Bewertung zu formalisieren, also eine Mess- und Bewertungsvorschrift einzuführen und sich die Arbeit zu machen, für jede Option alle Kriterien zu bewerten (zu messen).[35] Multikriterielle Verfahren sind aufwendig, verursachen also Kosten, die sich nur lohnen, wenn die Entscheidung hinreichend wichtig ist.

Die motivierende und die demotivierende Kraft von Rankings

Rankings haben eine gestalterische Kraft. Sie beeinflussen, ich wiederhole mich hier, Märkte. Aber nicht nur diese. In einer Studie

---

[34] Bei Interesse an Scorings als Verfahren zur ganzheitlichen Bewertung siehe Kühnapfel, Scoring und Nutzwertanalysen (2021).
[35] Für den Bereich Sport hat dies Mau beschrieben: Mau (2018, S. 62–63).

untersuchten Tran und Zeckhauser, inwieweit Rankings zu höheren persönlichen Leistungen animieren.[36] Und siehe da: Ranglisten sind ein äußerst wirksames Instrument, um sich anzuspornen und das Beste aus sich herauszuholen. Interessanterweise gilt das auch, wenn der eigene Rang anderen verborgen bleibt, allerdings wirken öffentliche Rankings etwas besser als nicht-öffentliche. Offensichtlich ist die stärkere Triebfeder des motivierenden Effekts das **Bewusstsein für die eigene relative Position** und der Wunsch, besser zu werden, die etwas schwächere die **Präsentation** („Schaut, wie gut ich bin!").[37] Die Autoren der Studie gingen auch der Hypothese nach, ob Rankings insbesondere dann antreiben, wenn eine gute relative Position einen greifbaren Nutzen bietet, etwa Vorteile im Job oder als Indikation für den sozialen Status in einer Gruppe. Überraschenderweise spielte das aber keine Rolle. Rankings wirken genauso gut, wenn sie „nutzlos" sind und der schieren Information dienen.

> Die Forscher gehen sogar so weit, eine Parallele mit dem Pawlowschen Reflex zu ziehen: Man sieht sich in einem Ranking positioniert ... und „legt los".[38] Sie weisen nach, dass Rankings nicht bloß eine psychologische Wirkung entfalten, sondern sogar hormonelle!

Sind wir diesbezüglich wie sabbernde Hunde? Es ist, also könnten wir uns der Aufforderung zum Wettbewerb nicht entziehen; ein Automatismus, der sich nutzen lässt: Rankings zur Ermittlung des besten Verkäufers, der Mitarbeiterin des Monats, des wertvollsten Mitbürgers oder des fleißigsten Vereinsmitglieds (Tab. 4.3) pushen ebenso wie App-gestützte Leistungsrankings für Sportler (Abb. 4.9): Für einen Streckenabschnitt wird automatisch die Zeit gestoppt und man findet sich als Radfahrer in einem Ranking wieder.

---

[36] Tran und Zeckhauser (2012).
[37] Ebenda, S. 649.
[38] Ebenda, S. 646.

Tab. 4.3 Ranking des Arbeitseinsatzes von Vereinsmitgliedern (fiktives Beispiel, eigene Darstellung)

Engagement lohnt sich! Die fleißigsten Vereinsmitglieder im April!				KGV Rote Rose Bornheim e.V.
Rang, Stand 22.4	Name	Stunden April	Preis	
1	Hr. Müller	14	Gutschein Vereinsheim 50,- €	
2	Fr. Czürcel	12	Gutschein Vereinsheim 30,- €	
3	Hr. Meier	11	Gutschein Vereinsheim 20,- €	
4	Fr. Meier	10		
5	Hr. Kaschnik	9		
6	Hr. Goldstein	8		
7	Fr. Bergül	6		
8	Fr. Minao	4		
9	Fr. Zeck	3		
10	Hr. Tischler	1		

Eine weitere interessante Beobachtung ist, dass sich Menschen, die gerankt werden, mehr für ihren Rang als für ihre Leistung interessieren. Leistungsveränderungen werden eher über die **Rangveränderung** wahrgenommen als über die Leistung selbst. Die Schlussfolgerung „Letzten Monat war ich siebter, diesen bin ich sechster – ich habe mich verbessert" wirkt, ist aber nur hinsichtlich der Position im Ranking korrekt. Die Veränderung der Leistung selbst bleibt unbeachtet. Diese Feststellung führt uns wieder zu dem in Kap. 4 beschriebenen **Campbell-Effekt,** der besagt, dass wir das leisten, was Messwerte beeinflusst. Im Falle des Rankings bei Strava (Abb. 4.9) ist das gut zu beobachten: Man sieht Rennradfahrer, die in der Ebene bummeln, um dann im vermessenen Strava-Segment alles zu geben. Dieses Verhalten hat Auswirkungen: Sie werden zu Bergsprintspezialisten, aber je besser sie darin werden, desto mehr Schwierigkeiten haben sie, längere Touren durchzustehen.

Die exakt gleichen Effekte konnten auch für Rankings nachgewiesen werden, die die Reputation bewerten. Wir fühlen uns besser, wenn unser Wert und damit unsere Position im Vergleich mit anderen besser

4 „Wer misst, misst Mist!" – Messproblemen auf der Spur

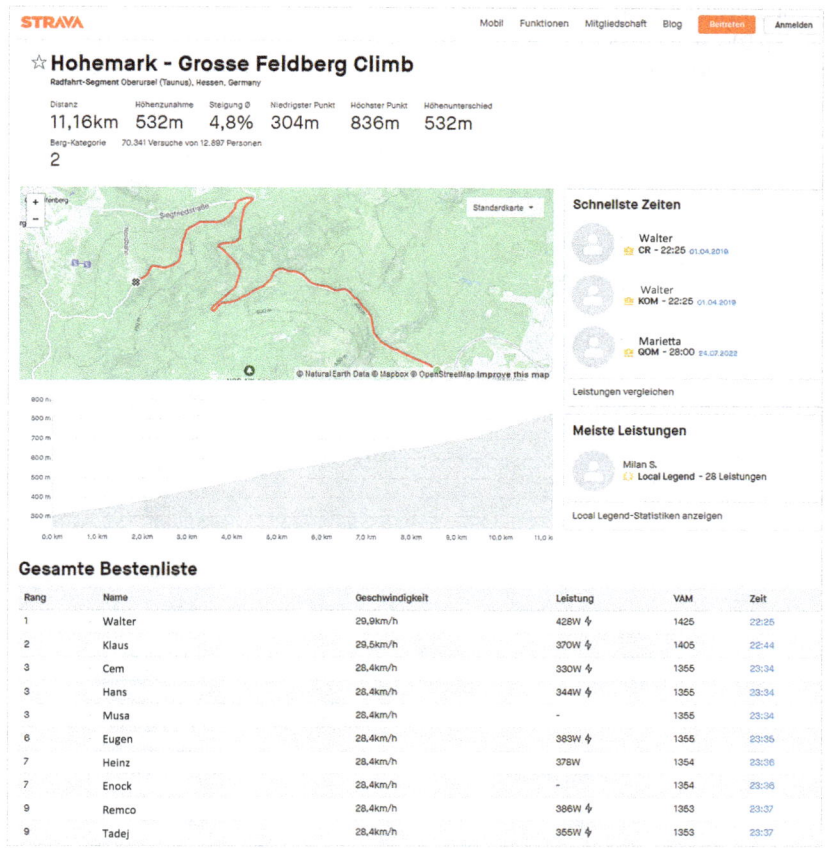

Abb. 4.9 Ranking sportlicher Leistungen in der App Strava (die Namen wurden vom Autor anonymisiert und sind fiktiv)

ist und schlechter, wenn er schlechter ist.[39] Selbstverständlich gilt das auch für Institutionen, etwa beim Wettlauf um die vorderen Plätze im Vergleich der Universitäten, denn das sichert Reputation, auch für die dort Forschenden, Fördermittel, Forschungsaufträge und Sponsorengelder (Tab. 4.4).

---

[39] Meshi et al. (2015).

Tab. 4.4 Hochschulranking 2023 (o. V., World University Rankings 2023. Am Rande: Die besten deutschen Universitäten sind nach diesem Ranking die TU München (Platz 30), die LMU München (33) und die Universität Heidelberg (43))

Rank	Name Country/Region	Overall	Teaching	Research	Citations	Industry Income	International Outlook
1	University of Oxford United Kingdom	96.4	92.3	99.7	99.0	74.9	96.2
2	Harvard University United States	95.2	94.8	99.0	99.3	49.5	80.5
=3	University of Cambridge United Kingdom	94.8	90.9	99.5	97.0	54.2	95.8
=3	Stanford University United States	94.8	94.2	96.7	99.8	65.0	79.8
5	Massachusetts Institute of Technology United States	94.2	90.7	93.6	99.8	90.9	89.3
6	California Institute of Technology United States	94.1	90.9	97.0	97.3	89.8	83.6
7	Princeton University United States	92.4	87.6	95.9	99.1	66.0	80.3
8	University of California, Berkeley United States	92.1	86.4	95.8	99.0	76.8	78.4
9	Yale University United States	91.4	92.6	92.7	97.0	55.0	70.9
10	Imperial College London United Kingdom	90.4	82.8	90.8	98.3	59.8	97.5

Aber das erscheint vor dem Hintergrund all dessen, was wir über die Wirkung von Rankings wissen, klar:

> Wer besser ist, eben auch in sozialen Aspekten, genießt in der sozialen Gruppe mehr Ansehen. Und Ansehen ist eine biologische Triebfeder.

Das ist natürlich nicht neu. Ich habe es sogar beim Urvater und Begründer der modernen Ökonomie, Adam Smith, als Postulat gefunden. Smith schreibt in seiner „Theorie der ethischen Gefühle", dass der Wunsch, in seinem sozialen Rang (wie auch immer er gemessen wird) aufzusteigen, eine der wichtigsten Triebfedern menschlichen Handelns sei.[40]

Ein besseres Schlusswort für dieses Kapitel lässt sich nicht finden.

---

[40] Smith (1759, S. 159 ff.), Kap. 4.

5

Unser Alltag und wie wir ihn vermessen

Nachdem wir uns (über drei Stunden lang, denn so lange haben Sie gebraucht, um die bisherigen Kapitel zu lesen) mit dem Messen, den Messmethoden und den spezifischen Problemstellungen beschäftigt haben, sollten wir konkret werden: Tauchen wir ein in den Alltag und messen wir, was zu messen ist! Ich biete eine Auslese solcher Situationen an, die ich so zusammengestellt habe, dass alle gängigen Techniken der Vermessung des Alltags vorkommen. Die Übertragung der Prinzipien auf andere Situationen sollte kein Problem darstellen. Also los!

5.1 Die Vermessung von „Ich" und „Wir"

In diesem Abschnitt geht es um die **Selbstvermessung** sowie die Vermessung der **Beziehungen zu „anderen"**. Bei diesen „anderen" konzentrieren wir uns zunächst auf Menschen, zu denen wir eine starke emotionale Bindung haben. Andere Bezugspersonen des sozialen Umfelds, Sportkameraden, Kolleginnen oder Nachbarn, werden in späteren Kapiteln behandelt.

Was aber gibt es da zu vermessen? Und wozu? Ist es notwendig, die Bindungsstärke zu einer Bezugsperson zu bestimmen, um … ja … um was zu tun? Um bestimmen zu können, wie teuer das Weihnachtsgeschenk sein darf? Ist der Versuch, an Freundschaft ein Maßband anzulegen, nicht von vornherein zum Scheitern verurteilt? Entzaubert es die Zuneigung nicht, wenn wir sie auf die Waage legen wie einen Bund Lauch? Die Antwort mag überraschen: Wir vermessen Beziehungen ohnehin, aber unbewusst. Wir tun es, um unsere Ressourcen für Wichtiges einzusetzen. Zeit, Aufmerksamkeit und Geld sind die drei Konten, von denen wir abheben. Alle drei Konten sind begrenzt und wir müssen sorgfältig mit ihnen umgehen. Wir verwenden unsere Ressourcen so, dass wir den größtmöglichen Nutzen erzielen (oder sollten dies zumindest tun). Dafür müssen wir Prioritäten setzen. Um diese Prioritäten zu kennen und in ein Präferenzprofil überführen zu können, benötigen wir ein Messinstrumentarium, dass uns bei der Entscheidung hilft, wem wir unsere Zeit, unsere Aufmerksamkeit und unser Geld widmen.

Wie nützlich das ist, erleben wir immer dann, wenn wir es falsch machen. Dann liegen wir abends im Bett und haben das Gefühl, „zu nichts gekommen zu sein" oder „wieder einmal etwas Wichtiges nicht geschafft zu haben". Dieses Gefühl des Mangels, des Versäumnisses und des persönlichen Versagens erleben wir als Stress. Erst, wenn wir uns dessen bewusst werden, wer oder was wichtig bzw. unwichtig ist, gelingt es uns, Prioritäten festzulegen. Mehr noch: Wenn wir bewusst mit unseren Ressourcen umgehen, können wir uns unseren Prioritäten widmen. Natürlich sind die Pflichten zu erfüllen (Arbeit, Kinder, Hausarbeit, Einkauf, Steuererklärung usw.), aber darüber hinaus bleiben Ressourcen übrig, die für das Wohlbefinden eingesetzt werden. So entsteht Lebenszufriedenheit, vulgo „Glück".

> Sich mit der Vermessung des Ichs, den sozialen Beziehungen und des persönlichen Umfelds zu befassen, hat also nichts mit technokratischer „Verkopftheit" zu tun, sondern ist der Schlüssel zu glücksstiftender Lebensgestaltung.

Sich damit nicht zu beschäftigen, ist das sichere Ticket zu Gehetzt- und Getriebenheit, zum Sichausliefern an die Ansprüche anderer. Dann bestimmen andere, wie die knappen Ressourcen zu verwenden sind und zurück bleibt, jetzt schließt sich die Argumentation, abends im Bett das Gefühl, „zu nichts gekommen zu sein".

Die Vermessung des Ichs – Persönlichkeitstests

Natürlich können wir hier mit der Vermessung des Körpers beginnen, also Größe, Gewicht, Brustumfang und Haarlänge erfassen, aber ich überspringe diesen Teil. Er bietet nichts Spannendes. Viel interessanter ist die Vermessung der Persönlichkeit! Hier lässt sich kein Maßband anlegen und keine Waage misst die Aura. Interessant ist dieses Thema vor allem, weil durch die Konstellation der Persönlichkeit die Art und die Qualität der sozialen Beziehungen geprägt werden. Wäre es nicht hilfreich, ein Messinstrumentarium zu besitzen, um diese individuelle Persönlichkeitskonstellation zu vermessen? Könnten mit diesen Daten soziale Beziehungen „erfolgreicher" gestaltet werden?

Die zentrale Argumentation ist diese:

> Eine Vermessung des Ichs ist immer auch eine Vermessung der Wirkung des Selbst auf die Umwelt. Diese Wirkung entfaltet sich durch Handlungen auf Basis von Entscheidungen, für die wir, um sie zu treffen, Informationen benötigen.

Was hier als „Informationen" bezeichnet wird, ist im Alltag ein Input-Potpourri. Quellen wie

- Annahmen und Vermutungen,
- Emotionen wie Hoffnungen, Ängste und Wünsche,
- Vorerfahrungen,
- Erfahrungen und Berichte anderer,
- Gelesenes, Gehörtes und Erzähltes,
- ermittelte Sachinformationen, Daten und Fakten und eben auch
- Messdaten

sind Zutaten im Eintopf, den wir **Entscheidungsgrundlage** nennen und eine solche gibt es selbstverständlich auch für unsere Entscheidungen, mit wem und wie wir sozial interagieren.

Wie verhält es sich nun mit der Vermessung des Ichs? Ist das nicht jener Bereich, vielleicht der einzige Bereich, mit dem sich jeder selbst am besten auskennt oder auskennen sollte? Wer kennt mich besser als ich?

Tatsächlich ist es aber kein großes Geheimnis und nicht einmal eine Zitation wert, zu betonen, dass wir alle so unsere Probleme mit der Selbsteinschätzung haben. Im Groben sind wir uns unseres grundsätzlichen Charakterprofils bewusst, aber in den Details, die aber für die soziale Interaktion besonders relevant sein können, zeigen sich Erkenntnislücken. Dann sind wir irritiert, weil unsere Umwelt anders auf uns und unser Verhalten reagiert, als wir es erwartet haben. Nur allzu oft suchen wir den Grund dafür beim sozialen Interaktionspartner, geben ihm sogar die Schuld („Der hat mich nicht verstanden!"), ersatzweise den Umständen, doch ist es ratsam, die Ursachenforschung bei sich selbst zu beginnen. Also tun wir es!

Um mehr Durchblick im Nebel der Betrachtung der eigenen Persönlichkeit zu bekommen und um mehr Hilfe bei der Gestaltung sozialer Interaktionen zu erhalten, hat sich ein breites Feld von Selbstvermessungstools etabliert.[1] Deren Funktionsweise ist immer ähnlich:

> Über einen Fragebogen (meist online, zumindest aber computergestützt, was eine sofortige Auswertung ermöglicht) schätzt die Probandin oder der Proband eine Vielzahl von Details über ihr oder sein vermutliches Verhalten, ihre oder seine Einschätzungen oder Wertungen.

Die Auswertung führt zu einer Bewertung der Ausprägung getesteter **Persönlichkeitsmerkmale**. Alternative Verfahren umfassen Interviews,

---

[1] Schon 1975 gab es über 500 verschiedene Tests, und es dürften viele weitere hinzugekommen sein. Vgl. hierzu Ortner et al. (2007).

die Messung von Biodaten (Erregung, Schwitzen usw.) oder Tests, die z. B. Reaktionszeiten messen.

Arten von Tests sind bspw.[2]

1. Tests zur unmittelbaren Bestimmung der Persönlichkeitsmerkmale
2. Lebensmotivationstests
3. Erfassung der emotionalen Belastbarkeit
4. Diagnostikum hyperkinetischer Syndrome
5. Tests zur Prüfung lexikalischen Wissens auf Fachgebieten
6. Risikoverhaltens- und -bereitschaftstests, oft im Kontext sicherheitskritischer Berufe
7. Gestaltwahrnehmungstests
8. Arbeitshaltungstests
9. Tests zur Erfassung von Interessen, etwa für die Berufswahl
10. Spontanflexibilitätstest

Am bekanntesten dürften Tests sein, die die fünf wesentlichen Persönlichkeitsmerkmale (die **„Big Five"**) unmittelbar testen.[3] Diese sind

- Extraversion (Optimismus, Geselligkeit)
- Gewissenhaftigkeit (Disziplin, Zuverlässigkeit)
- Neurotizismus (emotionale Verletzlichkeit, Ängstlichkeit)
- Offenheit für Erfahrungen (Aufgeschlossenheit, Wissbegierde)
- Verträglichkeit (Wille zu Kooperation, Nachgiebigkeit)

Ein mögliches Ergebnis eines solchen Tests findet sich in Abb. 5.1. Es zeigt die Ausprägung dieser fünf Persönlichkeitsmerkmale sowie ergänzend dreier Grundmotive.

---

[2] Einen Überblick über Persönlichkeitstests geben Furnham und Wright (2015). Siehe ferner die Beschreibungen in Ortner, Proyer, & Kubinger, Theorie und Praxis Objektiver Persönlichkeitstests (2006).

[3] Exemplarisch: Neyer und Asendorpf (2018, S. 108 ff.), oder John und Srivastava (1999), für Eilige: o. V., Lexikon der Psychologie – Big Five Persönlichkeitsfaktoren (o. J.). Empfehlenswert ist der Test auf der Seite www.drsatow.de. Die wissenschaftliche Fundierung findet sich u. a. in Satow (2021).

Ihr Big-Five-Persönlichkeitsprofil

Stanine-Normwert	1	2	3	4	5	6	7	8	9
	---	--	-		0		+	++	+++
Häufigkeit	4%	7%	12%	17%	20%	17%	12%	7%	4%
Neurotizismus (nervös, ängstlich, labil, launisch)	○								
Extraversion (gesellig, abenteuerlustig, kontaktfreudig)							○		
Offenheit (neugierig, tolerant, offen, spontan)							○		
Gewissenhaftigkeit (planvoll, genau, sorgfältig)								○	
Soziale Verträglichkeit (höflich, beliebt, diplomatisch)							○		
Grundmotive									
Bedürfnis nach Anerkennung						○			
Bedürfnis nach Sicherheit					○				
Bedürfnis nach Einfluss und Macht				○					
Stanine-Normwert	1	2	3	4	5	6	7	8	9
					Durchschnitt der Teilnehmer				

Abb. 5.1 Ergebnis eines Dr. Satow-Big Five-Persönlichkeitstests. (Eigene Aufnahme)

Interessant ist die Darstellung der Werte: Es werden keine absoluten Werte angegeben, sondern das Testergebnis referenziert die Ausprägung eines jeden Merkmals mit Durchschnittswerten aus einer umfassenden Datenbank.

Nach ähnlichem Muster funktioniert das Reiss-Profil. Es wird ein Set von 16 **„Lebensmotiven"** untersucht, deren Ausprägung übersichtlich dargestellt wird.[4] Abb. 5.2 zeigt ein Testergebnis.

---

[4] Die Arbeit an diesem Test begann der 2016 verstorbene klinische Psychologe Steven Reiss recht früh. Nach ersten Forschungen, siehe z. B. Reiss (1991), folgte sein Buch „Reiss, Das Reiss Profile: Die 16 Lebensmotive – welche Werte und Bedürfnisse unserem Verhalten zugrunde liegen (2009)". Ein lesenswerter Nachruf findet sich bei McNally (2017). Eine Erläuterung der Teststruktur findet sich bspw. auf der Web-Site www.reiss-profile-ausbildung.de.

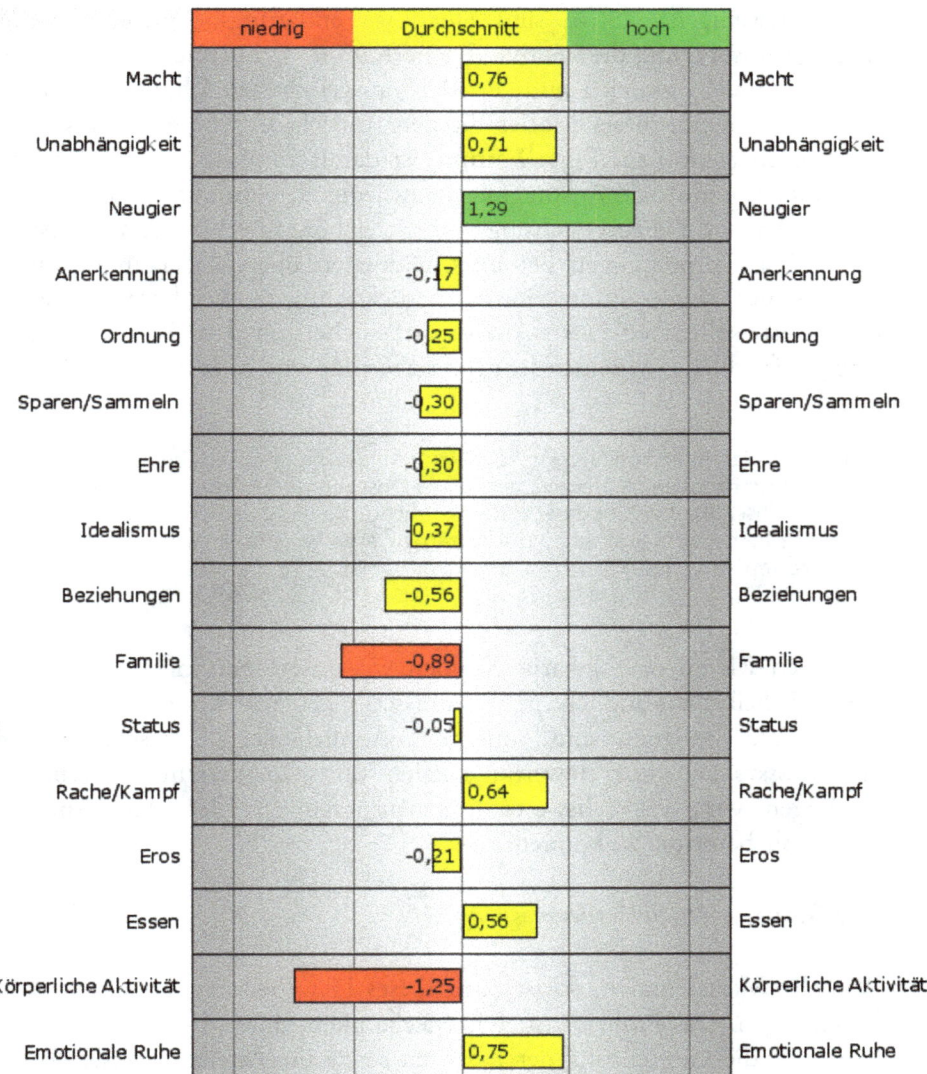

Abb. 5.2 Reiss-Profil eines Probanden. (Eigene Aufnahme)

Die jeweiligen Motive sind allerdings erklärungsbedürftig. Eine niedrige Ausprägung des Motivs „Rache/Kampf" z. B. spricht für einen auf Harmonie, Ausgleich und „Frieden" ausgerichteten Charakter, eine hohe Ausprägung dieses Motivs für den Antrieb, Gewinnen oder sich verteidigen zu wollen. Eine Wertung ist damit zunächst einmal nicht verbunden, denn jede Ausprägung eines jeden Lebensmotivs kann für die persönliche Lebensgestaltung eine Bereicherung sein. Die Crux ist aber, diese Ausprägungen bei Entscheidungen über Maßnahmen auf dem Gebiet sozialer Interaktion zu berücksichtigen! Wer harmoniebedürftig ist, sollte sich einen Arbeitsplatz suchen, in dem Kooperation und ein friedliches Miteinander gepflegt werden und so fort.

> Dies ist der Sinn von Selbsttests: Die Vermessung des Ichs dient dazu, über eine situative, subjektive und von Wünschen und Ängsten befeuerte Selbsteinschätzung hinaus ein klares, nüchternes Bild seiner persönlichkeitsprägenden Charaktereigenschaften zu erhalten, um Entscheidungen zu treffen, die „passen".

Kommen wir zu einem Fazit: Können wir unsere Persönlichkeit vermessen? Selbstverständlich ja! Es müssen sich nur Kriterien finden lassen, die geeignet sind, unsere Persönlichkeit zu beschreiben, ein Messsystem samt Bewertungsskalen und ein Verfahren. Ferner benötigen wir Vergleichswerte, um Ausprägungen der gemessenen Merkmale bewerten zu können.

Die Grenzen der Selbstvermessung

Wie alle Messszenarien, so ist auch dieses hier (Selbstvermessung) zu hinterfragen. Das Problem ist: Die Mechaniken hinter den Persönlichkeitstests, die Gewichtung der Faktoren sowie die Art und Weise, wie unsere Antworten ausgewertet werden, ist intransparent. Selten werden die Algorithmen offengelegt und wenn doch, sind Laien nicht in der Lage, sie nachzuvollziehen. Wir müssen den Tests vertrauen, denn prüfen können wir sie nicht. Doch wie lässt sich ein guter, verlässlicher Test identifizieren? Wissenschaftlich fundiert, valide und genau zu sein, reklamieren alle Anbieter für sich und insbesondere die kommerziellen argumentieren oft sehr vollmundig. Also bleibt nur, Empfehlungen einzusammeln und sich über die Tests vorab zu informieren. Die Bekanntheit alleine ist jedenfalls kein verlässlicher Indikator. So steht der im Personalbereich häufig verwendete **„Myers-Briggs-Typen-Indikator"** bspw. in der Kritik, bei der Identifikation von Persönlichkeitstypen recht unpräzise zu sein.[5]

Ein Problem ist sicherlich auch der **Zeitpunkt** des Tests. Nicht nur große emotionale Verwerfungen (frisch verliebt, Streit mit Partnerin, Diagnose einer schweren Erkrankung usw.) beeinflussen die Testergebnisse, sondern sogar übliche alltägliche Stimmungsschwankungen, das Wetter oder Vorfreude auf Unternehmungen verfälschen. Insbesondere schlechtere Tests sind dafür anfällig. Ideal wäre, den gleichen Test mit zeitlichem Abstand zu wiederholen und auf Abweichungen zu untersuchen. Aber neben den Kosten (einige Tests sind recht teuer und auch der Zeitaufwand ist beachtlich) sind einige erzieherische Effekte zu beachten, vor allem der Versuch, bei der wiederholten Beantwortung von Fragen das Testergebnis zu beeinflussen. Also bleibt nur, die vage Regel zu beachten, dass Persönlichkeitstests zur Selbstvermessung nur durchgeführt werden sollten, wenn die Stimmungslage „gefühlt normal" ist.

Ein zweites Problem ist der **Barnum-Effekt.**[6] Ja, er ist tatsächlich nach dem Zirkus benannt:

> Wir sehen, was wir sehen möchten. Menschen akzeptieren Beschreibungen ihrer selbst, auch, wenn diese nur vage sind und gleichermaßen für fast alle anderen zutreffen.

Horoskope sind ein gutes Beispiel. Die Charakterbeschreibungen der **Sternzeichen** sind derart unpräzise, dass sich jeder bei jeder

---

[5] Z. B. bei Wolf C. (2019).
[6] Meehl (1956) und Dickson und Kelly (1985).

Beschreibung wiederfindet. Das muss auch so sein, wenn Zeitschriften und Web-Sites Inhalte produzieren und damit Umsätze erzielen wollen. Aber noch nie konnte ein Zusammenhang zwischen dem Geburtstermin (und damit verknüpft ein Sternzeichen samt Aszendent) und Charaktereigenschaften nachgewiesen werden. Noch nie![7] Doch Dank des Barnum-Effekts ist es für mich, als würde ich in einen Spiegel schauen, wenn ich die Charakterbeschreibung von Stiergeborenen lese.[8]

Das dritte Problem ist der Wunsch der Probandin oder des Probanden, ein **gewünschtes Ergebnis** zu erzielen. Diverse Tests sind so banal, dass es möglich ist, durch eine zielgerichtete Beantwortung von Fragen das Ergebnis zu beeinflussen. Es ist wie bei einem Brigitte-Test á la „Bin ich ein sympathischer Mensch?": Kommt das erhoffte Ergebnis nicht heraus, werden die Fragen eben noch einmal beantwortet, aber so, dass die Antworten ein paar Punkte mehr einbringen und das Ergebnis „besser" wird. Die Selbstrechtfertigung fällt leicht. Solche Tests haben nicht mehr Aussagewert als Horoskope. Besonders gefährdet sind hier übrigens Frauen, die ein Ergebnis von banalen Persönlichkeitstests eher akzeptieren und für „wahr" halten als Männer.[9]

Fassen wir zusammen: Die Grenzen der Selbstvermessung werden durch die Qualität verfügbarer Messmethoden bestimmt.

- Messen sie, was gemessen werden soll (Validität)?
- Sind die Ergebnisse reproduzierbar (reliabel und zeitlich stabil)?
- Sind die Ergebnisse aussagekräftig (Barnum-Effekt, Ergebnisse stabil)?

---

[7] Es tut mir Leid. Aber es ist wie so oft: Allein der Glaube an etwas wirkt. Die erste umfassende Forschungsarbeit hierzu wurde bereits 1982 veröffentlicht: „There is no correlation between character traits of the subjects and the signs under which they were born." Gauquelin (1982). Jüngere Arbeiten führten stets zu den gleichen Ergebnissen.

[8] Die Bedeutung des Barnum-Effekts für Leserinnern und Leser von Horoskopen untersuchten Fichten und Sunerton (1983).

[9] Bördlein (1999).

Selbstvermessung – vom gesunden Optimierungstool zur krank machenden Verpflichtung

Auch an dieser Stelle soll noch einmal der kritische Blick auf die Vermessung des Ichs gerichtet werden.[10] Das Problem, das ich sehe, ist, dass diese zu einer Sucht oder Zwangsneurose werden kann. Damit verbundene psychologische oder psychiatrische Störungen können und sollen hier nicht diskutiert werden, denn ich kenne mich damit nicht aus, aber die Grenzen sind fließend: Wie oft ist es „normal", sich zu wiegen, auf den Schrittzähler der Smart Watch zu schauen oder die Anzahl „Likes" auf TikTok zu checken? Welches sind die „Normen", an denen wir uns orientieren? Und inwieweit ist die intellektuelle Diskussion dieser Aspekte relevant?

Im Rahmen der Recherchen zu diesem Buch bin ich sehr häufig auf Diskussionen gestoßen, deren Thema die Selbstvermessung war. In der Regel wurde der damit verbundene Hang zur Selbstoptimierung verteufelt und die modernen technischen Möglichkeiten wurden kritisiert. Psychologen und Mediziner (und natürlich der unvermeidliche, allwissende Taschenbuchphilosoph) reden sich in Rage, erklären den Trend zur Selbstvermessung zum Krankheitsbild und warnen vor … ja, wovor eigentlich? Dann wiederum wird eine Gegenbewegung ausgerufen, bspw. **„Bodypositivity"** genannt, und dafür geworben, sich so anzunehmen, wie man ist und auf jegliche Selbstvermessung zu verzichten.

Zu dieser Debatte einen Beitrag zu leisten, ist überflüssig, denn Trends wie dieser werden „auf der Straße" entschieden. Und hier scheint die Entscheidung schon lange gefallen zu sein:

> Wir vermessen uns selbst und das Ausmaß und Engagement, mit dem wir das tun, wird von individuellem Interesse, der Verfügbarkeit technischer Geräte (Kosten) und gesellschaftlichem Druck bestimmt.

---

[10] Begleitend zu empfehlen ist ein Blick in den Spiegel-Beitrag Beyer et al. (2022).

Kritisch ist allein das letzte der drei Motive: Die soziale Norm, auch als „wahrgenommene Verhaltenskontrolle"[11] bezeichnet, diktiert das Mindestmaß an Selbstvermessung und sich dem zu wiedersetzen, erhöht die sozialen Kosten. Nonkonformisten bezahlen einen hohen Preis dafür, sich für ihre unkonventionelle Art bewundern zu lassen. Würde die Versicherung den Preis für die Kranken-, Pflege- oder Lebensversicherung an Gesundheitsparameter koppeln, müssten wir spirometrische Tests machen (Raucher?), Belastungs-EKGs (Sport?) oder die Körpermaße angeben (Adipositas?), oder aber – wenn wir uns dem verweigern – einen höheren Preis akzeptieren. Die Autovermietung könnte den Preis für einen Mietwagen an unseren Punktestand in der Verkehrssünderdatei koppeln, die Bank den Zinssatz eines Konsumkredits an unsere Bonität oder eine Behörde die Erlaubnis, ins Ausland zu fliegen, an unseren Social Score. Sie haben es bemerkt: Einiges aus dieser Aufzählung ist bereits Realität. So schleichen sich immer mehr Konstrukte in unser Leben, die ökonomische Vor- und Nachteile vom Ergebnis einer Messung abhängig machen. Zuweilen ist es ein Angebot, Daten einer Selbstvermessung gegen wirtschaftliche Vorteile (Boni, Rabatte, Zusatzleistungen usw.) einzutauschen. Trauen Sie sich zu, sich diesem Mechanismus zu entziehen? Ja? Sind Sie ehrlich? Wie viele Apps haben Sie auf Ihrem Smartphone, für deren Nutzung Sie Ihre Stammdaten preisgeben mussten, um sie nutzen zu dürfen? Wie viele Newsletter haben Sie bestellt, um einen Bonus zu erhalten? Wie viele Rabattkarten haben Sie in Ihrem Portemonnaie?

Was in dieser Debatte nicht zu kurz kommen sollte, ist der Nutzen der Selbstvermessung **als Aktivität:** Sie diszipliniert und weist den Weg zu Zielen, die sonst nur unklar definiert wären. Zahlen machen Entwicklungen überschaubar: „Without data, you're just another guy with an opinion!". Wollen wir Abnehmen, müssen wir uns wiegen oder den Bauchumfang messen, um unsere Fortschritte zu sehen; das Gefühl allein trügt. Wenn wir schneller schwimmen wollen, müssen wir die

---

[11] Theorie des geplanten Verhaltens: Ajzen, The theory of planned behavior (1991), siehe Abschn. 3.6.

Zeit stoppen. Wenn wir eine bessere Abschlussnote erreichen wollen, müssen wir uns Tests stellen.

> Nur die **Vermessung** des Fortschritts gibt uns sichere Informationen über den Grad der Zielerreichung.

Idealerweise kennen wir sogar die Kausalbeziehung einer vermessenen Aktivität (Messwert) und dem erwünschten Ergebnis: Wenn wir wissen, dass 10.000 Schritte am Tag dazu führen, dass wir im Monat zwei Kilogramm abnehmen, dann ist es zweifellos sinnvoll, die Schritte zu zählen. Genauso sinnvoll wäre es, die Kalorien, die wir zu uns nehmen, zu zählen, aber das ist mühsam und ungenau (warum gibt es noch keinen automatischen Kalorienzähler?).

Zweifellos finden sich auch Beispiele, bei denen die Selbstvermessung zur Selbstoptimierung über das Ziel hinausschießt. Aber was ist falsch daran? Wenn Hobbysportler das FreeStyle Glukosemesssystem (Abbott) oder jenes von Supersapiens oder Dexcom nutzen, um jederzeit den Blutzuckerspiegel zu überwachen und sich während sportlicher Belastungsphasen entsprechend ernähren, sollen sie es tun. Vielleicht erscheint das übertrieben (Kosten, Zeit, Aufmerksamkeit), aber hat die Mehrheit das Recht, individuelle Marotten zu tadeln, obwohl sie niemand anderen belasten? Sind Talkshow-Gäste in der Position, Nutzungsformen zu geißeln, nur, weil sie selbst den Sinn darin nicht sehen? Und wo soll die Kritik ansetzen? Mein Cousin hat sich einen Grill für 9000 € gekauft (nein, kein Scherz), der über acht Zonenthermometer verfügt. Mein Radsportfreund benötigt für die Analyse seiner Radtour mit teurer Software fast so viel Zeit wie für die Tour selbst. Ein Nachbar, der sich eine Balkon-Photovoltaik-Anlage installiert hat, misst nun neben der produzierten Strommenge auch die Lichtstärke, den Winkel der Sonneneinstrahlung und die Temperatur und wertet das alles mittels Excel aus. Sind diese Menschen krank? Nein, gewiss nicht. Sie haben einfach Spaß an der Vermessung als Aktivität. Sollen Sie!

Schwierig und kritisch wird es nur in einem Fall, den ich oben bereits erwähnte: Dann, wenn die soziale Bezugsgruppe eine **Zielgröße für Messwerte** diktiert! Wenn Instagram und TikTok bestimmen, wie wir auszusehen haben, wieviel Sport wir treiben müssen und wie dick die Schminke aufzutragen ist, übt dies einen Druck aus, dem sich manche nicht wiedersetzen können, die die Ansprüche aber nicht erfüllen (können) und dann leiden. Dabei ist es gar nicht so einfach, zwischen fehlgeleitetem Zeitgeist und bewährter Erfahrung zu unterscheiden. Wenn bspw. Dicke als faul, träge und weniger produktiv angesehen werden, könnte es auch sein, dass dies stimmt! Wenn attraktive Menschen als beruflich und privat erfolgreicher gelten, könnte sein, dass auch das stimmt! Das Dicksein mit mangelnder Selbstdisziplin gleichgesetzt und erwartet wird, dass sich diese auch im Arbeitsleben zeigt, hat sich als Einschätzung möglicherweise ebenso bewährt, wie dass ein gestähltes Äußeres Leistung und Disziplin bedeutet. Solche Bewertungen (Grundüberzeugungen) haben Tradition. Natürlich können sie sich entwickeln: Das heutige Körperideal (schlank, muskulös, gepflegtes Äußeres, gute Kleidung) ist ungefähr das gleiche wie zu Zeiten der griechischen Antike. Doch auf dem langen Weg zur Jetztzeit gab es Mangelgesellschaften, in denen Körperfülle als Ideal galt.

> Gesellschaften prägen Zielgrößen aus – hier die Körperstatur – und Individuen versuchen, diesen zu entsprechen, weil es ihnen Vorteile bringt. Die Selbstvermessung ist dabei ein Hilfsmittel, um sich selbst entsprechend der gesellschaftlichen Norm zu optimieren.

Ob, wie zuweilen behauptet wird, die Selbstoptimierung so wichtig sei wie nie zuvor[12], kann ich nicht beurteilen. Aber grundsätzlich sehe ich – bis auf die beschriebene Ausnahme sozialen Drucks – wenig Schlechtes darin. Dass einzelne, möglichst leicht verfügbare Maße zu Indikatoren werden (dick = faul), mag vor dem Hintergrund unserer pluralistischen Gesellschaft plump und chauvinistisch klingen, ist öko-

---

[12] Röcke (2021).

nomisch betrachtet aber ein kostengünstiges Messsystem zur Selektion. Aber auch das hat einen Preis: Ausreißer werden nicht erkannt. Das Messsystem ist grob. Fleißige Dicke werden benachteiligt und faule Dünne bevorteilt. Es ist wie bei einer Normalverteilung: Wir erfassen „die meisten", für die Ausnahmen sind wir blind. Besser werden wir erst, wenn wir genauer hinschauen, also unsere Messungen verfeinern. Dann nehmen wir Kriterien hinzu oder messen genauer. Beides verursacht weitere Kosten und damit steigt der Preis der Bewertung bzw. Selektion. Reicht das höhere Maß an Unschärfe einer plumpen Vermessung aber aus, wären diese Kosten Verschwendung.

Kommen wir noch einmal auf den **fehlgeleiteten Zeitgeist** zurück. Dieser ist nicht leicht zu erkennen. Darum wird er ja so häufig „behauptet". Als in den 60er Jahren das Model Twiggy die ideale Figur vorgab, führte das viele Frauen in die Depression und verursachte Essstörungen.[13] Und auch andere selbstzerstörerische Süchte benötigen Vorbilder, etwa das Doping im Amateursport.[14] Leistungssteigernde Medikamente werden geschluckt, um statt eines 245. einen 178. Platz zu belegen. Oder die Vorbildfunktion der Heerscharen von „Influencern" der Sozialen Medien: Bikinifiguren, niedliche Gesichter und perfektes Outfit üben Druck auf die meist weiblichen Betrachter aus, denn sie möchten so sein wie ihre Vorbilder.[15]

> Vielleicht müssen wir solche Übertreibungen akzeptieren und versuchen, die Auswirkungen abzumildern, aber gänzlich unterbinden sollten wir diese Trends nicht. Es sind dynamische Anpassungen der Gesellschaft, Neuinterpretationen des Sozialen in einer Umgebung sich entwickelnder technischer Möglichkeiten, neue Marktplätze des Austauschs, die nach einer Kalibrierung der eigenen Angebote und Wünsche verlangen.

---

[13] Franko et al. (2006).
[14] Lentillon-Kaestner (2011). Siehe auch Starke und Flemming (2017).
[15] McKenna (2022), Montag et al. (2021), Mutiara et al. (2018) und Muhammad (2018).

Doch das Menschen „ihre Identität und ihr individuelles Wohlbefinden so stark an ihr Aussehen wie noch nie zuvor" binden[16], bliebe nachzuweisen. Die Geschichte ist voller Beispiele für die selbstzerstörende Optimierung des Aussehens (arsenhaltige Kleiderfarben, Bleiweiß-Make-up, Schnürkorsett, Vatermörderkragen usw.). Vielleicht ist es leichter geworden, Trends dieser Art zu etablieren, nicht zuletzt durch die fast vollständige Verbreitung von Smartphones und mit ihnen der Sozialen Medien. Die Teilhabe am Wettbewerb der Eitelkeiten ist billiger geworden, was zugleich die Kosten der bewussten Nichtteilhabe erhöht. Er ist auch internationaler geworden, gesellschaftsschichten- bzw. altersübergreifend und trügerischer, denn nicht alles, was uns auf Instagram, Facebook, YouTube oder TikTok geboten wird, entspricht der Realität (Bildbearbeitung mit Photoshop usw.). Und der Anfang von allem ist die Selbstvermessung.

Die Selbstvermessung als Längsschnittanalyse

Bisher ging es fast ausschließlich um statische Messungen, die einen Zustand beschreiben. Solche Momentaufnahmen finden im Alltag ständig statt, etwa, wenn wir den Bestand an Lebensmitteln im Kühlschrank aufnehmen, einen Viertelliter Milch abmessen oder unseren Kontostand überprüfen.

Eine andere grundsätzliche Form der Messdatenerfassung ist der **Längsschnitt.** Dabei werden die immer gleichen Messungen im Laufe der Zeit wiederholt, um einen Trend erkennen zu können. Solche Längsschnittanalysen üben im Kontext der Selbstvermessung auf Menschen einen besonderen Reiz aus. Sie ermöglichen, subjektive Erfahrungen zu sammeln, erlebten Entwicklungen eine Dimension zu geben und, wie Nafus betont, der „Entfremdung im Alltag"[17] zu

---

[16] Beyer et al. (2022).
[17] Nafus (2016).

5 Unser Alltag und wie wir ihn vermessen

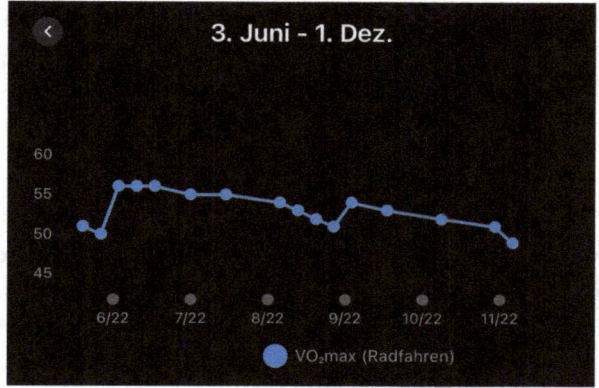

Abb. 5.3 VO$_2$max-Entwicklung eines Radsportlers. (Eigene Aufnahme)

trotzen. Daten helfen beim Erleben und Wahrnehmen, machen Entwicklungen „dingfest" und objektiv, denn diese sind nicht immer leicht festzustellen; vor allem, wenn sie nur langsam voran gehen.

Abb. 5.3 zeigt als Beispiel die Sechsmonatsentwicklung eines im Sport für die Trainingskontrolle genutzten Leistungswertes, der Sauerstoffaufnahmekapazität des Blutes (je mehr, desto besser). Es zeigen sich Schwankungen, die situativ nicht erlebt werden, weil andere Faktoren das Gefühl für die Fitness überlagern. Aber auch der Trend, hier nicht gerade ein erfreulicher, bleibt subjektiv rätselhaft, denn schleichende Veränderungen werden nicht registriert. Erst Messwerte machen deutlich, wie die Entwicklung verlief und – prognostisch – verlaufen wird, wenn sich nichts ändert.

Die zwingenden Voraussetzungen für eine Längsschnittanalyse sind erstens eine gleichbleibende Messmethode und zweitens, dass die Daten notiert werden. Beides verlangt Disziplin und die Kritik findet sich bestätigt, dass Selbstvermessung immer auch eine Selbstunterwerfung ist. Doch auch hier ist eine ökonomische Betrachtung angebracht: Welches ist der Nutzen, wie hoch sind die Kosten?

> Die Selbstvermessung per Längsschnittanalyse hilft, eine erhoffte Zielerreichung zu prognostizieren. Sie ist erforderlich, um Trends zu bewerten und ggf. die begrenzten Ressourcen Zeit, Geld und Aufmerksamkeit neu zuzuteilen.

Der Sportler, dessen Leistungsdaten Abb. 5.3 zeigt, sollte also mehr Zeit für das Training aufwenden, wenn er seine Form erhalten oder gar steigern möchte.

5.2 „Ich bin, also bin ich!" – Selbstquantifizierung als Selbstzweck?

René Descartes würde sich über diese Verunstaltung des berühmtesten Zitats aus seiner Feder („Cogito, ergo sum" – Ich denke, also bin ich) sicherlich beschweren. Aber hier geht es nicht um die existenzbestätigende Kraft der Gedanken, sondern viel profaner um die Vermessung des Ichs und damit um eine Fortsetzung des vorherigen Kapitels. Ich möchte mich auch nicht in den lebhaften moralphilosophischen Disput über die Motive der Selbstvermessung einmischen.[18] Die Argumentation erscheint mir müßig, denn die **Selbstquantifizierung** als Potpourri von Methoden zur **Selbstoptimierung** im Rahmen der sozialen Einbindung ist per se nicht gut und nicht schlecht – sie ist! Da sie wie alles auf dieser Erde einen Nutzen hat und etwas kostet, wird ihr Nettonutzen „gewogen" werden und was sinnvoll erscheint und sich bewährt, wird sich durchsetzen, der Rest in der Gosse der Irrtümer landen.

---

[18] Als lesenswerten Beitrag, in dem die Motive als „Potenziale" und „Risiken" dargestellt werden, empfehle ich Heyen (2016).

Selbstoptimierung, Referenzierung und Ziele

Der Hauptnutzen der Selbstquantifizierung ist die **Selbstoptimierung:** Erst die Vermessung von z. B. körperlichen Daten (Herz, Gewicht, Körperfett, Wattwerte, Schlafdauer, Trinkvolumen, Anzahl Schritte pro Tag usw.) macht eine zielgerichtete Optimierung möglich. Natürlich reicht es nicht, die Daten lediglich zu ermitteln und aufzuzeichnen. Erst die Trendbeobachtung und der Vergleich mit Ziel- bzw. Referenzwerten erlaubt die Beurteilung. Wenn die schicke neue und teure Personenwaage im Bad einen Körperfettanteil von 20 % angibt, sagt das erst einmal gar nichts aus. Erst die Kombination dieses Messwertes mit anderen Daten (Mann, 45 Jahre) und der Vergleich mit einer Referenzgruppe erlaubt eine Einschätzung des Wertes (alles OK, der Wert liegt nahe dem Durchschnitt).

Der Nutzen ist damit aber nicht erschöpft. Der Messwert, hier der Körperfettanteil, kann auf eine persönliche **Zielsetzung** referenzieren. Wenn ein 45-jähriger Mann als „sportlich-schlank" durchgehen möchte, ist es möglich, den durchschnittlichen Körperfettanteil der „Referenzgruppe sportlich-schlanke Männer" zu ermitteln und ihn als Zielwert zu nutzen (15 %). Also ist der eigene Körperfettanteil von 20 % auf 15 % zu reduzieren. Das ist das Ziel. Einfach kann nun kontrolliert werden, ob die eingeleiteten Maßnahmen nützlich sind oder nicht. Trends werden erkennbar, Zwischenziele motivieren und Korrekturen des eingeschlagenen Weges werden zeitnah möglich (andere Maßnahmen).

> Eine typische Gefahr ist nun, dass der im Fokus stehende Wert der Selbstquantifizierung mehr Macht über unser Handeln ausübt, als uns guttut. Dann wird die Selbstoptimierung per Fokussierung auf einen einzigen Messwert zum Zwang.

Nicht mehr das Ziel, „sportlich-schlank" auszusehen, steht im Vordergrund, sondern der Körperfettanteil, also der Messwert. Die morgendliche Anzeige dieser einen Zahl auf der Waage entwickelt ein Eigenleben, bestimmt die Laune und irgendwann das Selbstwertgefühl.

Läuft der Trend in die richtige Richtung, bestätigt sich die Auswahl der richtigen Maßnahmen, das Gefühl, Herr über die Entwicklung zu sein und damit steigt auch das Selbstwertgefühl. Läuft der Trend aber in die falsche Richtung und der Körperfettanteil stagniert oder steigt, macht sich Enttäuschung breit. Diese könnte eine gute Motivation sein, über die gewählten Maßnahmen neu nachzudenken, produziert aber allzu oft ein Gefühl der Machtlosigkeit. Enttäuschung bleibt zurück. Dieser eine Messwert, der selbst wenig aussagt, denn er wurde mehr oder weniger willkürlich zum Zielwert erkoren, hat die Macht, das Selbstwertgefühl zu beeinflussen.

Das ist natürlich etwas übertrieben dargestellt. Die meisten Menschen können damit umgehen, wiedersetzen sich der „Datakratie"[19] und lassen nicht zu, dass sie zu Sklaven einzelner Messwerte werden. Doch war es wichtig, die Gefahren des Mechanismus aufzuzeigen, für die Selbstoptimierung, an der das Selbstwertgefühl gekoppelt ist, unbekümmert auf die Selbstquantifizierung zu vertrauen, denn diese basiert auf der Vermessung und Bewertung einzelner Werte.

> Repräsentieren diese Werte im Denken und Handeln den Grad der Selbstoptimierung, dann hat sich das Empfinden für die Lebensqualität auf diesen winzigen Ausschnitt reduziert.

Dass das manische Züge annehmen kann, erleben wir zuweilen in engen sozialen Gruppen. Dann wetteifern pubertierende Mädchen auf Instagram um die schlankeste Taille (Essstörungen), junge Männer um den größten Bizepsumfang (Muskelaufbaupräparate) oder Jungbörsianer um den nächsten Big Deal (Betrug). Die grundsätzlichen Zielsetzungen sind verständlich (attraktiv aussehen, beruflich erfolgreich sein), aber die Repräsentation durch einzelne Messwerte verführt zu selbstschädlichen Übertreibungen. Der Campbell-Effekt (vgl. Kap. 4) wirkt natürlich auch hier.

---

[19] Heyen (2016).

Um keine Missverständnisse aufkommen zu lassen: Grundsätzlich ist es anzustreben, sich auf **wenige** Messwerte zu konzentrieren, deren Beobachtung hilft, Ziele zu erreichen. Je weniger Werte gemessen werden müssen, desto besser, denn es spart Kosten (Zeitaufwand usw.). Dies gilt uneingeschränkt auch für die Selbstvermessung. Allerdings ist bei der Reduzierung der Messwerteanzahl zu beurteilen, ob

- die übrigbleibenden Werte (im Extremfall nur noch ein einziger) das zu vermessende Phänomen hinreichend repräsentieren oder ob
- es Fehlanreize gibt, die dazu führen, dass zwar die beobachteten Werte optimiert werden, aber das anvisierte Ziel dennoch nicht oder nur zu hohen Kosten erreicht wird (dieses Problem haben wir in Kap. 4 ausführlich diskutiert).

Das Gegenteil einer zu argen Simplifizierung der Selbstvermessung wäre nun eine übertriebene Verkomplizierung von Messszenarien. Dann werden immer mehr Parameter mit immer mehr Geräten beobachtet und mit immer mehr Tools dokumentiert, interpretiert, gepostet und diskutiert. Der Grund dafür ist oft nicht die Eigenmotivation des Messenden, sondern der Erfindungsreichtum von Anbietern, die ein wirtschaftliches Interesse an der möglichst aufwendigen Vermessung von immer mehr Daten haben. So wird ambitionierten Sportlern verkauft, dass es schon lange nicht mehr ausreiche, das **sportliche Ergebnis selbst** zu vermessen, um den Trainingsfortschritt zu bewerten. Erst die Vermessung von detaillierten Körperwerten, der Ernährung und der Erholungszeiten mache Trainings effektiv.

Möglicherweise stimmt das auch! Möglicherweise stehen wir erst am Anfang einer Entwicklung, denn tatsächlich lässt sich noch nicht allzu viel vermessen. Dazu fehlen die Sensoren. Kaloriengehalt der aufgenommenen Nahrung, Flüssigkeitshaushalt, Stoffwechselwerte, Muskelkapazität, Regenerationsraten oder der Grad körperlicher Erschöpfung sind essenzielle Werte, die noch nicht gemessen werden können, aber wichtig wären! Hier gibt es noch viel zu tun, sind noch viele Umsätze zu erzielen und ansonsten gibt es ja noch die Gosse der Irrtümer. Der Markt wird es richten und höchstwahrscheinlich gilt auch hier das **„Gesetz des abnehmenden Grenznutzens"**, nach dem jede weitere Einheit einer Sache einen etwas geringeren Nutzen bringt als die zuvor erworbene oder genutzte Einheit (Abschn. 2.4.2). So auch bei den Messwerten: Einige zentrale Werte sind sehr nützlich, um mit begrenztem Zeitaufwand das gewünschte Trainingsergebnis zu erreichen. Jeder weitere Wert bringt einen Zusatznutzen, der aber immer kleiner wird, je mehr Werte bei der Trainingsplanung bereits berücksichtigt wurden. Jeder weitere Wert verursacht aber Kosten in Form von Zeitaufwand für die Messung, Zeitaufwand für die Auswertung und natürlich Kosten für das Messgerät selbst.

Ein Beispiel: Im Rennradsport war früher der Herzschlag das wichtigste Körpersignal, das mittels eines Pulsbands gemessen und auf einem Radcomputer angezeigt wurde. Dann kam ein Leistungsmesser dazu, um die getretenen Wattwerte zu vermessen. Auch diese Werte werden auf dem Radcomputer angezeigt. Damit ist das Angebot an Messverfahren und -geräten für Hobbysportler aber noch lange nicht erschöpft und die zwei aktuellen Trends sind die permanente Vermessung von Blutwerten (insb. Zucker durch dauerhaft angebrachte Messgeräte, die ursprünglich für Diabetiker entwickelt wurden) und die Vermessung der Erholungszeit und des Schlafs. Irgendwann wird es ein Implantat geben, das alle erdenklichen Daten über unseren Metabolismus, die Atmung, die Nahrungs- und Flüssigkeitsaufnahme (inkl. Kalorienzähler!) oder die Gehirnaktivität misst und die Daten an Trainings-Apps und am besten auch gleich an Trainer, Sportkameraden, Versicherungen, Banken, Partnerbörsen und den Arbeitgeber sendet.

Fassen wir zusammen: Um persönliche Ziele zu erreichen, kann die Erfassung von Daten über den eigenen Körper oder das eigene Verhalten nützlich sein. Das Ergebnis ist eine Selbstquantifizierung. Am Anfang stehen Ziele. Deren Erreichung kann mittels gemessener Werte beobachtet werden. Wenige Werte zu messen ist einfacher, jedoch grober. Viele Werte zu ermitteln, liefert präzisere Erkenntnisse, verursacht aber höhere Kosten und irgendwann ist die Nutzen-Kosten-Bilanz negativ. Treiber sind die Anbieter von Messgeräten, aber auch der eigene Anspruch an die Detailliertheit, mit der das Ich vermessen werden soll. Das Ergebnis ist die ständige Vermessung des eigenen Seins – das Self-Tracking.

Self-Tracking – ein kleiner Einblick in die Debatte

Self-Tracking wird ein immer beliebteres Forschungsfeld, so, als sei es etwas neues, sich zu vermessen, zu vergleichen und seine Aktivitäten an den Ergebnissen auszurichten. Die Anzahl Studien und Publikationen ist in den letzten zehn Jahren exponentiell gestiegen.[20]

> Die Idee des Self-Trackings ist, sich, seine Handlungen und die daraus resultierenden Ergebnisse im Zeitverlauf zu beobachten, um den Ressourceneinsatz mit Blick auf die persönlichen Ziele zu optimieren.[21]

So, wie es ein Sportler (siehe oben) tut. Grundsätzlich reichen ein Stift und ein Blatt Papier, aber Wearables, Apps, Sensoren und Computer machen das ganze komfortabel und sorgen für eine Verlinkung mit der sozialen Außenwelt. Der Nutzen ist klar: Neben der schieren Dokumentation im Sinne eines Tagesbuchs, dem **„Life-Logging"**, ist das Experimentieren mit Aktivitäten bzw. Maßnahmen möglich: Was führt zu den gewünschten Resultaten, wann sind die Ressourcen verschwendet (**„Self-Experimentation"**)? Die Motivation, „Ich kann meine Gesundheit, meinen Sport bzw. meine Freizeit managen", wird erwartungsgemäß am häufigsten genannt.[22] Die zugrunde liegende Hypothese ist, dass sich ein Ziel besser/effizienter/zuverlässiger erreichen lässt, wenn der dafür erforderliche Mitteleinsatz fortwährend überwacht („getrackt") wird. Ist Gesundheit das Ziel, wird, um ein populäres Beispiel für Self-Tracking zu beschreiben, ein Subziel von 10.000 Schritten pro Tag festgelegt. Geeignete Technik (Wearables wie Sport- oder Smart

---

[20] Einen guten Überblick gibt bspw. Plohr (2021), und Wiedemann (2019). Als Einstieg sind die umfangreicheren Publikationen von Gurrin et al. (2014) und Neff und Nafus (2016), empfehlenswert.

[21] Eine ähnliche Definition schlägt Wiedemann (2019, S. 3), vor: Self-Tracking sei „das technisch vermittelte und systematische Aufzeichnen von physiologisch-biologischen Körperfunktionen und lebensweltlichen Vorgängen" sowie „die Übersetzung in numerische Zeichen, die auf einem digitalen Bildschirm präsent gemacht werden."

[22] Neff und Nafus (2016, S. 24).

Watches, Apps auf dem Smartphone usw.) erlaubt, die Schritte zu zählen.

> Ziel – Maßnahme – Tracking – Auswertung – Modifikation der Maßnahme. Ein einfacher Regelkreis, der dank eines Messsystems die Zielerreichung vereinfacht.

So viel zum Nutzen des Self-Trackings. Aber wie immer hängt auch hier ein Preisschild dran. Neben den monetären Kosten für die genutzten technischen Geräte, Apps, Kurse, Vereine oder die als „Erlebnisangebote" vermarkteten Fremdkontrollen, sind es „empfundene" Kosten wie der Zwang zur Messung und Protokollierung oder das miese Gefühl, wenn es vergessen wurde. Ist Self-Tracking einmal Teil des Alltags geworden, muss eine Pause davon mit schlechtem Gewissen erkauft werden. Schon die Smart Watch zu Hause zu vergessen, kann emotional kritisch sein. Neff und Nafus argumentieren sogar, dass so mancher Self-Tracking als eine „Gefühlsprothese" missbraucht: Daten, deren Messung und Protokollierung determinierten Freude oder Enttäuschung, würden aber eigene kognitive Erfahrungen verhindern oder zumindest erschweren. Ein Gefühl für ausreichende sportliche Betätigung ist nicht mehr erforderlich. Der Schrittzähler ersetzt es.[23] Self-Tracking als Ersatz für bewusstes Wahrnehmen?

Ein Wirkungsverstärker sei, so die Autoren weiter, die **Referenzierung der Werte** an Vergleichswerten der Community. Egal, ob es sich um Sportfreunde, Weight Watchers-Mitglieder, Kolleginnen oder die Familie handelt, der Datenvergleich forciere

- den Zwang zur Messung und Protokollierung (Intensität und Vollständigkeit des Self-Trackings),
- den Druck auf die Preisgabe der Messergebnisse und natürlich

---

[23] Ebenda, S. 25–26.

- den Druck, jene Maßnahmen zu ergreifen, die geeignet sind, um Daten in die gewünschte Richtung zu bringen.

Je „enger" die soziale Herde ist und je mehr man sich von der Bewertung der Daten durch die Herde emotional beeinflusst fühlt, desto stärker wird dieser Zwang empfunden, etwas, das Ökonomen als Kosten begreifen. Durch den sozialen Druck erfolgt eine Unterordnung unter das **Diktat der Daten**, der Messverfahren und der Zielwerte – Leistungsdruck, ausgelöst durch die Normierung der Körperlichkeit.[24]

Soweit die Warnungen. Eine Gegenbewegung zur Technisierung der Selbstwahrnehmung drängt sich auf: „Lasst uns wieder mehr auf unseren Körper hören" oder „Wir müssen mehr in uns hineinspüren". Das Problem ist dabei, dass es im scheinbaren Wettbewerb zwischen „Gespür für Körper und Seele" und „Self-Tracking mittels Technikeinsatz" um unterschiedliche Zielsetzungen geht. Ersteres adressiert die Erfordernis, durch eine funktionierende Selbstwahrnehmung ein emotionales Gleichgewicht, mithin Widerstandsfähigkeit und Resilienz zu unterstützen. Dieses nicht-messbare, imaginäre und als Floskel ebenso oft missbrauchte wie stets anbringbare „Gespür für Körper und Seele" ist eine grundsätzliche, nicht ersetzbare Fähigkeit, die Wirkung äußerer Einflüsse auf das Selbst einzuschätzen, um sie zuzulassen oder abzuwehren. Es ist der Gatekeeper der Psyche.

Die Zielsetzung des Self-Trackings ist eine andere und sie ist wesentlich operationaler und pragmatischer: Es ist ein Verfahren, Maßnahmen, die für eine konkrete Zielerreichung ergriffen werden, zu überprüfen. Der Nutzen ist die Kontrolle, die Kosten sind vielfältiger Art, von Ausgaben für Technik bis zum beschriebenen sozialen Druck. Wir akzeptieren die Kosten, weil wir wissen, dass die Maßnahmen, die wir für unsere Ziele ergreifen, Ressourcen kosten und eine Selbstdisziplinierung notwendig ist, um effizient zu bleiben (und keine Ressourcen zu verschwenden). Die Gefahr, dass wir uns dem Self-

---

[24] Ein sehr interessantes Interview hierzu mit dem oben bereits zitierten Autor N. Plohr findet sich in Plohr & Brinkmann, Selftracking – „Wer bin ich denn eigentlich?" (2021).

Tracking als Selbstzweck unterwerfen, ist gegeben, so, wie wir uns in allen Suchtformen selbst versklaven.

> Vermutlich sind die Grenzen zwischen dem „Spaß an der Selbstquantifizierung" und der behandlungswürdigen „Sucht zur Selbst-Verdatung" fließend und wie bei jeder neuen Technologie wird sich ein gesundes Maß erst herauskristallisieren müssen.

Self-Tracking als Werkzeug für den Seelenfrieden

Möglicherweise ist Self-Tracking das ideale Hilfsmittel, um wieder mehr Gespür für Körper und Seele zu entwickeln. Die Grundannahme ist, dass wir uns durch unsere Alltagsgestaltung immer mehr von unserem „seelischen Gleichgewicht" entfernen. Gemeint ist damit das Gefühl, mit sich und seinem Tun im Reinen zu sein, vielleicht auch, seine „Mitte" gefunden zu haben. Doch vieles von dem, was wir jeden Tag tun oder nicht tun, entfernt uns davon. Wir tun Dinge, die wir besser lassen sollten, geben uns spontanen Begierden hin und nehmen uns zu wenig Zeit für die Dinge, die in unserem „Präferenzprofil der Lebenszufriedenheit" eigentlich ganz oben stehen. Gleichzeitig erlauben wir anderen, unsere Ziele und Handlungen mitzubestimmen und nennen dies dann „Pflichten", „Kompromisse" oder „Notwendigkeiten".

In der Regel ist dieses sich Entfernen von sich selbst kein Ereignis, sondern ein schleichender Prozess. Wir nehmen es nicht wahr, so, wie wir nicht merken, dass wir zunehmen. Erst Kontrollereignisse (Messungen) weisen uns darauf hin. Und jetzt kommt Self-Tracking ins Spiel und ich greife in der Argumentation auf das zurück, was in Abschn. 5.5 im Kontext der Vermessung der Lebenszufriedenheit erläutert wird. Um die eigene Mitte zu finden, ist erforderlich, zu erkennen, was dorthin führt. Es sind die glücksstiftenden Faktoren, die direkt oder über Hilfskonstruktionen (siehe oben) gemessen werden können. Nein: Gemessen werden müssen! „You can't manage, what you can't measure!" Ist uns Bildung wichtig, ist zu messen, was Bildung verschafft. Ist uns Familie wichtig, ist zu messen, was die Familien-

Abb. 5.4 Überwachung des Blutzuckerspiegels per Smartphone. (Eigene Aufnahme)

bande fördert. Und ist Einkommen wichtig, ist zu messen, wie sich Einkommen vermehren lässt. Sich hier auf seine Gefühle zu verlassen, hieße, sich anfällig für Verzerrungen und Manipulationen zu machen. Erst die Messung objektiviert.

Dabei dürfen wir der Technikindustrie durchaus auch dankbar sein. Sie hat es geschafft, Self-Tracking spielerisch aussehen zu lassen: Während Diabetiker früher Blut auf Teststreifen tropften, helfen heute dauerhaft angebrachte Sensoren im Oberarm samt zugehöriger Apps. Aus einem kleinen, aber nervigen medizinischen Eingriff ist „Diabetesmanagement" geworden. Das hört sich nicht mehr nach Ausgeliefertsein an (Krankheit und Mangel), sondern nach Beherrschbarkeit. Ein Beispiel für die permanente Blutzuckermessung per Oberarmsensor, deren Ergebnis die App auf einem Smartphone anzeigt, zeigt Abb. 5.4.

Die Technik hat das Potenzial, zu mehr vom Guten zu motivieren, den „inneren Schweinehund" zu überwinden, aufzuzeigen, was notwendig ist, um Ziele zu erreichen, und sie hat das Potenzial, zu belohnen. Die Belohnung ist dann das Gefühl, Zwischenziele erreicht oder sich diszipliniert zu haben. Belohnen tut aber die Technik auch selbst, wenn sie virtuelle Preise vergibt. Dann erscheinen bspw. kunstvoll gestaltete Icons auf dem Smartphone, die für persönliche Bestzeit oder was auch immer belohnen. Ja, das kann albern aussehen, aber es zeigt den Weg: Unterstützung bei der Zielerreichung nicht nur mittels trockener Messtechnik und allenfalls „interessanten" grafischen Trenddarstellungen, sondern auch durch spielerische Elemente. Die Verlinkung mit Gleichgesinnten als Instrument der sozialen Kontrolle kommt da noch hinzu. Auch hier ist die Grenze zwischen unverbindlicher sozialer Interaktion und Druck fließend, doch kann auch dieser Druck positiv sein: Er motiviert zur Einhaltung von Notwendigem, er erzieht positiv durch das Gefühl, dass in der Gruppe die eigene Reputation steigt, und er erzieht negativ durch das Gefühl, für Messlücken oder schlechte Werte bestraft zu werden. Reputation ist eine harte Währung.

5.3 Die Vermessung der Partnerschaft

Wäre es nützlich, die Qualität der Partnerschaft **messen** zu können? Eine Beziehung zu vermessen ist nichts, was uns als Aufgabe in den Sinn kommt oder wovon wir gehört hätten. Wir tun es aber trotzdem. Immer![25] Es ist Usus, die Qualität der Beziehung subjektiv einzuschätzen und hierbei eher die negativen Aspekte zu betrachten, die Häufigkeit von Meinungsverschiedenheiten etwa. Doch immer, wenn die Beziehung infrage gestellt wird, stellt sich auch die Frage nach einer Methode, die Veränderung ihrer Qualität zu vermessen, vor allem, um keine weitreichende unumkehrbare Entscheidung (z. B. eine Trennung) „aus dem Bauch heraus" zu treffen.

---

[25] Einen Überblick zum Forschungsstand geben Finkel et al. (2017).

Zumindest die Dauer einer Beziehung ist einfach zu bestimmen. Wie viele Monate oder Jahre zwei Menschen zusammen sind, können diese in der Regel recht schnell und hinreichend genau beantworten. Diese Daten sind wichtig, denn gemeinhin gilt die Beziehungsdauer als Maßstab für den „Erfolg" einer Partnerschaft: Eine 40-jährige Ehe gilt als erfolgreich, auch wenn sich die Eheleute schon seit Jahren nichts mehr zu sagen haben, jedoch ein Paar, das sich nach sieben erfüllten Jahren (zzgl. einiger schmerzhafter Trennungswochen) trennt, gilt als gescheitert. Vermutlich ist die Beziehungsdauer deswegen ein Surrogat für die Vermessung der Beziehungsqualität, weil es kein besseres Messsystem gibt, mit dem die Qualität gemessen werden könnte.

Welche Messdaten könnten – außer der Dauer – noch verwendet werden? Zwei werden gelegentlich diskutiert. Doch schon der erste Ansatz, der Hormonspiegel scheidet aus. Er ist zwar in der anfänglichen Verliebtheitsphase medizinisch interessant, weil alles „drunter und drüber" geht, aber langfristig zu sehr von Situationen beeinflusst. Adrenalin, Serotonin oder Oxytozin sind keine zuverlässigen Indikatoren für Beziehungsqualität und ihre Vermessung ist ohnehin zu aufwendig.

Der zweite, ebenso undurchführbare Ansatz, ist die Messung der Beziehungsenthalpie. Dieser aus der Thermodynamik entlehnte Begriff soll den Flow zwischen Partnern messen – die Liebe, die sich in emotionaler Wärme ausdrückt. Natürlich hinkt die Übertragung dieser physikalischen Messgröße in die Soziologie, aber die Idee ist nett; und undurchführbar. Sie gehört ins Reich der Esoterik.

Es bleibt die nüchterne Erkenntnis, dass die Beziehungsqualität selbst nicht messbar ist. Folglich wäre eine naheliegende zweitbeste Lösung, sie entweder dort zu messen, wo sie stattfindet, also **bei den Partnern,** oder **bei den Zuschauern,** die als Außenstehende in der Lage sein könnten, die Beziehung zu beurteilen.

In beiden Fällen werden Kriterien benötigt, die zu bewerten sind. Die grundsätzlichen könnten jene sein, die Mark Granovetter in seinem berühmten Aufsatz „Die Stärke schwacher Bindungen", als maßgeblich für das Entstehen von Bindung diskutiert:[26]

- Zeit, die man miteinander verbringt
- Grad der emotionalen Intimität
- Grad des gegenseitigen Vertrauens
- Reziproke Hilfestellungen (gegenseitige Unterstützung)

Sind diese leichter zu messen? Wohl kaum. Schon bei der „Zeit, die man miteinander verbringt", wäre die Umsetzung so kompliziert, dass die Messung praktisch unmöglich wäre. Und den Grad von Intimität oder Vertrauen zu vermessen, wäre allenfalls im Rahmen sozialwissenschaftlicher Befragungen und Beobachtungen möglich. Doch es gibt einen Weg, dies doch umzusetzen: Dabei sind lediglich vier Fragen zu stellen, die von beiden Partnern regelmäßig, etwa jeden Sonntagabend, mittels einer simplen Skala zu beantworten wären, so, wie es Abb. 5.5 zeigt.

Nun wird der Durchschnitt berechnet und deren Entwicklung im Zeitverlauf beobachtet. Vermutlich ist dieser Ansatz, so pragmatisch er auch ist, „ungewohnt". Einen Versuch ist er aber wert!

Andere Kriterien und damit andere Frageformen eignen sich hier ebenfalls. So könnten wir die Triangularitätstheorie der Liebe von Sternberg nutzen.[27] Nach ihr korreliert die Intensität von Liebe mit folgenden drei Faktoren:

- Intimität (das „warme Gefühl der Verbundenheit")
- Leidenschaft (romantische und sexuelle Anziehungskraft)
- Verpflichtung (orig.: „commitment", die Entscheidung, die Beziehung zu pflegen)

---

[26] Granovetter (1973).
[27] Sternberg (1986).

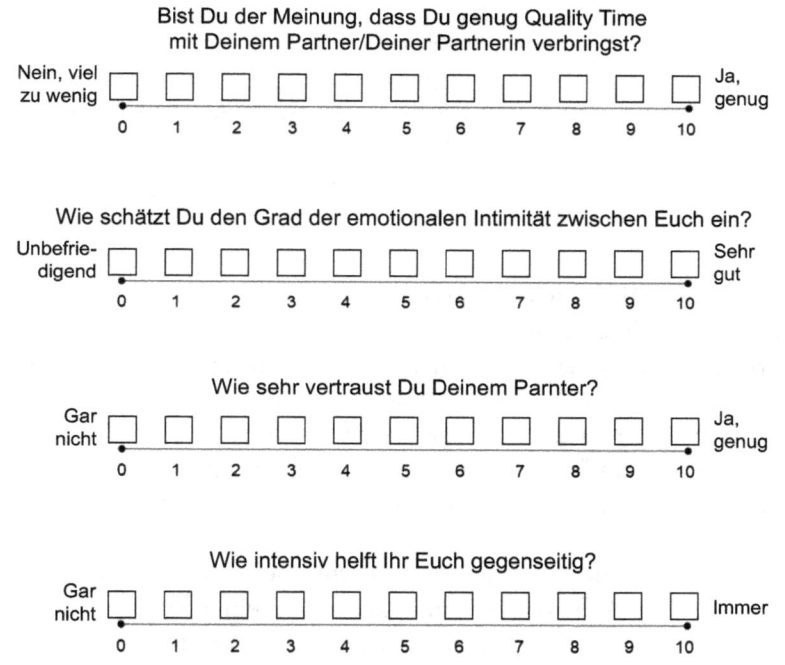

Abb. 5.5 Fragen zur Bewertung der Beziehungsqualität angelehnt an Granovetter. (Eigene Darstellung)

Auch diese drei Aspekte lassen sich leicht in einfache Fragen im Stile der Abb. 5.5 umwandeln. Etwas umfangreicher ist der Katalog, den Fletcher, Simpson und Thomas vorschlagen:[28]

- Verpflichtung („commitment")
- Vertrauen
- Liebe
- Leidenschaft
- Intimität
- Zufriedenheit

---

[28] Fletcher et al. (2000).

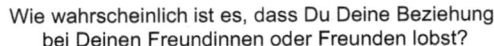
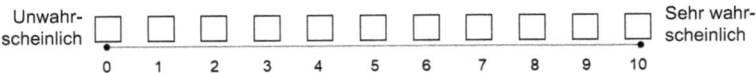

Abb. 5.6 Der Net Promoter Score zur Messung der Beziehungsqualität. (Eigene Darstellung)

Sie betonen aber zugleich, dass Menschen ihre Partnerschaft nicht nur anhand dieser Kriterien bewerten, sondern auch aus der Vogelperspektive, also ein pauschales Gesamturteil abgeben. Diesem Forschungsergebnis Rechnung tragend, können wir versuchen, den Ansatz zur Vermessung der Beziehungsqualität, wie er in Abb. 5.5 gezeigt wurde und durch den Austausch der Kriterien (der Fragen) modifiziert werden könnte, zu vereinfachen und ihn auf eine einzige Frage reduzieren, eben jene, die aus der Vogelperspektive zu stellen wäre. Wieder sind wir methodisch beim Net Promoter Score (Abschn. 3.6), der es ermöglicht, mit einer einzigen Frage die Beziehungsqualität einzuschätzen. Abb. 5.6 zeigt die Frage und die Skala. Beide Partner bewerten damit regelmäßig ihre Beziehung. Die Veränderung der Einschätzung zu protokollieren reicht aus, um über situativ bedingte Ausschläge hinaus einen Trend zu erkennen.

Eine berechtigte Frage zum Schluss ist, und ist es übrigens fast immer: Was wurde übersehen. Gibt es noch weitere Faktoren, mit denen Menschen ihre Beziehungsqualität messen? Selbstverständlich. Es gibt die individuellen, eher exotischen Kriterien, die die persönlichen Präferenzen widerspiegeln (Häufigkeit von Sex, Anzahl Freunde, Kinoabende pro Monat usw.), aber bei einem Kriterium, das bisher nicht betrachtet wurde sind sich alle ob der herausragenden Bedeutung einig: Geld! Diesen und den Aspekt der sozialen Reputation schauen wir uns jetzt an.

Geld und Ansehen und was das mit der Partnerwahl zu tun hat

Bei den bisherigen Betrachtungen haben wir einige Aspekte außen vor gelassen. Zwei davon möchte ich ausführen:

- Der ökonomische Nutzen eines Partners
- Der Zugewinn an sozialem Status durch die Partnerwahl

Der erste Aspekt klingt unromantisch. Wer sucht sich schon einen Partner aus, nur weil dieser einen ökonomischen Vorteil verspricht? Die Antwort ist: Jeder! Auf herrlich entlarvende Weise sezierte Gary Becker die Erfolgsfaktoren einer erfolgreichen Beziehung:[29]

- Erfolgsfaktor 1: **Synergie!** Jeder der Partner muss etwas zur Beziehung beisteuern (Produktion von Haushaltsgütern), das der andere benötigt, aber selbst nicht oder nur zu hohen Kosten herstellen oder beschaffen kann. Es ist ungefähr das, was Granovetter mit „reziproker Hilfestellung" meint: Man ist sich gegenseitig nützlich! Das ist leicht nachzuvollziehen: In konservativen Beziehungsmodellen war der Mann für das externe Einkommen zuständig, vulgo: er ging arbeiten, die Frau bekam und erzog die Kinder und führte den Haushalt. Ein Rollentausch war – damals – nahezu unmöglich. Beide brauchten einander, wenn die Partnerschaftsziele, ein auskömmliches Leben und Kinder, erreicht werden sollten. In modernen Beziehungen unserer Gesellschaft ist der gegenseitige Nutzen weniger deutlich. Wohl jeder kann heute Geld verdienen, den Haushalt führen oder kleinere Reparaturen im Haushalt durchführen. Selbst Sex ist vergleichsweise einfach verfügbar. Die Folge: „Man braucht sich nicht mehr", was Beziehungen schwächt. Die Trennungshürde ist niedrig. Dennoch ist sie vorhanden bzw. gibt es eine grundsätzliche Motivation, sich in Partnerschaften zu binden: Gemeinsam können die Kosten der Haushaltsführung reduziert

---

[29] Becker (1993, S. 225 ff.). Siehe auch die lesenswerten Nachrufe mit der jeweils kurzen Erläuterung der Eckpunkte von Beckers Theorie in Wolfers (2014), und Tsaoussi (2016).

werden, lassen sich Investitionen leichter stemmen, reduzieren sich die Transaktionskosten, die entstünden, wenn für jeden Spaziergang, jeden Kinobesuch und jeden gemütlichen Abend auf der Couch, der zu zweit schöner ist als alleine, ein Begleiter aufgetrieben werden müsste. Der Zugang zu Zärtlichkeit, zu Trost, zu anerkennenden Worten oder nach frustrierenden Situationen jemanden zu haben, der mitschimpft und in den Arm nimmt, hat einen Wert. Somit besteht der ökonomische Nutzen einer Partnerin oder eines Partners nicht nur aus den Vorteilen der Arbeitsteilung, sondern zunehmend aus der Verfügbarkeit eines intim vertrauten Interaktionspartners. Partner werden zu Paaren, wenn der Nettonutzen einer Partnerschaft positiv ist, jedenfalls positiver als bei realistischen Alternativen (ledig bleiben, anderer Partner).

- Erfolgsfaktor 2: **Wertekongruenz!** Es ist eine möglichst weitreichende Übereinstimmung über die grundsätzlichen Werte notwendig. Je einiger man sich über Treue, Verlässlichkeit, Romantik, den Umgang mit Familie und Freunden, aber auch über Politik, Wohnumgebung, Kindererziehung, Asylpolitik und Fernsehvorlieben ist, desto harmonischer ist die Beziehung.

Beide Aspekte können jedoch nur schwer gemessen werden. Vielleicht ist der Vergleich des Wertes einer Partnerschaft mit jener einer früheren denkbar, doch wird das Ergebnis nicht aussagekräftig sein, denn Rückschaufehler und andere kognitive Verzerrungen trüben den Blick. Wie immer erscheinen frühere Erlebnisse positiver, negative werden vergessen oder „geglättet" und unsere Rolle in früheren Interaktionen fehlinterpretiert (wir halten uns für wichtiger, als wir tatsächlich waren).

Kommen wir zum zweiten Aspekt, der einleitend angekündigt wurde: dem **Zugewinn an sozialem Status** durch die Partnerwahl. Jetzt geht es nicht mehr um den Wert der zwischenmenschlichen Beziehung in all ihren Ausprägungen, sondern um die **Ausstrahlungseffekte auf die Umwelt.** Auch, wenn angenommen werden darf, dass in früheren Zeiten eine gesellschaftlich adäquate Wahl einer Partnerin oder eines Partners von größerer Bedeutung war, so ist auch heute die Frage relevant, wie gut oder schlecht sie oder er im Freundes-, Familien- oder Kollegenkreis ankommt. Flapsig nennen wir den neuen Partner dann

„vorzeigbar" oder „tageslichttauglich" und je nach Geschlecht sind die Prioritäten andere: Männer möchten gerne – so die gängige Meinung – attraktive Frauen präsentieren, Frauen Männer, die Wohlstand, Macht oder Familienorientierung zeigen. Nützlich ist dann eine Partnerin oder ein Partner, der Prestige bringt, aber Kosten entstehen, wenn die Partnerin oder der Partner in der Herde verteidigt werden muss und bspw. Partyeinladungen ausbleiben, weil sie „den Neuen von Julia" nicht ausstehen können.

Welche Bedeutung dieser Aspekt der Partnerwahl tatsächlich hat, dürfte sich in hochkomplexer Weise entsprechend der Prägung des oder der Partnersuchenden unterscheiden. Auch ist es hier an dieser Stelle nicht sinnvoll, inhaltlich tiefer als bis zur Sprungschicht der Klischees vorzudringen, denn für das Thema der Vermessung der Beziehungsqualität ist er nur begrenzt von Nutzen: Es lässt sich nicht messen.

5.4 Der verplante Alltag

Gary Wolf stellte in einem aufsehenerregenden New York Times-Artikel fest, dass der „private Alltag" („personal life") als die letzte Bastion, die sich der Allmacht der Zahlen widersetzt, nun auch fällt.[30] Automatisierte Sensoren tracken nicht nur, sie mahnen und erinnern an ein gewolltes Verhalten und wir lernen, den Signalen zu folgen. Apps auf Smartphones, Spielekonsolen und Wearables sorgen dafür, dass nahezu jeder Lebensbereich protokolliert und quantitativ übersetzt wird (Schlaf, Sex, Stimmung, Essen, Sport, Aufenthaltsort, Kontostand usw.). **Der Tag wird ein Protokollobjekt.** Er wird vermessen, mit den Messwerten wird geplant und dann die Plan-Ist-Abweichung bewertet.

Wenn wir die einzelnen Aspekte, Ereignisse und Phänomene, die während eines Tages vermessen werden (Geld, Gesundheit, Partnerschaft, Bildung, Sport usw.), ausblenden, denn wir behandeln sie in anderen Kapiteln, bleibt das nackte Gerüst der verfügbaren **Zeit**

---

[30] Wolf (2010).

zurück, begleitet vom Ticken der Uhren, die unerbittlich die Stunden und Minuten zählen. Es ist die einzige der drei elementaren Ressourcen (Zeit, Geld und Aufmerksamkeit), die durch nichts auf der Welt vermehrt werden kann. Vorbei ist vorbei.

> Also ist eine der Aufgaben der Vermessung des Tages die Aufgabe, zu messen, ob der Tag sinnvoll verwendet wurde (... die Ressource sinnvoll genutzt wurde). Diese Messung ist von einer Bewertung kaum zu unterscheiden. Sie ist relativ, relativ zu den persönlichen Zielen und deren Priorisierung im Kontext des individuellen Präferenzprofils.

Wie gelingt dies? Das messtechnische Grundmodell und die Skala sind normiert: Wir unterteilen den Tag in 24 h á 60 min á 60 s. Diese so gar nicht zum Dezimalsystem passende Zählweise haben wir wohl den Babyloniern zu verdanken, muss sich aber in der Geschichte bewährt haben, denn sonst wäre sie sicherlich noch in der Antike durch eine andere Zeiteinteilung ersetzt worden.[31]

An diese Zeiteinteilung halten wir uns. Andere Zeitmarken spielen für unser Leben kaum noch eine Rolle, etwa die bis vor wenigen Jahrzehnten noch wichtigen Sonnenauf- und -untergänge oder der Heiligenkalender. Auch vom Sonnenstand während des lichten Tags haben wir uns losgesagt und so ist im Sommer der Zeitpunkt des höchsten Sonnenstands nicht mehr um 12.00 Uhr, sondern um 13.00 Uhr. Genaugenommen stimmt auch das nicht, denn die mitteleuropäische Sommer- bzw. Winterzeit deckt einen großen geographischen Bereich ab, sodass der höchste Sonnenstand im Sommer in Vigo in Spanien um 14.41 Uhr und am gleichen Tag in Vardø in Norwegen um 11.59 Uhr erreicht wird.[32] Eine Terminabsprache zu

---

[31] Eine schiere Unterstellung meinerseits! Zudem gibt es auch andere „seltsame" Messskalen, die auf die Babylonier und ihre Vorliebe zur Zahl Zwölf zurückgehen, etwa die 360-Grad-Einteilung eines Kreises.
[32] Bei Interesse: https://www.timeanddate.de/.

einem Video Call nach Sonnenstand wäre also eine recht unpräzise Angelegenheit.

UTC und Zeitzonen

Wie segensreich ist da die weltweite Normierung der Zeit durch die Engländer. Die **Greenwich Mean Time** wurde im 19. Jahrhundert als Weltzeit bzw. Weltstandardzeit durchgesetzt und alle Länder der Erde referenzieren ihre Zeit(zonen) daran. Das stimmt nicht ganz, denn 1972 ersetzte sie die **Koordinierte Weltzeit** (UTC), aber auch sie geht von der Greenwich-Zeit aus. Einen kleinen aber feinen Unterschied gibt es aber: Die UTC kompensiert Schwankungen der Erdrotation durch sporadisch eingeführte Schaltsekunden (das „C" in UTC steht für eine „coordinated", also koordinierte, Schaltsekunde). Diese gibt es zwar nur alle paar Jahre, stellt dann aber die Programmierung industriell genutzter Uhren vor Herausforderungen. Unsere privaten Uhren nicht. Die haben in der Regel einen Funkempfänger, sodass die sendenden „Atomuhren" die Aufgabe übernehmen, die Schaltsekunde zu übertragen (nicht, dass wir zu spät auf den Bahnsteig kommen und unser pünktlich abfahrender Zug schon weg ist).

Was im weltweiten Dialog noch immer Schwierigkeiten macht, ist die Berücksichtigung von **Zeitzonen.** Urlauber kennen das Problem und jedes Mal geht das Kopfrechnen aufs neue los, ob man auf dem Flug nach Tokio oder nach Vancouver Zeit „gewinnt" oder „verliert". Europa ist in vier Zeitzonen unterteilt, wobei außer Island, Weißrussland und Westrussland alle Länder derzeit eine Sommerzeit haben. Das Land mit den meisten Zeitzonen ist Frankreich: Durch die zahlreichen Überseegebiete gibt es deren zwölf! Russland hat elf Zeitzonen, die USA vier, wobei es noch weitere gäbe, die aber nicht genutzt werden. China liegt zwar in fünf Zeitzonen, aber es wird seit 1949 nur noch die Pekinger Zeit verwendet; das gilt auch für Hongkong und Macau. Das vereinfacht die innerstaatlichen Prozesse. Termine, Verabredungen, Zug- und Flugpläne usw. sind einfacher zu koordinieren. Aber in der Alltagskommunikation führt das dazu, dass mit der Nennung einer Uhrzeit gänzlich andere Sonnenstände verbunden sind. Wenn in einer chinesischen Zeitung also von einem Volksfest am Abend berichtet wird, kann dieses um 17.00 Uhr oder um 22.00 Uhr beginnen. Immer dann, wenn die Uhrzeit mit dem Fortschritt des lichten Tages verknüpft ist (Öffnungszeiten der Shopping-Mall, Verabredung zum Lunch, Beginn der Abendnachrichten usw.), ist es doch wieder eine Frage der Kenntnis der Zeitzone, um einschätzen zu können, wann dies ist.

Ein Hoch auf die Routine

Doch kommen wir zurück zur Messung und Bestimmung der Zeit als Hilfsmittel, den eigenen Tag (die Woche, den Monat usw.) zu verplanen und schließlich, um **die zur Verfügung stehende Zeit sinnvoll einzusetzen**. Um letzteres zu erreichen, ist vor allem eines erforderlich: Ein Plan. Dieser umfasst

- eine Liste von Zielen, die innerhalb der zu verplanenden Periode zu erreichen sind und
- eine Angabe der Zeit, die für die jeweiligen Maßnahmen erforderlich ist.

Das reicht aber nicht! Durch von außen eingeforderte Zeitzuweisungen, vulgo: Verpflichtungen, durch als selbstverständlich erlebte Tätigkeiten, die ebenfalls Zeit in Anspruch nehmen (Essen, Schlafen, Haushaltsführung, Körperhygiene usw.) und vor allem durch sporadische, nicht geplante Tätigkeiten geht so viel vom Budget von 24 h pro Tag verloren, dass in der Regel nicht alle Ziele erreicht werden können. Also bedarf es

- einer Prioritäten- bzw. Präferenzliste der zu erreichenden Ziele.

In der Regel sind diese drei Komponenten, also Ziele, Zeitbedarf für Maßnahmen und Präferenzen, recht stabile Konstrukte. Die meisten wiederholen sich Tag für Tag. Für gewöhnlich stellt sich dieser Alltag als das dar, was der Name bestens beschreibt: „All"-Tag. Das bedeutet, dass er nicht explizit geplant werden muss, sondern dass sich die Tätigkeiten dieses Tages immer wieder ähneln. Wir nennen das: **Routine.**

> Diese Routine ist ausgesprochen nützlich, denn sie reduziert die Transaktionskosten der Tagesplanung. Wenn wir tun, was wir jeden Tag tun, erreichen wir das, was wir jeden Tag erreichen.

Gibt es keine Störimpulse, die unsere Routine durcheinander bringen, können wir sicher sein, dass wir unser Pensum schaffen. Wir kennen auch mögliche Puffer, die wir für spontane Aktivitäten nutzen können. Routine hilft uns, den Alltag planbar und berechenbar zu machen. Halten wir uns daran, wissen wir, dass wir genug Schlaf bekommen, genug Zeit zum Kochen und Essen haben, nicht stinken wie brunftige Iltisse und pünktlich zur Arbeit erscheinen.

Selbst **Störereignisse** werden handhabbar: Wenn etwas Unerwartetes passiert, dass einen nennenswerten Umfang an Zeit in Anspruch nimmt, können wir relativ leicht ermessen, welche Routinetätigkeiten gestrichen, zeitlich reduziert oder verschoben werden müssen, um diese außergewöhnliche Maßnahme zu bewältigen. Auch hier sorgt Routine für niedrige Transaktionskosten bei Handlungsentscheidungen (zeitliche Anpassung der Tätigkeiten).

Doch dann stellen wir unsere Alltagsroutine auf den Prüfstand. Oft sind emotionale Schocks der Grund: Die gleichaltrige Freundin stirbt und man kommt ins Grübeln, ob die eigene Lebensführung geeignet ist, die oft nur abstrakten Ziele zu erreichen. Es sind jene Ziele, die im Laufe der Zeit und vor dem Hintergrund all der eingegangenen Verpflichtungen (Arbeit, Kinder usw.) von Tätigkeiten überlagert werden, die getan werden müssen, um als Teil der sozialen Gruppe (Familie, Freunde usw.) „zu funktionieren". Unzählige Bücher, Life Coaches, Psychotherapeuten, Heilpraktiker, Wellness-Anbieter und ungefragte Ratgeber wollen dabei behilflich sein, das eigene Leben zu hinterfragen und neu auszurichten – bestenfalls an genau jenen überlagerten Zielen, über die man sich erst einmal wieder bewusst werden muss. Also wird geplant, doch unerbittlich begrenzend bleibt das Budget immer gleich: 365,25 Tage á 24 h pro Jahr. Mehr gibt es nicht.

Wochenende, Urlaub usw.: Die Gefahr der fehlenden Routine

Im Jahr 2023 gibt es in Deutschland zwischen 247 (Augsburg) und 251 (Hessen und weitere sechs Bundesländer) Arbeitstage. Durchschnittlich ca. 14 Tage im Jahr sind Arbeitnehmerinnen und Arbeitnehmer krank[33] und ca. 28 Tage ist der durchschnittliche Urlaubsanspruch. Rechnen wir nun noch Ausfalltage für Bildungsurlaub, Behördengänge usw. hinzu (einen), bleiben maximal 208 Arbeitstage übrig. Das heißt gleichzeitig, dass an 157 Tagen im Jahr die Alltagsroutine **nicht** stattfindet. Hier fehlt die geübte grobe Strukturierung des Tages (Aufstehen – Bad – Frühstück – Arbeit – ... – Schlafengehen). Dies sind die Tage, und es sind erstaunliche 43,3 % während des Berufslebens, die eine besondere Aufmerksamkeit verdienen. Seltsamerweise drehen sich fast sämtliche Diskussionen alltagsfrustrierter Menschen um die „Mühle", in der man steckt, um die vielen Verpflichtungen, die einen selbst nicht zur Besinnung kommen lassen oder um die fehlende Zeit „für sich selbst", immer nur um jene 56,7 % der von beruflichen Verpflichtungen dominierten Tage. Selten kommt jemand auf die Idee, sich mit den übrigen 43,3 % zu beschäftigen und zu hinterfragen, wie sinnvoll diese genutzt werden. Sie werden wie selbstverständlich als Erholungszeit, zumindest aber als „Urlaub vom Alltag", als nützlich und sinnvoll verbracht erachtet. Ist das so? Erlauben Sie mir eine Hypothese:

> Menschen, die mit ihrer Lebensführung nicht zufrieden sind und die sich zwischen Pflichten und Erwartungen aufgerieben fühlen, sollten anfangen, ihren Alltag wertzuschätzen und sich daran machen, die übrigen 43,3 % der Tage (ohne Job) sinnvoll zu gestalten.

---

[33] Das diese Zahl nicht mehr stimmt, zeigen aktuelle Erhebungen. Auf diese gehe ich in Abschn. 5.8 ein. Hier an dieser Stelle reicht der langjährige Durchschnittswert aus.

Doch wie gelingt das? Auch, wenn ich damit im Orchester der selbsternannten Optimierer des Lebens nicht anderer Leute mitspiele, wäre ein guter Rat, erst einmal zu messen, womit ein Nicht-Routine-Tag ausgefüllt ist. Vielleicht hilft ein Protokoll, in dem notiert wird, was in den Stunden dieser Tage geschieht. So entsteht ein Überblick, dem die Bewertung des Nutzens der Tätigkeiten folgt und somit auch eine Bewertung der verschwendeten Zeit. Mir ist natürlich klar, dass dieser Vorschlag weder pragmatisch noch im therapeutischen Sinne nützlich ist, aber darum geht es mir auch nicht. Wichtig ist mir die Verdeutlichung des Ansatzes, **die nicht bereits durch Routine optimierte Zeit zu vermessen.** Geschieht das nicht, wird auch eine Viertagewoche oder andere Modelle, die für das Einkommen aufzubringende Zeit zu reduzieren, die Lebensqualität nicht steigern.

Ein Alltag ohne Routine

Es sei noch einmal betont: Routine kann ausgesprochen nützlich sein. Die Vermessung des Alltags gelingt einfacher, wenn große Teile bereits durch feste Termine und vorher verabredete Abläufe in Anspruch genommen werden. Es sind die Nicht-Routine-Tage, die Kopfzerbrechen bereiten!

Wie ist das aber in einem Leben, dem eine solche Routine fehlt? Arbeitslosen oder Rentnerinnen und Pensionären fehlt der Kernblock der regelmäßigen Erwerbstätigkeit. Dadurch steht mehr Zeit für Müßiggang, Hobbys oder außerberufliche Verpflichtungen zur Verfügung. Oft werden Ersatztätigkeiten für die Strukturierung des Alltags gesucht, das Fernsehprogramm, Arzt- oder Enkelbesuche. Diese sind allerdings nicht so kontinuierlich und füllen zeitlich auch keinen derart umfassenden Block aus wie regelmäßige Erwerbstätigkeit. Planungsineffizienzen sind hier in aller Regel aber auch folgenlos, denn es werden keine nennenswerten Pflichten versäumt, von Ausnahmen einmal abgesehen (z. B. freiwillige soziale Dienste, auf die andere angewiesen sind).

Anders verhält es sich für Menschen, die zwar keine Tagesablaufstrukturierung vorgegeben bekommen, die aber dennoch umfassenden

Alltagspflichten nachkommen müssen. Dazu wären Freiberufler zu zählen, selbstständige Unternehmer, aber auch Menschen, die ihre Familienangehörigen pflegen. Auch Professoren zählen dazu, denn außer der Lehrtätigkeit können sie ihre Projekte und die Zeit, wann und wie sie diese bearbeiten (etwa dieses Buch schreiben) frei wählen. Hier ist eine Vermessung der Wochen- oder Tageszeit und die darauf basierende Planung ausgesprochen wichtig. Wir wissen aus der Persönlichkeitsforschung, dass dies **disziplinierten, agilen Menschen** besonders gut gelingt.[34] Vielleicht trifft Eisenhowers Ausspruch zu, dass die Tätigkeit der Planung wichtiger sei als dessen Ergebnis („Planing is more important than the plan!"), aber es ist evident, dass Menschen, die Tätigkeiten bewusst hinsichtlich des Zeitbedarfs analysieren und ihre Tage auf Basis dieser Daten verplanen, erfolgreicher, glücklicher und für die Gesellschaft nützlicher sind.[35]

5.5 Die Lebensqualität

Wir kommen nun zu einem Thema, dass in den letzten zwanzig Jahren von immer mehr Wissenschaftsdisziplinen entdeckt worden ist. Das ist überaus erfreulich. Letztlich ist die **Lebensqualität,** oder synonym das **Glück** bzw. die **Lebenszufriedenheit,** ein, oder besser: **das** Kernthema eines jeden Menschen. Sozialwissenschaftler, Mediziner, Biologen, Politik- und Wirtschaftswissenschaftler tragen dem zunehmend Rechnung und leisten ihren Beitrag dazu, jene Rahmenbedingungen und Instrumente der individuellen Lebensführung zu beschreiben, die Glück ermöglichen. Abb. 5.7 zeigt die jüngere Entwicklung der Anzahl publizierter Forschungsarbeiten, wobei hier nur englischsprachige gezählt wurden, bei denen das Wort „Happiness" im Titel vorkam.

Doch auch im Alltagsbewusstsein kommt das Thema so langsam an. Wachstum und Entwicklung scheinen kein Selbstzwec mehr zu

---

[34] Vgl. die Ausführungen zum Big Five-Modell in Kap. 5. Zum Thema Disziplin empfehlenswert: Bueb (2008), Corsten (2002). Siehe auch Boehm und Turner (2004).
[35] Die sozialwissenschaftliche Forschung hierzu ist recht umfassend. Einführend: Paulk (2002).

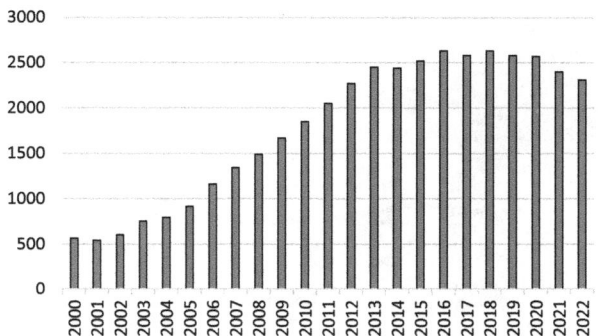

Abb. 5.7 Anzahl Publikationen pro Jahr mit dem Begriff „Happiness" im Titel, die über Google Scholar zu finden sind. (Eigene Darstellung)

sein, sondern werden an der Erreichung eines Ziels gemessen: Lebenszufriedenheit (Lebensqualität, Glück). Das spiegelt sich auch in der Alltagssprache wider. Abb. 5.8 zeigt eine im – in der Fachwelt etablierten – World Happiness Report 2022 veröffentlichte Zählung der Häufigkeit der Kernbegriffe „Glück" und „Wirtschaftswachstum" in unterschiedlichen Sprachräumen.

Getreu der Devise „You can't manage, what you can't measure!" ist es nun die Aufgabe, die Fortschritte auf dem Weg zur Lebenszufriedenheit zu vermessen, die Stellschrauben zu identifizieren und den zielgerichteten Beitrag von Aktivitäten bzw. Unterlassungen zu bewerten. Tauchen wir also ein in die Vermessung des Glücks.

Damit alle vom Gleichen reden: Was ist Lebensqualität?

Der Begriff „Lebensqualität" wird durchaus unterschiedlich definiert. Die Medizinwissenschaften entwickelten ursprünglich eine Definition, die in erster Linie das Gesundsein ins Zentrum stellte, und kamen dann zu einer, bei der es um die **empfundene Wertigkeit** des individuellen Lebens sowohl bei Gesundheit als auch bei Krankheit geht. Lebensqualität trotz beeinträchtigter Gesundheit.[36] Von dieser Sichtweise

---

[36] Vgl. hierzu die Diskussion der Definition des Begriffs „Quality of life" in Hendry und McVittie (2004).

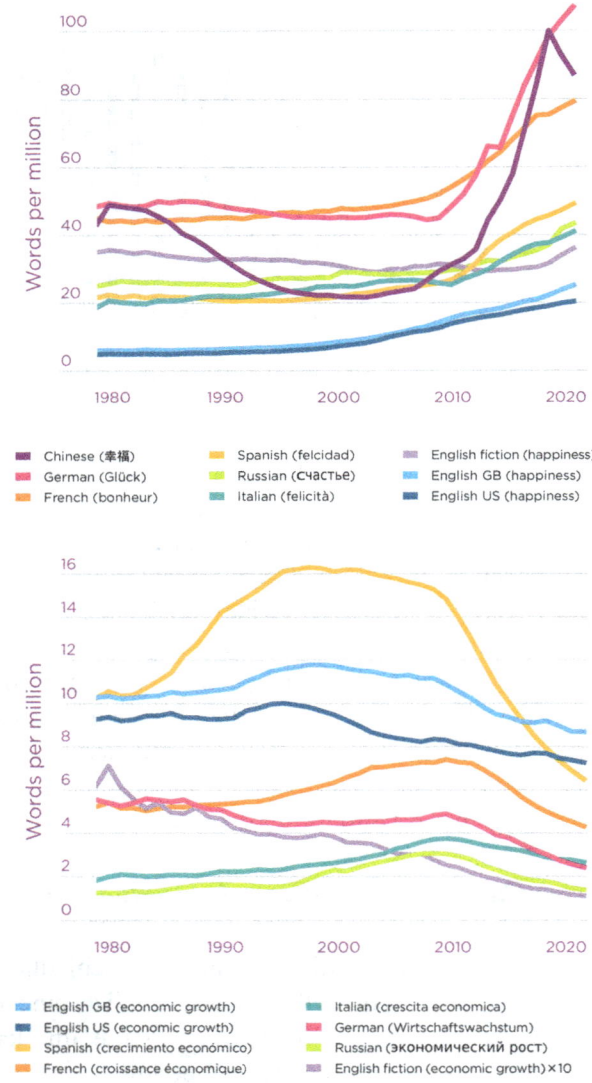

Abb. 5.8 Vorkommen der Begriffe „Glück" (oben) und „Wirtschaftswachstum" (unten) in verschiedenen Sprachräumen (Helliwell et al., 2022)

können wir lernen. Auch in allen anderen Lebensbereichen erleben wir Störgrößen. Nie ist es perfekt. Der Streit mit den Nachbarn, der Riss in der Windschutzscheibe, das überzogene Bankkonto oder der Umzug der besten Freundin ins Ausland: Immer sind Aspekte, die die eigene Lebensqualität beeinträchtigen, zu akzeptieren. Die Frage ist nun, wie sehr wir uns beeinflussen lassen. Wie nahe gehen uns solche Störereignisse? Wie intensiv und wie lange beeinflussen sie unsere Lebensqualität? Doch das ist ein Blick auf die Mängel. Wäre nicht ein Blick auf die Fülle sinnvoller? Ließe sich die Lebensqualität nicht als Summe positiver Aspekte bestimmen, anstatt von einem imaginären Optimum Abstriche zu machen? Dann wäre die „Nulllinie" die schiere Existenz und alles, was als lebensbereichernd empfunden wird, ein Upgrade.

Doch für beide Ansätze fehlt eine sichere Ausgangsbasis. Weder das Optimum noch das Minimum an Lebensqualität lassen sich sinnvoll bestimmen. Zumindest ist noch keine Methodik entwickelt worden, eine solche Basis zu fixen, von der aus Abstriche für negative und Zuschreibungen für positive Phänomene gemacht werden könnten. Die Ergebnisse wären dann aber sowieso nicht universell. Unterschiede zwischen Kulturen und deren Subgruppen würden zu unterschiedlichen Basen führen und damit das nächste Fass aufgemacht werden: Die Angleichung der Bewertungsmaßstäbe.

Was wir festhalten können, ist, dass Lebensqualität ein komplexes Konzept ist, dass von objektiven wie subjektiven Dimensionen getriggert wird. Es ist dynamisch, in der Bewertung individuell, berücksichtigt positiv wie negativ wirkende Aspekte, ist multidimensional und die jeweilige individuelle Bewertung kann sich durch Ereignisse wie Verliebtheit, Krankheiten, Kriege usw. sprunghaft ändern, ist also nichtlinear.[37] Eine Definition geriert zu einer verbalen Herausforderung. Am besten gelang dies meiner Meinung nach der Weltgesundheitsorganisation WHO:

---

[37] Bowling (2007) und Daig und Lehmann (2007).

> Lebensqualität ist die individuelle Wahrnehmung der Stellung im Leben im Kontext des Kultur- und Wertesystems, in dem die Individuen leben und in Bezug auf ihre Ziele, Erwartungen, Standards und Angelegenheiten.[38]

Diese Definition ist in der wissenschaftlichen Literatur allgemein akzeptiert. Für die Zwecke dieses Buches machen wir es uns nun noch etwas einfacher und setzen „Lebensqualität" mit „Lebenszufriedenheit" und „Glück" gleich. Sicherlich gibt es semantische und hermeneutische Unterschiede, aber diese sind hier an dieser Stelle nicht von Belang.[39] Einfacher wird es deshalb, weil wir uns unter den Begriffen „Lebenszufriedenheit" und „Glück" eher etwas vorstellen können. Zumindest lösen diese Begriffe Emotionen aus, an denen wir unseren aktuellen Gemütszustand messen können.

Wer bringt sich bei diesem Thema ein? Wer reklamiert Deutungshoheit über die Art und Weise, wie Lebensqualität gemessen wird?

Vordergründig ist Lebensqualität ein individuelles Thema. Jeder sollte für sich messen können, ob er oder sie glücklich ist oder nicht. Das Problem ist nur: Es funktioniert nicht! Stets bleibt die individuelle Vermessung der Lebensqualität respektive des Glücks an scharfen Kanten hängen:

- **Fehlendes messtechnisches Bezugssystem:** Was ist das Ziel der eigenen Existenz? Wann ist „Glück" erreicht? Und ist alles andere dann „Unglück"? Welche Handlungen nutzen auf dem Weg zum Glück?

---

[38] WHOQOL-Group (1995).

[39] Der Philosoph Ludwig Wittgenstein würde mich sicherlich ausschimpfen, weil ich Ungenauigkeiten zulasse, und mit seinem berühmten Ausspruch tadeln: „Die Grenzen D[m]einer Sprache sind die Grenzen D[m]einer Welt!" Wittgenstein (1922, S. 89) (Abschn. 5.6). So unterscheiden manche Psychologen unterschiedliche Glückskonzepte, etwa einerseits das hedonistische, das nach Genuss und Lebensfreude strebt und andererseits das eudaimonische, welches das „Leben nach einem guten Geist" als Handlungsmaxime in den Vordergrund stellt und somit eine individuell bedeutungsvolle Existenz als Ideal betrachtet, und differenzieren beide Konzepte nach dem Grad der Reichhaltigkeit („psychological richness"). Bei Interesse siehe Oishi und Westgate (2022).

- **Soziales Umfeld:** Wer bestimmt, was zum Glücklichsein gehört? Die kulturellen oder religiösen Traditionen? Die Eltern? Die jeweilige Subkultur? Wie autark sind Menschen bei der Festlegung ihrer Ziele? Wie hoch ist der Preis nonkonformistischer Zielsetzungen?
- **Unvollständig bestimmtes Präferenzsystem:** Was will ein Mensch wirklich? Was ist nachhaltig glückstiftend und was nur situativ „nützlich"? Wie verändern sich Präferenzen, wenn wir älter, reicher, kränker werden oder eine Familie gründen?
- **Situative Verwerfungen:** Wie disruptiv sind kurzfristig nicht planbare Ereignisse? Verändern sie unsere Ziele? Lenken sie auch dauerhaft ab?
- **Verzerrte Selbstwahrnehmung:** Wissen wir, was wir wirklich wollen? Kennen wir unsere Ziele? Kennen wir uns so gut, dass wir mit Bestimmtheit sagen können, was uns zufrieden macht? Können wir unser zukünftiges Verhalten korrekt einschätzen? Vermeiden wir Rückschaufehler bei unserem Blick auf die bisherigen Entwicklungen?
- **Vergleiche mit anderen Personen:** Wollen wir etwas erreichen, weil wir es wollen oder weil wir erlebt haben, dass andere damit zufrieden waren? Sind wir unabhängig von Bewertungen anderer? Buhlen wir um Anerkennung? Sind wir neidisch?

Diese Aufzählung ist nicht einmal vollständig, aber sie reicht, um klarzustellen, dass wir selbst nicht gut darin sind, ein Messsystem zu entwickeln, mit dem wir unsere Lebensqualität vermessen können.

Versuchen wir es mit einer Art Delegation. Die **Familie,** ersatzweise der **engste Freundeskreis,** könnte die Aufgabe übernehmen. Damit wäre sichergestellt, dass der engste soziale Bezugsrahmen berücksichtigt wäre. Tatsächlich ist die Familie wichtig! Wir werden weiter unten in diesem Kapitel ihre Bedeutung als Aspekt des persönlichen Glücks kennenlernen. Doch wird sie im Kontext der Glücksmessung als Einflussfaktor gesehen, nicht als Standard-Setter (Instanz, die den Maßstab vorgibt, was glücklich/zufrieden macht). Damit wäre eine Familie als Bezugsgruppe (Herde) überfordert. Es würde auch pragmatische Fragen aufwerfen: Wer bestimmt konkret, was Glück ist? Das Familienoberhaupt? Die traditionellen Werte? Beides würde dazu führen, dass althergebrachte Wertesysteme Maßstab der Zielerreichung wären (wie z. B. in radikal-religiösen Sozialgemeinschaften üblich). Der Nutzen wäre Berechenbarkeit und Konstanz, aber eine individuelle Weiterentwicklung wäre schwierig. Die Tochter des Hauses würde Fleschereifachverkäuferin werden, weil es die Mutter auch war, aber ihren Traum, Tiermedizin zu studieren, nicht umsetzen können. Nein, die Familie ist vermutlich ein wichtiger Anhaltspunkt, eine Vergleichsgruppe und die implizite Referenz, aber ihr die Rolle des Standard-Setters oder gar des Glücksmaßstabs zu überlassen, würde limitieren und individuelle Potenziale nicht berücksichtigen.

Die nächst abstrakte Gruppe könnte die **soziale Vergleichsgruppe** sein. Die Mitglieder dieser Gruppe müssen persönlich nicht bekannt sein und sie sind es oft auch nicht. Es handelt sich vielmehr um eine selbst gewählte Referenz, um die Vorbilder, denen wir nacheifern, um die „ach so tollen" Menschen, die uns zeigen, wie glücklich ihr Leben ist. Ob es sich dabei um Schauspieler, Hip-Hopper, Sportikonen, Influencer oder die sogenannten „Stars" aus den Nachmittage füllenden Scripted Reality-Shows handelt, ist egal. Nie war es so einfach wie heute, ein Leben so facetten- und nuancenreich und doch so verlogen zu präsentieren. Die mutige und besser als These zu verstehende Schlussfolgerung ist somit:

> Die soziale Referenz- und Vergleichsgruppe bestimmt das Wertesystem für Lebenszufriedenheit.

Die Sozialen Medien (Instagram, YouTube, TikTok, Facebook usw.) sind der Kanal, über den all jene adressiert werden, die nach Orientierung suchen. Dass die präsentierten Einblicke in das Private eine Selektion sind, dürfte jedem Follower intellektuell klar sein, aber unbewusst triggern die Kurzvideos Wünsche und beeinflussen Maßstäbe. Auch ist zu erwarten, dass durch die Follower eine Selektion der Selektion erfolgt: Es ist nicht nur **ein** Medienstar, dem gefolgt wird, es sind **viele** und wenn das gewünschte Bild eines Influencers nicht mehr zu den Erwartungen passt, wird flugs ausgetauscht. Wäre das Erwartungsbild des Followers konstant und gefestigt, könnte dieses Watch-and-select-Vorgehen sogar zu einem interessanten Ergebnis führen. Wäre zum Beispiel Treue in der Partnerschaft ein wichtiger Teil des Wertegerüstes, würde jeder Influencer (usw.) aus der sozialen Referenzgruppe verbannt („entfolgt"), der untreu ist. Aber so funktioniert das nicht: Stattdessen findet eine Diskussion über das Verhalten des Influencers und damit eine Art Nachbewertung des präsentierten Verhaltens (hier: Untreue) statt. Geführt wird diese Diskussion wiederum mittels der Sozialen Medien, häufig auch mit einem engeren Freundeskreis per WhatsApp o. ä. Kommt es dann bspw. zu dem Urteil, dass die Influencerin „berechtigterweise" untreu war, weil ihr (Ex-) Partner dieses oder jenes falsch gemacht hat, wird Untreue legitimiert.

Nun bleibt in der nächsten Abstraktionsstufe der **Staat** oder die **Gesellschaft** als Gemeinschaft der Einwohnerinnen und Einwohner eines Landes als Gruppe übrig, die ein Messsystem für Lebenszufriedenheit vorgeben könnte. Lebensqualität wäre dann ein gesellschaftspolitisches Ziel.[40] Da die jeweils amtierende Regierung mit der Gestaltung und Umsetzung solcher Ziele beauftragt ist, wäre konsequent, wenn sie sich auch daran messen lassen würde.[41] Das findet aber nicht statt, wenn wir von exotischen Ausnahmen wie dem „Bruttosozialglück" als Staatsziel Bhutans absehen. Auch die bekannte Formulierung der amerikanischen Verfassung, nach der jeder das Recht habe, nach Glück zu streben, klingt in meinen Ohren sarkastisch. „Streben"? Soll er doch! Ein Recht, glücklich zu **sein**, gibt es noch lange nicht.

Was könnte der Staat bei der Entwicklung eines Messsystems für Glück leisten?

---

[40] Eine Diskussion, die schon recht alt ist. Vgl. exemplarisch Zapf (1972). Interessant und aktueller hierzu: Anthes (2016).
[41] Für Deutschland gäbe es tatsächlich ein solches Bewertungsmodell, das – grob – im Schlussbericht der Enquete-Kommission des Bundestages „Wachstum, Wohlstand, Lebensqualität" beschrieben wird: o. V., Schlussbericht der Enquete-Kommission „Wachstum, Wohlstand, Lebensqualität – Wege zu nachhaltigem Wirtschaften und gesellschaftlichem Fortschritt in der Sozialen Marktwirtschaft" (2013).

> Zunächst sollte der Staat ein politisches Zielsystem entwickeln, das die Rahmenbedingungen schafft, die erforderlich sind, damit jeder seine individuelle Lebenszufriedenheit anstreben und erreichen kann.

Der Staat kann nicht glücklich machen, er kann lediglich die Rahmenbedingungen dazu schaffen. Ausgestalten und umsetzen muss es jeder schon selbst. Denn wie sähe die Alternative aus? Es wäre ein Staat, der in Details vorschreibt, wie seine Einwohnerinnen und Einwohner glücklich zu sein haben. Durch Ge- und Verbote würden individuelle Lebensentscheidungen oktroyiert mit der vermutlichen Konsequenz, dass der „Mainstream" gesteuert werden könnte, aber alternative Konzepte limitiert werden würden. Solche Staaten kennen wir zuhauf: Außereheliche Beziehungen werden verboten, den Frauen die Bildung verwehrt, Umzüge behindert, die Berufswahl vorgegeben, die maximale Anzahl Kinder diktiert oder eine unerwünschte sexuelle Orientierung unter Strafe gestellt. Die Grenze zwischen gesellschaftlich nützlicher „Rahmenbedingung" und individuellem Handlungsdiktat ist fließend, die Motivation der Regierungen changiert zwischen Religion, Machterhalt und Willkür. Je detaillierter und umfassender die staatlichen Handlungsvorgaben sind, desto größer ist der Anteil der Bevölkerung, der in seiner persönlichen Entfaltung limitiert wird. Abgesehen davon, dass dies auf individueller Ebene unglücklich macht, zeigen sich auch Nachteile auf gesellschaftspolitischer und volkswirtschaftlicher Ebene, denn ...

> ... Gesellschaften brauchen Exoten, Nonkonformisten und Normenbrecher, um sich weiterzuentwickeln. Erst durch das Überschreiten von Grenzen wird Neues entdeckt.

Also ist es ein schmaler Grat für eine Regierung, auf dem sie balanciert: Auf der einen Seite sind **Limitierungen** erforderlich, um die Rechte eines Jeden zu schützen (Eigentumsrechte, Recht auf Bildung usw., aber auch der Schutz vor dem Staat selbst), auf der anderen Seite sind **Frei-**

heiten zur persönlichen Entfaltung zu garantieren. Als sinnvoll hat sich erwiesen, Regierungen dabei eine Leitlinie an die Hand zu geben und sie in ihrem Handeln zu begrenzen. Diese Leitlinie ist in Deutschland die Verfassung, also das Grundgesetz, und die Handlungsbegrenzungen sind die rechtsstaatlichen Abhängigkeiten von gesetzgebenden Instanzen (Bundestag usw.). Die Bevölkerung ist durch das komplexe Gesetzgebungsverfahren vor allzu flotten Veränderungen geschützt, sodass langfristige Lebensplanung möglich ist.

Was als Fazit bleibt, ist einfach: Die Verantwortung für die eigene Lebensqualität trägt jeder selbst. Das Messsystem erfordert Kriterien, deren Gewichtung individuell unterschiedlich sind. Sich dabei an der Familie oder an anderen sozialen Bezugsgruppen zu orientieren, kann zuweilen nützlich sein, birgt aber immer die Gefahr der Selbstverkleinerung durch falsche Vorbilder. Der Staat seinerseits muss die Rahmenbedingungen für eine (sinnvoll limitierte) persönliche Entfaltung schaffen. Daran muss sich eine Regierung messen lassen.

Dazu sind soziale Indikatoren (Kriterien) für die Entwicklung von Lebensqualität zu finden und zu messen. Und das machen wir jetzt:

Wie kann Lebensqualität bzw. Lebenszufriedenheit gemessen werden?

Einfach ist es, wenn der zu beobachtende Faktor direkt gemessen werden kann: Soll die Raumtemperatur beobachtet werden, wird sie mittels eines Thermometers gemessen. Soll die Strecke zwischen Marburg und Eisenach gemessen werden, werden die Kilometer gezählt. Und wird das Körpergewicht gewogen, zeigt es eine Waage an. Aber wie wird Lebensqualität vermessen? Hierfür gibt es kein Messgerät, keine Skala und keine Maßeinheit. Stets ist es das Zusammentreffen diverser Ausprägungen von lebensbeeinflussenden Faktoren (Gesundheit, Geborgenheit, Geld usw.), aber mit welcher Gewichtung und Ausprägung? Lebensqualität ist ein komplexes, multikriterielles, individuelles Konstrukt.

> Sie entsteht erstens durch die Bewertung der aktuellen Lebenssituation und zweitens durch den Vergleich dieser Lebenssituation sowohl mit der früheren, als auch mit jener anderer Menschen in der sozialen Bezugsgruppe.[42]

Welches die Determinanten und somit die Quellen persönlichen Glücks sind, ist schwierig allgemeingültig festzumachen. Allerdings gibt es bei all den glückstiftenden Faktoren Gemeinsamkeiten. So findet sich immer eine materialistische Komponente: Genug von erwünschten Dingen zu besitzen oder die Möglichkeit zu haben, sie zu erwerben, scheint allen wichtig zu sein (Okay, Ausnahmen finden sich sicherlich auch hier). Oft geht es um ein Gleichgewicht aus Wünschen und deren Erfüllung: Zu viele Wünsche zu haben, die sich nicht erfüllen lassen, führt zu einem Mangelgefühl, sich mehr als gewünscht zu erfüllen aber nicht zu Glück. Die Balance scheint entscheidend zu sein, was einen **bewussten Umgang mit Wünschen** erfordert.

Eine weitere Gemeinsamkeit individuellen Glücksempfindens ist wohl, dass jeder Mensch die **Möglichkeit zur Weiterentwicklung** auf den für ihn wichtigen Gebieten hat, z. B. Bildung, Sport, Familie, Gesundheit oder altruistische Beiträge. So entsteht ein Gefühl der „inneren Produktivität", das als „gelungene Lebensführung" erlebt wird.

So kommen Shin und Johnson zu dem Ergebnis, dass Glück durch vier zunächst sehr abstrakt formulierte Faktoren bestimmt wird:[43]

- Besitz von Ressourcen (Schaffen von Handlungspotenzial)
- Befriedigung von Bedürfnissen (wofür diese Ressourcen erforderlich sind)
- Selbstaktualisierungsaktivitäten (persönliche Entwicklung)

---

[42] Vgl. hierzu Shin und Johnson (1978).

[43] Shin und Johnson (1978). Die Forscher versuchten auch, den Einfluss diverser Faktoren auf Glück zu messen. Allerdings sind diese Ergebnisse von 1978 und weil sich unsere Lebensverhältnisse verändert und weiterentwickelt haben, verzichte ich hier auf Angabe von Messwerten (Korrelationen).

- Vergleiche mit anderen und mit früheren Erfahrungen (Erleben von Entwicklung)

Diese Forschungsarbeit zeigt uns einen gangbaren Weg, um Lebensqualität zu vermessen: Wir suchen nun nach einem **Katalog von Faktoren,** die Glück stiften. Wir ahnen, dass sowohl die Zusammensetzung als auch die Gewichtung dieser Faktoren individuell unterschiedlich sein wird. Wichtig ist dann, „seine" Faktoren zu kennen und zu überlegen, wie sie messbar gemacht werden können. Dabei werden wir feststellen, dass Faktoren zuweilen nur als Durchschnittswerte einer Gruppe (Bevölkerung in einem Land o. ä.), aber nicht individuell gemessen werden können. Für diese benötigen wir ein anderes Messverfahren.

Doch fangen wir vorne an: Welche Kataloge von glücks- oder lebensqualitäts- oder lebenszufriedenheitsstiftenden Faktoren gibt es? Ich habe bei meinen Recherchen vierzehn wissenschaftlich untersuchte gefunden. Diese überschneiden sich, sodass ich an dieser Stelle nur einige wenige vorstellen möchte, die aber repräsentativ sind.

Das Modell von Frey

Bruno Frey hat zweifellos einen ausgesprochen wertvollen Beitrag dazu geleistet, Glücksforschung als ein seriöses Arbeitsgebiet für Sozial- und Wirtschaftswissenschafter zu etablieren. Sein Fokus war und ist weniger die Vermessung der durchschnittlichen Glückseligkeit von Ländern, so, wie es an späterer Stelle erläutert wird, sondern die grundsätzliche Frage, was uns auf persönlicher, individueller Ebene zufrieden bzw. glücklich macht. Er geht davon aus, dass es sechs „Gruppen von Bestimmungsgründen" gibt, die unser Glück bzw. unsere Lebenszufriedenheit ausmachen:

- **„Persönlichkeitsfaktoren oder genetische Ausstattung** wie Selbstwertgefühl, Wahrnehmung persönlicher Kontrolle, Optimismus, Extraversion und neurotische Grundstimmung
- **soziodemographische Faktoren** wie Alter, Geschlecht, Zivilstand und Bildung

- **wirtschaftliche Faktoren** wie individuelles oder aggregiertes Einkommen, Arbeitslosigkeit und Inflation
- **spirituelle Faktoren** im Zusammenhang mit Glauben und Religionszugehörigkeit
- **relationale Faktoren** wie Arbeitsbedingungen, persönliche Beziehungen mit Mitarbeitern, Verwandten, Freunden und insbesondere dem Lebenspartner, sowie Gesundheit
- **institutionelle Faktoren** wie das Ausmaß politischer Mitbestimmungsmöglichkeiten oder politischer Dezentralisierung"[44]

Sich mit diesen Dimensionen zu befassen, dürfte eine recht genaue Analyse der eigenen Situation ermöglichen. Es ist noch kein Messmodell, dazu ist es zu abstrakt, aber ein Leitfaden zur Reflexion. Für ein individuelle Vermessung müssten diese sechs Bereiche mit konkreteren Aspekten aufgefüttert werden. Dazu ließen sich einige wenige selbstanalytische Fragen stellen und die Antworten mittels einfacher 10er-Skalen bewerten (ähnlich Abb. 5.5). Die Fragen sollten die jeweiligen Bereiche gut abdecken und es ist vollkommen akzeptabel, auch mehrere Fragen je Bereich zu stellen. Allerdings fehlt für ein solches Scoringmodell noch eine wichtige Komponente: Die jeweiligen Lebensbereiche müssen individuell gewichtet werden. In Tab. 5.1, in der die sechs Lebensbereiche gewichtet und Fragen formuliert sind, wird das Konvolut exemplarisch durchexerziert und für die Kriterienbewertung eine Skala von Null bis Zehn verwendet.

Was sagt der Score von 6,75 aus? Zunächst einmal gar nichts. Es gibt keinen Referenzwert, etwa einem allgemeingültigen Schwellwert, ab dem eine Person als „zufrieden" oder gar „glücklich" gelten darf. Somit ist eine einmalige, isolierte Messung auch von geringem Wert. Spannend wird es erst, wenn die Fragen mehrmals im Zeitverlauf beantwortet werden, um einen Trend zu ermitteln (wie in Abb. 5.9 gezeigt), oder aber der Score mit dem anderer Personen verglichen werden kann.

---

[44] Frey & Steiner, Glücksforschung: Eine empirische Analyse (2012, S. 15).

Tab. 5.1 Bewertung der individuellen Lebenszufriedenheit basierend auf dem Modell von B. Frey. (Eigene Darstellung)

Lebensbereiche	Gewichtung des Bereichs	Fragen zur Bewertung (Beispiele)	Exempl. Bewertung auf einer 10er-Skala	Score
Persönlichkeitsfaktoren oder genetische Ausstattung	Insg. 15 %, je Frage 5 %	Inwieweit kann ich die großen Weichen in meinem Leben selbst stellen?	7	0,35
		Wie sehr schätze ich die Personen, mit denen ich jeden Tag zu tun habe?	8	0,4
		Wie sehr freue ich mich auf das, was da vor mir liegt?	7	0,35
Wirtschaftliche Faktoren	20 %	Wie zufrieden bin ich mit meiner wirtschaftlichen Situation (Einkommen und Vermögen)?	6	1,2
Soziodemographische Faktoren	Insg. 15 %, je Frage 5 %	Wie sehr wünsche ich mir, jünger zu sein? (inverse Skala)	3 (invertiert: 7)	0,35
		Bin ich im Einklang mit meinem Geschlecht? (0 oder 10 Punkte)	10	0,5
		Wie sehr bedauere ich, nicht mehr für meine Bildung getan zu haben? (inverse Skala)	4 (invertiert: 6)	0,3
Spirituelle Faktoren	15 %	Fühle ich mich mit meinem Glauben und meiner Spiritualität auf dem richtigen Weg?	5	0,45

(Fortsetzung)

Tab. 5.1 (Fortsetzung)

Lebensbereiche	Gewichtung des Bereichs	Fragen zur Bewertung (Beispiele)	Exempl. Bewertung auf einer 10er-Skala	Score
Relationale Faktoren (soziale Interaktion)	Insg. 15 %, je Frage 5 %	Verstehe ich mich angemessen mit Kolleginnen und Kollegen?	4	0,2
		Bin ich mit der Anzahl an Freunden und Bekannten und der Qualität der Beziehungen zufrieden?	8	0,4
		Wie gut läuft's mit meiner Partnerin/ meinem Partner? Oder: Wie sehr vermisse ich einen Partner/eine Partnerin (inverse Skala)?	9	0,45
Institutionelle Faktoren	20 %	Wie sehr vertraue ich dem aktuellen staatlichen System (Politik, Verwaltung, Polizei usw.)?	9	1,8
Summe	**100 %**			**6,75**

Ist so ein Scoring als Messsystem zur Bewertung des persönlichen Glücks im Sinne der Anforderung an Messungen reliabel, valide und objektiv? Ja, unbedingt. Es ist hinreichend genau und kann Trends recht gut beschreiben. In Abb. 5.9 sehen wir einen leichten Aufwärtstrend für das Gesamtjahr, ein verdrießliches Frühjahr mit einer Trendumkehr ab Juni sowie einen Ausreißer im August, in dem etwas Wunderbares passiert sein muss. Die Fragen lassen sich sogar behutsam modifizieren,

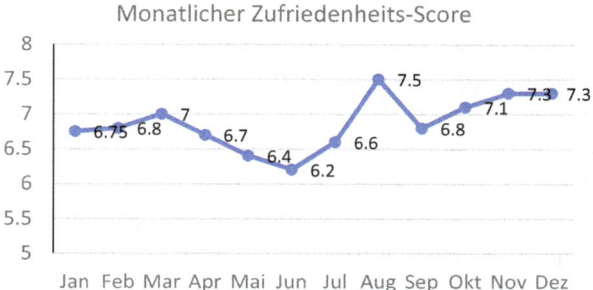

Abb. 5.9 Monatlicher Zufriedenheits-Score einer Person. (Eigene Darstellung)

wobei dann auch die jeweiligen Gewichtungen anzupassen sind und auf die Skalen bzw. die Skalenrichtung geachtet werden muss.[45]

Das Messmodell des SKL-Glückatlas

Seit vielen Jahren wird die Lebenszufriedenheit der Deutschen vermessen und im „Glücksatlas"[46] veröffentlicht. Es geht nicht um die individuelle Ebene, sondern um Durchschnittswerte regionaler Gemeinschaften (Deutschland, 16 Bundesländer bzw. 34 Regionen). Diese Werte können als Basislinien bzw. Referenzen dienen, an denen der individuelle, mit dem Modell in Tab. 5.1 gemessene Glücks- bzw. Zufriedenheits-Score referenziert wird. Der Wert von 6,75 aus Tab. 5.1 läge bspw. knapp unter dem deutschen Durchschnitt für 2022 von 6,86. Die Frage, ob der Vergleich der Werte, die mit unterschiedlichen Messmethoden ermittelt werden, legitim ist, wäre eine Diskussion wert. Da die Skalen aber die gleichen sind und die grundsätzliche Methodik artverwandt ist, scheint es mir akzeptabel, zumindest für die langfristige Entwicklung des Indizes.

---

[45] Es erklärt sich von selbst, aber bei weitergehendem Interesse verweise ich auf (Kühnapfel et al., 2021).

[46] Von 2011 bis 2021 war die Deutsche Post der Sponsor und Namenspatron, ab 2022 ist es die Süddeutsche Klassenlotterie. (Raffelhüschen, 2022).

Die Messmethodik, die im Glücksatlas angewendet wird, ist ausgefeilt, sicherlich nicht perfekt, dürfte aber ihren Zweck hinsichtlich Reliabilität (Genauigkeit und Zuverlässigkeit der Messungen), Validität und Objektivität vollauf erfüllen. Die empirisch-wissenschaftliche Basis und der Kriterienkatalog von B. Frey finden sich hier wieder, was zusätzlich den Anspruch auf Vergleichbarkeit der Scores unterstützt.

An dieser Stelle ein paar grundsätzliche Gedanken über die Sinnhaftigkeit, eine landesweite Glücksniveaumessung durchzuführen:

Der Glücksatlas ist Teil einer etablierten „Forschungsinfrastruktur", die entstehen konnte, weil empirische Forschung zum Thema Glück mittlerweile etabliert ist. Die wichtigste Erkenntnis aus mittlerweile über 15.000 Forschungsarbeiten ist:

> Glück ist messbar![47]

Wir wissen, was Glück „produziert" und damit entfällt auf allen Ebenen die Ausrede, dass Glück oder Unglück eine Frage des Zufalls, gottgegeben oder nicht durch die Gestaltung privater, sozialer oder gesellschaftlicher Rahmenbedingungen gestaltbar sei. Wir wissen sehr genau, was auf politischer Ebene zu tun ist, damit Menschen glücklicher sind. Was natürlich nicht beeinflussbar ist, ist der individuelle Gestaltungswille. Wenn sich ein Mensch entscheidet, den Tag mit Computerspielen zu verbringen, sich von Chips, Burgern und Zigaretten zu ernähren und somit zu verdummen, zu verfetten und einen krummen Rücken zu bekommen, aber keine Freunde, ist das eben so. Rahmenbedingungen zu schaffen heißt eben genau das, was das Wort ausdrückt: Ein Rahmen wird konstruiert, innerhalb dessen sich jeder einzelne bewegen kann und dieses „sich Bewegen" heißt, Entscheidungen zu müssen. Hoffentlich die richtigen, jene, die glücklich machen.

---

[47] Ebenda, S. 15.

Veröffentlichungen wie der Glücksatlas helfen dabei. Wir können dort etwas über die Stellschrauben erfahren, an denen wir drehen müssen (in die wir investieren müssen), um glücklicher zu werden. **Das** ist der eigentliche Nutzen dieser Untersuchung, auch, wenn sich Journalisten fast ausschließlich auf den Regionenvergleich stürzen. Meiner Meinung nach ist uninteressant, dass die Menschen in Niedersachsen-Hannover einen Glücksindex von 6,83 und die in Niedersachsen-Nordsee einen von 6,77 haben.[48] Darum gehe ich darauf auch nicht ein. Spannend ist die messmethodische Frage, wie das Glück zustande kommt.

Messtechnisch im Zentrum steht beim Glücksatlas eine recht einfache Frage: **„Alles in allem – wie zufrieden sind Sie gegenwärtig mit Ihrem Leben?"**. Die Skala ist die übliche von Null für „ganz und gar nicht zufrieden" bis Zehn für „völlig zufrieden". Diese einfache Struktur unterstellt, dass wir intuitiv auf einer solchen Skala einen Wert finden, der unsere Zufriedenheit repräsentiert. Und das funktioniert sehr gut mit dieser Skala, die wir auch schon bei der Ermittlung des Net Promoter Scores von Reichheld in Abschn. 3.6 kennengelernt haben. Sie hat sich auf unzähligen Feldern der empirischen Sozialforschung bewährt. Sie ist intuitiv und stellt keine intellektuellen Anforderungen an die Probandinnen oder Probanden.

Über die generalisierende Einstiegsfrage hinaus wird die Zufriedenheit in verschiedenen Lebensbereichen abgefragt, die, wie bereits erwähnt, dem Frey-Modell ähnlich sind:

- Familie
- Freizeit
- Arbeit
- Haushaltseinkommen
- Gesundheit

Dies wären auch die fünf Aspekte, auf die wir uns und unsere Ressourcen in unserem Streben nach Glück konzentrieren sollten. Sie

---

[48] Gemessen auf einer Skala von Null bis Zehn. Ebenda, S. 95.

sind einzeln und in ihrer Zusammensetzung sehr gut erforscht und finden sich so auch in zahlreichen anderen Forschungsarbeiten.[49]

Messtechnisch basiert der Glücksatlas auf einer Befragung, bei der die Probanden jeweils mittels mehrerer Fragen (ähnlich jenen in Tab. 5.1) eine subjektive Selbsteinschätzung ihres Lebens abgeben müssen. Natürlich hat diese Methode ihre Schwächen, etwa hinsichtlich der Repräsentativität, tagesaktueller Stimmungsschwankungen oder der Abhängigkeit der Antworten von den individuellen Erwartungen. Aber die Befragung ist einfach und kostengünstig und es zeigt sich, dass sie im Vergleich mit komplexeren Modellen (Erlebnis-Stichproben-Methode, Methode der Tagesrekonstruktion oder Verfahren der Vermessung von Gehirnaktivitäten mittels Magnetresonanz) vergleichbar genaue Ergebnisse liefert.[50] Das ist eine ausgesprochen gute Nachricht, bedeutet sie doch, dass auch eine Selbstbefragung funktioniert.

Das Fazit ist somit, dass die im SKL-Glücksatlas genutzte Auswahl von fünf Aspekten zur Vermessung der Lebenszufriedenheit in Deutschland ein guter Anhaltspunkt sind, aber der Fokus dieser Arbeit eindeutig auf dem Vergleich der Situation in Bundesländern und Regionen liegt.

Dennoch, final und zur Belohnung, dass Sie bisher über drei Minuten Ihrer Zeit für die Ausführungen zum SKL-Glücksatlas investiert haben, hier in Abb. 5.10 die Entwicklung der Lebenszufriedenheit in Deutschland. Es geht nach der Corona-Depression wieder bergauf!

Das Messmodell des World Happiness Reports

Der World Happiness Report ist grundsätzlich nichts anderes als die globale Version des Glücksatlas. Er wird seit 2013 jährlich vom „Sustainable Development Solutions Network" der Vereinten Nationen herausgegeben. Der Report ist wissenschaftlich fundiert und basiert auf den Ergebnissen einer akademisch hochrangig besetzten Kommission.

---

[49] Siehe bspw. Frey & Frey Marti, Glück – Die Sicht der Ökonomie (2010).
[50] Frey & Steiner, Glücksforschung: Eine empirische Analyse (2012, S. 13 ff.).

5 Unser Alltag und wie wir ihn vermessen

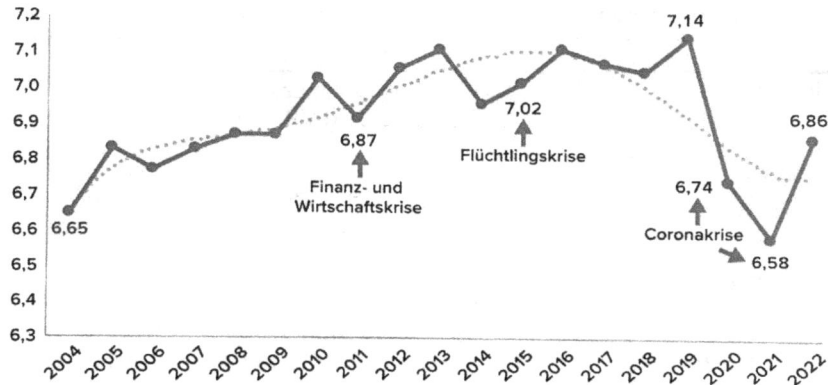

Abb. 5.10 Lebenszufriedenheit in Deutschland (Raffelhüschen, 2022, S. 21)

Mit Joseph Stiglitz befindet sich sogar ein Wirtschaftsnobelpreisträger in ihren Reihen.[51] Der Kern ist ein Ranking der Lebenszufriedenheit in ca. 150 Ländern. Auch hier ist das Set an Messkriterien für uns von besonderem Interesse. Diese wurden in den letzten Jahren behutsam angepasst, sodass die Ergebnisse über die Jahre hinweg vergleichbar sind.

Die aktuell verwendeten Messkriterien finden sich in Tab. 5.2.

Diese Messkriterien sind ein Kompromiss. Einerseits wird versucht, Lebenszufriedenheit auf persönlicher Ebene zu erfassen, andererseits müssen die Daten ermittelt werden können und die Ergebnisse vergleichbar sein. Zu bedenken ist, dass hier nicht nur Daten in entwickelten Industrieländern mit etablierten Statistikämtern erhoben werden, sondern auch in Ländern wie Ruanda, Lesotho oder im Yemen.

Ein Messsystem zur Bewertung der individuellen Lebenszufriedenheit könnte nun die Faktoren der Tab. 5.2 nutzen. Ähnlich, wie es in Tab. 5.1 für das Frey-Modell gezeigt wird, werden nun Fragen gefunden, wie die jeweiligen Faktoren persönlich und momentan eingeschätzt werden, gewichtet und so entsteht ein länderspezifischer Score.

---

[51] Stiglitz et al. (2009).

Tab. 5.2 Messkriterien des World Happiness Reports. (Eigene Darstellung)

Kriterium	Fragestellung, Art der Messung
Einkommen	Messung des durchschnittlichen, kaufkraftbereinigten Pro-Kopf-Einkommens
Soziale Unterstützung	"Wenn Du Schwierigkeiten hättest, hättest Du dann Freunde, auf die Du zählen könntest, wenn Du sie bräuchtest?"
Selbstbestimmtheit des Lebens	"Bist Du mit der Freiheit zu wählen, was Du mit Deinem Leben anfangen möchtest, zufrieden?"
Großzügigkeit	„Hast Du in den letzten Monaten Geld gespendet?"
Wahrnehmung von Korruption	„Ist Korruption in Deinem Land/in Deinem Business verbreitet?"
Gesundes Leben	Bewertet auf volkswirtschaftlicher Ebene als durchschnittliche Lebenserwartung bei Geburt
Positive emotionale Erlebnisse gestern	Abfrage, ob gestern Lachen und Vergnügen erlebt oder etwas Interessantes gelernt wurde
Negative emotionale Erlebnisse gestern	Abfrage, ob gestern Sorge, Traurigkeit und Wut erlebt wurden

Hier die Ergebnisse des 2023er Rankings der glücklichsten und der unglücklichsten Staaten (Abb. 5.11).

Das Messmodell von Hörnquist[53]

Sechs „Domänen" sind es, so Hörnquist, die bei der Bewertung von Lebensqualität zu berücksichtigen sind, wobei der Begriff Domäne im hiesigen Kontext am besten mit „Kriteriengruppe" oder „Gruppe von Faktoren" zu übersetzen ist:

- Biologische Domäne (körperliche Gesundheit)
- Psychologische Domäne (Wohlbefinden)

---

[53] Hörnquist (1990).

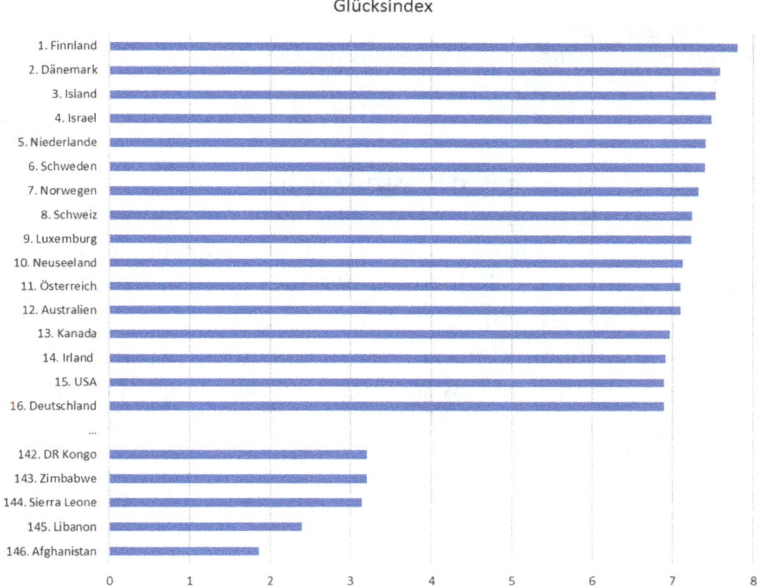

Abb. 5.11 „Ranking des World Happiness Reports" 2022 (Auszug aus (Helliwell et al., World Happiness Report 2023, 2023)[52]

- Soziale Domäne (soziales Leben)
- Materielle Domäne (private Ökonomie)
- Verhalten und Aktivitäten
- Strukturelle Domäne (Lebenssinn und gesellschaftliche Position)

Interessant sind sicherlich die beiden letzten Aspekte, denn die übrigen vier kennen wir bereits gut. Zum einen geht Hörnquist davon aus, dass unser Verhalten und unsere Aktivitäten rekursiv unsere Lebenszufriedenheit bestimmen. Das ist ein erstaunlicher Ansatz, der uns aus der Opferperspektive heraus holt und uns in die Verantwortung für unser Glück nimmt.

---

[52] Am Rande: Im Vergleich zu 2022 sind die Glücksindizes durchgehend um 1–3 % zurückgegangen. Am alarmierendsten ist der Rückgang in Afghanistan (−22,67 %).

> Schon bei den vorherigen Modellen waren es nicht nur externe Faktoren, die wirken und denen wir uns stellen müssen, aber hier ist es auf den Punkt gebracht: Wir sind, was wir tun!

Zum anderen gibt es mit der „strukturellen" eine Domäne, die ein wenig wie eine Resterampe wirkt. Dass wir uns glücklicher fühlen, wenn wir unseren Lebenssinn kennen und entsprechend agieren, ist einleuchtend. Auch die gesellschaftliche Position können wir ohne Protest als glücksfördernd bezeichnen, wobei es sicherlich nicht darum geht, in einer Herde die Topposition zu erreichen, sondern darum, sich in der sozialen Kaskade auf dem gewünschten und passenden Rang wiederzufinden. Nicht jeder ist zum Anführer geboren. Störend wirkt (auf mich) allerdings die Kombination dieser zwei nicht unmittelbar kompatiblen Aspekte in einer Domäne. Solche Schubladen für Reste versuchen Wissenschaftler für gewöhnlich zu vermeiden. Nun … wir müssen es hier akzeptieren.

Gehen wir mit Hörnquist einen Schritt weiter: Er schlägt eine Methode zur Messung von Lebensqualität vor, die aus zwei Teilen besteht: Das **„Life domain rating"** und das **„Well-being rating"**. Für diese zwei Teile entwickelte er Fragebögen. Die Ergebnisse werden als recht zuverlässig angesehen und geben ein ausgesprochen differenziertes Bild der persönlichen Einschätzung der Lebenszufriedenheit und der Ursachen für mögliche Verwerfungen. Allerdings hat diese Präzision einen Preis: Die Fragebögen sind umfangreich und kosten Zeit und Aufmerksamkeit. Sie werden in der Regel als Einstieg in eine therapeutische Behandlung genutzt oder als Bestandsaufnahme in außergewöhnlichen Lebenssituationen.

Messtechnisch kontrastiert dies zu viel einfacheren, aber eben unpräziseren Modellen, etwa der oben vorgestellten Einstiegsfrage im Modell, das für den SKL-Glücksatlas verwendet wird: „Alles in allem – wie zufrieden sind Sie gegenwärtig mit Ihrem Leben?". Solche Modelle sind schnell, einfach und bspw. für eine langfristige Selbstbeobachtung ideal.

Weitere Ansätze zur Messung von Lebensqualität bzw. -zufriedenheit

Über die vorgestellten, sicherlich populärsten Konzepte zur Vermessung der Lebensqualität hinaus gibt es eine erstaunliche Menge von Messmodellen, die häufig für das klinische Umfeld entwickelt wurden.[54]

Was messmethodisch allen gleich ist, ist die Schwierigkeit, die Einflussfaktoren auf Lebenszufriedenheit zu gewichten. Diese **Gewichtung ist individuell** und lässt sich nicht direkt abfragen. Würde ich Sie bspw. fragen, wie wichtig Ihnen der Einflussfaktor Einkommen sei, hätten Sie Schwierigkeiten, einen Prozentwert zu nennen. Auch wäre Ihre Antwort durch äußere Einflüsse verzerrt, etwa Ihrem sozialen Umfeld: Geht dieses mit dem Thema Materialität „nüchtern" um und begreift Geld als Mittel, um sich Handlungsoptionen zu kaufen, wird die Bedeutung von Ihnen höher eingeschätzt; ist Ihr Umfeld hingegen spirituell geprägt, wird es die Bedeutung von materiellem Wohlstand negieren und Sie werden das Gewicht des Faktors Einkommen auf Ihre Lebenszufriedenheit geringschätzen. Nun gut. Dass das soziale Umfeld Einfluss auf unsere Urteile hat, ist keine große Überraschung.

Das zweite Problem, mit dem alle Messmodelle zu kämpfen haben, ist die **Individualität der Bewertung.** Selbst bei einfachen Skalen wie Schulnoten oder 10er-Skalen ist die Bewertung eines Sachverhalts von Person zu Person unterschiedlich und zeitlich instabil. Sogar die Gemütsverfassung führt dazu, dass der gleiche Aspekt, der gestern noch mit einer Acht bewertet wurde, heute nur eine Sechs erhält, und das nur, weil der Proband einen Streit mit seiner Partnerin hatte. Solche Verzerrungen lassen sich je nach Anwendung ausgleichen: Wird das Lebensglück einer einzelnen Person vermessen, wird die Befragung im Abstand einiger weniger Wochen wiederholt. Sind die Werte beider Befragungen ungefähr gleich, ist das Ergebnis robust. Weichen Werte nennenswert voneinander ab, liegt eine temporäre Verzerrung vor und die Hintergründe sind zu erfragen. Ggf. ist eine dritte Befragung erforderlich.

---

[54] Neben grundsätzlichen Ausführungen findet sich ein guter Überblick bei Cox et al. (1992). Diese Quelle scheint nicht aktuell zu sein, aber neuere Messmodelle basieren fast ausschließlich auf den dort vorgestellten Verfahren.

Im Zentrum der Betrachtung rückt nun die Frage, welche Faktoren Lebensqualität ausmachen. Hier zeigt sich, dass das Setting, wie wir es zuvor kennengelernt haben, seit mindestens 30 Jahren grundsätzlich konstant ist und sich gar nicht so sehr individuell unterscheidet.[55] Klar: Wie oben bei der Auflistung von Messmodellen erkennbar, kommt mal dieser Faktor hinzu oder jener fällt weg, aber das Grundgerüst, das ich vorgestellt habe, ist immer das Gleiche.

Natürlich darf jeder seinen eigenen, **persönlichen** Glücksfaktorenkatalog definieren und gerne Aspekte mit aufnehmen, die bisher nicht erwähnt wurden. Als Anregung für weitere Faktoren habe ich nachfolgend ein paar außergewöhnliche Faktoren zusammengestellt, deren Bedeutung in Studien als signifikant eingestuft wurden, die es aber nicht explizit in „moderne" Kataloge geschafft haben oder dort durch abstraktere, übergeordnete Aspekte abgedeckt werden:

- „**Peace in mind**":[56] Hier stellt sich die Frage, was Ursache und was Wirkung ist: Entsteht der „innere Frieden" durch das Gefühl, im Reinen mit sich und seinem Leben zu sein, oder ist es die Voraussetzung dafür? Eine salomonische Antwort wäre, dass es sich um eine Wechselbeziehung handelt. Aber es findet sich keine einheitliche Definition. Wenn dieser Faktor in den individuellen Katalog aufgenommen werden soll, könnte in gewohnter Manier eine Abfrage mittels einer 10er-Skala erfolgen.
- **Das Gefühl, für andere wichtig zu sein.**[57] Auch dieser Aspekt konnte sich nicht durchsetzen, denn es zeigt sich, dass die Gewichtung dieses Faktors zeitlich instabil und die Grenze zu einer pathologischen Übertreibung (Helfersyndrom) fließend ist.
- **Sexualleben:**[58] Dieses Kriterium hat sich vermutlich durch die aufblühende Forschungstätigkeit rund um das Thema Sexualität in den

---

[55] Diese Zitation ist nicht präzise, aber die Quelle Browne et al. (1997), repräsentiert den Peak der akademischen Arbeit, die die Grundlage für die heutige Glücksforschung darstellt. Sie kombiniert philosophische, psycholgische, medizinische, sozialwissenschaftliche und auch ökonomische Aspekte.

[56] Powers und Ferrans (1992).

[57] Ebenda.

[58] Ferrans und Powers (1985).

60er und 70er Jahren in den Vordergrund gedrängelt, wird heute aber eher unter die Rubrik der „sexuellen Selbstbestimmung" oder noch allgemeiner der „Selbstbestimmung und Abwesenheit von Handlungszwängen" subsummiert. Im World Happiness Report 2022 heißt diese Rubrik „Selbstbestimmtheit des Lebens" bzw. im englischsprachigen Original „Freedom to make life choices".

- **Kinder:**[59] Auch dieser Aspekt ist veraltet. Kinder sind keine soziale Norm mehr wie noch in den ersten zwei oder drei Nachkriegsjahrzehnten. Kinderlos zu bleiben wird gesellschaftlich nicht geächtet. Die „Freiheit der Wahl" ist der eigentliche Aspekt, um den es geht (wie bei der Sexualität).
- **Religiosität:** Dieser Faktor wurde schon immer skeptisch bewertet. Die „Liebe zu Gott" entpuppte sich tatsächlich als irrelevant für das persönliche Lebensglück, meist sogar als hinderlich, denn je strenger Religiosität gelebt wird, desto enger und zwingender ist das vorgegebene Handlungskorsett: Dieses zu tun, bringt Pluspunkte (und beruhigt das Gewissen), jenes zu tun führt zu Strafe, göttlicher bzw. weltlicher (und wird als Belastung empfunden).
- **Genetik:** Ja! Die Gene sind mitverantwortlich für unser Glück. Aber vermessen lässt sich die genetische Disposition nur mit ausgesprochen komplexen Werkzeugen. Stattdessen konzentrieren wir uns auf Umwelteinflüsse, die wir leichter erfassen können.

> Ca. 40 % der empfundenen Lebenszufriedenheit (des persönlichen Glücksempfindens) gehen auf genetische und damit vererbte Konstellationen zurück, nur 60 % auf Umwelteinflüsse.[60]

40 %? Dies ist eine überraschende, im Grunde genommen das gesamte Kapitel verändernde Erkenntnis. Sind wir nur Opfer unserer Ahnenreihe? Können wir selbst wenig tun, um glücklich zu werden und

---

[59] Ebenda und weitere.
[60] Siehe die umfangreiche Darstellung des Forschungsstands in Helliwell et al. (2022), Kap. 5: „Exploring the Biological Basis for Happiness".

müssen mit dem genetischen Material leben, das uns gegeben ist? Diese Schlussfolgerungen sind natürlich Unsinn. Es ist nicht so, dass es ein „Glücksgen" gäbe. Zu interpretieren ist das Ergebnis wie folgt: Es gibt einen bedeutenden Einfluss der Gene auf die Ausprägungen unserer Persönlichkeitsfaktoren. Diese wiederum bestimmen, welche Aspekte individuell von Bedeutung sind, um glücklich zu werden und zu sein.

> Die Feststellung, dass 40 % der empfundenen Lebenszufriedenheit auf genetische Konstellationen zurückzuführen ist, heißt, dass die Gewichtung der Faktoren individuell erfolgen muss. Introvertierte finden ihr Glück auf anderen Wegen als Extrovertierte!

Das Fazit: Wie lässt sich Lebensqualität messen?

Dieses Kapitel ist etwas länger geraten und Sie haben ca. 30 min benötigt, um es zu lesen. Aber was gibt es Wichtigeres als das Glück? Es zu vermessen, ist niemals verschwendete Zeit. Es ist auch keine Verschwendung, zu versuchen, es immer besser zu verstehen. Dabei helfen hunderte Forscher aller möglichen Fachgebiete und es ist nützlich zu verstehen, was Glück determiniert. Die Erkenntnisse sind wichtig für Politiker, die Rahmenbedingungen unserer Gesellschaft gestalten, aber vor allem auch für uns selbst, um die begrenzten Ressourcen Zeit, Geld und Aufmerksamkeit auf das zu fokussieren, was uns glücklich macht.

Vielleicht haben wir noch kein perfektes Messsystem gefunden, mit dem wir unsere eigene Lebensqualität vermessen können, aber schon die Kataloge der Einflussfaktoren geben uns Orientierung. Die immer gleichen sechs, sieben Faktoren gilt es im Auge zu behalten und mit entsprechend vielen (oder besser: wenigen!) Fragen, die wir uns immer wieder selbst stellen, lässt sich ein Trend vermessen. Wenn wir wollen!

5.6 Die Gesundheit

Es ist 1854. London ist voller Menschen, die in den Fabriken des gerade entstehenden Industriezeitalters arbeiten. Vor allem in den Arbeitervierteln herrschen schwierige hygienische Verhältnisse. Die Haushalte

5 Unser Alltag und wie wir ihn vermessen

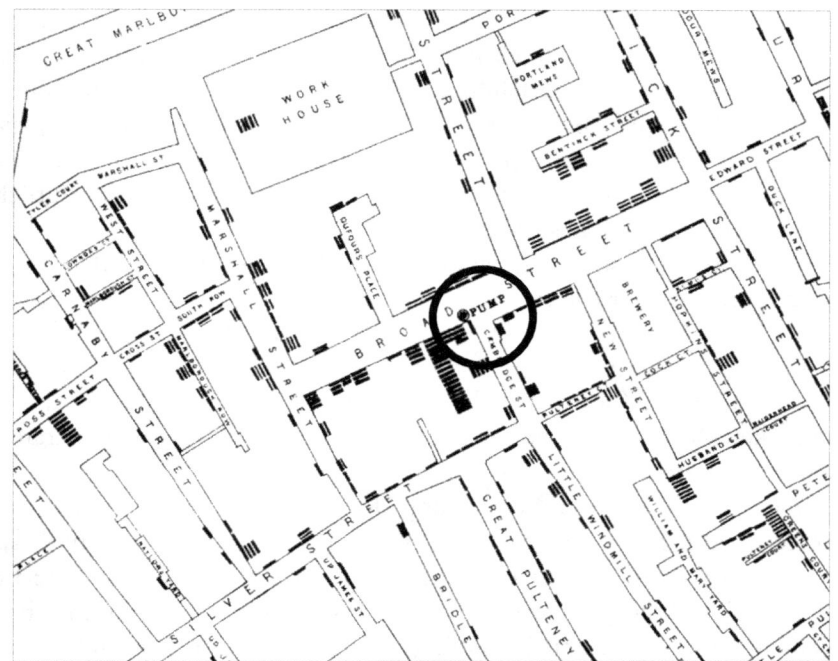

Abb. 5.12 Cholera-Karte von Dr. J. Snow (Ausschnitt, Standort der Pumpe markiert, Snow, 1954)[61]

haben weder eine Wasserversorgung noch eine Abwasserentsorgung. Und es kursiert wieder einmal eine Cholera-Epidemie. Zum Glück gibt es den fleißigen Mediziner Dr. John Snow. Er erfindet nicht nur die Äther- und die Chloroformnarkose und könnte damit als Begründer der modernen Anästhesie gelten, er vollbringt auch noch eine andere großartige Tat: Er kommt auf die Idee, auftretende Cholera-Fälle auf einer Stadtkarte Londons einzutragen (Abb. 5.12).

Ihm gelingt es so, herauszufinden, warum die Cholera in London so ungleichmäßig verteilt ist: Es liegt an einem Brunnen!

---

[61] Der Vollständigkeit halber sei erwähnt, dass es auch Zweifler an dieser Geschichte gibt. Siehe die Diskussion um die „wahre" Geschichte in McLeod (2000).

Konzentrischrund um die „Broad Street Pump" verteilt (im Stadtteil Soho) häufen sich die Infektionsfälle. Er lässt den Pumpengriff entfernen und die Infektionshäufigkeit nimmt signifikant ab. Die Snow-Cholera-Map wurde berühmt. Sie ist eines der ersten Dokumente, die eine quantitative Erfassung epidemologischer Penetrationsprozesse zeigen. Snows Vermessungsarbeit, hier das Zählen, hat vermutlich tausenden Menschen das Leben gerettet.

Heute ist das Usus: Korrelationen von Krankheiten und allen möglichen Faktoren werden gesucht, von soziodemographischen Merkmalen (Alter, Geschlecht, Bildung usw.) über Umweltvariablen (Wohnbedingungen, Verfügbarkeit von sauberem Wasser usw.) bis hin zu Verhaltensweisen (Sport, Ernährung, soziale Kontakte usw.). Medizinstatistiker suchen auf diese Weise Parameterkonstellationen, die Krankheiten befeuern.

Was hat das mit der Vermessung des Alltags zu tun? Wir können lernen! Schon immer haben wir versucht, das Richtige zu tun und das Falsche zu vermeiden, um Krankheiten zu verhindern. Als Kind durfte ich eine Stunde nach dem Essen nicht schwimmen gehen (Ohnmacht), nicht mit nassen Haaren ins Freie (Erkältung) und durfte kein Wasser nach dem Verzehr von Pflaumen trinken (Magenkrämpfe). Aber ich durfte Schlammburgen bauen, weil das das Immunsystem stärke. Was davon ein Mythos war bzw. ist und was gesicherter medizinischer Wissensstand, entscheidet sich durch empirische Korrelationsanalysen. Nur wenn wir Daten sammeln und auswerten, können wir erkennen, was Krankheiten auslöst oder verhindert.

Dass sich dabei viele Glaubenssätze in Luft auflösen können, zeigt bspw. die Ernährungswissenschaft. Ökotrophologie ist eine bemerkenswert unexakte Disziplin, in der die Halbwertszeit von Wissen erschreckend kurz ist. Eier sind schlecht, Eier sind gut, Fett ist des Teufels, Fett ist gesund, Salz ist ein Gift, Salz ist akzeptabel ... die Liste ist ebenso lang wie die Beschreibung der Rahmenbedingungen, für welche die Studienergebnisse gelten.[62] Aber das ist der einzige Weg der

---

[62] „Gilt nur für Männer von 30 bis 35 Jahre mit einem BMI von 22 bis 24 und einem Muttermal auf der linken Schulter bei Vollmond im Vakuum". OK, das war jetzt unsachlich.

Erkenntnis: Die Messung von Zusammenhängen (Korrelationen) und – noch besser – von Ursache-Wirkungs-Beziehungen (Kausalitäten). Hierin unterscheidet sich Wissenschaft, die üblicherweise Gruppen von Menschen betrachtet, nicht von dem persönlichen Erkenntnisgewinn, sofern er bewusst stattfindet. Jeder kann für sich feststellen, welche Nahrungsmittel ungewollte Reaktionen auslösen, wie viel Alkohol man verträgt oder wie viele Kilokalorien am Tag aufgenommen werden dürfen, ohne an Gewicht zuzulegen.

Richtig angewendet, verhilft die Vermessung der Gesundheit im Alltag zu einer besseren Lebensqualität.

Was ist „gesundheitsbezogene Lebensqualität"?

In Abschn. 5.5 habe ich bereits angekündigt, an dieser Stelle die gesundheitsbezogene Lebensqualität als Untermenge der grundsätzlichen Lebensqualität zu behandeln. Lebensqualität verstehen wir als „multidimensionales Konstrukt, das physische, psychische und soziale sowie ökologische Aspekte unter dem Gesichtspunkt subjektiv erlebten Wohlbefindens und Funktionstüchtigkeit zusammenfasst."[63]

Hier geht es nun um relevante Teilgebiete von dem, was wir als Gesundheit begreifen:

- physische Gesundheit
- psychische Gesundheit
- Funktionsfähigkeit im Kontext der Alltagsherausforderungen (Familie, Arbeit und andere Verpflichtungen)
- soziale Gesundheit
- Perzeption (meist unbewusste Wahrnehmung der Umwelt und Steuerung der Aufmerksamkeit)[64]

---

[63] Renneberg und Lippke (2006).
[64] Radoschewski (2000, S. 176). Einen ähnlichen Ansatz zur Vermessung der gesundheitsbezogenen Lebensqualität schlagen Schumacher et al. (2003), vor.

Etwas erklärungsbedürftig sind die Teilgebiete drei bis fünf. **„Funktionsfähigkeit"** klingt zweifellos negativ mechanistisch. Wer möchte schon „funktionieren"? Doch ist die Begriffswahl vielsagend. Gemeint ist natürlich, dass wir körperlich und geistig in der Lage sind, die Herausforderungen, die uns in der jeweiligen Lebenssituation gestellt werden, zu meistern. Als junger Mann möchten wir mit unseren Kumpels Fußball spielen, aber als alter Mann ist das keine Alltagsherausforderung mehr. Belastungsbedingte Knieschmerzen würde ein junger Mann als Mangel empfinden, einem alten, der kein Fußball mehr spielt, aber vielleicht nicht einmal auffallen. Der alte Mann hingegen sieht im Dämmerlicht schlecht, sodass er im Restaurant seine Smartphone-Taschenlampe anmachen muss, um die Speisekarte lesen zu können. Aber er würde sich deswegen nicht als krank beschreiben, denn diese Sehschwäche ist „normal" und er hat sie erwartet. Die Anforderungen verändern sich und mit ihnen die Wahrnehmung von gesund und nicht gesund.

Der vierte Aspekt, die **soziale Gesundheit,** bezieht sich auf den grundsätzlichen Handlungsspielraum zu sozialer Interaktion. Natürlich ist die Fähigkeit zu Empathie und zwischenmenschlicher Kommunikation nicht gleichverteilt. Die einen können besser, die anderen schlechter miteinander und was „plump", „sozial unbeholfen" oder schon krankhaft ist, dürfte für uns Laien schwer abzugrenzen sein.[65] Kritisch sind pathologische Ausprägungen, wie wir sie bei Autisten oder Sozialphobikern erleben. Den Betroffenen fällt es schwer, soziale Situationen zu interpretieren, haben Kommunikationsschwierigkeiten, weil sie semantische Konstruktionen wie Ironie oder den Kontextbezug nicht verstehen oder sie steigern sich in Themen hinein, die in der aktuellen Situation den anderen irrelevant erscheinen. Legendär verkörpert das der Schauspieler Jim Parsons in seiner Rolle als Sheldon Cooper in der Soap „The Big Bang Theory".

Das fünfte Teilgebiet der Gesundheit ist die **Perzeption.**[66] Sie überschneidet sich mit der „sozialen Gesundheit" und umfasst jeg-

---

[65] Bei Interesse empfehle ich zum Einlesen einen vielbeachteten Aufsatz: Schlencker und Leary (1982).
[66] Auch hierzu ein Forschungsklassiker: Efron (1969).

liche sinnliche Wahrnehmung der Umwelt einerseits und die Fähigkeit zur Fokussierung andererseits. Zur Wahrnehmung sind unsere sechs Sensoren bzw. Sinne erforderlich (Augen, Nase, Ohren, Tastsinn, Gleichgewichtssinn und Geschmackssinn). Doch müssen die wahrgenommenen Umweltphänomene auch interpretiert, aufgenommen und verarbeitet werden, sodass eine Bewertung bzw. Handlung erfolgen kann. Perzeption ist also mehr als die sensorische Erfassung, es ist auch der **mentale Verarbeitungsprozess,** der sich anschließt.

Das, was wir als Gesundheit verstehen, ist zweifellos mehr als die Abwesenheit von Krankheitssymptomen. Entsprechend vielseitig ist das Repertoire, mit dem jene Aspekte vermessen werden, die zur Gesundheit beitragen oder diese verhindern. Wie können diese Aspekte nun vermessen werden? Insbesondere an die psychologischen Aspekte kann kein Lineal angelegt werden. Sie müssen abgefragt werden und die Entwicklung kurzer und zugleich die Situation möglichst präzise erfassender Fragebögen ist ausgesprochen mühsam, vor allem, wenn sie universell und damit kultur- und bildungsübergreifend sein sollen.[67] Wir werden später einige sehr gut funktionierende kennenlernen.

Brauchen wir Technik, um uns gesund zu fühlen?

Wenn es einmal möglich sein wird, durch implantierte Körpersensoren Daten zu erfassen und auf das Smartphone zu übertragen, werden wir das machen. Zu Beginn werden Messwerte im Fokus, die medizinisch relevant sind, etwa zur Therapierung chronischer Krankheiten wie Diabetes, dann kommen die stets experimentierfreudigen Sportler, die sich über Sauerstoffaufnahme, Laktatabbau, anaerobe Schwelle und so weiter informieren, um ihre Leistungen zu verbessern, dann kommt die Masse der Gesundheitsbewussten (Alkoholspiegel, Virenlast, Tumormarker, Mineralien, Hormonspiegel usw.) und spätestens dann werden Industrien aktiv, die einen, weil sie Produkte zur Verbesserung der gemessenen Werte anbieten, die anderen, weil sie die Werte verwenden,

---

[67] Vgl. hierzu den Beitrag von Testa und Simonson (1996). Hierauf weisen auch explizit Renneberg und Lippke (2006), hin.

um ihre Produkte gewinnoptimierend zu gestalten (Versicherungen usw.). Daten werden unser Leben mehr und mehr determinieren und das Gefühl für unseren Körper verbessern, ergänzen und … ersetzen.

Und die Wertung? Ist das gut oder schlecht? Dazu sollten wir uns die Alternative zur messdatenorientierten Lebensführung anschauen: Es ist das "Feeling" für den Körper. Diesem Aspekt sind wir im vorherigen Kapitel unter der Zwischenüberschrift „Self-Tracking als Werkzeug für den Seelenfrieden" schon einmal begegnet. Haben wir unseren Körper durch Achtsamkeit und Behutsamkeit im Griff? Und welchen Zusatznutzen bietet uns die durch Sensoren unterstützte Selbstvermessung, die ja Kosten verursacht? Prüfen wir uns selbst: Sicherlich merken wir, wenn wir unausgeschlafen sind. Das muss uns kein Gerät anzeigen. Wir würden kaum Geld dafür ausgeben. Aber spüren wir rechtzeitig, wenn sich ein Tumor im Kopf entwickelt? Spüren wir rechtzeitig, wenn die Arterien verkalken? Merken wir, wenn unsere Leber degeneriert? Nein. Wer Angst vor diesen Erkrankungen hat, wird ganz sicher Geld für Detektoren hinlegen, so, wie Diabetiker schon heute Geld für Sensoren ausgeben, die den Blutzuckerspiegel komfortabel, zuverlässig und häufig messen, sodass ein entspannterer und sicherer Umgang mit der Erkrankung möglich ist; **sensorgestützte Quantifizierung für mehr Lebensqualität.** Und für einen ambitionierten Sportler ist die Laktatmessung im Blut nichts anderes. Die Motivation, die Lebensqualität zu steigern, ist die gleiche und über eine Berechtigung zu urteilen, ist müßig. Die Kosten der Systeme und die Bereitschaft, diese zu bezahlen, sprich, der Markt, sind der Richter.

> Die Vermessung der Gesundheit bedingt den Einsatz von Technik. Und diese kostet Geld. Sie liefert aber Daten für Entscheidungen, die wir sonst nicht bekämen.

So, wie in jedem Flugzeug hunderte Sensoren verbaut sind, deren Messwerte automatisch überwacht werden, um ein Problem frühzeitig zu erkennen, hilft uns die Technik, Probleme mit unserem Körper und unserer Psyche zu erkennen, Probleme, die wir sonst zu spät wahrnehmen würden.

Aber es geht hier ja nicht nur um Technik. Die hilft, vor allem jene Messwerte zu ermitteln, zu protokollieren und zu interpretieren, die wir nicht „erspüren" können. Es sind spezifische Daten, die recht spezielle Antworten liefern. Die grundsätzliche Frage ist aber, **wie wir uns fühlen,** wie es uns geht. Hier ist eine Selbsteinschätzung gefragt und die gelingt nur mittels fragebogenbasierten Tests. Wenn wir uns ihnen stellen, können wir uns selbst besser kennenlernen, unserer Erwartungshaltung als Referenz für die Bewertung unserer Situation überprüfen, Trends erkennen und dann entscheiden, ob und wie viele Ressourcen wir investieren müssen, um Dinge in die gewünschte Richtung zu ändern, so, wie beim Big Five-Persönlichkeitstest (Kap. 5).

Ansätze zur Vermessung gesundheitsbezogener Lebensqualität: SF-36 und das WHOQOL-Projekt

Eine gängige Methode zur Messung von gesundheitsbezogener Lebensqualität ist der „Short-Form-36 Health Survey", kurz als **„SF-36"** bezeichnet. Entwickelt wurde er im Rahmen eines international angelegten Projekts (International Quality of Life Assessment Project). Ziel war und ist es, eine möglichst kurze Fragensammlung zur Erfassung der jeweils subjektiv empfundenen Gesundheit zu erstellen.[68] Abgefragt werden dabei folgende Aspekte:[69]

- Körperliche Funktionsfähigkeit (Einschränkungen durch körperliche Probleme)
- Körperliche Rollenfunktion (Einschränkungen bei auszuübenden Handlungen)
- Körperlicher Schmerz
- Vitalität (Wie energiegeladen oder erschöpft fühlen Sie sich?)
- Soziale Funktionsfähigkeit (Einschränkung sozialer Aktivitäten durch gesundheitliche Probleme)

---

[68] Bullinger und Kirchberger (1998) und Morfeld und Bullinger (2008).
[69] Eine deutschsprachige Version des Fragebogens findet sich hier: https://www.jupa-rlp.de/fileadmin/user_upload/pdf/SF36_LQ_Fragebogen_01.pdf.

- Emotionale Rollenfunktion (Beeinträchtigung von Arbeit und Alltagsaktivitäten durch emotionale Probleme)
- Psychisches Wohlbefinden
- Veränderung des Gesundheitszustands

Die Skalen sind einfach, sodass es auch kognitiv eingeschränkten Personen möglich ist, den Fragebogen zu beantworten. Die Auswertung erfolgt themenweise. Um einen Punktwert zu interpretieren, sind Referenzwerte und „Normalwertkorridore" erforderlich. Diese werden über breit angelegte Befragungen ermittelt, sodass ein Einzelergebnis an Durchschnittswerten von Referenzgruppen eingeschätzt werden kann.[70]

Ähnlich bekannt wie der SF-36 ist der **„WHOQOL-100"** (World Health Organization Quality of Life-Fragebogen zur Selbstauskunft der Probanden). Die Idee war die Entwicklung eines Gesundheitsfragebogens, der mehr misst als nur Krankheit und das Gefühl für Gesundheit, sondern auch Aspekte einbezieht, die die subjektiv empfundene Lebensqualität betreffen.[71] Erstaunlich ist, dass die Weltgesundheitsorganisation WHO, die mit dem „Quality of Life Project" den Anstoß zur Entwicklung des WHOQOL-100 gab, bereits 1948 Gesundheit breiter definierte als die „Abwesenheit von Krankheiten" und auch das physische, mentale und soziale Wohlergehen (well-being) einbezog. Sehr fortschrittlich!

Der Fragebogen umfasst ca. 100 Fragen und das Beantworten dauert 30 bis 45 min. Er wird allerdings fast nur im klinischen Umfeld genutzt. Für ambulante Therapien und als Einstieg in persönliche Analyse seiner Lebenssituation reicht jedoch die Kurzform, die als **WHOQOL-BREF** bezeichnet wird und je nach Version 24 oder 26 Fragen umfasst. Um ihn auszufüllen reichen 5 bis 10 min, was die Akzeptanz erhöht. Tab. 5.3 zeigt die Domänen und die abgefragten Themen.[72]

---

[70] Bellach et al. (2000).
[71] Saxena und Orley (1997) und WHOQOL-Group (1995).
[72] Eigene Übersetzung von WHO (1998, S. 1572).

Tab. 5.3 Themen des WHOQOL-BREF (WHO, WHOQOL User Manual, 1998 und Angermeyer et al., 2000)

Domäne (Faktorengruppe)	Themengruppe
I – Physikalische Kapazität	• Schmerzen und Unbehagen • Energie, Agilität, Ermüdung • Schlaf und Erholung
II – Psychologische Aspekte	• Positive Gefühle • Denken, Lernen, Erinnerungsvermögen und Konzentrationsfähigkeit • Selbstachtung • Körperliches Erscheinungsbild • Negative Gefühle
III – Ausmaß an Unabhängigkeit	• Mobilität • Aktivitäten im täglichen Leben • Abhängigkeit von Medikamenten und Behandlungen • Arbeitsfähigkeit
IV – Soziale Beziehungen	• Persönliche Beziehungen • Soziale Unterstützung • Sexuelle Aktivitäten
V – Umweltbedingungen	• Körperliche Sicherheit • Häusliche Umgebung • Finanzielle Ressourcen • Zugang zu und Qualität von medizinischen und sozialen Einrichtungen • Möglichkeit, Bildungsangebote wahrzunehmen • Möglichkeit, Erholungs- und Freizeitangebote wahrzunehmen • Physische Umweltbedingungen (Lärm, Verkehr, Umweltverschmutzung, Klima) • Zugang zu Transportmöglichkeiten
VI – Spiritualität, Religion und persönliche Überzeugungen	• Grundsätzliche Wahrnehmung von Lebensqualität im allgemeinen und gesundheitsbezogener Lebensqualität im speziellen

Eine Möglichkeit, die Messmethode dieses Fragebogens im Alltag zu nutzen, ist, daraus ein Scoringmodell zu konstruieren. Dazu werden die Aspekte, die in Tab. 5.3 aufgeführt sind,

- zunächst nach persönlichem Ermessen **gewichtet** (im Zweifelsfall erfolgt eine Gleichverteilung mit jeweils 4,17 %) und dann

- auf einer Skala von Null bis Zehn **bewertet,** wobei die Null den „denkbar schlechtesten Zustand" und die Zehn den „bestmöglichen Zustand" repräsentieren.

Tab. 5.4 zeigt ein exemplarisches Ergebnis für die Faktorengewichtung und die jeweiligen Skalenwerte. Zu beachten ist, dass die Faktoren in der zweiten Spalte hier aus Platzgründen nur mit einem Schlagwort beschrieben werden und die ausführlichen Beschreibungen aus Tab. 5.3

Tab. 5.4 Scoring-Modell für WHOQOL-Fragebogen (fiktives Beispiel, eigene Darstellung)

Domäne	Faktor	Gewicht	Skalenwert	Faktor-Score
Physikalische Kapazität	Schmerzen	3 %	8	0,24
	Agilitätslevel	5 %	7	0,35
	Schlafqualität	4 %	5	0,20
Psychologische Aspekte	Positive Gefühle	4 %	9	0,36
	Denken & Lernen	4 %	8	0,32
	Selbstachtung	6 %	7	0,42
	Körperliches Erscheinungsbild	4 %	4	0,16
	Negative Gefühle	4 %	7	0,28
Ausmaß an Unabhängigkeit	Mobilität	4 %	8	0,32
	Aktivität	3 %	7	0,21
	Medikamentenabhängigkeit	4 %	9	0,36
	Arbeitsfähigkeit	4 %	6	0,24
Soziale Beziehungen	Persönliche Beziehungen	4 %	7	0,28
	Soziale Unterstützung	6 %	8	0,48
	Sexualität	4 %	6	0,24
Umweltbedingungen	Körperliche Sicherheit	4 %	5	0,20
	Häusliche Umgebung	4 %	8	0,32
	Finanzielle Ressourcen	3 %	5	0,15
	Gesundheitssystem	4 %	7	0,28
	Bildungssystem	5 %	8	0,40
	Freizeitangebote	4 %	5	0,20
	Umweltbedingungen	4 %	6	0,24
	Transport	5 %	6	0,30
Spiritualität, Religion, Einstellung usw	Grundsätzliche Lebensqualität	4 %	8	0,32
Summe		**100 %**		**6,87**

zu entnehmen sind. Im originalen Fragebogen werden sie ausführlicher beschrieben.

Der Score, hier eine 6,87, kann wie immer bei wiederholter Selbstbefragung als Trend im Zeitverlauf beobachtet oder mit dem einer Referenzgruppe verglichen werden.

Natürlich ist dieses Verfahren recht komplex, vermutlich zu komplex für den Alltag. Es ist differenziert und recht genau. Dennoch wird vielen dieses Scoring zu mühsam sein. Zum Glück gibt es eine noch kürzere Fassung des WHO-Fragebogens, die mit lediglich fünf Fragen auskommt: der **„WHOQOL-5-Fragebogen"**.[73] Diese 1998 erstmals veröffentlichte Version ist ausgesprochen interessant für unser Thema, die Vermessung des Alltags, denn sie erlaubt, schnell und hinreichend präzise die eigene gesundheitliche Lebensqualität im Zeitverlauf zu beobachten. Dazu reicht es, vielleicht jeden Sonntagabend die folgenden fünf Fragen zu beantworten und das Ergebnis zu protokollieren. Zeichnet sich ein Trend in die eine oder andere Richtung ab, können ggf. Maßnahmen ergriffen werden. Dieses Messinstrument ist der am häufigsten verwendete Fragebogen zur Messung der subjektiven Einschätzung des Wohlbefindens. Eine Metaanalyse von 213 Studien, in denen er verwendet wurde, zeigte, dass das Ergebnis hinreichend genau (reliabel) und präzise ist.[74] Die fünf Fragen samt möglicher Antworten und zugeordneten Punktwerten zeigt Tab. 5.5.

Für die Auswertung der Ergebnisse ist noch eine Art Interpretationshilfe in Form von Referenzwerten erforderlich. So zeigt ein Wert von 13 bis 25 Punkten ein „gutes Wohlbefinden" an. Die gesundheitliche Lebensqualität ist nicht beeinträchtigt. Werte geringer als 13 Punkte zeigen eine behandlungsbedürftige an. Der Prozentwert wird verwendet, um kritische Veränderungen aufzudecken: Wenn sich der Wert zwischen zwei Messungen um mehr als 10 % verändert, ist ein besonderes Augenmerk auf die Gründe zu richten.

---

[73] Topp et al. (2015).
[74] Ebenda. Dies bestätigen aber auch Sischka et al. (2020), in ihrer Meta-Studie sowie Gunzelmann et al. (2006).

Tab. 5.5 WHOQOL-5-Fragebogen zur Selbstvermessung der empfundenen gesundheitsbezogenen Lebensqualität (fiktives Beispiel, eigene Darstellung)

„Wählen Sie zu jeder Aussage jeweils eine Antwort, die Ihrer Meinung nach am besten beschreibt, wie Sie sich in den letzten zwei Wochen gefühlt haben."

In den letzten zwei Wochen …	Die ganze Zeit	Meistens	Etwas mehr als die Hälfte der Zeit	Etwas weniger als die Hälfte der Zeit	Ab und zu	Zu keinem Zeitpunkt
… war ich froh und guter Laune	5	4	3	2	1	0
… habe ich mich ruhig und entspannt gefühlt	5	4	3	2	1	0
… habe ich mich energisch und aktiv gefühlt	5	4	3	2	1	0
… habe ich mich beim Aufwachen frisch und ausgeruht gefühlt	5	4	3	2	1	0
… war mein Alltag voller Dinge, die mich interessieren	5	4	3	2	1	0
Summe	… Punkte (min. 0, max. 25)					
Prozentwert	= Punktwert × 4					

Meine Empfehlung für die eigene, private Nutzung des WHOQOL-5-Fragebogens ist, die Messung über einen längeren Zeitraum regelmäßig zu wiederholen und, wie oben beschrieben, den Trend zu beobachten. Dieser wird von akuten Ereignissen beeinflusst sein und es wird immer wieder Ausreißer in die eine oder andere Richtung geben; darum wäre es fahrlässig, sich auf eine einzige Messung zu verlassen und

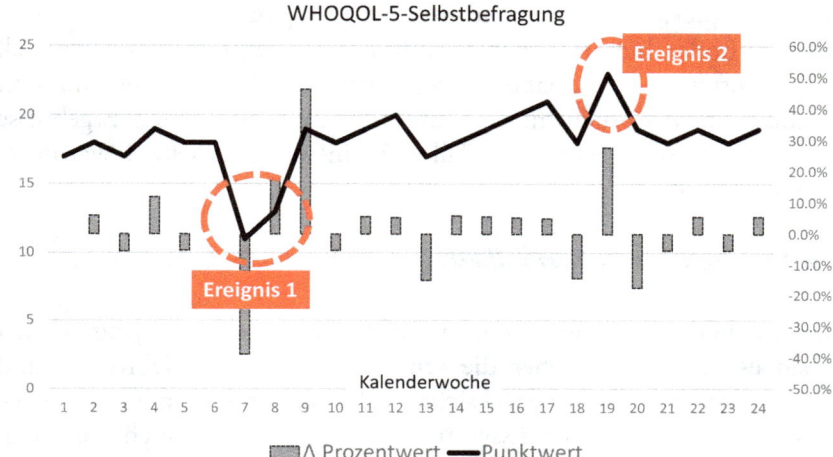

Abb. 5.13 Ergebnis einer WHOQOL-5-Selbstvermessung der empfundenen gesundheitsbezogenen Lebensqualität mit zwei Triggerereignissen. (Eigene Darstellung)

zu riskieren, ein verzerrtes Ergebnis zu bekommen. Der Trend hingegen entlarvt schleichende Veränderungen der empfundenen Lebensqualität, etwa durch eine abnehmende Beziehungsqualität, zunehmenden Stress mit pubertierenden Kindern oder schwierigen Kolleginnen und Kollegen.

Abb. 5.13 zeigt einen Verlauf von Messergebnissen mit zwei wichtigen Triggerereignissen. Ereignis 1 zeigt eine signifikante Eintrübung der Stimmung, z. B. durch einen Trauerfall, Ereignis 2 eine signifikante Verbesserung der Einschätzung der gesundheitsbezogenen Lebenszufriedenheit, vielleicht durch den lange ersehnten Mallorca-Urlaub. Grundsätzlich aber zeigt das Protokoll dieser regelmäßigen Selbstvermessung einen stabilen Verlauf der empfundenen gesundheitsbezogenen Lebenszufriedenheit, sogar mit einem positiven Trend.

Kommen wir zu einem Zwischenfazit: Der Fokus hier liegt nicht wie in Abschn. 5.5 auf der Vermessung der Lebenszufriedenheit bzw. des Glücks, sondern auf der Vermessung der **gesundheitsbezogenen** Lebensqualität als Untermenge. Sicherlich ist sie ein wichtiger Faktor für das Glücksempfinden und wer sein Augenmerk darauf richten möchte, findet hier ein ebenso einfaches wie erprobtes Messmodell. Eine Selbstanalyse mit einem Fragebogen, der jede Woche nur drei Minuten in Anspruch nimmt und dennoch belastbare Ergebnisse liefert, ist fast schon ein Glücksfall – so einfach ist es selten! Warum es dann nicht tun?

Die Vermessung von Gesundheit – der systembiologische Ansatz

Der methodische Ansatz der WHOQOL-Fragebögen geht – wir haben es diskutiert – über die schiere Abfrage von Gebrechen und Beschwerden hinaus. Er berücksichtigt, dass Gesundheit mehr ist als die Abwesenheit von Krankheitssymptomen. Das leuchtet auch ein, denn andernfalls könnte kein chronisch Kranker oder Behinderter glücklich sein. Tatsächlich aber ist Lebensqualität, auch die gesundheitsbezogene, ein komplexes Konstrukt, das aus vielen sich ergänzenden und miteinander verbundenen Variablen besteht. Es ist ein System! Auf Basis dieser Erkenntnis hat sich eine Denkrichtung etabliert, die den **systemischen Ansatz der Selbstwahrnehmung** in den Vordergrund stellt – die **Systembiologie.**

> Die Systembiologie versucht, alle biodynamischen Prozesse des Organismus ganzheitlich zu verstehen und in mathematischen Modellen abzubilden.

Dieser Ansatz ist methodisch nicht neu: In fast allen Wissenschaftsdisziplinen gibt es Versuche, komplexe Phänomene allumfassend in Algorithmen darzustellen. Die Physiker haben es uns vorgemacht, vielleicht auch die Architekten und Statiker, aber auch Volkswirte und Soziologen versuchen, ihre Erkenntnisobjekte nicht nur zu beschreiben, sondern Ursache-Wirkungs-Beziehungen berechenbar zu machen. So ist der Job der Europäischen Zentralbank (EZB), die Geldwertstabilität zu erhalten. Dazu werden mittels Computersimulationen Auswirkungen von Interventionen auf die Inflation berechnet, um zielführende Maßnahmen zu finden oder die Wirkung bekannter Instrumente zu bewerten. Dass dies (Geldwertstabilität) der EZB nicht einmal im Ansatz gelingt, zeigt, dass es sich hier keineswegs um simple Ursache-Wirkungs-Beziehungen handelt, sondern um hochkomplexe Modelle, in denen sich gegenseitig determinierende Variablen scheinbar chaotisch verhalten. Ökonometrische Modelle schaffen allenfalls eine Annäherung an die Abbildung der Realität, wenn Rahmenbedingungen gefixt werden, die wie Mauern ein Idealmodell mit reduzierter Komplexität einfrieden. Doch die Realität bricht Stein um Stein aus diesen Mauern heraus und das Ergebnis ist eine mit den Schultern zuckende EZB, die die Inflation nicht bekämpfen kann, weil sie nicht weiß, wie das geht und wenn sie es weiß, fürchtet, an anderer Stelle Schaden anzurichten.

Wie auch immer: Systembiologie ist der Versuch, **Prozesse** zu verstehen und nicht **Zustände** zu untersuchen. In diesem Duktus wird der Mensch als ein biologisches System begriffen, das sich entwickelt und dabei Störimpulsen ausgesetzt ist. Idealerweise wären uns alle Variablen und Wirkungen bekannt, sodass von jedem beliebigen Ausgangszustand aus die Entwicklung prognostiziert bzw. gesteuert werden kann. Stellen wir uns dafür ein Analysegerät vor, das unsere Körperzellen untersucht und das dann simuliert, unter welchen Bedingungen wir welche gesundheitliche Entwicklung nehmen. Heraus käme eine Anleitung, die uns hilft, gesund und munter vielleicht 120 Jahre alt zu werden. Um dies zu erreichen, sind vier Aspekte zu verstehen:[75]

- **Systemstruktur:** Welches sind die Systemkomponenten (z. B. Zellen) und wie interagieren diese?
- **Systemdynamik:** Wie verhält sich das System im Zeitverlauf unter diversen Einflüssen?
- **Steuerungsmethode:** Was steuert den Zustand von Systemkomponenten wie z. B. Zellen, was hilft, deren Job zu erledigen und was führt zu Fehlfunktionen?
- **Systemdesign:** Entwicklung eines Systemmodells nach bekannten Prinzipien, sodass zuverlässige Simulationen möglich sind und bisher übliche Trial-and-Error-Methoden der Medizin ersetzen.

---

[75] Siehe hierzu bspw. Sporck (2021), und der anerkannte Beitrag von Kitano (2002).

Ein Fortschritt auf jedem dieser Gebiete ist nützlich. Doch so recht weit ist die Wissenschaft hier noch nicht. Noch immer erscheinen uns Depressionen, Autismus, Kehlkopfkrebs oder auch nur Schnupfen „zufällige" Erscheinungen zu sein, von denen wir nur sehr bedingt wissen, was wir tun müssen, um uns vor ihnen zu schützen. Einfache Korrelationen und Ursache-Wirkungs-Beziehungen können wir kalkulieren: Wenn wir frieren, steigt die Gefahr, sich zu erkälten. Wenn wir zu viel Alkohol trinken, steigt die Gefahr für eine Leberzirrhose. Aber eben nicht immer, nicht zuverlässig. Der eine erkältet sich, der andere nicht. Also gibt es weitere Faktoren in dieser Gleichung, die fehlen. Aber welche?

Ein Beispiel: In „konservativen" medizinischen Schriften finden sich sechs Eckpfeiler, die die Gesundheit tragen (Abb. 5.14).

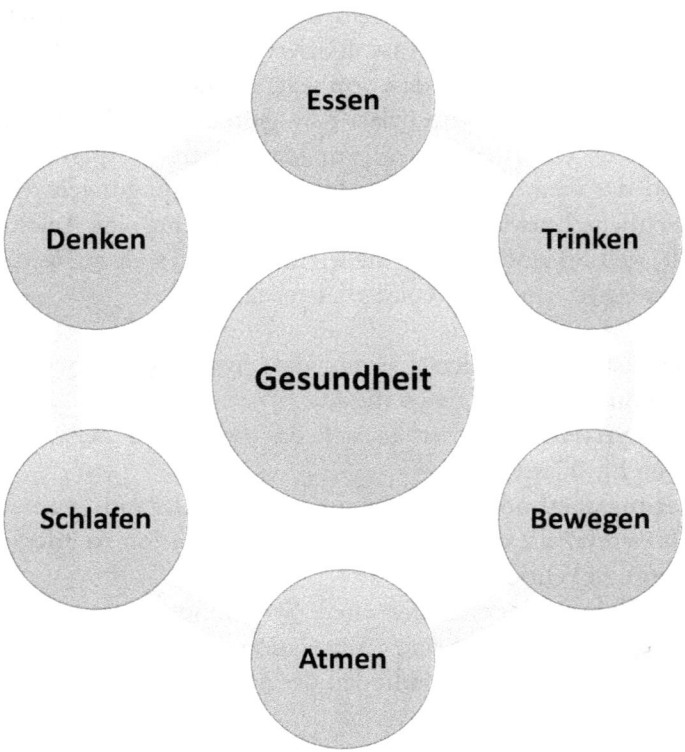

Abb. 5.14 Die sechs Eckpfeiler der Gesundheit. (Eigene Darstellung)

Akzeptieren wir diese Determinanten als Einflussfaktoren und versuchen nun, ein mathematisches Optimierungsmodell zu entwerfen, das uns hilft, den ökonomisch optimalen Ressourceneinsatz für jeden dieser Einflussfaktoren zu bestimmen. Die Zielgröße ist ein möglichst langes gesundes, aktives Leben. Doch während der Faktor „Bewegen" noch vergleichsweise einfach mit einer überschaubaren Anzahl von Variablen beschrieben werden kann (täglicher Zeiteinsatz, Intensität, Intervalle, beanspruchte Muskelgruppen usw.), scheint dies für den Faktor Denken unmöglich. Dass positive Gedanken eine positive psychische Wirkung entfalten, ist bekannt. Aber was sind positive Gedanken? Wie kann man Intensität, Menge usw. messen? Hier stößt die Systembiologie an ihre Grenzen. Sie muss mit Ersatzvariablen und Annahmen arbeiten.

Das Fazit: Die Systembiologie ist ein hehrer Ansatz, der versucht, komplexe Konstrukte ganzheitlich zu erfassen, um das Ergebnis von Interventionen berechnen zu können. Aber schon vergleichsweise einfache Systeme werden schnell hochkomplex. Jede weitere Variable führt zu einem exponentiellen Anstieg mathematischer Verknüpfungen. Wie um alles in der Welt soll dann ein menschlicher Organismus erfasst werden? Es ist aussichtslos, oder? Wieder einmal ruhen die Hoffnungen auf Supercomputern und selbstlernenden KI-Systemen, die irgendwann derart viel Rechenkapazität aufbieten werden, um der Komplexität Herr zu werden. Aber da wir wissen, dass einfache Fragen (wie beim WHOQOL-5-Fragebogen) ein hinreichend genaues Ergebnis liefern, jedenfalls für unsere Zwecke, reicht uns das für die Vermessung der gesundheitsbezogenen Lebensqualität im Alltag allemal aus.

Die Vermessung von Krankheiten – der symptomatische Ansatz

In der Alltagskommunikation wird der Gesundheitszustand über Krankheit definiert. Unterhalten sich Menschen über ihre Gesundheit, reden sie über ihre Krankheiten. Es ist ein ausgesprochen beliebtes Thema, vor allem – so meine Beobachtung – in der älteren Bevölkerung. Arztbesuche, Schmerzen hier und da und am besten nicht eindeutig diagnostizierbare Beschwerden werden unaufgefordert zum Besten gegeben, so als adelten Gebrechen den Erzähler. Woher kommt diese Liebe zum Mangel? Ist es die Bitte um Aufmerksamkeit und Anteilnahme?

In der medizinischen Diagnostik ist das übliche Prozedere, Symptome zu vermessen, durch diese auf eine Erkrankung zu schließen und sowohl deren Ursache als auch die Symptome zu behandeln. Um welche Erkrankung es sich handelt (Bsp.: Diphterie), erschließt sich durch Mustererkennung: Bestimmte Konstellationen von Symptomen (hier Angina, Beläge im Rachen, Atembeschwerden), also von Dysfunktionalitäten, deuten auf eine Ursache hin. Ist diese bestimmt, lässt sich durch Analogien zu zuvor Erkrankten (Erfahrungswerte) eine Therapie entwickeln (hier Antitoxin, Antibiotika) und eine Verlaufsprognose erstellen (hier 90 % Heilungschance, aber 10 % sterben). Abweichungen vom „Normalbild" einer Erkrankung bzw. genauer vom „Normalbild" des Symptomsets und außergewöhnliche Rahmenbedingungen (Fettleibigkeit des Patienten, Antibiotikaresistenz, hohe Lungenkapazität usw.) verändern die Eintrittswahrscheinlichkeit des Therapieerfolgs und müssen im Vorfeld durch eine Modifikation der Therapie berücksichtigt werden.

Es geht hier also um das Vermessen von Symptomen und jede medizinische Praxis ist voller Messinstrumente, deren Aufzählung sich hier erübrigt. Was der Arzt nicht messen kann, überlässt er spezialisierten Labors. Die resultierenden Messwerte werden interpretiert, wozu Referenzwerte erforderlich sind. Durch die Angabe von Normalwertkorridoren ist es dann sogar Laien möglich, Abnormalitäten zu detektieren, selbst dann, wenn der Messwert selbst kryptisch und unbekannt ist (siehe Abb. 5.15).

Grundsätzlich stellt sich die Frage, wann die Vermessung von Krankheiten von Bedeutung ist. Die Antwort fällt leicht: Sie ist wichtig, wenn wir uns nicht mehr gesund fühlen.

> Die Referenz ist die Gesundheit, die kein absoluter Zustand ist, sondern ein multikriteriell erfasster Variablenbereich.

Transthorakale Echokardiographie

Parameter	Wert	Referenzbereich
Schallbedingungen - parasternal	gut	
Schallbedingungen - apikal	gut	
RVDD:	3,37 cm	< 3,0
IVSD:	1,2 cm	< 1,2
LVDD:	4,89 cm	3,6 - 5,5
LVDDI:	2,46 cm/m²	2,29 - 3,03
LVPWD:	1,06 cm	< 1,2
LVDS:	3,17 cm	2,3 - 4,0
LVSDI:	1,60 cm/m²	1,48 - 1,98
Ejektionsfraktion (Teichholz):	64,23 %	50 - 70
Fractional Shortening:	35,09 %	30 - 45
Ejektionsfraktion (Simpson):	63,64 %	50 - 70
MV-E Vmax:	79 cm/s	50 - 100
MV-A Vmax:	45,9 cm/s	40 - 120
E/A-ratio:	1,72	0,8 - 2,5
E/E'-ratio:	13,10	< 10
DT-E:	0,21 ms	> 140

Abb. 5.15 Labordaten einer medizinischen Untersuchung. (Eigene Aufnahme)

Ob wir gesund sind, ist eine sehr individuelle Einschätzung, die mit Toleranz gegenüber (temporären) Dysfunktionalitäten, Erwartungen und dem **Zweck der Einschätzung** zu tun hat: Das Zwicken im Hals, das keineswegs vom Partybesuch abhält, reicht aber als Anlass für eine Krankschreibung aus.

Welche Symptome lassen sich im Alltag vermessen? Vermutlich fallen uns nicht sehr viele ein, da uns die Messgeräte fehlen. Das Fieberthermometer misst die Körpertemperatur, für die Pulsmessung wird nur eine Uhr benötigt und für die Blutdruckmessung reicht ein Messgerät, das vergleichsweise günstig zu haben ist. Darüber hinaus ist die Vermessung von Symptomursachen eine Angelegenheit für Experten mit entsprechender Ausstattung, vor allem aber auch mit der Expertise,

Messwerte als Symptomursachen zu erkennen und diese wiederum als Indikatoren für Krankheiten zu identifizieren.

Weitere Verfahren zur Vermessung der Gesundheit

In der klinischen Praxis finden sich noch zahlreiche weitere Verfahren zur Vermessung der Gesundheit. Diese unterscheiden sich in ihrer Zielsetzung, den Messverfahren und dem Einsatz erforderlicher technischer Geräte. Einige ähneln den oben vorgestellten Verfahren, andere setzen umfangreiche Fachkenntnisse und eine spezifische Ausbildung voraus. Hier folgt ein einführender Überblick der Verfahren.[76] Bei weitergehendem Interesse empfehle ich die jeweils angegebenen Quellen.

- Fragebögen für die Erfassung der Lebensqualität von Kindern und Jugendlichen (z. B. DISABKIDS-37/12, KIDSCREEN-52/27/10 usw.)[77]
- NHP – Nottingham Health Profile[78] zur Erfassung des empfundenen Gesundheitszustands von Patienten, um medizinische oder soziale Interventionen zu entscheiden
- FLZ – Fragebogen zur Lebenszufriedenheit[79]: ein Selbstbeurteilungsfragebogen zur Erfassung der allgemeinen Lebenszufriedenheit sowie jener in speziellen Bereichen; wird in der Persönlichkeitsdiagnostik verwendet; die Bereiche sind Gesundheit, Arbeit und Beruf, finanzielle Lage, Freizeit, Ehe und Partnerschaft, Beziehung zu den eigenen Kindern, eigene Person, Sexualität, Freunde, Bekannte, Verwandte, Wohnung

---

[76] Akribischer gearbeitet haben Daig und Lehmann (2007, S. 15). Dort findet sich ebenfalls eine tabellarische Listung von Messsystemen.

[77] Siehe die Auflistung in o. V., Kinder- und Jugendrehabilitation in Österreich – eine systematische Analyse von Evaluationsmethoden – Endbericht (2019), Carona et al. (2011) und The KIDSCREEN Group (2004).

[78] Kohlmann et al. (1997).

[79] Fahrenberg et al. (2000).

- SEL – Skalen zur Erfassung von Lebensqualität[80]: verfolgt ein ähnliches Konzept wie der FLZ mit einer ähnlichen Anzahl von Fragen (69, beim FLZ sind es 70)
- MLDL – Münchner Lebensqualitäts-Dimensionen-Liste[81]: eine Selbstbeurteilung basierend auf nur 19 Fragen mit den Dimensionen: Körper, Psyche, Sozialleben, Alltag und Global
- QLI – Spitzer Quality of Life Index[82]: kein Selbstbeurteilungsfragebogen, sondern eines von wenigen Messverfahren, die auf eine Fremdbeurteilung durch Fachleute setzen; vorwiegend für die Beurteilung von Kranken entwickelt; Dimensionen: Aktivität, Alltagsleben, Gesundheitszustand, Sozialkontakte und Zukunftsorientierung; einfache Skala von Null bis Zwei, ähnlich dem Apgar-Score
- Computerisiertes adaptives Testen[83]: Computergestützter Fragebogen, bei dem die Auswahl der Fragen von den Antworten auf vorherige Fragen abhängig ist

Einige weitere Verfahren gehen auf die Lebensqualität speziell älterer Menschen ein[84], andere konzentrieren sich auf die Vermessung der „Körperzusammensetzung", um prädiktiv Risiken metabolischer, genetischer oder sonstiger Krankheiten zu bewerten, auch, um Ernährungsformen und klinische Interventionen empfehlen zu können.[85]

Die Vermessung des Schlafs

In Abb. 5.14 wurden die sechs tragenden Säulen der Gesundheit skizziert. Eine davon ist der Schlaf und wir verstehen immer besser, welche Bedeutung er für unsere Gesundheit hat. Nicht zuletzt die neuen und kostengünstigen technischen Möglichkeiten erlauben die

---

[80] Averbeck et al. (1997).
[81] Heinisch et al. (1991) und Franke et al. (1998).
[82] Spitzer et al. (1981) und Hird et al. (2010).
[83] Forkmann (2011).
[84] Hendry und McVittie (2004).
[85] Lee und Gallagher (2008).

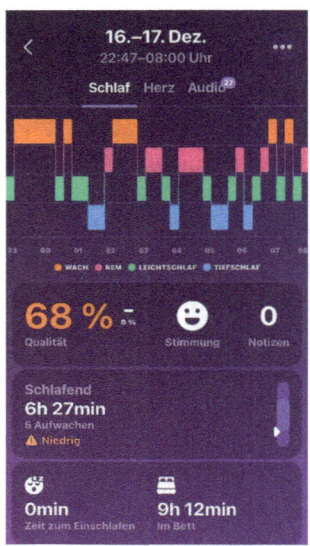

Abb. 5.16 Auswertung des Schlafs mittels der App „Pillow". (Eigene Aufnahme)

Vermessung des Schlafs mit „Bordmitteln": Gyroskope in Smartphones oder Wearables wie Smart Watches zeichnen die Bewegungen im Schlaf auf, einige kombinieren sie mit dem Puls und sicherlich werden die ersten bald auch den Blutdruck nachts überwachen. Das Ergebnis all dieser Messungen ist eine Analyse der Schlafphasen und eine Interpretation der „Schlafqualität".

Die Vermessung des Schlafs mit diesen „Bordmitteln" wird kontrovers diskutiert. Die einen sehen darin Anwendungen, die bestenfalls spielerisch unterhalten[86], die anderen einen ernsthaften Ansatz, eine wichtige Komponente der gesundheitsbezogenen Lebensqualität mit einfachen Mitteln zu steuern und zu kontrollieren. Die Auswertungen sehen auf jeden Fall beeindruckend aus. Abb. 5.16 zeigt eine morgendliche Analyse durch eine von vielen angebotenen Apps.

Doch sind die Daten valide? Als Messinstrument standen der App das Gyroskop und das Mikrophon des Smartphones zur Verfügung, das

---

[86] Siehe bspw. die Einlassungen von Gehring (2018).

neben meinem Kopfkissen lag, und die Frage ist, ob die detailreiche Darstellung tatsächlich die Realität widerspiegelt. Tatsächlich zeigen neuere Vergleichsmessungen bessere Ergebnisse als ältere, was dafür spricht, dass Smartphone-basierte Messungen und solche mittels Wearables wie am Arm getragene Smart Watches Fortschritte machen.[87] Typisch ist, dass die Geräte Schlaf recht gut erkennen, aber Wachphasen in der Nacht ebenfalls als Schlaf interpretieren. Dennoch: Insbesondere für die Überwachung des Schlafs außerhalb medizinischer Anwendungen, etwa den von Sportlern oder von Personen, die an der Selbstquantifizierung Spaß haben, zeigen neuere Entwicklungen brauchbare Ergebnisse.[88]

Wie auch immer: Natürlich ersetzen diese einfachen Mittel nicht Schlaflabore, in denen mittels Video- und Tonanalysen, Vermessung von Hirnströmen oder Polysomnographie medizinische Ursachen von Schlaflosigkeit untersucht werden.[89] Zudem haben mobile medizinische Schlafmessgeräte eine gute Qualität erreicht, sodass die Vermessung des Schlafs auch ambulant möglich ist.[90] Sie sind (noch) deutlich präziser als Smartphones und Wearables. Vermessen werden

- die Schlafquantität (Dauer von Tag- und Nachtschlaf, Wachphasen usw.),
- die Schlafqualität (Aufwachanzahl, Schlafeffizienz, Atemprobleme wie Schnarchen oder Apnoephasen, Parasomnien wie Schlafwandeln usw.),
- die Schlafarchitektur (Anzahl Leichtschlafphasen, Anteil der REM-Schlafphasen, Schlaf-EEG usw.) sowie
- der Schlafplan (Einschlafuhrzeit, Aufstehzeit, Nickerchen, „circadiane Rhythmik" usw.).[91]

---

[87] Eine ältere Studie ist aus dem Jahr 2015 de Zambotti et al. (2015), eine neuere aus 2019: Chinoy et al. (2019).
[88] Dazu gibt es mittlerweile eine Reihe recht guter Studien. Hier eine, die zeigt, dass bspw. „Whoop" recht präzise die Ruhe- und Schlafphasen von Sportlern misst: Miller et al. (2020).
[89] Vgl. Sadeh (2015). Einen Überblick über Methoden der Vermessung von Schlaf geben Ibanez et al. (2018).
[90] Vgl. Penzel et al. (2018).
[91] Sadeh (2015, S. 32).

Vermutlich dauert es nicht mehr lange, bis Wearables und die damit verbundenen Apps ähnlich belastbare diagnostische Ergebnisse liefern wie die medizinischen Geräte. Dies würde helfen, die immer noch langen Wartezeiten auf einen Platz im Schlaflabor zu reduzieren. Voraussetzung ist allerdings, dass Schlafmediziner bereit sind, mit den so gewonnenen Daten zu arbeiten, wofür es derzeit keine Anreize gibt (Vergütung durch die Krankenkassen). Aber das ist ein anderes Thema.

Darüber hinaus gibt es – wir ahnen es schon – ein Potpourri von Selbstauskunftsfragebögen, die helfen, die Quantität und die Qualität von Schlaf zu beurteilen. Teilweise fokussieren sie spezifische Probleme wie die Schlafapnoe oder Einschlafschwierigkeiten und hinterfragen Ess- und Trinkgewohnheiten, die psychische Verfassung oder Umweltbedingungen (Lärm, Haustiere im Bett, schnarchender Partner oder schnarchende Partnerin usw.).[92] Ein schönes Beispiel für einen einfachen Fragebogen, der zugleich ein Scoring ist, zeigt Tab. 5.6. Er liefert eine recht gute Indikation für eine behandlungswürdige Situation.

Was bleibt? Wearables wie Whoop, Fitbit, Apple Watch oder dutzende verfügbare Apps für Schlafanalyse und Schlafkontrolle helfen, sich mit der gesundheitsrelevanten Komponente zu beschäftigen, die in der Regel nicht bewusst erlebt wird, denn wir schlafen dann ja. Wahrgenommen wird Schlaf meist als Mangel, wenn wir wie gerädert aufwachen oder tagsüber müde sind und uns antriebslos fühlen. Wearables und Apps können dann Schlaf nicht herbeizaubern, aber sie helfen, sich dem Thema bewusst zu nähern. Was dann folgen sollte, ist, die Ursachen des empfundenen Schlafmangels zu ergründen und geeignete Maßnahmen zu finden, damit die gewünschte Schlafqualität und -quantität erreicht wird.

Was Wearables mit dem Gesundheitswesen anstellen werden

Bei allen Unzulänglichkeiten und möglichen messtechnischen Mängeln von Smartphones und Wearables sollten wir eines nicht vergessen: Sie

---

[92] Ibanez et al. (2018, S. 6/26), listen immerhin 18 verschiedene Messverfahren auf. Beispiele für solche Fragebögen finden sich unter https://www.sana.de/media/Kliniken/stuttgart-rkk/1-medizin-pflege/physiotherapie/Fragebogen_Schlafverhalten.pdf oder https://www.arztpraxis-haas.de/data/CMM_Contents/files/Fragebogen-PSQI.pdf.

Tab. 5.6 Fragebogen zur Schlafqualität (Ausschnitt) von Dr. D. Hasse, Pöcking (https://www.schlaf-information.de/fileadmin/INTERNET/1-DOWNLOADS/Kurzfragebogen-mit-Logo-02_2017.pdf. Siehe www.einschlafen.info. Hasse, o. J.)[93]

Die Fragen beziehen auf den Zeitraum der letzten 6 Wochen

	täglich	3-5 Woch	1-2 Woch	nie
Ich schlafe nachts zu wenig	5	3	2	0
Ich habe einen leichten, flachen Schlaf	5	3	2	0
Ich brauche länger als 15 minuten zum Einschlafen	5	3	2	0
Ich wache jede nacht auf	5	3	2	0
Ich habe Probleme meinen Schlaf/Wach-Rhythmus dem normalen 24-Stunden-Rhythmus anzupassen	5	3	2	0
Ich habe Probleme, morgens aufzustehen	5	3	2	0
Ich empfinde meinen Schlaf als nicht erholsam.	5	3	2	0
Ich fühle mich tagsüber meistens schläfrig.	5	3	2	0
Ich kann mich tagsüber nicht konzentrieren	5	3	2	0
Beim Einschlafen gehen mir oft Gedanken durch den Kopf, die ich nicht abstellen kann.	5	3	2	0
Beim Einschlafen fühle ich mich oft traurig und deprimiert.	5	3	2	0
Beim Einschlafen bin ich oft ängstlich oder mache mir Sorgen.	5	3	2	0
Beim Einschlafen habe ich ruhelose Beine	5	3	2	0
Ich habe oft Angst nicht einzuschlafen und am nächsten Tag nicht leistungsfähig zu sein.	5	3	2	0
Gesamt:	> 24 Arzt aufsuchen			
Ich habe in der Nacht oft Schmerzen oder andere körperliche Unannehmlichkeiten.	10	8	2	0
Ich schlafe nachts zu viel	5	3	2	0
Ich wache nachts immer wieder auf	4	3	2	0
Ich schnarche	5	3	2	0
Mein Partner hat Atempausen bemerkt	12	8	5	0
Ich fühle mich tagsüber meistens schläfrig.	5	3	2	0
Ich habe imperative Einschlafattacken gegen die ich nichts machen kann	10	10	5	0
Ich kann mich tagsüber nicht konzentrieren	5	3	2	0
Gesamt:	> 12 Arzt aufsuchen			

sind ein wunderbares, kostengünstiges Hilfsmittel der Gesundheitsvorsorge. Sie sind eine medizinische Revolution.[94] Der Wunsch der Diagnostiker, Körperfunktionen und mehr (Umwelteinflüsse, Lebensgestaltung, Ernährung, Tagesablauf usw.) außerhalb von Klinik bzw.

---

[93] Ergänzt wird dieser Kurzfragebogen um ein während einer Beobachtungsphase zu führendes Schlafprotokoll.
[94] So die euphorische Wortwahl von Dunn et al. (2018), der ich mich anschließen möchte.

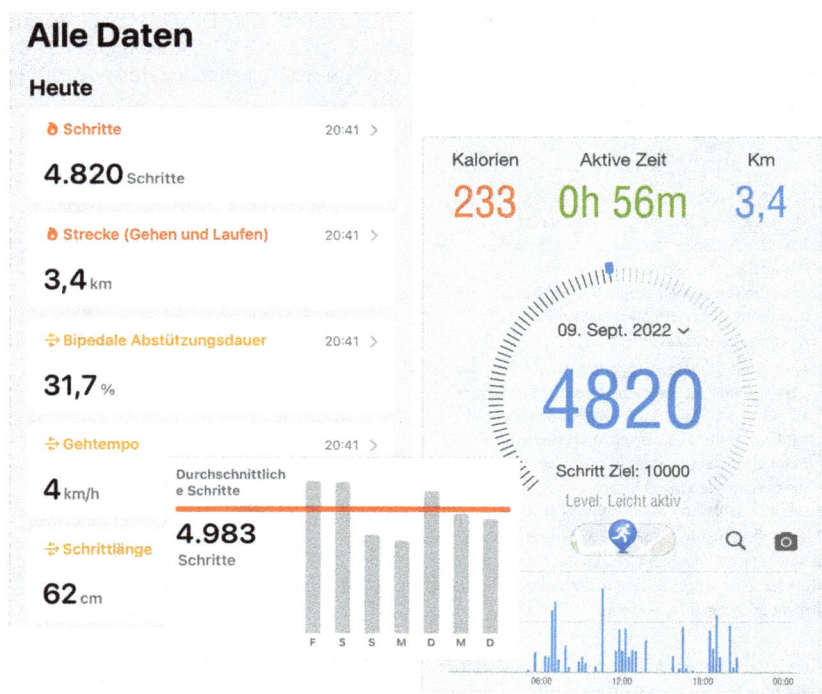

Abb. 5.17 Smartphone-Anzeigen von Schrittzähler-Apps. (Eigene Aufnahmen)

Praxis zu überwachen und gesundheitsrelevante „Ereignisse" frühzeitig zu erkennen, vielleicht sogar, bevor sie lebensbedrohlich werden, geht zu niedrigen Kosten in Erfüllung. Derzeit gibt es ca. 25 verschiedene Wearables auf dem Markt und die Funktionen werden immer umfangreicher. Schritte zählen ist dabei noch vergleichsweise banal (Abb. 5.17).

Pulsmessung, EKG und neuerdings auch die Blutdrucküberwachung gehören zu den erweiterten Standards. Und während ein Arzt all diese Funktionen nur im Kontakt mit dem Patienten oder der Patientin messen kann, tut das ein Wearable ständig. Stellen wir uns darauf ein, dass die kleinen Geräte für ein paar hundert Euro immer mehr leisten werden, weil die Sensoren immer präziser arbeiten.

> Akzeptieren wir, dass medizinische Messung keine Raketentechnik ist und erst recht keine Geheimwissenschaft von Halbgöttern in Weiß. Akzeptieren wir, dass es ein breites Interesse an der privaten Erfassung von Körperdaten gibt, und sei es nur aus spielerischer Neugierde am eigenen Körper. Akzeptieren wir, dass das Gesundheitsdatenvermessungsmonopol der Ärzte Geschichte ist.

Noch haben Mediziner augenscheinlich keine Idee, wie sie mithilfe von Wearables erhobene Gesundheitsdaten in ihre Diagnosen und Therapien einbeziehen können. Noch fehlen ihnen prozessuale Ansätze, denn die klassische Medizin ist auf periodische Arzt-Patienten-Kontakte ausgerichtet, in denen Anamnese, Diagnose, Therapieerläuterung und Therapieerfolgskontrolle stattfinden. Termin – Anamnese/Diagnose – Termin – Maßnahme – Termin – Maßnahme usw., bis die Symptome verschwunden sind. Der Gedanke, dass eine Ärztin sich morgens erst einmal an den Computer setzt und die Messdaten ihrer Patientinnen und Patienten durcharbeitet (oder von Warnsystemen auf außergewöhnliche Daten aufmerksam gemacht wird), ist noch fern.

Doch ändern wird es sich. Die Treiber sind das Angebot an Geräten durch immer bessere Sensoren sowie die Möglichkeit von Apps, eine spielerische grafische Auswertung der Daten samt Interpretationshilfe anzuzeigen. Aus Zahlenkolonnen und Fachtermini (wie die Laborwerteangaben in Abb. 5.15) werden nun bunte Grafiken, Farbschemata, „Daumen hoch/runter"-Symbole oder Smileys (wie in Abb. 5.16). Fantasievolle Gesundheitsindikatoren machen das Verständnis für die eigene Gesundheit leicht. Diese Indikatoren fangen an, zu leben. Ihre Trends können beobachtet werden. Über sie kann gesprochen werden. Man kann sie posten und mit seiner Herde vergleichen. Den Anfang machen wie so oft Sportler, die sich traditionell mehr als der Durchschnitt der Bevölkerung mit ihrem Körper befassen. „Schritte je Tag", „Watt pro Kilogramm", „Sauerstoffaufnahme pro Minute", Restenergiereserven, Belastungs- und Überbelastungsindizes oder anbieterspezifische Kennzahlen wie der „Fitbit-Tagesformindex" sind Daten, die jeder in der Szene kennt und die Likes einbringen (Beispiel siehe Abb. 5.18).

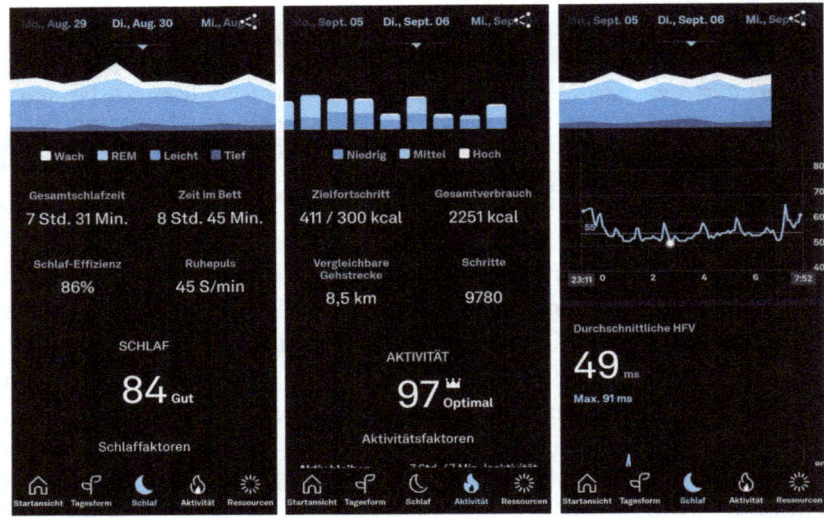

Abb. 5.18 Diverse Auswertungen einer Gesundheitsvermessungs-App. (Eigene Aufnahmen)

Doch das alles wäre nicht wichtig, wenn der Verkauf der Geräte plus Apps, am besten plus eines App-Abonnements, nicht wirtschaftlich attraktiv wäre. Hier trifft das rege Interesse einer kaufwilligen Klientel auf fantasievolle Entwickler samt kapitalstarker Anbieter (Samsung, Huawei, Apple, Garmin usw.).

Erstaunlich ist auch, wie differenziert die diversen Geräte sind. Bauformen und Leistungsumfang unterscheiden sich und damit auch die Marktfokussierung. Der Ōura-Ring ist so unauffällig wie möglich, das Whoop-Armband vermisst u. a. auch die Herzfrequenzvariablität und ermittelt so einen täglichen „Recovery-Score", die VIITA Watch neben „dem üblichen" auch den Wasserbedarf, die Apple Watch erstellt ein Ein-Kanal-EKG (so auch Fitbit-Uhren, Samsung Galaxy Watch, Huawei, Withings ScanWatch u. a.). Neue Anwendungen kommen hinzu, etwa das Monitoring des Menstruationszyklus (Samsung Galaxy Watch). Biostrap, Polar, Garmin und all die anderen Hersteller, die ich hier nicht aufgezählt habe oder die wöchentlich hinzukommen, werden Schritt für Schritt in den Gesundheitsmarkt einsickern und das tun, was

Wirtschaftswissenschaftler „schöpferische Zerstörung" nennen: Sie vernichten traditionelle Wertschöpfungsstrukturen und ersetzen sie durch neue.

Können Wearables bei der Behandlung psychischer Probleme helfen?

Es erscheint heute noch wie ein Spezialproblem. Doch die zunehmende Sensibilität für psychische Probleme trifft auf ein kaum darauf vorbereitetes Gesundheitswesen. Monatelange Wartezeiten auf den Beginn einer Psychotherapie sind ein Indikator.

> Ein anderer ist, dass es keine praktischen Ansätze zu geben scheint, psychische Erkrankungen in ihrem Entstehen zu erkennen und so frühzeitig zu behandeln, dass keine schwerwiegenden Probleme entstehen.

Können Wearables dabei helfen? Sie müssten Emotionen erkennen und diese im Kontext der jeweiligen Lebenssituation interpretieren. Doch: In einer Metastudie (also durch Auswertung vieler anderer Studien) wurde ermittelt, dass Wearables Emotionen noch nicht hinreichend genau erkennen können.[95] Insbesondere fehlt die Vermessung des Hormonspiegels, was Sensoren in den Blutbahnen erfordern würde, sowie eine permanente Beobachtung von Gesichtsausdruck, Stimme und Hautreaktionen.

Doch die gleichen Forscher, die diese Metastudie anfertigten, führten jüngst eine eigene Studie durch und zeigten, dass es bereits möglich ist, einige Basisemotionen zu erkennen. Erforderlich waren aber stetige Aufnahmen des Gesichts.[96] Nun, diese Studie ist ein erster Versuch und die Vermessung von emotionalen Zuständen ist zweifellos komplex, aber die Ergebnisse zeigen die Richtung auf. Stellen wir es uns vor: Täglich schauen wir dutzende Male in unser Smartphone oder auf unsere kamerabewehrte Smart Watch, die unseren Gesichtsausdruck aufnimmt

---

[95] Saganowski et al. (2020).
[96] Saganowski et al. (2021).

und interpretiert, die gleichzeitig den Blutdruck, den Puls und was weiß ich noch alles kennt und uns mit Empfehlungen hilft, unser seelisches Gleichgewicht wiederzufinden. Ob uns diese Vorstellung eines Westentaschen-Handgelenk-Minitherapeuten gruselt oder begeistert, ist egal. Der Markt wird es weisen. Er tut es immer!

5.7 Der Konsumalltag

Die Einkaufsliste als Basis der Konsumkontrolle

Aus der Welt des Konsums stammt eine der bekanntesten Mess- bzw. Kontrollmethoden: Die **Einkaufsliste**. Diese Checkliste (vgl. die Ausführungen in Abschn. 3.5) hilft uns, nichts zu vergessen und sie hilft so manchem auch, sich selbst zu disziplinieren und nicht zu viel zu kaufen. Einkaufslisten sind Merkhilfen. Sie werden im Vorfeld eines Einkaufs geschrieben und damit in einer Situation, in der wir noch nicht dem Bombardement werblicher Botschaften im Umfeld der Läden ausgesetzt sind. Im Vorfeld ist es noch möglich, den tatsächlichen Bedarf und das Budget im Auge zu behalten. Im Grunde genommen ist damit dieses Kapitel fertig. Die Empfehlung lautet:

> Schreiben Sie Einkaufslisten und während Sie das tun, hinterfragen Sie Bedarf und Budget.

Doch dieses simple, bewusste Vorgehen ist nicht im Interesse der Anbieter. Nur ein **intransparenter,** durch Stimuli triggerbarer Konsumprozess erlaubt Ansatzpunkte für ein Marketing, das hilft, sich von Wettbewerbern zu differenzieren und Bedarf zu erzeugen. Nicht, dass wir uns falsch verstehen: Ich komme aus dem „Vertrieb und Marketing". Das ist meine unternehmerische, vorakademische Heimat und mich begeistern Konzepte von Unternehmern, denen es gelingt, tradierte Gesetze von Märkten außer Kraft zu setzen (Apple, Seitenbacher, Tesla, Red Bull, Nespresso usw.). Von diesen Konzepten geht eine gewisse Faszination aus, sodass Konsumentinnen und Konsumenten darauf verzichten, sich vollumfänglich und bewusst über die Vor- und Nachteile der Produkte, deren Preiswürdigkeit und Wettbewerbsangebote zu informieren. Das ist gut für die Anbieter, denn **Intransparenz schafft Handlungsspielräume.**

Wie kann Intransparenz erzeugt werden? Im Kern geht es darum, sich der Vergleichbarkeit zu entziehen. Das muss nicht immer ein einzigartiges Produkt sein. Auch über die Preisgestaltung, den Vertrieb, das Image oder das Design ist es möglich, herauszustechen, für Kundinnen und Kunden attraktiv zu sein und eine emotionale Bindung zu erzeugen. Diese Emotionalität erlaubt dann auch eine gewinnorientierte Preisgestaltung. Folgerichtig ist aus Anbietersicht alles des Teufels, was diese Emotionalität schwächt: Eine rationale Kaufentscheidung, die auf einer Bedarfsanalyse und einem Wettbewerbsvergleich basiert, ist selten hilfreich – für Anbieter.

Entsprechend sollten wir als Kunden für den Konsumalltag den Begriff der Vermessung etwas weiter fassen und alles einschließen, was dazu hilft, aus einem Spontankauf eine überlegte, rationale Kaufentscheidung zu machen. Die Kernfragen sind dabei:

- Was benötige ich?
- Was darf es kosten?
- Welche Kriterien bestimmen, welches der optionalen Produkte ich erwerbe?
- Wie hoch sind die Beschaffungskosten?

Doch werde ich auf Angebote treffen, die über das Ziel hinausschießen, sodass eine weitere Frage relevant ist:

- Welchen Zusatznutzen bietet ein Produkt, das mehr kann als ich benötige und/oder mehr kostet als andere, die nur leisten, was ich auch brauche?

Damit ist eine Kaufentscheidung vorbereitet, aber nicht getroffen. Wir haben uns in Abschn. 2.2 mit Leon Festingers Theorie des sozialen Vergleichs beschäftigt. Menschen sind hinsichtlich ihres Konsums unsicher und suchen Sicherheit im Vergleich mit der von ihnen als relevant selektierten Vergleichsgruppe. „Was die haben, brauche ich auch." Oder: „Ich kaufe mir dieses oder jenes, weil die Mitglieder meiner Vergleichsgruppe es **nicht** besitzen." Diese Vergleichs- oder Referenzgruppe ist von Produkt zu Produkt verschieden. Auch ist sie unterschiedlich stark präsent. Für Güter des täglichen Bedarfs ist es vielleicht die Verwandtschaft, deren Haushalte wir kennen und darum wissen, welche Sorten Butter oder Waschmittel sie kauft. Für Smartphones und andere technische Geräte ist die Referenz das kollegiale Umfeld, denn dort finden sich die Nerds, die Ahnung haben. Und für Sportartikel wie Laufschuhe ist die Referenz die Gruppe von Trainingspartnern, die Empfehlungen geben und jede Neuerwerbung kommentieren werden.

Die Macht der sozialen Herden bei einer Kaufentscheidung auszublenden, ist weder sinnvoll noch möglich. Sie (die Herde) entzieht sich der Vermessung, hat aber für die persönliche soziale Reputation eine große Bedeutung. Darum ist die Empfehlung nicht etwa, sie zu ignorieren, sondern sich bewusst mit ihr zu beschäftigen. Dies wird keine Zahl liefern, aber mehr Input als nur ein diffuses Gefühl. Nach gewohnter Manier könnten wir uns die Frage stellen, wie wichtig der Besitz eines Produktes für unser Ansehen in der Bezugsgruppe (Herde) ist und dies mittels der gewohnten 10er-Skala beantworten. Bei Optionen wäre die Frage: „Wie sehr verhilft mir das Produkt XY zu Ansehen in meiner Bezugsgruppe?", um zu entscheiden, ob eine Mehrausgabe gerechtfertigt ist oder nicht.

Die Bewertung von Genuss – alles Geschmackssache?

Begeben wir uns auf ein Gebiet, das wir umgangssprachlich mit dem famosen Wort „Geschmackssache" beschreiben würden. Das Geschmäcker verschieden sind, ist eine Binsenweisheit, und doch gibt es den Bedarf, Produkte und Erlebnisse über ihre objektiven Kriterien hinaus zu bewerten.

Folgt eine solche Bewertung keinen fixen Regeln und basiert sie ausschließlich auf intuitiv-subjektiven Eindrücken, ist sie für andere nicht nützlich. Oft dient sie dann lediglich als Gesprächsstoff. Im Film „Zehn – die Traumfrau" mit Bo Derek in der Titelrolle (das ist der Film, in dem Maurice Ravels Boléro spektakulär eine Liebesszene untermalt; Abb. 5.19 zeigt das Filmplakat) sieht der beziehungsfrustrierte Musiker George Webber seine Traumfrau (Jenny), der er auf der Skala von Null bis Zehn die Bestnote gibt. Seine Bewertung basiert ausschließlich auf seinen Vorstellungen über das Aussehen einer idealen Frau. Andere Männer hätten Jenny andere Noten gegeben oder auf eine Bewertung zunächst verzichtet, weil ihnen das bloße Aussehen als Kriterium zur Beurteilung einer möglichen Partnerin weniger wichtig wäre.

Abb. 5.19 Filmplakat für „10 – Die Traumfrau". (Eigene Aufnahme)

Doch wie subjektiv ist das Urteil wirklich? Üblicherweise prägen sich zeit- und kulturbedingt Schönheitsideale aus, von der Körperstatur über die Proportionen bis hin zur Hautfarbe. So darf ein grundsätzlicher Konsens über die Konfiguration der Referenzmodelle unterstellt werden und auch wenn Bewertungen normalverteilt streuen, werden sie sich grundsätzlich ähneln.

Dies ist bei der Bewertung von Essen oder Wein nicht anders und tatsächlich sind auch Laien mit hinreichender Sicherheit in der Lage, gutes Essen von schlechtem Essen und guten Wein von schlechtem Wein zu unterscheiden. Es gibt also bei aller Subjektivität individuellen Geschmacks einen quasi-objektiven Rahmen. Dieser wird gesellschaftlich und kulturell bedingt sein und kann auch Moden unterliegen. So waren zuckersüße Weine in den 70er Jahren beliebt, gerieten dann in den Verruf und erleben gerade wieder – wenn auch eher „feinherb" als „süß" – eine Renaissance.

Nicht zu vernachlässigen ist, dass die zu bewertende „Geschmackssache" von einem gestalterischen Rahmen umgeben ist. Dasselbe Essen wird unterschiedlich bewertet werden, je nachdem, ob es in einer Bahnhofskantine oder im Ambiente eines Luxusrestaurants serviert wird. Die Art des Anrichtens auf dem Teller spielt eine Rolle, also die Menge (wenig = gut) und die farblich abgestimmte geometrische Komposition. Die Art des Servierens, Vorsetzens, Erklärens, das Geschirr, die Qualität der Serviette und die Kleidung und das Benehmen der übrigen Gäste, all das schlägt sich in der Bewertung des Essens nieder.

Das verheimlicht der berühmteste Restauranttester der Welt, der **Guide Michelin,** auch nicht. Sein dauerhafter Erfolg als maßgebliche Institution für Köche und für Gäste, die beide nach den Sternen greifen, zeugt offensichtlich davon, dass das genutzte Messverfahren verlässlich funktioniert. Auf der ganzen Welt sind Tester im Einsatz, die zwar ihre persönlichen Vorlieben und Abneigungen haben, aber doch zu einem vergleichbaren Urteil kommen müssen. Folgerichtig gibt es für die „Inspektoren" des Guide Michelin einen umfangreichen Katalog zu bewertender Kriterien. Solche multikriteriellen Scoring-Modelle haben wir in diesem Buch schon häufig kennengelernt und ihren Nutzen verstanden, dass die Konzentration auf jeweils zu bewertende Kriterien sich zu fokussieren hilft. Ablenkungen und Verzerrungen durch unbewusste

Vorausurteile werden reduziert. So wird bspw. das Ambiente des Restaurants (Möblierung, Geräuschpegel, Lage usw.) bewusst separat bewertet. Anders ist auch nicht zu erklären, dass 2017 die spleenige thailändische Köchin Jay Fai einen Stern für ihr Streetfood erhielt. Auf TripAdvisor schneidet ihr Restaurant übrigens mit 3,5 Sternen und Platz 714 aller 9303 bewerteten Restaurants in Bangkok (Stand: Januar 2023) weniger gut ab. So unterschiedlich sind die Geschmäcker.

Ob Sterne, Hauben, Pfannen oder Kochlöffel. Das Testen und Bewerten von Restaurants bzw. deren Speisen ist etabliert und in gewisser Hinsicht demokratisiert: Für nahezu jedes Lokal finden sich Bewertungen. Jede Kneipe wird mit Sternen bewertet und warum der analogkäseverseuchte, schmuddelige Pizzalieferdienst mit seinen lieblos mit Zutaten beworfenen, halbrohen Pizzaböden bei mir um die Ecke auf Google 4,5 von fünf Sternen erhalten hat, werde ich nie verstehen.

Ähnlich populär ist die Bewertung von Wein. Hier ist von einer Demokratisierung der Bewertungen aber noch nichts zu sehen. Weine zu beurteilen ist offenbar eine Angelegenheit von Experten. Warum eigentlich? Ist es ihre Sprache, ihr Vokabular, ihr vorgebliches Fachwissen? Selten ist es so deutlich, wie sich Weinexperten und solche, die sich dafür halten, untereinander erkennen: Es ist diese Geheimsprache, die aus Fachausdrücken, immer gleichen Adjektiven und sogar einer festgelegten Reihenfolge der Beschreibung von Sinneswahrnehmungen besteht. Wer die Grammatik dieser Geheimsprache beachtet, wird als Experte wahrgenommen, wer nicht, als Laie belächelt. Diese Polarisierung mag Grund dafür sein, dass sich Laien selten trauen, einen Wein sensorisch zu beschreiben und sich auf das sichere Terrain des Standardspruchs „Ei, schmecken muss er halt!" zurückziehen. Seltsam ist es aber doch, warum die Vermessung bzw. Bewertung von Wein noch nicht so üblich ist wie jene von Unterkünften oder Restaurants. Dabei wäre es eine Hilfe (zumindest für Konsumweine) zu erfahren, wie die bisherigen Trinkerinnen und Trinker den Wein einschätzten. Oder sind die Geschmacksunterschiede, Vorlieben und Abneigungen doch so groß, dass selbst eine abstrakte Bewertung nicht nützlich wäre? Würde eine Bewertung auf einer 10er-Skala mit der Standardfrage „Wie wahrscheinlich ist es, dass Sie diesen Wein einem Freund oder Bekannten weiterempfehlen?" (oder das übliche 5-Sterne-System) nichts nutzen?

Tab. 5.7 Weinbewertungssystem. (Quelle: bonvino.de)

Punkte	Beschreibung
Unter 60	Fehlerhafter Wein, der ungenießbar ist
60–69	Unterdurchschnittliche, belanglose Weine mit unübersehbaren Schwächen und daher nicht empfehlenswert
70–79	Durchschnittliche Weine ohne Besonderheit, die nur wenig Trinkfreude bieten
80–84	Weine von ansprechender Qualität, die Trinkgenuss für den Alltag bieten
85–89	Gute bis sehr gute Weine, die viel Genuss bieten (oft zu sehr fairem Preis)
90–94	Hervorragende Weine, die auf ganzer Linie begeistern
95–99	Außerordentliche Weine, die wirklich exzellent sind und einen unvergleichlichen Trinkgenuss bieten
100 Punkte	Weine von absoluter Weltklasse – sehr selten und daher äußerst begehrt. Rare Topweine aus den besten Jahrgängen

Weinführer, die sich an „Kenner" richten, gibt es jedenfalls viele. Parker, Gault & Millau, Eichelmann, Falstaff, Guia Penin oder der Gambero Rosso, sie alle bewerten Weine und Weingüter mit Sternen, Punkten, Reben oder Gläsern. Stets wird kriteriell vorgegangen und dann ein Sinneseindruck mit einem Punktwert gleichgesetzt, was nichts anderes bedeutet, als das hinter objektiv erscheinenden Bewertungszahlen mehr oder weniger willkürliche, subjektive Einschätzungen eines Testers stehen. Die **Quantifizierung von Geschmackseindrücken** manipuliert die Adressaten, weil Punkte wie Fakten daherkommen, obgleich sie keine reproduzierbare, nachvollziehbare oder verlässliche Bewertungsbasis haben.

Tab. 5.7 mag das verdeutlichen. Es zeigt die semantische Übersetzung von Punkten, die für Weine vergeben werden, doch wage ich zu behaupten, dass die Beschreibungen wenig nützlich sind, da sie keine Vorstellung vom sensorischen Geschmackserlebnis ermöglichen.[97]

Andere Bewertungssysteme, etwas das des Parkers, sind noch oberflächlicher und weisen Punkten Begriffe wie „durchschnittlich", „gelungen" oder „bemerkenswert" zu. Diese Adjektive haben keine Bedeutung mehr, hier zählt der Punktwert allein und tatsächlich sind

---

[97] https://bonvino.de/bewertungs-systeme-fuer-wein/

"Parker-Punkte" in der Welt ambitionierter Weintrinkerinnen und Weintrinker gemeinhin bekannt.

Diese Urteile beeinflussen Preise. Darum ist es für die Anbieter wichtig, dass die Bewertungssysteme "gerecht" sind. Doch drehen wir den Spieß um: **Bestimmen Preise Urteile?** Schmeckt uns der Wein, **weil** er 49,- Euro gekostet hat? Ist das Biru Wagyu Ribeye Steak außergewöhnlich lecker, weil wir **wissen,** dass es teuer und schwer zu bekommen ist? Ist der Preis ein Indikator für Qualität? Wir wissen recht gut, dass immer dann, wenn objektive Maßstäbe oder Referenzen fehlen, der Preis die Rolle eines Qualitätsindikators übernimmt. Zuweilen funktioniert das nur in eine Richtung und dann führt der zu niedrige Preis zu einem negativen Vorurteil, etwa bei langlebigen Gebrauchsgütern wie einem Fernsehapparat.[98]

> Doch bei Genussmitteln, etwa Wein, ist die Beweislage eindeutig: Ein hoher Preis signalisiert hohe Qualität![99]

Dies ist, am Rande, insbesondere bei jüngeren Kundinnen und Kunden ausgeprägt, vermutlich, weil sie weniger Konsumerfahrungen besitzen.[100]

Scoring als Instrument für eine bewusste Kaufentscheidung

Und das führt uns direkt zu einem weiteren bewährten Verfahren für eine Konsumentscheidung: Das Scoring. Wir haben es schon mehrfach in diesem Buch kennengelernt. Die Messmethode ist immer die gleiche: Wir suchen Kriterien aus, die für uns kaufentscheidend sind, gewichten diese (denn nicht jedes Kriterium ist gleich wichtig) und bewerten für

---

[98] Vgl. Gerstner (1985), Bagwell und Riordan (1988) und Verma und Gupta (2004). Unter anderem für Wodka haben das schon früh Buzzell et al. (1972), untersucht.

[99] Wolinsky (1983), Schnabel und Storchmann (2010) und Ali und Nauges (2007). Die positive Wirkung von Auszeichnungen für Weine haben Orth und Krska (2001), untersucht.

[100] Mastrobuoni et al. (2014).

jede zur Wahl stehende Option auf einer 10er-Skala, wie gut die Option das Kriterium erfüllt. Ein Beispiel zeigt Tab. 5.8.

Dieses Modell ist natürlich an die individuellen Präferenzen anzupassen. Es kommen vielleicht Kriterien hinzu, und die persönliche Gewichtung wird variieren. Das Ergebnis hier ist ein knapper Vorsprung von A vor B; C käme nicht infrage.

Selbstverständlich kommen solche aufwendigen Modelle, für die man sogar einen Taschenrechner (besser: ein Tabellenkalkulationsprogramm) benötigt, nur für Einkaufsentscheidungen in Frage, die weitreichend sind, weil sie langfristig an das Produkt binden oder weil es schlichtweg teuer ist. Die Kosten des Messverfahrens müssen durch den Nutzen gerechtfertigt sein. Für die Auswahl eines Joghurts würde es sich nicht „lohnen".

Es dürfte nun nicht verwundern, dass Anbieter ihrerseits versuchen, Entscheidungsverfahren wie das hier vorgestellte Scoring-Modell zu simulieren. Sie werden versuchen, bei den vermuteten wichtigen Kriterien zu punkten, aber vor allem werden sie versuchen, weitere Aspekte hinzuzufügen. Diese können insbesondere bei einem Kopf-an-Kopf-Rennen von Optionen, so wie wir es in Tab. 5.8 für die Optionen A und B sehen, entscheidend sein. So hat sich Apple als vermutlich erster Wettbewerber in der betreffenden Branche mit der Bedeutung einer wertigen Verpackung beschäftigt. Weitere – um den Blick auch auf andere Produkte zu richten – versuchen mit Bonuspunkten zu punkten, die zu Rabatten (Payback, Deutschlandcard oder die Bäcker-Kaffee-Stempelkarte) oder zu Privilegien (AIDA Clubstufe, Lufthansa Senator-Status oder die e.l.f. Beauty Squads) führen.

Das Fazit

Verglichen mit den Kapiteln über die Vermessung der Lebensqualität oder der Gesundheit ist dieses Kapitel recht kurz.[101] Es hat Sie gerade

---

[101] Was diesem Kapitel fehlt, sind Ausführungen über die Kontoführung bzw. Budgetierung im Sinne einer Ausgabenrechnung, die Berechnung von Sparquoten, Aspekte der Berechnung der Altersvorsorge und die Berechnung von Sonderbelastungen wie Kinder, Pflege von Angehörigen usw. Aber damit wäre nicht nur dieses Kapitel, sondern sogar das ganze Buch überfordert und darum muss ich schweren Herzens eine Grenze ziehen und auf Ausführungen verzichten.

Tab. 5.8 Scoring-Modell (Nutzwertanalyse) zum Erwerb eines Smartphones als Konsumentscheidungshilfe. (Eigene Darstellung)

Welches Smartphone soll ich kaufen?							
Kaufkriterium	Gewicht	Smartphone A		Smartphone B		Smartphone C	
		Bewertung	Score	Bewertung	Score	Bewertung	Score
Preis	20 %	6	1,2	8	1,6	9	1,8
Image in meiner Gruppe	25 %	10	2,5	8	2	6	1,5
Kameraqualität	10 %	6	0,6	8	0,8	10	1
Apps	20 %	10	2	10	2	8	1,6
Konnektivität	10 %	8	0,8	6	0,6	6	0,6
Erfahrungen anderer	15 %	9	1,35	9	1,35	7	1,05
Summe	**100 %**		**8,45**		**8,35**		**7,55**

einmal vier bis fünf Minuten Ihrer Zeit gekostet und nur zwei Messverfahren beleuchtet: Die Einkaufsliste und das Scoring. Aber beide sind hinsichtlich ihres Nutzens nicht zu unterschätzen: Die Möglichkeiten für die Vermessung und dann die Gestaltung des Alltags sind beträchtlich. Probieren Sie es aus!

Doch bevor Sie damit anfangen, gönnen Sie sich weitere vier Minuten und tauchen Sie in ein wirklich interessantes Thema ein: Die Vermessung von Ästhetik. Mit dem „Konsumalltag" hat das insofern zu tun, als dass wir bereit sind, höhere Kosten zu akzeptieren, wenn wir uns über die funktionale Ebene hinaus von der „Schönheit der Dinge" angesprochen fühlen. Natürlich könnten wir es bei dieser banalen Erkenntnis belassen und der Ästhetik ihre Mystik gönnen. Aber die Neugierde treibt uns weiter und auf die Frage zu, ob sich an Ästhetik ein Maßband anlegen lässt.

Ein wunderschöner Sonderfall: die Vermessung der Ästhetik

Lässt sich Ästhetik überhaupt vermessen? Ist das Empfinden von Schönheit und Harmonie nicht eine individuelle Angelegenheit? Lässt sich das „Weite Reich des Schönen"[102] wiegen? Immerhin spricht Böhme im Kontext der Beschreibung von Humboldts „Physiognomie der Natur" auch von der Existenz einer „objektiven Ästhetik"[103], und was objektiv ist, sollte sich auch erfassen, bzw. vermessen lassen! Letztlich war exakt das ja auch Motivation und Antrieb Alexander von Humboldts: Das Vermessen der Natur, um sie in ihrer systemischen Ganzheit und Schönheit zu begreifen.

Tatsächlich stoßen wir immer wieder auf Quantifizierungen dessen, was wir als „schön" oder eben „ästhetisch" erleben. Hier einige willkürlich zusammengetragene Beispiele:

- Der goldene Schnitt[104]: Verhältnis von Seiten- und Flächenmaßen

---

[102] Hegel (1842, S. 3).
[103] Böhme (2021, S. 176).
[104] Beutelspacher und Petri (1996).

5 Unser Alltag und wie wir ihn vermessen

- Fibonacci-Zahlenfolge[105]: Verhältnismaße für Spiralen, etwa in der Natur
- Symmetrien für den Garten- und Landschaftsbau sowie in der Architektur
- Muster in der Kunst: Geometrische Figuren, berechnete Ornamente usw., bekannt bereits seit der Jungsteinzeit
- Körperproportionen: Verhältnis von Körperteilmaßen zueinander, etwa das Verhältnis von Taille- zu Hüftumfang[106]
- Musik: Luftschwingungen im hörbaren Bereich, deren Kombination und Abfolge als harmonisch wahrgenommen werden, also Rhythmen, Akkorde, Harmonien und eingängige Melodien[107]
- Farbkombinationen[108]: Verbindung von harmonierenden Wellenlängen elektromagnetischer Strahlung, vulgo als „Farbe des Lichts" bezeichnet
- Farben zur Verdeutlichung von Phänomenen und statistischen Verteilungen:[109] Farbverläufe, Signalfarben oder Kontraste, etwa die Temperaturzonen auf Wetterkarten, Verteilung von Verbrechen oder Hochwassergefahrenzonen im Land
- Lichteindrücke[110]: Lichtfarbe, Farbtemperatur (Kelvin), Stärke (Lumen, Candela, Lux) und Wellenlänge der elektromagnetischen Strahlung
- Spiegelungen: Kongruenzabbildung im wahrnehmbaren Raum, beschrieben durch Form, Lichtstärke, Farbe, Kontrast oder Schärfe
- Designsprache, ausgedrückt in Formen und Proportionen von Gegenständen: als harmonisch empfundene Proportionen (siehe oben), Winkel, Radien usw.

---

[105] Schwarzfischer (2014).
[106] Naturgemäß liegt es im Interesse der ästhetischen Chirurgie, „schöne" Körperproportionen und -maße festzulegen. Ein Beispiel dafür: https://www.schoenheitsgebot.de/schoene-frauen.php.
[107] Lissa (1975). Bekanntgeworden ist das vielen Hits zugrunde liegende „Four-Chord"-Schema: C-Dur/G-Dur/a-Moll/F-Dur.
[108] Spillmann (2018).
[109] Frey (2023).
[110] Haroche (2022).

- Bewegungsformen wie Tanz: Struktur der Bewegungsabläufe, Synchronität der Bewegung mit der Musik

Obwohl sich Ästhetik offensichtlich vermessen lässt, beschreiben wir sie in der Alltagssprache mit abstrakten, ungenauen Begriffen. Wer steht schon in der kontemplativen Stimmung eines Museumsbesuchs vor einem Gemälde und sagt: „Oh, die Teilung zwischen Himmel und Meer in der Sky Study von William Turner entspricht dem Goldenen Schnitt" (Abb. 5.20) oder steht in Florenz vor der fünf Meter hohen David-Statue von Michelangelo Buonarroti und denkt: „Hüften und Schultern in entgegengesetzten Winkeln, aha, ein Kontrapost, der zu einer leichten Krümmung des Körpers führt, welcher das in der Antike beliebte Torso-Kopf-Verhältnis von 8:1 aufweist" (Abb. 5.21).

Wir brauchen die Vermessung der Ästhetik, um sie zuverlässig „produzieren" zu können, aber wir verabschieden uns dann von dem Bewusstsein für Maße und Gewichte und lassen das Empfinden für Schönheit wirken. Vielleicht ist es die Furcht vor der Entzauberung des Wunderbaren. Und nur wenigen Menschen ist es vergönnt, die Vermessung der Ästhetik selbst als Kunstform zu betrachten. Diese

Abb. 5.20 Sky Study (Himmelsstudie) von Joseph Mallord William Turner (1775–1851). (Eigene Aufnahme)

Abb. 5.21 David von Michelangelo Buonarroti, 1504 fertiggestellt, ausgestellt in der Accademia di Belle Arti, Florenz. (Eigene Aufnahme)

ergötzen sich an grafischen Abbildungen von Mandelbrotmengen (Abb. 5.22), der Rosettenbahn eines Foucaultschen Pendels oder der molekularen Struktur eines komplexen DNA-Moleküls in Form einer Doppelhelix.

Es gibt aber noch einen weiteren Aspekt im Kontext der Vermessung von Ästhetik: Die Vermessung der **Reaktion** darauf! Zu erfassen, was Menschen fühlen, wenn sie bestimmte Bilder oder Videos betrachten, Musik oder Texte hören, ist eine etablierte Methode. Durch die Messung von Pulsschlag, Blutdruck, Hautleitfähigkeit (wie bei einem Lügendetektortest), Gänsehaut, Hormonspiegel, Pupillenweite oder Hirnaktivitäten lassen sich Reaktionen feststellen, die auf bestimmte Einstellungen gegenüber dem gerade Erlebten schließen lassen: Ein lachendes Baby löst eine andere körperliche Reaktion aus als ein weißer Hai, der gerade eine Robbe zerfetzt. Ist die Messung fein genug, können unterschwellige, also vom Probanden selbst nicht wahrgenommene

Abb. 5.22 Mandelbrotmenge: Ausschnitt vom Apfelmännchen (mit Genehmigung von mathegrafix.de)

Reaktionen bei der Betrachtung von Produkten, Werbespots oder Menschen gemessen werden.

> Ansprechende Ästhetik, so ist die Hypothese, wird als angenehm empfunden, was Vertrauen, den Wunsch nach Nähe oder Kaufbereitschaft zur Folge hat.[111]

So messen bspw. Automobildesigner während des Entwicklungsprozesses regelmäßig die emotionale Reaktion auf Gestaltungsideen.[112] Es hat einen guten Grund, warum selbst Kleinwagen unserer Zeit einen „zornigen" Blick durch mittig heruntergezogene Scheinwerfer und bayerische Luxusfahrzeuge für Firmenwagenbesitzer bis ins Groteske überzeichnete Frontpartien haben. Oder wie wirkt der Kühlergrill des Autos in Abb. 5.23 auf Sie? Es sind **Selbstauskünfte** und die Frontpartie des Autos soll kommunizieren.

---

[111] Vgl. hierzu Bloch et al. (2003).
[112] Desmet et al. (2000).

Abb. 5.23 Auto mit großem Kühlergrill (Ausschnitt aus einer Anzeige für das BMW-Modell i7, veröffentlicht in der Online-Version der FAZ am 19.12.2022)

Auch in anderen Bereichen ist der kommerzielle Anreiz, ästhetische Vorlieben vermessen zu können, um opportunistisch Produkte zu entwickeln, groß. Legendär geworden ist der fetischhafte Tanz des ehemaligen Apple-CEOs Steve Jobs und seines „Chief Design Officers" Jonathan Ive um das Design ihrer Produkte – und der Erfolg gab ihnen Recht. Ähnlich berechnend gehen Musikproduzenten vor, die immer auf der Suche nach dem nächsten Mega-Hit sind.[113]

Die Suche nach dem Muster der Ästhetik hört nicht auf und die Werkzeuge dieser ganz speziellen Forschungsreise sind: Messungen.

5.8 Der Beruf

Jetzt wird es wieder etwas facettenreicher. Die Vermessung der Lebenswelt „beruflicher Alltag" beinhaltet eine Vielzahl von Aspekten, aber vor allem kann sie aus zwei Perspektiven erfolgen: Der des Arbeitgebers und der der Arbeitnehmerin respektive des Arbeitnehmers. Zuvor sollte aber etwas Grundsätzliches geklärt werden:

[113] Fleischer (2012).

> Der Arbeitgeber bezahlt für eine Arbeitsleistung, die der Arbeitnehmer (oder die Arbeitnehmerin) schuldet. Darüber wird ein Vertrag geschlossen. Der Arbeitgeber ist der Kunde, die Arbeitnehmerin (oder der Arbeitnehmer) ist der Dienstleister!

Warum ist es mir so wichtig, diese Selbstverständlichkeit zu erwähnen? Weil die Klarheit des Dienstleistungsverhältnisses verloren gegangen ist. Es scheint so, als müssten Unternehmen dankbar dafür sein, dass sich Menschen morgens dazu aufraffen, für sie zu arbeiten. Sie, also die Unternehmen, haben zu liefern: Flexible Arbeitszeiten, Toleranz gegenüber Befindlichkeiten, topmoderne Bürostühle, veganes Mittagessen in der Kantine, kostenlose Rückenschule (natürlich während der Arbeitszeit) und Sonderprämien für was auch immer. Von der Wählergunst abhängige Regierungen leisten ihren Beitrag, die moralische Anspruchshaltung von Berufstätigen zu bestätigen. Presse, Funk und Fernsehen überschlagen sich darin, die Rechte der Berufstätigen zu erläutern, ohne auf die Idee zu kommen, sich mit den Rechten des Kunden (Unternehmen) zu befassen. Und in Talkshows (die aber nur eine winzig kleine intellektuelle Oberschicht erreichen) werden Arbeitsmodelle diskutiert, die an der unternehmerischen Wirklichkeit der meisten Unternehmen vorbeigehen, aber den Zuschauerinnen und Zuschauern Appetit machen. Andererseits ist es eine moderne Errungenschaft, dass Unternehmen respektvoll mit ihren Angestellten umgehen (müssen). Die zähe, mühevolle Arbeit von Arbeitnehmervertretungen und politischen Kräften hat sich gelohnt: Angestellte haben Rechte und können sich gegen Willkür von Unternehmen behaupten, wie sie noch vor ein paar Dutzend Jahren Usus war.

Es ist wie ein Pendel, auch, wenn es sehr langsam schwingt: Erst waren die Arbeitgeber in der besseren Position, was zu gewinnsteigernden, aber menschenunwürdigen Verhältnissen führte, heute sind die Arbeitnehmerinnen und Arbeitnehmer in der besseren Position, können – je nach Qualifikation und Region – zwischen Stellenangeboten wählen und auf ihre Rechte pochen, vergessen zuweilen aber, dass sie **Verkäufer ihrer Arbeitsleistung** und die **Arbeitgeber ihre Kunden** sind.

Irgendwann, und vielleicht regelt es der **globale** Markt, wird sich das Pendel auf eine ausgeglichene Position einschwingen. Dann wird ein rationaler Interessensausgleich wichtiger sein als das Erkämpfen von scheinbaren Vorteilen. Dann geht es um Nutzen und Kosten und beides wird vermessen werden. Und auch, wenn meine Argumentation hier ein paar Stufen auf einmal genommen hat und entsprechend anfechtbar ist, dürfte deutlich geworden sein, dass die Vermessung des beruflichen Alltags für beide Seiten nützlich ist. Los geht's!

Die Wahl des „richtigen" Berufs

Es gab Zeiten, da war die Wahl des Berufes vom Elternhaus abhängig. Aber das ist Geschichte. Dabei hat es durchaus seine Berechtigung, sich am Beruf der Eltern zu orientieren, denn über diesen liegen auch Jugendlichen gewisse Erfahrungswerte vor (Erleben der Eltern, Erzählungen am Esstisch, Besuche der Arbeitsstelle usw.).

Unser Bildungssystem erlaubt schätzungsweise 90 % der Jugendlichen die Wahl eines selbstbestimmten Wegs, eine Quote, die im internationalen Vergleich hervorragend ist.[114] Die Herausforderung ist, dass man mit dieser Wahl, die in jungen Jahren und damit ohne nennenswerte Lebenserfahrung zu treffen ist, 40 bis 50 Berufsjahre zurechtkommen muss. Folglich ist der Preis der **Freiheit der Wahl** die **Verpflichtung zur Wahl,** denn irgendwann muss sich jeder entscheiden. Und das hat Folgen:

> Das Problem einer Auswahl ist, dass sie Kosten verursacht. Es sind im Wesentlichen die **Opportunitätskosten** und die **Risikokosten.**

Beide lassen sich nicht vermessen, jedenfalls nicht mit quantitativen Methoden. Worum geht es? Die Opportunitätskosten (sie kamen schon einmal in Abschn. 2.4.2 vor) bezeichnen den **entgangenen Nutzen**

---

[114] Mir ist natürlich klar, dass 100 % besser wären, doch halte ich es für selbstzerstörerisch, das bereits erreichte Maß an sozialer Gerechtigkeit kleinzureden.

einer Alternative. Werde ich Schreiner, entgeht mir der Nutzen eines anderen Berufs, also bspw. medizinischer Fachangestellter zu sein. Die Risikokosten schließen sich an: Es sind die Kosten, die zu tragen sind, wenn sich die Wahl als Flop herausstellt. Gegen manche Risikokosten kann man sich versichern (Haftpflicht, Hausrat usw.), aber gegen die Risiken einer falschen Berufswahl nicht.

Die Quintessenz ist, dass die Berufswahl bewusst und nach reiflicher Überlegung stattfinden sollte. Von einer intuitiven Wahl ist abzuraten.[115] Der Grund ist, dass es sich um eine multikriterielle Entscheidung handelt, bei der zahlreiche Aspekte berücksichtigt werden müssen. Sich hierbei und ohne eigene Erfahrungen auf seine Intuition zu verlassen, hieße, unsubstantiierten Meinungen, Vermutungen oder Vorurteilen zu folgen. Dimbath schreibt im Kontext der Berufswahl dazu treffend: „Wenn das Individuum im Moment des höchsten Entscheidungsdrucks auf Autopilot umschaltet, entzieht es sich der bewusst-rationalen Entscheidung. Es lässt entscheiden und misst dem Ergebnis eine hohe quasi-natürlich begründete Bedeutung zu."[116]

Wie so ein multikriterielles Entscheidungsverfahren funktioniert, haben wir als „Scoring" bereits an mehreren Stellen gesehen (bspw. Tab. 5.1, 5.4 und 5.8). Kriterien werden gesammelt, entsprechend ihrer Bewertung gewichtet und anschließend für jede realistische Option, hier die möglichen Berufe, bewertet. Einige Kriterien werden quantitativ bewertbar sein, etwa die „Gehaltsaussichten" oder die „Entfernung zu möglichen Arbeitgebern", andere nur subjektiv, etwa das „Image des Berufs im Freundeskreis". Sinnvoll ist darum, die Kriterien mit einer einheitlichen Skala zu bewerten, etwa der hinreichend oft empfohlenen 10er-Skala. Jedes Kriterium kann nun auf dieser bewertet und mit dem Bedeutungsgewicht multipliziert werden. Die Summe der kriteriellen Scores ergibt den Gesamtscore oder auch „Nutzwert" der Berufsoption. Auch sind persönliche Restriktionen als weitere Kriterien

---

[115] Eine literarische Diskussion über intuitive versus verstandesdominierte Berufswahl aus Sicht eines Jugendlichen wird geführt in Küll & Kühnapfel, Kopf zerbrechen oder dem Herzen folgen? Wie Sie gute Entscheidungen treffen – am Beispiel von 10 wichtigen Lebenssituationen (2020, S. 25 ff.).

[116] Dimbath (2008).

nüchtern zu bewerten, denn ein eher mittelprächtiger Notendurchschnitt in der Schule verheißt für den Wunsch, Medizin zu studieren, nichts Gutes.

Am Ende dieses Prozesses, die voraussichtliche „Nützlichkeit" eines Berufs zu vermessen, steht ein Ranking. Dass nicht automatisch die Wahl auf den Beruf mit dem höchsten Nutzwert fallen muss, ist selbstverständlich, vor allem, wenn mehrere Optionen ein ähnliches Ergebnis haben. Dann darf gerne „der Bauch" entscheiden. Doch hebt sich einer durch einen signifikanten Abstand zum zweitplatzierten hervor, ist eine Vorentscheidung gefallen.

Die Wahl des „richtigen" Arbeitgebers

Das exakt gleiche Modell, sogar eines mit einer großen Überschneidung der zur Bewertung herangezogenen Kriterien, bietet sich an, wenn im Laufe des Berufsweges die Entscheidung ansteht, sich einen neuen Job zu suchen und mehrere Arbeitgeber zur Auswahl stehen. Auch hier ist eine intuitive Entscheidung nicht empfehlenswert, auch, wenn sie durch einen umfangreicheren Erfahrungsschatz mehr Substanz hat als bei einem Berufsanfänger. Bewusst die entscheidungsrelevanten Aspekte (Kriterien) aufzulisten, sie zu gewichten und für jede Option zu bewerten, macht die Entscheidung in jedem Falle bewusster.

Ich brauche das Scoring-Modell nicht zu wiederholen, möchte Ihnen an dieser Stelle aber einige Minuten Ihrer Zeit für einen ausgesprochen interessanten Aspekt abringen, dem wir bei Entscheidungen dieser Art oft begegnen: der Gefahr der **Nirwana-Verzerrung** (engl.: Nirvana-Fallacy).

Dem US-amerikanischen Ökonom Harold Demsetz haben wir die eindringliche Warnung zu verdanken, eine **reale Situation** mit einer **idealen,** nur in der Vorstellung vorhandenen, zu vergleichen.[117] Das tun wir immer wieder, wenn uns etwas nicht behagt. Zickt die Freundin, stellen wir uns unsere Partnerschaft mit einer idealen Frau vor, die niemals zickig ist. Stören uns die Kinderschreie am Pool unseres

---

[117] Demsetz (1969).

Urlaubshotels, stellen wir uns eine Adult-only-Destination an exakt gleichem Orte vor. Und scheint die eigene Arbeitsstelle unvollkommen, denken wir uns einfach eine vollkommene herbei. Doch die gibt es nicht, so, wie es auch keine ideale Partnerin (und, unglaublicherweise, auch keinen idealen Partner) gibt. Es ist kontraproduktiv, eine reale an einer idealen Situation zu messen, denn die festgestellten **Lücken** werden in der Beurteilung unserer Entscheidungssituation übermächtig. Sie ziehen den Fokus auf sich und verschieben die Gedanken „von der Fülle auf den Mangel".

Demsetz hat die Auswirkungen der „Nirwana-Verzerrung" konkretisiert, indem er drei Beispiele nannte. Schauen wir sie uns an:

- Die **„Die Kirschen in Nachbars Garten sind süßer"**-Verzerrung.[118] Der Fehlschluss resultiert daraus, dass wir uns in unserem Urteil von unbewusst ausgewählten, in der Regel situativ störenden Aspekten leiten lassen, aber andere übersehen. Wenn uns die ungerechte Chefin unseren Alltag vermiest, prüfen wir bei einer Jobalternative explizit die Qualität des neuen Chefs. Erscheint er „besser", scheint auch die Jobalternative besser zu sein. Aber was wir übersehen haben, ist, dass andere Kriterien schlechter abschneiden, die bisher unproblematisch waren und nicht gewürdigt wurden: Die Büroeinrichtung ist veraltet, es gibt keinen kostenlosen Kaffee und die Arbeit ist langweilig.
- Die **„Es gibt nichts umsonst"**-Verzerrung.[119] Bekommen Sie für den alternativen Job ein Einzelbüro angeboten, erscheint das attraktiv: Ruhe, Sozialprestige und keine störenden Kolleginnen und Kollegen! Doch Einzelbüros sind für den Arbeitgeber kostenintensiv und er wird eine entsprechende Gegenleistung erwarten. Bedenken Sie immer den Preis für das, was Sie erhalten, denn an allem hängt ein Preisschild. An allem!
- Die **„Leute könnten anders sein"**-Verzerrung.[120] Die Hoffnung ist, dass im neuen Job die Kolleginnen und Kollegen hilfsbereit,

---

[118] Im englischsprachigen Original heißt es: „The grass is allways greener!".
[119] Engl.: „There's no free lunch!".
[120] Engl.: „People could be different!".

offen und großzügig sind. Und ja, die kollegiale Qualität variiert mit der Unternehmens- und Führungskultur. Doch abgesehen von Ausnahmen in beide Richtungen sind das Nuancen, die zudem individuell unterschiedlich bewertet werden. Grundsätzlich sind Menschen, wie Menschen nun mal sind und die vage Hoffnung, dass in einem anderen Job die Kolleginnen und Kollegen so viel anders sind, ist schnell dahin. Oder anders: Wer sich auf seinen letzten drei Arbeitsstellen nicht in das Kollegium integrieren konnte, wird dies höchstwahrscheinlich auch bei der nächsten nicht schaffen.

Die Empfehlung, bei der Suche nach Optionen immer auch die Möglichkeit einer Nirwana-Verzerrung zu berücksichtigen, hätte ich natürlich auch an beliebigen anderen Stellen anbringen können (Partnerwahl, Arztwahl, Wohnsitzwahl usw.). Sie ist als gedankliches Regulativ hilfreich. Ihr Mechanismus entspricht dem des gesamten Buches: Einmal mehr Messen ist nützlicher als sich die Welt schön zu denken.

Einstellen, Entwicklung und Entlassen von Mitarbeiterinnen und Mitarbeitern

Jetzt steht ein Perspektivwechsel an. Wir nehmen gedanklich die Position des Arbeitgebers ein und betrachten seine Möglichkeiten, die Belegschaft zu vermessen. Dies passiert bei einem Einstellungstest ebenso wie bei Zwischenbewertungen, etwa, wenn ein Karriereschritt ansteht und zuletzt, wenn Entlassungen erforderlich sind.

Fangen wir am Anfang an – der **Einstellung** (Rekrutierung). Unternehmen versuchen, die bestmöglichen Kandidatinnen und Kandidaten zu selektieren. Zwei Dimensionen sind dabei von Bedeutung:

- fachliche Qualifikation
- soziale Qualifikation

Darüber hinaus werden noch weitere Aspekte berücksichtigt, etwa die Unterstellung (Vermutung), dass die Bewerberin hinreichend lange auf der Position bleiben wird, oder dass sie diese nur als Sprungbrett verwenden möchte oder dass die vorhandene Belegschaft mit der neuen Kollegin hadern wird, weil sie in irgendeiner Hinsicht außergewöhnlich ist (gehandicapt, queer o. ä.).

Dimension 1: Die fachliche Qualifikation. Diese zu vermessen erscheint einfach. Ein simples Scoring wird ausreichen, bei dem die Berufsausbildung, Vorerfahrungen, Weiterbildungen oder anderweitige beruflich qualifizierende Aspekte bewertet werden. Mit den Ergebnissen dieses simplen Scorings entsteht ein Ranking der Bewerberinnen und Bewerber. Dies sollte zu dem Mindestservice der Personalabteilung für den Fachvorgesetzten, der eine Verstärkung seines Teams sucht, gehören.

Aber hier fehlt noch etwas! Die Fähigkeit einer Bewerberin oder eines Bewerbers, das zu erlernen, was benötigt wird. Diese Fähigkeit ist sogar entscheidend, wenn sich die Anforderungen auf der ausgeschriebenen Position nach der Einstellung verändern werden. Dann reicht es nicht, Bewerberinnen mit Erfahrungswissen zu einem Status Quo zu identifizieren, sondern solche, die vermutlich schnell lernen werden. Aber wie kann das gemessen werden? Eine erste Idee wäre, einen IQ-Test zu machen. Unterstellt wird hier, das intelligente Menschen Veränderungen schneller begreifen als weniger intelligente. Und da moderne IQ-Tests ein weites Spektrum an Fähigkeiten prüfen (Allgemeinwissen, verbale Intelligenz, Allgemeinverständnis, Logik, Bilderkennung, Gedächtnisleistung usw.), sind sie durchaus geeignet zu prognostizieren, ob Kandidatinnen und Kandidaten die Fähigkeit besitzen, sich erfolgreich wandelnden Herausforderungen zu stellen. Außerdem ist gut erforscht, dass ein hoher IQ mit

- beruflichen Leistungen nach Einschätzung durch den Vorgesetzten (Korrelationsfaktor 0,53), dem
- erreichten beruflichen Niveau (0,43), der
- Qualität beruflicher Arbeitsproben (0,38),
- Beförderungen (0,28) und sogar dem
- Einkommen (0,2)

korreliert, wobei die Stärke des Zusammenhangs durchaus von Studie zu Studie variiert.[121] Andere Studien zeigen, dass der IQ mit sozialen Outcomes korreliert, bessere Entscheidungen ermöglicht, die Fähigkeit fördert, mit Komplexität umzugehen, hilft, Schwächen zu kompensieren und die Möglichkeiten verbessert, besondere Talente und Erfahrungen auf neue Aufgaben zu übertragen. Intelligente lernen schneller, sind selbstbewusster, analysieren Probleme schneller und akkurater und passen sich Veränderungen geschmeidiger an. Kurzum: je intelligenter, desto nützlicher für den Arbeitgeber.[122] Somit stehen alle Instrumente zur Verfügung, um die fachliche Qualifikation sowohl aufgrund der Bewerbungsunterlagen (Status Quo) als auch die zukunftsrelevanten Aspekte mittels einfacher Tests zu vermessen.[123]

Am Rande: Sind schlaue Menschen attraktiver? Nun, so ganz eindeutig sind die Ergebnisse nicht. In einer älteren Studie wurde bei Erwachsenen sogar ein leicht negativer Korrelationsfaktor von -0,04 festgestellt, der aber im Bereich der Messungenauigkeit liegt.[124] Umgekehrt wiesen attraktive Kinder in England einen um durchschnittlich 12,4 Punkte höheren IQ auf als unattraktive.[125]

Im Übrigen wird die Bewertung der Leistungen eine Rolle spielen – die **Leistungsdatenerfassung**. Akkordlöhne sind aus der Mode gekommen. In Angestelltenverhältnissen finden wir nur noch wenige Beispiele, bei denen das Gehalt von der gemessenen Arbeitsleistung je Zeiteinheit abhängt. Heute wird fast ausschließlich die Anwesenheit bezahlt. Der Grund ist, dass es immer komplexer wird, gerecht und transparent Leistungsbeiträge individuell zu erfassen. Natürlich: Der Output von Call Center-Agents, Vertrieblern, Logistikern im Versandhandel oder Fernfahrern ist messbar. Doch wie sieht es bei Führungskräften aus, Buchhaltern, Polizisten, Sachbearbeitern, Referenten

---

[121] Vgl. hierzu die Fleißarbeit von Baudson, die zahlreiche Studien zum Thema zusammengetragen hat: Baudson (2021). Siehe auch Dietrich (2014, S. 63–87).
[122] Furnham und Wright (2015, S. 853).
[123] Für den Einstieg eignen sich einfache IQ-Tests, etwa jener der Süddeutschen Zeitung, der sich gut bewährt hat: https://iqtest.sueddeutsche.de/.
[124] Feingold (1982).
[125] Kanazawa (2011).

oder Baumaschinenführern? Hier stößt die Leistungsmessung an ihre Grenzen. Übrig bleibt in der Regel ein vages Bild „guter" oder „weniger guter" Leistungen, das von subjektiven Eindrücken verzerrt sein wird. Unbefriedigend! Gelöst werden müsste dieses Problem meines Erachtens vom Personalbereich (Personalabteilung) eines Unternehmens, aber vermutlich sind hier keine brauchbaren Ansätze zu erwarten. So muss ich einstweilen auf ein Schema verweisen, wie es weiter unten im Kontext der Messung von Arbeitsleistung durch Beobachtungen gezeigt wird (Tab. 5.9). Es ist mit einer Anpassung der in der dortigen Tabelle aufgeführten Fragestellungen brauchbar, wenn auch nicht perfekt.

Dimension 2: Die soziale Qualifikation: Jetzt wird es zweifellos anspruchsvoller. Die gute Nachricht ist: Die soziale Qualifikation lässt sich vermessen. Dafür gibt es zahlreiche Tests, die zwar kein simples „geeignet ja/nein"-Ergebnis ausspucken, aber hinsichtlich der Anforderungen an die zu besetzende Stelle Rückschlüsse darauf geben, ob die Kandidatin oder der Kandidat passen. Wird bspw. eine Fachverkäuferin in der Damenunterbekleidung eines noblen Kaufhauses gesucht, wäre wünschenswert, wenn die Bewerberin gewisse Ausprägungen der Persönlichkeitsmerkmale aufweist. Vor allem sollte sie, so vermute ich, extravertiert (umgangssprachlich: extrovertiert) und verträglich sein.

Die schlechte Nachricht ist: Solche Tests werden meines Erachtens viel zu selten durchgeführt. In Anbetracht der Kosten einer Fehlbesetzung und der Schwierigkeiten, eine Fehlbesetzung wieder loszuwerden, ist es unverständlich, wenn Unternehmen und ihre „Personaler" auf intuitive, subjektive Urteile vertrauen.

> Zu komplex ist das Universum sozialer Verhaltensweisen und zwischenmenschlicher Interaktionen, um persönliche Vorlieben und Vorurteile der Bewertenden ausschließen zu können. Erst die objektive psychologisch-soziale **Vermessung** der Eignung von Kandidatinnen und Kandidaten, also Tests, liefert eine belastbare Entscheidungsgrundlage.

Tab. 5.9 Bewertungsbogen für Vertriebler (hier bewertet durch die Fachvorgesetzte, Namen fiktiv, eigene Darstellung)

Beobachter: Vertriebsleiter Fr. Hinkel	Beobachteter: Hr. Merseburg, VB				
Beobachtung	1	2	3	4	5
Verantwortung: Er/sie versteht sich als Manager seines/ihres Kundenstamms			✓		
Disziplin: Er/sie bereitet sich sorgfältig auf Termine vor und hat alle Materialien dabei				✓	
Zielorientierung im Gespräch: Verhandlungen führt er/sie kompetent und abschlussorientiert				✓	
Kaltakquise: Er/sie ist sich nicht zu schade, Kaltakquise in erforderlichem Umfang zu versuchen				✓	
Vertriebliche Kompetenz: In Vertriebsgesprächen berücksichtigt er/sie das Einmaleins der Verhandlung			✓		
Fachkompetenz: Er/sie kennt unsere Produkte und kann sie erläutern					✓
Einwandbehandlung: Er/sie geht auf Einreden des Gesprächspartners adäquat ein				✓	
Marktkenntnis: Er/sie kennt die Wettbewerber und die Zielgruppen			✓		
Auftreten: Er/sie geht empathisch auf die Gesprächspartner ein und wirkt sympathisch und kompetent					✓

(Fortsetzung)

Tab. 5.9 (Fortsetzung)

Beobachter: Vertriebsleiter Fr. Hinkel	Beobachteter: Hr. Merseburg, VB				
Beobachtung	1	2	3	4	5
Akzeptanz bei den Kunden: Er/sie hat gute Kontakte zu den Entscheidern des Kunden und ist dort willkommen		✓			
Belastbarkeit: Er/sie arbeitet auch in stressigen Phasen zielgerichtet und schafft sein/ihr Pensum		✓			
Kollegialität: Er/sie unterstützt andere, auch, wenn er/sie keinen persönlichen Nutzen hat				✓	
Berichtswesen: Er/sie kann sachgerecht über den Stand der Vertriebsprojekte Auskunft geben					✓
Systempflege: Er/sie pflegt bereitwillig das CRM; die Daten über seine/ihre Kunden sind vollständig					✓
Verlässlichkeit: Er/sie tut, was er/sie verspricht, ohne erinnert werden zu müssen					✓
Initiative: Er/sie nutzt dem Team durch eigene Ideen, Vorschläge und Initiativen			✓		
Kommunikation: Er/sie beantwortet Mails usw. zeitnah und bezieht die Richtigen mit ein				✓	

Voraussetzung sind natürlich – wenig überraschend – geeignete Messmethoden. Hier ist die Auswahl schwierig. Immer häufiger bieten Personalberater Tests zur Vermessung der Persönlichkeitsmerkmale an. Viele dieser Tests sind wissenschaftlich fundiert, was sich relativ leicht nachprüfen lässt. Schwierig zu bewerten ist jedoch, wenn beratereigene Verfahren propagiert werden, von denen regelmäßig behauptet wird, sie seien präziser. Sie verweisen ebenfalls auf ihre wissenschaftliche Fundierung und nehmen damit für sich in Anspruch, akademisch korrekt zu arbeiten. Damit holen sie ihre Auftraggeber, die Manager von Unternehmen, genau da ab, wo jenen der Schuh drückt: Eine verlässliche Prognose und eine Berechenbarkeit der Performance der Mitarbeiterinnen und Mitarbeiter. Gerne möchten sie wissen, wann wer wie viel zu leisten imstande ist und wer für eine Beförderung infrage kommen wird. Auch wollen sie wissen, wie Krankheitsausfälle (vor allem durch die psychische Erkrankungen wie Burn-out usw.) zu vermeiden sind. Dies alles behaupten die Anbieter, mittels der Tests feststellen zu können, doch wie sicher diese Erkenntnisse sind, lässt sich erst durch eine wissenschaftliche Evaluation im Längsschnittverfahren testen. Das braucht Zeit.

> Die dringende Empfehlung lautet daher: Vertrauen Sie nur auf wissenschaftlich geprüfte Testverfahren, so schick sich selbstgestrickte Lösungen auch anhören!

Gehen wir das Thema systematisch an!

Wozu Persönlichkeitsbewertungen gut sind, beschreiben Furnham und Wright:[126]

- Grundlage einer Kosten-Nutzen-Analyse: Personal kostet viel Geld, darum muss die Auswahl sorgfältig sein
- Kalibrierung der subjektiven Bewertung von Personalern und Managern (Lernen)

---

[126] Furnham und Wright (2015).

- Erzeugen von Ansatzpunkten für Diskussionen über psychologische Themen

Gemessen werden, so die Forscher weiter, drei Aspekte:

1. Fähigkeiten einer Person – Was kann sie tun?
2. Motivation einer Person – Was wird sie tun?
3. Präferenzen einer Person – Was möchte sie gerne tun?

Dies weicht etwas von den oben im Kontext der Rekrutierung genannten zwei Dimensionen „fachliche Qualifikation" und „soziale Qualifikation" ab. Der Grund: Motivation und adäquate Präferenzen wurden dort unterstellt, denn sonst hätte sich die Person ja nicht beworben, und unter „Fähigkeiten" subsummieren Furnham und Wright sowohl die fachlichen als auch die sozialen.

Vier Arten von Messungen haben sich in der Praxis bewährt:

Selbstauskunft in Interviews: Der Klassiker in allen drei Phasen, der Bewerbung, der Entwicklung und der Entlassung.[127] Personal- bzw. Fachverantwortliche sprechen mit der betreffenden Person und versuchen erstens, alles Relevante über die Person herauszubekommen. Ziel ist, eine Prognose zu ermöglichen, ob die Person die an sie gerichteten Erwartungen erfüllen wird. Zweitens versuchen die Unternehmensvertreter, die Firma bzw. die Stelle positiv darzustellen, zuweilen sogar, sie „zu verkaufen". Beides gelingt nur, wenn die Personen auf der Unternehmensseite adäquat für solche Gespräche ausgebildet sind und die notwendigen Techniken beherrschen. Nach meiner unmaßgeblichen Erfahrung ist das eher zufällig gegeben. Stattdessen musste ich immer wieder erleben, dass die Gesprächsführer sich das Rüstzeug irgendwie selbst beigebracht haben, sich zu selten hinterfragen und Kompetenzen zufällig gewinnen, wenn sie mal einen interessanten Artikel über was auch immer lesen. Soweit meine pessimistische Sicht auf die Qualifikation der durchschnittlichen Personalbeauftragten in durchschnitt-

---

[127] Das Entlassungsgespräch lasse ich außen vor. Es verfolgt spezielle Ziele und zu vermessen ist da nichts mehr.

lichen Unternehmen, und mir ist klar, dass Betroffene davon überzeugt sind, dass es bei ihnen anders sei. Gerne.

Wechseln wir die Seite und betrachten nun die Bewerberinnen bzw. Bewerber oder Mitarbeiterinnen bzw. Mitarbeiter, die im Gespräch interviewt werden. Sie werden die diskutierten Aspekte aus ihrer Sicht darstellen, ggf. bewusst verfälschen (Lügen, Verschweigen, erwartungskonforme Antworten geben) und unbewusst ihrer verzerrten Selbstwahrnehmung erliegen (selbstwertdienliche Verzeihung, induktive Schlüsse usw.). Ferner haben sie naturgemäß eine begrenzte Selbsteinsicht. Wie werden Menschen antworten, wenn sie darum gebeten werden, einzuschätzen, inwieweit sie durch Macht, Einsicht, Aufgaben, Geld oder Sicherheit motiviert sind? Der Schlüssel für objektive Erkenntnisse sind psychologische Tests wie z. B. der thematische Apperzeptionstest zur Messung von Motiven, bei dem der Proband Sätze vervollständigt wie „Meine Eltern wären stolz auf mich, wenn ich …". Allerdings, und hier liegt die Crux, bedarf die Auswertung eines solches Tests Fachkompetenz. Auch sollten die Tests in **Vorbereitung** der Interviews durchgeführt werden, damit das Ergebnis dann zum Gespräch vorliegt.

Wie gut ist die prognostische Qualität von Interviews? Ziel ist es, um noch einmal daran zu erinnern, im Gespräch herauszufinden, wie geeignet die Kandidaten für zukünftige Aufgaben sind. Forschungen zeigen, dass **strukturierte Einzelinterviews,** also solche, die einem erprobten roten Faden folgen und bei denen vor allem die Unternehmensvertreter nur begrenzten Spielraum haben, eindeutig die beste Form des Gesprächs sind. Andere, etwa **unstrukturierte Einzelgespräche** oder **Gruppeninterviews** sind weniger geeignet.[128]

Beobachtungen und Referenzen: Die Idee ist, nach einer Einstellung – vielleicht während der Probezeit – Mitarbeiterinnen und Mitarbeiter von anderen beobachten zu lassen. Aber wie soll das gehen? Spione im Unternehmen? Denunzianten? Technische Überwachungseinrichtungen? Nun, zumindest einen nominellen Beobachter gibt es: Den **Vorgesetzten** oder die **Vorgesetzte.** Doch sind deren Beobachtungen nicht objektiv;

---

[128] Furnham und Wright (2015, S. 852).

selbst ihre Berichte sind selten normiert. Sympathie bzw. Antipathie und die Absicht des Beobachters verfälschen das Ergebnis. Um durch die Beobachtung durch Vorgesetzte dennoch eine möglichst objektive Bewertung des Angestellten oder der Angestellten zu ermöglichen, können die Beobachtungskriterien und die Skalen vorgegeben werden. Diese messtechnische Objektivierung diszipliniert. Ein Beispiel für die Bewertung von Verkäufern auf Basis von Beobachtungen zeigt Tab. 5.9.

Die Vermessung kann nun als Grundlage für ein Gespräch zwischen der Vorgesetzten Frau Hinkel und ihrem Mitarbeiter Herrn Merseburg dienen, aber auch – vorbereitend – für ein erstes Gespräch der Vorgesetzten mit der Personalabteilung, um Möglichkeiten der Personalentwicklung (aber auch Entlassung, Versetzung usw.) zu diskutieren.

Biologische und medizinische Daten: Es werden regelmäßige oder nach Vorfällen außerplanmäßige medizinische Tests durchgeführt, um die geistige und körperliche Verfassung der Mitarbeiterin oder des Mitarbeiters zu prüfen. Üblich ist dies etwa für Piloten oder Arbeiter in der Alkoholindustrie. Diese Tests sollen das Einsatzrisiko vermessen. Sie näher zu betrachten, nutzt an dieser Stelle wenig, denn sie sind je nach Branche und Qualifikation sehr speziell. Praktikabler und für einen größeren Kreis relevant sind Versuche, durch Wearables Mitarbeiterinnen und Mitarbeiter auf spielerischem Weg zu animieren, aktiv zu sein.[129] Hat auch das Unternehmen Einblick in die Daten, kann eine solche „Agilitätsvermessung" auch dazu verwendet werden, die Performance zu überwachen, jedenfalls bei körperlichen Tätigkeiten (Kellnern, Baugewerke, Kommissionierer im Einzelhandel usw.).

Kognitive Tests der mentalen Fähigkeiten: Die Vermessung sozialer Qualifikation ist durchaus beliebt und wie beschrieben das Spielfeld von Personalberatern und sogenannten Personalentwicklungsexperten. Hunderte von Büchern und Beiträgen in pseudowissenschaftlichen „Human Ressource"-Fachzeitschriften beackern das Feld ebenso toxisch wie ein konventioneller Winzer seinen Wingert. Es gibt – ohne zu

---

[129] Moore, Piwek, & Roper, The Quantified Workspace: A Study in Self-Tracking, Agility and Change Management (2018).

Tab. 5.10 Ausprägungen der Persönlichkeitsmerkmale bei erfolgreichen Managern. (Eigene Darstellung)

Persönlichkeitsmerkmal	Ausprägung
Neurotizismus	Niedrig
Verträglichkeit	Niedrig
Offenheit für neue Erfahrungen	Durchschnittlich
Extraversion	Hoch
Gewissenhaftigkeit	Sehr hoch

übertreiben – tausende Tests und Testvarianten mit allen erdenklichen Aussageinhalten. Zumindest für die wissenschaftlich validierten Tests gilt: Gute Testergebnisse korrelieren mit guter Job-Performance. Dies gilt für alle Tätigkeiten, erwartungsgemäß aber vor allem für jene mit komplexen Inhalten.[130]

Durchgesetzt haben sich Persönlichkeitstests wie der Big Five-Persönlichkeitstest oder das Reiss-Profil. Wir haben beide in Kap. 5 kennengelernt. Für beide gibt es Standardergebnisse, an denen sich jeweilige Testergebnisse referenzieren lassen. So korrelieren ein niedriger Neurotizismus- und ein hoher Gewissenhaftigkeitswert mit beruflichen Erfolg. Aber das ist fast schon tautologisch, denn für kein Berufsbild wären hohe Neurotizismus- und geringe Gewissenhaftigkeitswerte attraktiv. Übrigens: Erfolgreiche Manager weisen signifikant häufig eine Konstellation der Persönlichkeitsmerkmale auf, wie sie Tab. 5.10 zeigt.[131]

Steigen wir noch etwas tiefer in das weite Feld der psychometrischen Vermessung „des Personals" ein:

Assessment Center als Türsteher und Scharfrichter

Assessment Center kamen in den 1960er Jahren in Mode und haben sich seitdem als feste Größe der Personalbewertung etabliert. Ihr vorrangiges Ziel ist es, das **Entwicklungspotenzial von Management-**

---

[130] Furnham und Wright (2015, S. 853).

[131] Sofern an dieser Stelle der Selbsttest gewünscht ist, schlage in den bereits erwähnten Big Five-Persönlichkeitstest von Dr. Satow vor. URL: www.drsatow.de.

kräften zu messen. Dazu werden die Kandidatinnen und Kandidaten über ein oder zwei Tage mit unterschiedlichen Aufgaben konfrontiert (Stresstest, Postkorbaufgabe, Konzentrationstest, Intelligenztest, Planspiel, computergestützte Fallstudienbearbeitung, Diskussionsübung, Eignungstest usw.). Dabei werden sie beobachtet und vermessen. Ergänzt werden diese Tests fast immer durch Persönlichkeitstests und strukturierte Einzelinterviews.

Assessment Center sind relativ kostspielig. Unternehmen in Deutschland investieren bis zu mehrere tausend Euro in einen Einzeltest.[132] Entsprechend nützlich muss das Ergebnis sein. Durchgeführt werden solche Tests, um

- externe Kandidatinnen und Kandidaten zu testen, die eine Anstellung als Führungskraft erhalten sollen,
- interne Mitarbeiterinnen und Mitarbeiter zu testen, die befördert werden sollen,
- Mitarbeiterinnen und Mitarbeiter herauszupicken, die besonders viel Potenzial zeigen und die darum in ein spezifisches Förderprogramm aufgenommen werden sollen,
- Fachpersonal zu selektieren, das eine (anspruchsvolle) Spezialausbildung für besondere Aufgaben erhalten soll und um
- Mitarbeiterinnen und Mitarbeiter zu identifizieren, die bei einer Entlassungswelle behalten werden sollen.[133]

Ein aktueller Trend ist, auch Nichtmanager zu testen, um eine sorgfältigere Selektion für eine der genannten Aufgaben vorzunehmen. Hier werden erwartungsgemäß Spezialkräfte getestet, etwa Piloten oder Fachärzte, aber immer häufiger auch Fachkräfte, wenn bspw. Personal gesucht wird, das selbständig und eigeninitiativ agieren soll (Service-

---

[132] Schoelmerich et al. (2011).
[133] Thornton und Gibbons (2009).

techniker, Explorateure, Personal an entlegenen Orten wie der Antarktis usw.).[134]

Welche Verfahren werden eingesetzt? Etabliert haben sich fragebogengestützte Tests zur Bewertung der Persönlichkeit. Neben dem Reiss-Profil kommen vor allem Tests zum Einsatz, die die Big Five der Persönlichkeitsmerkmale vermessen. Ein Beispiel hier ist das sogenannte „**Hogan-Assessment**". Dieses besteht aus mehreren Tests, in der Regel drei, mit unterschiedlichen Schwerpunkten und Vermessungszielen. Neben den Persönlichkeitsmerkmalen (Hogan Personality Inventory) und damit den Potenzialen können Entwicklungsrisiken (Hogan Development Survey) und Wertevorstellungen (Motive, Werte, Präferenzen, das „MVPI") ergründet werden. Damit eignet sich „der Hogan" keineswegs nur für Assessment-Center, sondern er wird regelmäßig auch für das Führungskräfte-Coaching eingesetzt. Abb. 5.24 zeigt exemplarisch das Risikoprofil eines Kandidaten.

Eine Alternative ist das MPPI-18, das „Multidimensional Personality Performance Inventory", dessen Ergebnis in Abb. 5.25 dargestellt ist. Auch dies ist ein psychometrisches Verfahren zur Analyse der Persönlichkeit von Bewerberinnen, Bewerbern oder bereits Angestellten. Die Vermessung der 18 Dimensionen erfolgt per Online-Fragebogen und geht recht flott (30 bis 45 min).

Assessment Center werden gerne kritisiert. Mau spricht von einer „Platzanweiserfunktion". „Sie bestimmen unsere Position in der Welt, unsere Lebenschancen, unsere Handlungsmöglichkeiten, die Art, wie wir behandelt werden. In der metrisierten Gesellschaft werden wir also immer wieder auf unsere Daten zurückgeworfen."[135]

Recht hat er! Aber ist das etwas Schlechtes? Ist es nicht (auch) ein effizientes Verfahren, dem wir uns als Kandidatin oder als Kandidat unterwerfen müssen, um bestimmte Ziele (Karriere) zu erreichen? Schaffen wir es, können wir stolz auf uns sein und selbstbewusst die Herausforderung annehmen, schaffen wir es nicht, müssen wir uns

---

[134] Lievens und Thornton (2017). Ein interessanter Bericht über die Vorbereitung der Crew für den Einsatz auf der Neumayer III-Antarktisstation und den für die Zusammenarbeit notwendigen Qualifikationen in diesem isolierten Habitat findet sich bei Wallraff und Kamb (2020).
[135] Mau (2018, S. 107).

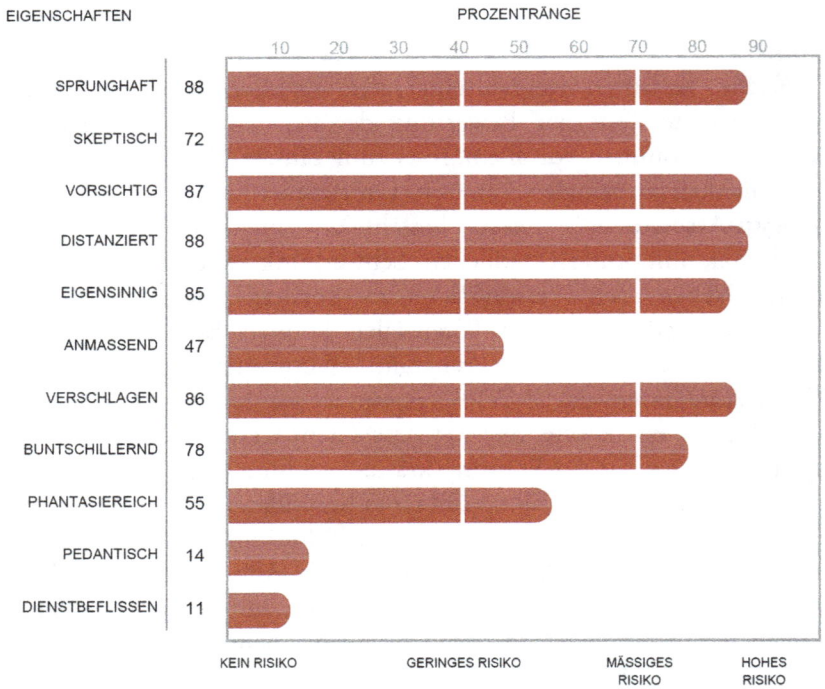

Abb. 5.24 Hogan-Assessment – Risikoprofil. (Eigene Aufnahme)

damit abfinden und können froh darüber sein, keine Zeit ständiger Überforderung erleiden zu müssen. Aus Sicht des Unternehmens, welches das Assessment durchführt, ist es in Anbetracht der möglichen Fehlbesetzungskosten ein günstiges Verfahren der Selektion. Wenn die Assessment Center gut sind!

Wie gut sind sie nun wirklich? Es gibt ca. 12.000 Forschungsarbeiten auf diesem Gebiet. Die meisten entstanden in den Anfangsjahren der Entwicklung, also den 1960er und 70er Jahren und dann als zweite Welle in den Nullerjahren unseres Jahrhunderts; ausreichend Zeit, um in Längsschnittmessungen (Beobachtungen) festzustellen, wie gut die Ergebnisse der Tests mit den Entwicklungen von getesteten Menschen korreliert. Doch finden sich solche Untersuchungen nicht (oder ich habe sie trotz aller Sorgfalt übersehen). In Berichten von

Ihre Ergebnistabelle (Ihre Werte sind blau markiert)

Dimension	Dez.									
Psychische Verfassung										
1. Emotionale Stabilität	5,8	1	2	3	4	5	**6**	7	8	9	10
2. Belastbarkeit	7,1	1	2	3	4	5	6	**7**	8	9	10
3. Selbstvertrauen	5,9	1	2	3	4	5	**6**	7	8	9	10
4. Offenheit für Erfahrung	5,3	1	2	3	4	**5**	6	7	8	9	10
5. Flexibilität	8,8	1	2	3	4	5	6	7	8	**9**	10
6. Erfolgszuversicht	5,5	1	2	3	4	5	**6**	7	8	9	10
Umgang mit Anderen										
7. Kontaktfähigkeit	3,9	1	2	3	**4**	5	6	7	8	9	10
8. Einfühlungsvermögen	4,7	1	2	3	4	**5**	6	7	8	9	10
9. Soziale Verträglichkeit	7,2	1	2	3	4	5	6	**7**	8	9	10
10. Durchsetzungsfähigkeit	4,4	1	2	3	**4**	5	6	7	8	9	10
11. Führungsmotivation	4,5	1	2	3	4	**5**	6	7	8	9	10
12. Kontrollerleben	7,4	1	2	3	4	5	6	**7**	8	9	10
Haltung zur Arbeit										
13. Unabhängigkeit	2,7	1	2	**3**	4	5	6	7	8	9	10
14. Entscheidungsfähigkeit	5,4	1	2	3	4	**5**	6	7	8	9	10
15. Gewissenhaftigkeit	4,6	1	2	3	4	**5**	6	7	8	9	10
16. Lernbereitschaft	7,3	1	2	3	4	5	6	**7**	8	9	10
17. Leistungsmotivation	4,7	1	2	3	4	**5**	6	7	8	9	10
18. Integrität	6,8	1	2	3	4	5	6	**7**	8	9	10

Abb. 5.25 Ergebnis eines MPPI-Tests. (Eigene Aufnahme)

Personalberatungsgesellschaften über Projekte für Unternehmen wird gelegentlich angepriesen, man habe umfangreiche Datenbanken mit Referenzgruppenwerten und könne so die jeweiligen Ergebnisse bewerten.

> Das ist aber nicht nützlich: Statische Ergebnisse werden mit früheren statischen Ergebnissen verglichen, aber ob die zuvor bewerteten Kandidatinnen und Kandidaten später dann erfolgreich wurden, bleibt unbekannt.

Was nutzt es, Momentaufnahmen mit Momentaufnahmen zu vergleichen, aber die Entwicklung der Individuen nicht zu kennen? Es bleibt offen, ob die im angebotenen Assessment Center ermittelten Ergebnisse eine **Prognose des Entwicklungspotenzials der vermessenen Personen** ermöglichen. Es gibt zumindest Indizien: Einige Forscher glauben festgestellt zu haben, dass die Validität und damit die Vorhersagekraft von Assessment Center **sehr stark streut**. Je nach Konstruktion des Messsystems können sie nichtssagend sein oder sie bieten eine adäquate Vorhersagegenauigkeit.[136] Ich komme zu keinem klaren Urteil: Sind Assessment Center nützlich? „Without data you are just another guy with an opinion!" Daten werden produziert, aber ihre Interpretation ist fragwürdig. Dieses Ergebnis legt den Schluss nahe, auf Assessment Center zu verzichten.

Nützlich wäre, eine Checkliste zu haben, anhand derer man „gute" Assessment Center erkennen könnte. Dieser Aufgabe hat sich das Projekt „Benchmark für Assessment Center Diagnostik (BACDi)" an der Humboldt-Universität Berlin gewidmet. Ziel ist es, wissenschaftlich und damit empirisch bewährte Qualitätsfaktoren zu identifizieren.[137] Leider lassen sich diese hier nicht wiedergeben, denn das Konzept dieses Projektes ist es, ca. 70 Qualitätsfaktoren von Assessment Center per Softwarealgorithmus, vermutlich ein Scoring-Modell, zu überprüfen. Dieser wird jedoch nicht offengelegt und es bleibt ein Geheimnis, ob der zentrale Erfolgsfaktor (Vorhersagekraft der Ergebnisse hinsichtlich der Entwicklung des Kandidaten) untersucht wurde. Vermutlich nicht,

---

[136] Vgl. die umfangreiche Metaanalyse und Bewertung von ACs in Woehr und Arthur (2003). Zum gleichen Ergebnis kommen Thornton und Gibbons (2009).
[137] Schoelmerich et al. (2011).

denn die Längsschnittstudien fehlen ja. Drei Erfolgsfaktoren nennen die Projektverantwortlichen aber dann in einer Publikation doch:

- Vor dem Test muss das Anforderungsprofil feststehen, also „welche Kompetenzen in welchem Umfang für die jeweilige Stelle nötig sind."
- Die Beobachter müssen sich mit diesem Anforderungsprofil bestmöglich vertraut machen. Entsprechend ist ein Assessment Center eine Angelegenheit für Fachleute und nicht etwas, was Unternehmen „mit Bordmitteln" aus der Personalabteilung durchführen sollten.
- Jeder Bewerber bzw. jede Bewerberin „sollte zur Vorbereitung und Durchführung einer Übung gleich viel Zeit erhalten" (Chancengleichheit).[138]

Als überholt haben sich hingegen diverse ursprünglich als wichtig erachtete Aspekte herausgestellt, etwa die Vermeidung von Blickkontakt, das gegenseitige Bewerten der Kandidaten oder dass die Kandidaten das Anforderungsprofil nicht kennen.[139]

Abschließend zu diesem Thema sei auf eine Untersuchung über Assessment Center für Unternehmensgründer verwiesen. Die Annahme ist, dass sich später erfolgreiche Gründer in bestimmten Merkmalen ähneln. Es ist sicherlich ein Spezialfall, aber angesichts der anstehenden Investitionen ist die gründliche Überprüfung von Motivation und Fähigkeiten von Gründern für die Geldgeber interessant. Entsprechend groß ist auch das kommerzielle Angebot. Mit dem oben grob beschriebenen Messsystem haben die Protagonisten des Berliner BACDi-Projekts 14 Gründer-Assessments getestet.[140] Interessanterweise konnte kein Zusammenhang zwischen dem Testergebnis der Teilnehmer und deren späterem Gründererfolg festgestellt werden! Diese seltene Längsschnittstudie bietet ein interessantes Ergebnis, zeigt sich doch auch hier die mangelnde Aussagekraft von Assessment Center. Wäre

---

[138] Schermuly und Nachtwei (2010).
[139] Ebenda.
[140] Uedelhoven et al. (2017).

dann eine „banale" Vermessung der Gründerpersönlichkeiten vielleicht schon ausreichend, z. B. mit einem Big Five-Persönlichkeitstest oder einem Reiss-Profil? Kostengünstiger wäre es auf jeden Fall.

Die Vermessung dessen, worauf es ankommt: Der Arbeitsoutput

Kommen wir noch einmal in diesem Abschn. 5.8 auf die Vermessung der Belegschaft, nun aber des Outputs, zurück. Wie oben ausgeführt wäre eine Kontrolle bei Akkordlöhnen einfach. Wer 15 Stück (wovon auch immer) am Tag schafft, bekommt den Lohn für 15 Stück, wer 17 Stück schafft mehr. Aber wir haben Zeitlöhne. Die Leistungsmessung ist kompliziert, vor allem bei „intellektuellen" Jobs oder solchen, bei denen eine nicht konkret messbare Arbeitsqualität, Sorgfalt oder Gewissenhaftigkeit wichtiger ist als der Output. So könnte eine Schadensachbearbeiterin einer Versicherung, die an der Anzahl von bearbeiteten Schadenfällen pro Tag gemessen wird, ihren Durchsatz erhöhen, indem sie den Antragstellern ungeprüft die gewünschte Entschädigungssumme bewilligt (vgl.: Campbell's Law, Abschn. 3.4). Aber das dürfte nicht im Interesse der Gesellschaft liegen. Also müsste eine Nebenbedingung eingeführt werden, etwa eine maximale Quote für Bewilligungen. Gibt es für diese statistische Erfahrungswerte, wäre das vielleicht sogar noch ein probates Vorgehen, aber schnell zeigen sich die Grenzen eines solchen Mess- und Steuerungssystems.

Hier stellt sich die grundsätzliche Frage, wie viel Arbeit unsere Arbeitnehmerin dem Unternehmen schuldig ist.[141] Die Rechtsprechung sagt: Sie hat „ihre persönliche Leistungsfähigkeit" auszuschöpfen. Gute müssen mehr leisten, Schlechte weniger. Das Unternehmen ist dabei in der Beweisschuld, wenn es glaubt, dass die Arbeitnehmerin unter ihren Fähigkeiten bleibt. Gemessen wird dies in der Regel durch Referenzierung, also durch den Vergleich mit den Arbeitsergebnissen einer Vergleichsgruppe. Die kritische Grenze ist dann eine Leistung, die um ein Drittel unter der Durchschnittsleistung liegt. Aber auch hier bleibt das Problem der Messung. Bei einem Kommissionierer im Versandhandel ist das leicht, bei unserer Versicherungsangestellten dürfte es

---

[141] Vgl. die Ausführungen in Bös (2022).

vielleicht auch noch gehen, aber bei einem Controller? Wie misst man seine Arbeitsleistung, wie vergleicht man sie mit der anderer Controller? Lösungsansätze für dieses Problem finden sich erstaunlich wenige. In der Regel laufen sie auf das Beobachten durch Vorgesetzte hinaus (s. o.). Was hingegen häufig diskutiert wird, ist die **Wirkung von Messungen,** vor allem jene bei Beobachtung. Die wesentliche Erkenntnis ist: Realisiert eine Angestellte, dass sie vermessen wird,

- nimmt sie sich klarer als Glied in der Wertschöpfungskette wahr,
- realisiert eher, dass sie im Wettbewerb steht und dass sie Leistungen erbringen muss.[142]

Entsprechend werden ihre Leistungen besser sein als ohne Beobachtung. Neu ist diese Erkenntnis nicht. Sie ist in der Organisationslehre als „Hawthorne-Effekt" bekannt und geht auf Experimente in den US-amerikanischen Hawthorne-Werken in den 1920er Jahren zurück.[143] Die Erkenntnis ist, dass sich Menschen anders, hier produktiver, verhalten, wenn sie wissen, dass sie Teil einer Untersuchung sind. Das klingt banal? Damals war es eine wichtige Erkenntnis und die darauf aufbauenden Forschungen zeigen, dass die Arbeitsleistung nicht nur von den objektiven Arbeitsbedingungen abhängig ist, sondern auch von soziokulturellen Faktoren wie Teamgeist, Führungsverhalten, Anerkennung, Erwartungen usw.

Dies spricht dafür, dass Beobachtungen, wenn sie objektive Ergebnisse liefern sollen, **unbemerkt** bleiben sollten. Doch worauf läuft das hinaus? Wenn die Arbeitsergebnisse nicht gewogen, gezählt oder gemessen werden können und Beobachtungen „heimlich" durchgeführt werden müssen, bleiben als Instrumente versteckte Kameras, Spyware auf den Computern oder subversive Spione übrig. Nonsens. Wir kommen hier nicht weiter.

---

[142] Moore & Robinson, The quantified self: What counts in the neoliberal workplace (2016).
[143] McCarney et al. (2007), und Sedgwick und Greenwood (2015).

> Es bleibt die Vermessung auf Basis von **Beobachtungen durch Vorgesetzte** und um diese so objektiv wie nur möglich zu gestalten, benötigen sie Hilfestellungen, etwa Kriterienkataloge mit vorgegebenen Skalen, so, wie es das Beispiel in Tab. 5.9 zeigt.

Zweifellos ist das unbefriedigend und es ist nicht verwunderlich, wenn Unternehmen für

1. nicht-strategische Aufgaben mit
2. einem geringen Grad an Spezifität

zunehmend **Outsourcing-Dienstleister** engagieren. Gebäudereinigung, Wachdienst, Kantinenbetrieb, IT oder Logistik sind typische Bereiche, die gerne ausgelagert werden. Die Arbeitsergebnisse sind dann einfacher zu messen, und das beginnt schon bei der Ausschreibung, wenn Dienstleister miteinander konkurrieren und damit ein Preis für bisher nicht quantitativ bewertbare Arbeitsleistung entsteht. Selbstverständlich ist es bei Dienstleistern auch einfacher, im Falle von Minderleistungen Konsequenzen zu ziehen.

„Mitarbeiterin bzw. Mitarbeiter des Monats" – Unfug oder Motivationsinstrument?

Rankings wirken leistungssteigernd![144] Rankings demotivieren![145] Was denn nun? Tatsächlich sind die Ergebnisse aus der Forschung uneindeutig bzw. recht differenziert. So scheinen Rankings die Guten zu motivieren, die Schlechten aber zu demotivieren. Entsprechend spornen sie an … oder eben auch nicht, weil keine realistische Chance gesehen wird, aufzusteigen. Eine andere Studie zeigt ein U-förmiges Reaktions-

---

[144] Tran und Zeckhauser (2012).
[145] Siehe diverse Arbeiten von Iwan Barankay, z. B. Barankay (2012), oder Barankay, Rankings and social tournaments: Evidence from a crowd-sourcing experiment (2010). Zum gleichen Ergebnis kommen Eriksson et al. (2008).

muster: Die Guten und die Schlechten strengen sich an, die im Mittelfeld weniger.[146]

Doch immer werden sich die Mitarbeiterinnen und Mitarbeiter mit den Rankings beschäftigen, alleine schon, weil soziale Vergleiche eine Rolle spielen.[147] Hier begegnet uns einmal mehr die Theorie des sozialen Vergleichs von Leon Festinger, die in Abschn. 2.2 erläutert wurde. Menschen verorten sich im Vergleich mit anderen. Notwendig sind Messkriterien, womit wir bei den Voraussetzungen eines Rankings angekommen sind. Denn einig sind sich Forscher darüber, dass ein **motivierendes** Ranking transparent sein muss. Jeder muss die Chance haben,

- zu verstehen, was zu leisten ist, um aufzusteigen,
- die Chance haben, dies zu leisten,
- seinen Platz im Ranking zu kennen,
- zu wissen, welcher Preis zu gewinnen ist und
- welche Konsequenzen drohen, wenn lediglich einer der unteren Plätze erreicht wird.

Gelingt es, nach diesen Maßstäben ein transparentes Ranking zu erstellen, kann der Wettbewerb beginnen. Willkommen auf einer „Rennliste". Allerdings sind wir wieder bei dem immer gleichen Problem angekommen, das uns bei der Vermessung des Arbeitsumfelds verfolgt wie Stechmücken den Jogger am Mittelrhein: Wie lässt sich Arbeitsleistung gerecht vermessen? Vor dem Hintergrund dieses Problems bieten sich nur zwei Arten von Rennlisten an (und auch die nur selten in deutschen Unternehmen):

- **Output-bezogenes Ranking:** In den wenigen Bereichen, in denen Leistung quantitativ zähl-, mess- oder wiegbar ist, können diese Messwerte verwendet werden. „Geernteter Spargel in Kilogramm pro Tag", „Auftragseingänge pro Monat" oder „verlegte Stromkabel

---

[146] Gill et al. (2018).
[147] Raab et al. (2016, S. 40).

in Kilometer" eignen sich ebenso wie möglichst niedrige Werte bei „Fehler pro Auslieferung" oder „Ausschuss in Karat" beim Zuschliff von Diamanten.
- **Ranking auf Basis multikriterieller Scores:** Nicht ein einziges Kriterium entscheidet über den Rennlistenplatz, sondern ein Set von Kriterien, über deren Zielwerterreichung alle anderen oder ein Gremium wachen. Hier können alle Aspekte berücksichtigt werden, die für die Zielerreichung aus Sicht des Unternehmens relevant sind. Eine adäquate Gewichtung der Kriterien sorgt dafür, dass das Verfahren nicht zu einem „Beliebtheitsranking" mutiert. Darum ist es sinnvoll, ein Gremium für die jeweiligen Bewertungen einzusetzen, das aus Personen besteht, die nicht gerankt werden.

Mitarbeiterrankings sind also eine unklare Sache. Kein Wunder, dass es nur wenige Beispiele aus Unternehmen gibt. Die Entscheidung, sie einzuführen, sollte in Anbetracht der widersprüchlichen und tendenziell ablehnenden Studienlage wohl überlegt sein.

Unternehmens- und Vorgesetztenmonitoring

Wechseln wir wieder einmal die Blickrichtung und schauen uns Messsysteme an, mit denen die **Qualität von Arbeitgebern** gemessen wird. Hierzu gibt es diverse Modelle, die sich in der Praxis recht gut bewährt haben. An dieser Stelle möchte ich nur zwei erläutern, die einen guten Blick auf das Spektrum der Messmechaniken ermöglichen. Wie immer ist die wichtigste Frage, was genau vermessen werden soll (Ziel) und welche Kriterien dafür genutzt werden können.

Ein interessantes Set an Kriterien liefert uns die Berner Fachhochschule, das für eine Umfrage über Mitarbeiterzufriedenheit ausgearbeitet wurde. Abb. 5.26 zeigt das Ergebnis. Die 20 Kriterien werden in sechs Kriterienkategorien und diese wiederum in die drei Dimensionen Motivation, Sicherheit und Gesundheit zusammengefasst. Bei den mit einem Doppelstern markierten Kriterien zeigen sich zwischen den Messungen 2018 und 2022 signifikante Unterschiede.

Eher nachrichtlich und weil ich es für ausgesprochen interessant und bereichernd halte, möchte ich hier aus der gleichen Studie eine Grafik

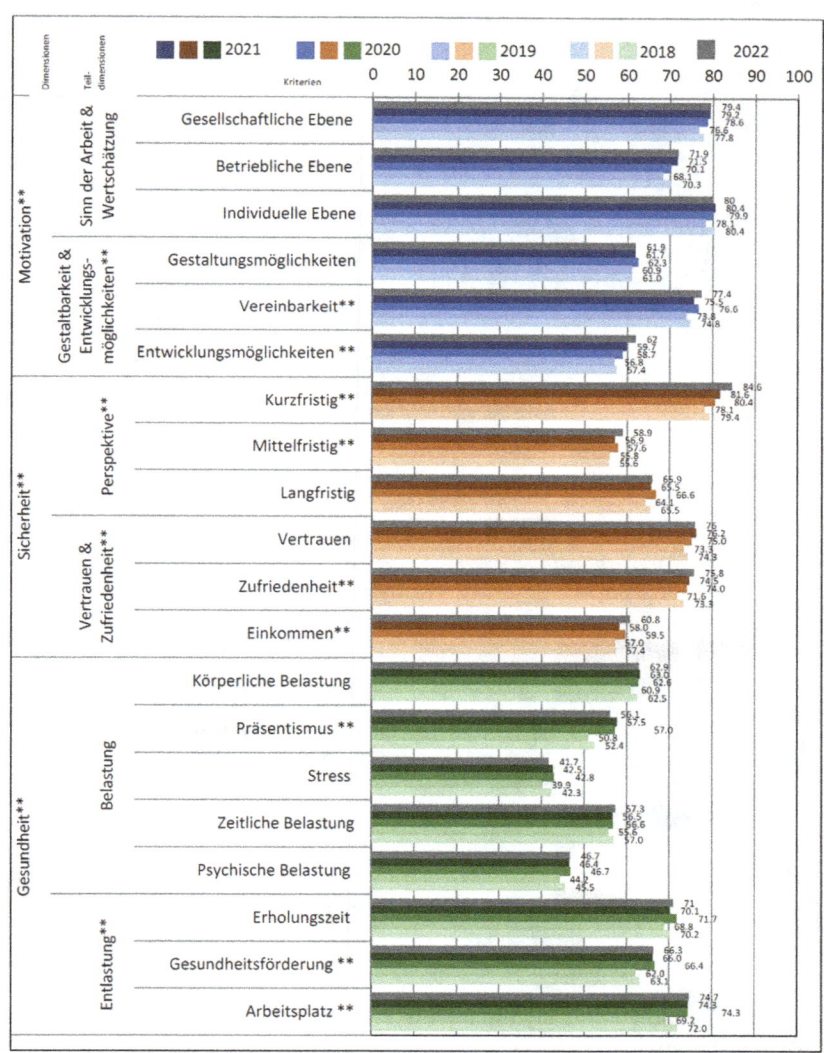

Abb. 5.26 Ergebnis einer Umfrage über Mitarbeiterzufriedenheit in den Jahren 2018 bis 2022 (Fritschi & Hänggeli, 2022, S. 4)

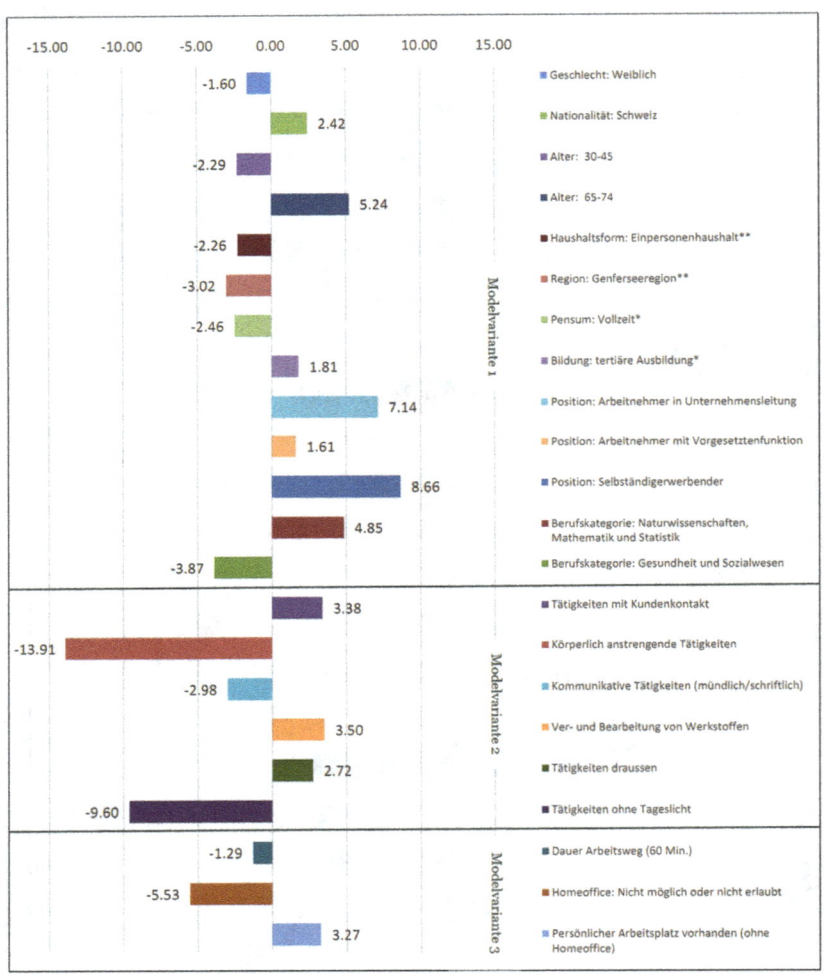

Abb. 5.27 Variablen mit signifikantem Einfluss auf die Arbeitszufriedenheit (Fritschi & Hänggeli, 2022, S. 7)

mit den Variablen wiedergeben, die einen wichtigen Einfluss auf die Arbeitszufriedenheit – in positiver wie in negativer Richtung – haben (Abb. 5.27). Selbstverständlich dürfen bei einem Messmodell zur Erfassung der Mitarbeiterzufriedenheit diese wichtigen Kriterien nicht fehlen.

Mit diesem Hintergrund widmen wir uns nun dem ersten Messsystem zur Bewertung von Arbeitgebern und Vorgesetzten, dem **„Vitamin-Modell"** des Psychologen Peter Warr. Nach diesem bestimmen neun Kriterien die „psychische Gesundheit" der Arbeitnehmerin bzw. des Arbeitnehmers und damit ihre bzw. seine Zufriedenheit mit dem Arbeitgeber:[148]

1. Möglichkeit der persönlichen Einflussnahme
2. Möglichkeit, die eigenen Fähigkeiten einzubringen und weiterzuentwickeln
3. Motivierende und aktivierende externe Zielvorgaben
4. Abwechslung am Arbeitsplatz, um Neues entdecken zu können
5. Transparenz der Arbeitsumgebung, Vorhersehbarkeit wichtiger Veränderungen
6. Qualität der sozialen Kontakte
7. Einkommen
8. Physische Sicherheit
9. Angemessene soziale Position, Wertschätzung und Anerkennung

Mit diesen neun wissenschaftlich gut erprobten Kriterien lässt sich nun eine einfache und valide Befragung aufbauen. Eine 10er-Skala reicht aus, um jedem zu ermöglichen, seine Zufriedenheit einzuschätzen (Tab. 5.11).

Wie meist bei solchen multikriteriellen Scorings ist das Ergebnis alleine nicht aussagekräftig, wenn es keine Vergleichswerte gibt. Bei einer ersten Messung wären allenfalls Ausreißer in beide Richtungen interessant und könnten eine Sofortmaßnahme rechtfertigen. Ansonsten wäre die Messung in angebrachtem zeitlichem Abstand zu wiederholen, um Veränderungen zu erkennen bzw. wäre ein Vergleich mit den Ergebnissen anderer interessant.

Dieses Messmodell nach Ward lässt sich nun noch ausweiten. So könnten die neun Basiskriterien verfeinert werden. Meyerding schlägt bspw. insgesamt 28 Aspekte vor, die mittels einer siebenstufigen Smiley-

---

[148] Warr (2011).

Tab. 5.11 Mitarbeiterzufriedenheitsmessung nach dem Vitamin-Modell von Ward. (Eigene Darstellung)

Wie zufrieden sind Sie mit …	„0" steht für „überhaupt nicht" „10" steht für „sehr zufrieden"
der Möglichkeit der persönlichen Einflussnahme?	0 1 2 3 4 5 6 7 8 9 10
der Möglichkeit, die eigenen Fähigkeiten einzubringen und weiterzuentwickeln?	0 1 2 3 4 5 6 7 8 9 10
motivierenden und aktivierenden externen Zielvorgaben?	0 1 2 3 4 5 6 7 8 9 10
der Abwechslung am Arbeitsplatz, um Neues entdecken zu können?	0 1 2 3 4 5 6 7 8 9 10
der Transparenz der Arbeitsumgebung und der Vorhersehbarkeit wichtiger Veränderungen?	0 1 2 3 4 5 6 7 8 9 10
der Qualität der sozialen Kontakte?	0 1 2 3 4 5 6 7 8 9 10
Ihrem Einkommen?	0 1 2 3 4 5 6 7 8 9 10
den Maßnahmen, die Ihre physische Sicherheit schützen?	0 1 2 3 4 5 6 7 8 9 10
der Angemessenheit Ihrer sozialen Position, der Wertschätzung und der Anerkennung?	0 1 2 3 4 5 6 7 8 9 10
Summe der Punkte	

Skala abgefragt werden.[149] Ansonsten bieten Branchenfachverbände Hilfestellungen zur Auswahl der Kriterien vor.[150]

Eine alternative Befragungsform ist eine permanente Messung **auf Basis einer einzigen Frage,** die wir bereits als Net Promoter Score an diversen Stellen kennengelernt haben (vgl. Abschn. 3.6). Die Frage lautet hier:

> „Wie wahrscheinlich ist es, dass Sie unser Unternehmen als Arbeitgeber einem Freund oder Bekannten empfehlen werden"?

---

[149] Meyerding (o. J.). Ein ähnliches Modell, das überwiegend auf einfach zu beantwortbaren Ja/Nein-Fragen basiert, findet sich in Kühnapfel, Scoring und Nutzwertanalysen (2021, S. 159 ff.).

[150] Ein Beispiel findet sich in der Richtlinie 6.1, Teil Z1.5, des Verbandes der Deutschen Automobilindustrie e. V.

Das geht bspw. mit einem Tablet auf einem Ständer am Kantineneingang oder einer Mail, die Mitarbeitende jede Woche erreicht. Mit diesem simplen Instrument lassen sich Veränderungen zeitnah und zu geringen Kosten erkennen.

Das Messsystem ist damit klar und es ist eine Entscheidung des Unternehmens, wie differenziert eine Abfrage durchgeführt wird. Im Zweifel wäre meine Empfehlung, simpel anzufangen und zu schauen, wie nützlich die Ergebnisse sind. Allerdings darf man die Resultate von Mitarbeiterzufriedenheitsbefragungen nicht überbewerten. Zeigen sich keine außergewöhnlichen Ausreißer und liegen die Werte in einem erwartbaren Rahmen, sind eher Persönlichkeitsmerkmale der Bewertenden für eine „offensivere" oder eine „defensivere" Bewertung ausschlaggebend. So werden zu Neurotizismus neigende Menschen eher weniger zufrieden sein und die abgefragten Aspekte niedriger bewerten als solche, die hohe Werte bei Extraversion oder Offenheit aufweisen.[151]

Eine eigenständige Kategorie von Messsystemen stellen die **webbasierten Bewertungsportale** dar. Hier können anonym Urteile über Unternehmen als Arbeitgeber abgegeben werden. Diese dienen vordergründig potenziellen Bewerberinnen und Bewerbern als Orientierung, tatsächlich aber auch als Ventil für gefrustete Seelen. kununu.de gibt an, bereits 5,7 Mio. Bewertungen für 1100 Arbeitgeber gelistet zu haben (Stand Januar 2023).[152] Für die Firma BioNTech in Mainz zeigt Abb. 5.28 exemplarisch das Ergebnis und als Interpretationshilfe einen branchenspezifischen Vergleichs-Score.

Kommen wir zur **Bewertung eines Vorgesetzten.** Das machen wir aus Sicht der Mitarbeitenden, was allerdings eine untypische Perspektive ist. Vorgesetzte werden üblicherweise von deren Vorgesetzten bewertet und müssen sich im Club der Führungskräfte behaupten. Ihr Job ist es, die ihnen überantworteten Ressourcen im Sinne der jeweiligen Zielsetzung bestmöglich zu nutzen. Sie sind also den Unternehmens- und Bereichszielen verpflichtet. Ihr Job ist es hingegen nicht, ihre Mit-

---

[151] Dies zeigen zahlreiche Studien, die Meyerding (o. J., S. 76), zusammengetragen hat.
[152] Natürlich gibt es noch weitere Portale, bspw. jobvoting.de, stepstone.de, glassdoor.de oder meinpraktikum.de.

⌄ Karriere & Gehalt	3,3 ★★★☆☆	Seit 2015 haben 328 Mitarbeiter und Bewerber diesen Arbeitgeber mit durchschnittlich 3,4 Punkten bewertet. Dieser Wert ist höher als der Durchschnitt der Branche Medizin/Pharma (3,2 Punkte).
⌄ Unternehmenskultur	3,4 ★★★☆☆	
⌄ Arbeitsumgebung	3,3 ★★★☆☆	Alle 328 Bewertungen entdecken
⌄ Vielfalt	4,0 ★★★★☆	

Abb. 5.28 Bewertung von BioNTech, Mainz, auf kununu.de, Stand 12/2022

arbeiterinnen und Mitarbeiter „glücklich" zu machen. Allerdings ist es eine Binsenweisheit, dass ein adäquater Umgang mit Mitarbeitenden die Arbeitsleistung, Arbeitsqualität und Treue fördert und die Fehlzeiten reduziert. Darum ist es durchaus berechtigt, wenn Unternehmen Messsysteme etablieren, mit denen Mitarbeitende ihre Vorgesetzten bewerten. Ob letztere das wollen oder nicht.

Wie zuvor für die Bewertung von Arbeitgebern gibt es auch webbasierte Portale, auf denen Mitarbeiterinnen und Mitarbeiter ihre „Chefs" bewerten können. Ein Beispiel zeigt Abb. 5.29.

Erkennbar sind die Kriterien. Diese deuten auf den Fokus der Bewertung hin: Es geht mehr um das „Mögen", zumindest aber um die Sichtweise eines Angestellten auf seinen Chef und wie er ihn gerne hätte. Ob eine solche Bewertung der Führungskräfte in Unternehmen sinnvoll ist, bleibt zu entscheiden. Skepsis ist sicherlich angebracht.

Die Idee des Gesundheitsindex

2020 und 2021 waren Arbeitnehmerinnen und Arbeitnehmer jeweils über 14 Tage im Jahr krank.[153] Für 2022 meldet die Techniker Krankenkasse (TK) einen Rekord von 19 Tagen.[154] Erstaunlich ist insbesondere der Anstieg der Fehltage wegen psychischer Erkrankungen um 41 % in der Zeit von 2011 bis 2021, auch, weil in dieser Kategorie die Dauer einer durchschnittlichen Krankschreibung fast 40 Tage

---

[153] Schumann et al. (2022).
[154] Techniker Krankenkasse (2023).

	Dr. Klaus-Walter E.
	untere Führungsebene
	lobt oder kritisiert konstruktiv und zeitnah
3.41 Punkte	überzeugt durch soziale Kompetenz
	fördert eigenverantwortliches und selbständiges Arbeiten
bei 7 Bewertungen	trifft nachvollziehbare Entscheidungen
	beteiligt Mitarbeiter an Entscheidungsprozessen
	setzt klare Ziele und gibt präzise Aufgabenstellungen

Abb. 5.29 Bewertung eines Chefs im BASF-Konzern auf meinchef.de, Name geändert

beträgt.[155] Ausfälle von so einer Dauer sind schwierig organisatorisch abzufedern. Es ist also ein berechtigtes Interesse der Arbeitgeber, sowohl bei der Einstellung als auch bei der Entwicklung von Beschäftigten über deren Gesundheitszustand Bescheid zu wissen. Dem sind rechtliche Grenzen gesetzt, die hier nicht diskutiert werden können. Das Ziel der Unternehmen ist es demnach, krankheitsbedingte (physische wie psychische) Fehlzeiten zu reduzieren.

Fangen wir bei der **Personalrekrutierung** an. Ideal wäre aus Sicht der Unternehmen, nur vor Gesundheit strotzende Menschen unter Vertrag zu nehmen. Hier könnte ein Gesundheits-Check zur Einstellungsvoraussetzung werden. Und tatsächlich: Für viele Berufe, vor allem jene, für die körperliche Vitalität wichtig ist, ist er das: Feuerwehr, Polizei, Militär, Zoll oder Flugzeugführer. Das Testergebnis ist dann eine Prognose: Wie wahrscheinlich ist es, dass die Bewerberin oder der Bewerber krankheitsbedingte Fehlzeiten haben wird? Vorerkrankungen am Bewegungsapparat („Ich habe Rücken") oder chronische Leiden (Diabetes, Multiple Sklerose usw.) führen zu einer geringeren Chance auf den Job, weil die Gefahr für Ausfalltage größer ist. Dem gleichen Ziel dienen Tests, die die psychische Konstitution vermessen. Über diese haben wir bereits gelesen und sie erscheinen auch sinnvoll, etwa, wenn

---

[155] Schumann et al. (2022).

es um die Persönlichkeitsfaktoren von Bewerberinnen bei der Landespolizei geht.[156]

Doch diese Tests haben wenig überraschend auch eine Kehrseite. Die Testergebnisse werden, verbunden mit Auswertungen über Ausfalltage, Muster erkennen lassen, welche Personengruppe (Testergebnisse) welche Wahrscheinlichkeit für Fehltage (Auswertungen im Unternehmen) aufweisen. Dann werden junge Männer gegenüber jungen Frauen bevorzugt und Damen ab 55 werden es sehr schwer haben, eine Anstellung zu finden. Auch andere Faktoren werden sich als kritisch erweisen: Rauchen, Adipositas, Unsportlichkeit, Vorerkrankungen, Behinderungen, ja sogar ein geringer Bildungsstand oder familiäre Verpflichtungen (Kinder, Pflegebedürftige) sind Prädiktoren für überdurchschnittlich viele Krankentage. Solche Personengruppen auszuschließen, heißt natürlich auch, Menschen auszuschließen, die vielleicht niemals krank geworden wären, aber eben zu einer risikoreichen Gruppe gehören. Gibt es genügend Bewerber risikoarmer Gruppen, werden sie ausgekehrt. Ist das ungerecht? Nein. Das Vorgehen von Unternehmen ist nicht gut und nicht schlecht – es ist zielorientiert und es wäre voreilig, Unternehmen wegen ihrer Shareholder Value-Ziele (Gewinn und Wertsteigerung) zu verurteilen. Immerhin bezahlen sie uns das Gehalt und über die Steuern den Großteil dessen, was wir als staatliche Leistungen in Anspruch nehmen. Das gesellschaftliche soziale Ziel der Integration – bitte entschuldigen Sie diese Formulierung – auch weniger „lukrativer" Personengruppen muss über staatliche Beschlüsse (Gesetze, Verordnungen usw.) erfolgen. Das Ergebnis sind Diskriminierungsverbote oder – als Beispiel – Schwerbehindertenquoten.

Kommen wir zum **laufenden Personalmanagement:** Ist es legitim, die Gesundheit der Angestellten zu überwachen? Das Interesse des Unternehmens, Ausfalltage durch die Förderung von gesundheitsstiftenden Aktivitäten zu vermeiden, ist evident. Aber wie gelingt das? Ein natürlich nicht statthafter Ansatz wäre ein **Sanktionierungs-**

---

[156] Beispiele für umfangreiche, transparente und auch die physische und psychische Gesundheit messende Einstellungsverfahren finden sich auf den Websites der Landespolizei oder der Bundeswehr.

mechanismus. Aber denken wir ihn durch. Ähnlich des chinesischen Social Scoring Systems (siehe Abschn. 2.4.1) gäbe es Punkte für sportliche Aktivitäten und Abzüge für Gesundheitsschädliches. Einmal im Quartal würde ein medizinischer Check klären, ob sich der BMI verändert hat, geraucht oder getrunken wurde. Ein Fitnesstracker am Arm zeichnet die sportlichen Aktivitäten auf und sendet sie via App an den Unternehmensserver. Für einen guten Score gäbe es eine Belohnung (Gehaltsbonus, ballonseidener Trainingsanzug mit Firmenlogo usw.) und die besten würden auf der Firmenweihnachtsfeier mit einer Anstecknadel geehrt werden. Diejenigen, die den Mindest-Score nicht erreichen, bekämen Gehaltsabzüge und würden im Intranet als „Faulpelz der Woche" gepostet. Dieses Szenario klingt befremdlich. Aber wie wäre es, wenn der Bestrafungsteil gestrichen, also nur belohnt werden würde, und die Teilnahme an dem System freiwillig wäre? Würden Sie bei einem solchen Programm mitmachen?

Häufig wird über Unternehmen berichtet, die ihre Angestellten motivieren wollen, etwas für ihre Gesundheit zu tun. Die Kosten für Mitgliedschaften in Fitnessstudios zu übernehmen ist eine Möglichkeit, wobei die Verlaufskurve der Nutzung (in den ersten vier Wochen häufiger, dann weniger, dann gar nicht mehr) noch deprimierender sein dürfte als würden die Angestellten den Beitrag selbst bezahlen müssen. Fitnesstracker zu verteilen ist eine andere Möglichkeit. Allerdings reicht es nicht aus, die Geräte in die Belegschaft zu werfen wie Kamellen auf Karnevalsumzügen, ohne damit ein Nutzungskonzept zu verbinden. Die Wearables würden gerne genommen werden, aber ein Effekt wäre nicht zu erwarten. Also bedarf es motivierender Anregungen, vielleicht Wettbewerben im Kollegenkreis (Anzahl Schritte je Woche, Schlafstunden usw.). Selbstredend bieten Dienstleister die Konzeption, Durchführung und Moderation solcher Konzepte im Rahmen des betrieblichen Gesundheitsmanagements an. Sie stellen die Geräte und Apps zur Verfügung und gewährleisten – sofern gewünscht – eine anonymisierte Auswertung.[157]

---

[157] Bös & Wieduwilt, Schritte zählen für den Chef (2016). Der Marktführer hier ist Virgin Pulse: www.virginpulse.com/.

Tab. 5.12 Kennwerte und deren Gewichtung im Wuppertaler Gesundheitsindex (modifiziert übernommen aus Hammes et al., 2009)

Kennwert	Erläuterung	Gewichtung
Beanspruchungsbilanz	Anforderungen der Tätigkeit (Belastung, Befriedigung)	50 %
Gesundheitskompetenz	Kenntnisse der Ziele, Rahmenbedingungen und Maßnahmenwirkungen	25 %
Führung und Zusammenarbeit	Psychologische Effekte der Partizipation und Führungsstil, Anerkennung, Dialog	10 %
Arbeitsgestaltung	Regulationsbehinderungen wie mangelnde Rückmeldungen oder Aufgabentransparenz	15 %

Die Idee, die Belegschaft durch Wearables, Apps und Wettbewerbe zu mehr Sport zu animieren, ist zweifellos prima. Gelingt dies spielerisch und schafft es das Unternehmen, den Eindruck von Zwang und Kontrolle zu vermeiden, können solche Programme sicherlich etwas bewirken. Doch greift dies noch nicht weit genug. Fühlen sich Unternehmen, genaugenommen die Führungskräfte, der Gesundheit der Belegschaft verpflichtet, wird ein ganzheitlicher Blick erforderlich sein. Fehltage lassen sich durch die Förderung sportlicher Aktivitäten reduzieren, aber es geht noch mehr.

> Um zu messen, wie gut oder schlecht es um die Gesundheit der Belegschaft steht und ob hier Entwicklungen erkennbar sind, bedarf es einer umfassenden Vermessung. Hierfür wurden diverse Gesundheitsindizes entwickelt.

Einer davon ist der **Wuppertaler Gesundheitsindex**. Dieser inkludiert diverse Aspekte des betrieblichen Gesundheitsmanagements, verdichtet sie zu gewichteten Kriterien (Tab. 5.12) und schreibt eine –

zugegebenermaßen komplexe – Formel vor, mit der ein solcher Index berechnet werden kann.[158]
Die für die Quantifizierung der Kennwerte notwendigen Daten werden überwiegend mittels Fragebögen ermittelt, in denen Mitarbeiterinnen und Mitarbeiter ihre Situation einschätzen sollen. So recht wohl fühle ich mich bei diesem Konzept aber nicht. Die Komplexität und der Aufwand des Verfahrens lassen keine Lust aufkommen, es regelmäßig durchzuführen, um so Veränderungen bzw. Trends zu erkennen. Außerdem ist fraglich, ob Menschen ihre eigene Situation korrekt einschätzen, vor allem, wenn ihnen Vergleichsmöglichkeiten fehlen oder sie aus ganz anderen Gründen mit dem Arbeitgeber unzufrieden oder – auch das gibt es – von ihm begeistert sind.

> Die Hypothese ist, dass nicht nur ein schlechter Gesundheitsindex mit einem schlechten Betriebsklima Hand in Hand geht, sondern ein schlechtes Betriebsklima auf die Höhe des Gesundheitsindex durchschlägt.

Einen noch breiteren Ansatz für die Bestimmung eines Gesundheitsindex verfolgt der Versandhändler OTTO. Auch hier ist die Datenbasis ein Fragebogen, der über Stress am Arbeitsplatz auch die Arbeitszufriedenheit, private Sorgen und die Einschätzung der Work-Life-Balance erfasst.[159] Dies klingt allerdings eher nach einer Mitarbeiterzufriedenheitsbefragung. Und genau in diese Richtung gehen die meisten anderen Praxisberichte, die ich gefunden habe. Mittels Fragebogen werden die Mitarbeiterinnen und Mitarbeiter nach ihrer Einschätzung der Situation gefragt und auf dem Ticket einer „ganzheitlichen" Gesundheit geraten diese Untersuchungen sehr allgemein, sodass eine Vertiefung an dieser Stelle wenig nutzt.

---

[158] Hammes et al. (2009).
[159] O. v., Das Bewusstsein der Unternehmen wird sich wandeln: Die Beschäftigten sind unsere wichtigste Ressource (o. Z.). Neben dem Beispiel OTTO finden sich auf dieser Website auch Beispiele für betriebliches Gesundheitsmanagement zahlreicher anderer Unternehmen.

Fazit

Bei der Vermessung des beruflichen Alltags haben wir uns erst mit einem Messmodell zur Identifikation des „besten" Berufs bzw. Arbeitgebers und dann mit der Bewertung von Angestellten, Vorgesetzten und den Rahmenbedingungen beschäftigt. Ich habe mir etwas Zeit gelassen, weil es Sie vermutlich betrifft. Es zu lesen hat Sie ca. 40 min gekostet. Haben sie sich für Sie gelohnt? Wie bewerten Sie das?

5.9 Die Finanzen

Dieses Thema füllt Bücher! Nein: Buchreihen! Kaum ein Thema ist derart banal und doch so mystifiziert wie die Organisation der privaten Finanzen. Banal? Ja, natürlich. Die privaten Finanzen jetzt und in der Zukunft im Griff zu haben, ist eine simple Aufgabe, so simpel, dass ein paar Excel- und Schulkenntnisse in Zinsrechnung ausreichen. Aber wer hat Interesse an Simplizität, wenn es durch die Verkomplizierung so viel zu verdienen gibt? Jeder noch so unbegabte Möchtegernfinanzberater schmückt sich mit Scheinexpertise und ja, es ist einfach, den Gerd und seine Gerda zu beeindrucken. Mit wenigen Sätzen kann dieses simple Thema so verkompliziert werden, dass es so schwierig klingt wie der Bauplan für ein Atomkraftwerk. Und doch geht es immer nur um eines: Den Verkauf von Finanzanlageprodukten bzw. Krediten. Es ist ein Vertriebsgeschäft. Das läuft, und wir folgen wie die Schafe in der Herde vermeintlichen Gurus, wollen aus Gier jedes Börsenkurswachstum mitnehmen und vermeiden Verluste, bis noch mehr Verluste entstanden sind.[160]

Ich habe nichts zu verkaufen! Das lässt mich über den üblichen Absichten stehen. Aber dieses Buch ist auch kein Leitfaden zur Gestaltung der privaten Finanzen; es ist ein Buch über die Vermessung des Alltags. Also müssen wir uns einige Themen herausgreifen, in

---

[160] Eine wunderbare und leicht zu lesende Analyse dieses Herdenverhaltens liefern die Nobelpreisträger Akerlof und Shiller (2009).

denen es etwas zu bewerten oder zu vermessen gibt. Mit dieser Auswahl werden natürlich sehr viele Themen ausgeklammert und es bleiben fünf Aspekte übrig, die wir uns nachfolgend anschauen:

- Einkommen (Herkunft der Gelder, die wir ausgeben)
- Konsumausgaben
- Geldanlage
- Kreditvergabe
- Versicherungen

Einkommen – reicht es oder darf es ein bisschen mehr sein?

Welche große Bedeutung das Einkommen als Faktor der Lebenszufriedenheit hat, haben wir bereits in Abschn. 5.5 erfahren, als wir lasen, dass ausnahmslos alle Kriterienkataloge zur Vermessung von Glück bzw. Lebensqualität diesen Faktor enthalten. Mit Einkommen werden Optionen der Lebensgestaltung erschwinglich und mehr Einkommen vergrößert diesen Spielraum. Natürlich kann man sich jetzt daran klammern, dass das noch keine Garantie für Glück ist, weil man auch falsche Entscheidungen treffen kann, weil man sich vergleicht und es in jeder sozialen Schicht andere gibt, die ein schickeres Auto fahren, weil man sich verrechnet und übernimmt, weil das wahre Glück die Liebe/Kinder/Gesundheit/Gott/der Rücken der Pferde ist. Aber bleiben wir bei den gut erforschten Fakten: Einkommen macht glücklich! Um präzise zu sein, müssen wir hier auch das Vermögen hinzurechnen. Es geht unter dem Strich um **„finanzielle Potenz"**.

Einkommen ist (außer, dass es ein Glücksfaktor ist und Konsum und Sicherheit ermöglicht) auch für ganz unerwartete Lebensbereiche wichtig, etwa die Partnerschaft. So durchlässig unsere Gesellschaft auch geworden ist und so „normal" es sein mag, wenn eine Reiche sich einen weniger Begüterten zum Mann nimmt (oder umgekehrt), so selten kommt es doch vor. Der Grundsatz „Gleich und Gleich gesellt sich gern" war eben nicht nur historisch gesehen ein Selektionsprinzip, sondern ist es auch heute noch. Sogar bei Dating-Websites ist es so: Es finden sich überproportional häufig Paare auf gleichem Einkommensniveau.[161] Ein Grund dafür ist, dass Einkommen als Indikator für den gesellschaftlichen Status und den Bildungsgrad dient. Hohes Einkommen wird mit vielfältigen Interessen, gesunder Lebensweise, häufigen Urlauben, gepflegtem Äußeren und guten Umgangsformen assoziiert.

Die finanzielle Potenz wird auf Dating-Websites abgefragt und normiert angegeben. Im unmittelbaren Kontakt muss sie anderweitig dokumentiert werden. Da wir für gewöhnlich keine eidesstattliche Vermögensauskunft mit uns herumtragen, benötigen wir subtilere Indikatoren. Mal sind es Dinge (Kleidung, Auto, Haus oder Schmuck), mal Erzählungen (Urlaubsgeschichten, Stories über Wochenendtrips mit dem Boot), mal ist es das Gehabe (Umgangsformen, Manieren, sprachliches Ausdrucksvermögen) oder es sind Gesten (Einladungen, Interesse an der teuren Auslage im Schaufenster).

Schon sind wir beim Vermessen: Wir bewerten die finanzielle Potenz (Einkommen) unserer Sozialpartner an diesem eben genannten Set von Kriterien. Da uns ein objektiveres Messinstrument fehlt (wie etwa ein Blick auf die Gehaltsabrechnung), ist es eher eine Checkliste mit einer Ordinalskala. Dabei vergleichen wir Besitz, Erzählungen, Gehabe und Gesten mit einer imaginären Referenz, die wir uns aus eigenen Erfahrungen, aber vor allem aus medial zusammengeklaubten Bruchstücken zusammensetzen. Das nutzen Hochstapler, aber auch Schauspieler: Wenn George Clooney einen reichen Mann spielt, trägt er einen gut sitzenden Anzug, eine Rolex, drückt sich gewählt aus, hält der Dame die Türe auf und bestellt im Restaurant Gerichte mit unaussprechlichem Namen. Spielt er einen Verlierer, trägt er fleckige Kleidung, geht gebeugt, rempelt andere an ohne sich zu entschuldigen und spuckt auf die Straße. So ein Orientierungssystem ist natürlich unbefriedigend. Es ist ungenau, übersieht unauffällig-bescheidene Reiche und kann von Aufschneidern getäuscht werden. Am Rande: „Tiefstapelei" kommt vergleichsweise selten vor, außer in Kinofilmen und Soaps. Es ist auch nicht zu empfehlen: Zu groß ist das Risiko, mit

---

[161] Baumann (2019).

dem Rest, den man zu bieten hat, nicht zu überzeugen. Die meisten sind gut beraten, ihre wenigen Trümpfe auszuspielen.

Bisher haben wir Einkommen als Faktor in der sozialen Interaktion (Partnerschaft usw.) betrachtet. Tatsächlich gibt es aber auch eine egozentrische Verzerrung: Reicht das Einkommen aus, um das Leben zu finanzieren, das ich mir vorstelle? Vordergründig geht es um eine Budgetierung: Der Mittelzufluss auf der einen Seite und die Mittelverwendung auf der anderen.[162] Auf der Zuflussseite steht das Einkommen, vielleicht stehen dort auch Zinserträge aus dem Vermögen oder außerordentliche Einkünfte wie eine Erbschaft. Auf der Verwendungsseite stehen

1. fixe monatliche Kosten wie Miete, Nebenkosten, Auto, Versicherungen oder Abonnements,
2. Essen und Kleidung,
3. Gesundheitsausgaben,
4. Bildungsausgaben,
5. Spiel, Spaß und Spannung,
6. Luxusausgaben (Restaurantbesuche, Blumen für die Liebste, Spenden usw.),
7. Rückzahlungen von Krediten und anderen Schulden,
8. Rücklagen für größere Anschaffungen wie Urlaube, Geschenke oder eine Waschmaschine,
9. Rücklagen für die Altersvorsorge und
10. Rücklagen, die als „Sparen" bezeichnet werden, aber auch als Polster für Krisen dienen können.

In welchem Ausmaß diese zehn Positionen bedient werden, ist eine Frage der persönlichen Präferenzen und natürlich der Notwendigkeiten. Die Miete zu bezahlen mag da keine Präferenz haben, ist aber eine Notwendigkeit. Umgekehrt ist der supergroße 8 K-OLED-Fernseher keine Notwendigkeit, aber eine Präferenz. Das kann auch grafisch abgebildet werden, etwa so wie in Abb. 5.30.

---

[162] Das sind, am Rande bemerkt, auch die zwei Seiten einer Unternehmensbilanz: Die Passiva beschreiben, woher die Mittel kommen und die Aktiva, wofür sie verwendet werden.

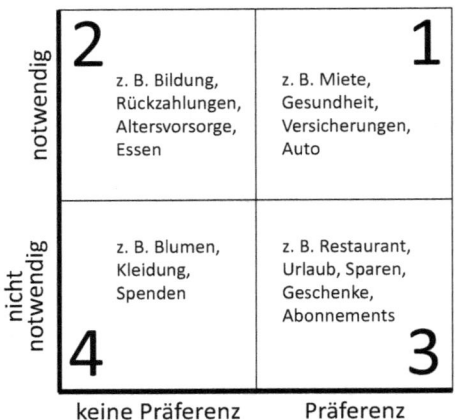

Abb. 5.30 Individuelles Ausgabenprofil (Beispiel) im Kontext von Notwendigkeiten und Präferenzen. (Eigene Darstellung)

Die Nummerierung der Quadranten ist bereits die Priorisierung der Ausgaben. Doch die geht nur allzu oft schief, vor allem bei Menschen, deren Persönlichkeitsmerkmal „Gewissenhaftigkeit" unterentwickelt ist. Da wird erst geprasst und was übrig bleibt, für das Notwendige ausgegeben.

Kommen wir zu einem Zwischenergebnis: Steht genug Einkommen zur Verfügung, um die Positionen auf der Liste der zehn Mittelverwendungsarten angemessen zu bedienen, und das ist eine Frage der persönlichen Einschätzung, fühlt es sich gut an. Mehr Einkommen geht immer, keine Frage, aber das aktuelle ist auskömmlich.

Oben schrieb ich aber, dass es nur vordergründig um die Budgetierung geht. Ob ein Einkommen auskömmlich ist, ob es reicht, ist auch eine Frage des sozialen Vergleichs.

> Die Hypothese ist: Menschen sind mit ihrem Einkommen zufrieden, wenn andere, die sie als Vergleichspersonen ansehen, weniger oder maximal gleich viel verdienen. Verdienen sie mehr, stört das das Selbstwertgefühl.

Gestützt wird diese Vermutung wieder einmal von der **Theorie des sozialen Vergleichs** von Leon Festinger. Es lässt sich auch empirisch nachweisen: Nicht die objektive Gehaltshöhe ist relevant, sondern die Einkommenshöhe in Relation zu jener der Bezugsgruppe.[163] Auch andere Studien stützen diese Erkenntnis: Je höher Menschen ihr Einkommen im Vergleich zu dem anderer bewerten, desto glücklicher sind sie.[164] Gleichzeitig gilt aber: Je **wichtiger es ihnen ist,** ihr Einkommen mit dem anderer zu vergleichen, desto weniger glücklich sind sie.[165]

> Interessanterweise behaupten 75 % von in den USA für diese Studie Befragten, es sei für sie **nicht** wichtig, ihr Einkommen mit dem anderer zu vergleichen, aber zugleich konnten 87,5 % aller Befragten präzise angeben, **mit wem** sie ihr Einkommen vergleichen – eine offensichtliche Ambivalenz.

Erklärt wird das damit, dass Vergleiche dieser Art im sozialen Umgang als nicht wünschenswert angesehen werden, aber eben doch stattfinden. Es ist so wie mit McDonalds-Besuchen, Einkäufen bei Lidl oder Youporn: Keiner macht es!

Wenn wir noch einen Blick darauf werfen, **wie** Menschen Einkommen vergleichen, spielen **Signalgüter** eine große Rolle. In absteigender Reihenfolge sind dies Auto, Wohnumfeld, Bildung, Reisen und Freizeitaktivitäten, vielleicht aber auch Armbanduhren, Handtaschen, Markenkleidung oder das allerneueste Wearable.

Das Fazit ist: **Reiche sind glücklicher als Arme.** Das wissen wir schon aus Abschn. 5.5. Es gibt auf individueller Ebene einen gut messbaren Zusammenhang, auch, wenn auf gesellschaftlicher Ebene eine Zunahme des Einkommensniveaus nicht zwingend eine Zunahme der Zufriedenheit bedeutet. Dies wurde als **Easterlin-Paradoxon**

---

[163] Raab et al. (2016, S. 42).
[164] Bspw. Alderson und Katz-Gerro (2016), aber auch Bernhard (2001).
[165] Ebenda, S. 37.

bekannt.[166] Dies legt den Schluss nah, und so konnte es auch nachgewiesen werden, dass es um **Relationen** geht:

> Zufriedenheit entsteht, wenn sich Personen relativ zu ihrer Vergleichsgruppe als reicher einschätzen. Sind alle in gleichem Umfang vermögend, steigt die Zufriedenheit nicht und kann sogar sinken, wenn die Einkommenssteigerung teuer erkauft ist.

So entlarvend und brutal es sich anhört: Die persönliche Zufriedenheit mit dem Einkommen entsteht aus sozialer Ungleichheit: „**Weil** Du arm bist, fühle ich mich reich!"

Konsumausgaben: „Hau' raus die Kohle"!

Das Geld ist auf dem Konto, jetzt muss es ausgegeben werden. Das Koordinatensystem aus Notwendigkeiten und Präferenzen kennen wir schon (Abb. 5.30) und wird es genutzt, entsteht ein gewisses Gefühl für einen Betrag, der verkonsumiert werden darf. Was zählt dazu?

Das Statistische Bundesamt schreibt: „Den größten Teil ihres ausgabefähigen Einkommens verwenden die privaten Haushalte für Konsumausgaben. Das sind im Einzelnen die Ausgaben für Essen, Wohnen, Bekleidung, Gesundheit, Freizeit, Bildung, Kommunikation, Verkehr sowie Beherbergungs- und Gaststättendienstleistungen."[167] Diese Definition greift für unsere Zwecke etwas weit. Bspw. umfasst sie auch investive Ausgaben, also solche, die getätigt werden, um auch später ein Einkommen zu erzielen. Also möchte ich Konsumausgaben begrifflich auf jene Ausgaben reduzieren, die für die tägliche Lebensführung getätigt werden. Somit bleiben: Essen, Bekleidung, Freizeit, Kommunikation, Verkehr, Restaurant, Abonnements und das, was ich oben „Spiel, Spaß und Spannung" nannte (ein herrlich unwissenschaftlicher, aber umso allgemeinverständlicherer Ausdruck).

---

[166] Easterlin (1974).
[167] Statistisches Bundesamt (o. Z.).

Wie lassen sich Konsumausgaben bemessen? Wieder sind wir bei der Budgetierung. Wenn im Kontext aller zehn Ausgabearten die Ausgaben, die auf den Konsum entfallen, zusammengezählt sind (und aufgepasst: es ist ein Querschnitt!), geht es wieder einmal um das Priorisieren mittels der Notwendigkeiten-Präferenzen-Matrix (Abb. 5.30). Erst werden die notwendigen Ausgaben, für die auch eine Präferenz besteht, im erforderlichen Maß getätigt, dann die notwendigen, auch, wenn keine Präferenz besteht, dann die nicht notwendigen, aber präferierten und so fort. Zu unterscheiden ist dabei zwischen dem „Mindestbetrag", der auszugeben ist, und dem „gewünschten Betrag". Manchmal ist es derselbe, etwa bei den Mobilfunk- und DSL-Kosten, denn für die gibt es langfristige Verträge. Zuweilen weichen diese Beträge auch voneinander ab, etwa bei dem Posten Kleidung: Hier gibt es einen Mindestbetrag für den „normalen" Ersatzzyklus sowie einen Wunschbetrag, der anfällt, weil Sie sich endlich das totschicke Abendkleid leisten wollen.

Die Vermessung von Konsumausgaben, hier gleichbedeutend mit der Budgetierung, ist also ein „Top-down-Prozess": Erst wird eine Verteilung des verfügbaren Einkommens auf alle Ausgabenarten vorgenommen, dann der Teilbetrag, der verkonsumiert werden darf, priorisiert und ggf. entsprechend monatlicher Verschiebungen angepasst.

An dieser Stelle sollte ich natürlich ein Haushaltsbuch vorschlagen, in dem alle Ausgaben aufgeschrieben werden, um am Monatsende die Einhaltung des Budgets zu kontrollieren. Konkret haben sich Apps als hilfreich erwiesen, die auf spielerische Art und mit hübsch animierten Grafiken die Protokollierung und Auswertung erleichtern.

Die Vermessung der Konsumausgaben im Sinne eines Budgets am Anfang des Monats und der Kontrolle der Budgeteinhaltung am Ende des Monates ist also eine simple Aufgabe, sofern die Bereitschaft und Disziplin vorhanden ist, sich damit zu beschäftigen. Wer allerdings nach dem Grundsatz „Hau' raus die Kohle" lebt, wird Schwierigkeiten haben, aber vermutlich auch nicht dieses Buch lesen.

Welche Geldanlage ist die beste?

Jetzt wird es spannend und ich muss mich an meinem einleitenden Versprechen messen lassen: „Der Umgang mit Finanzen ist banal", so meine Eingangshypothese. Also muss Geldanlage auch banal sein, oder? Und ja. Das ist sie.

Die Ausgangsfrage ist, welcher Betrag monatlich für eine Geldanlage zur Verfügung steht. Das ist einfach zu ermitteln – siehe das vorherige Unterkapitel. **Wie** es angelegt wird, ist dann nur noch eine Frage zweier gradueller Parameter:

1. **Laufzeit:** Wann wird welcher Betrag benötigt?
2. **Risiko:** Welches Anlage- und Verfügbarkeitsrisiko soll akzeptiert werden?

Das Ergebnis ist wieder eine Matrix, aufgespannt mit diesen beiden Parametern. Diese ist in Abb. 5.31 mitsamt einigen als €-Symbol angedeuteten Anlagen dargestellt. Die **Zeitleiste** endet mit dem Tod, dessen Eintrittsdatum auf Basis von alters- und geschlechtsspezifischen Sterbetafeln des Statistischen Bundesamts geschätzt werden kann. So habe ich, ein 56-jähriger Mann, ab heute noch ca. 25 Jahre zu leben.

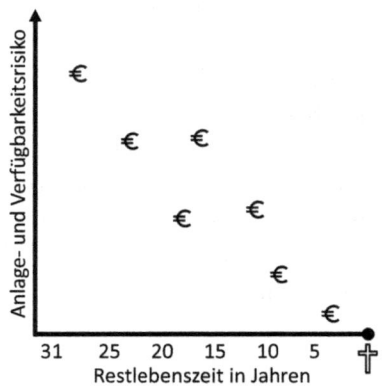

Abb. 5.31 Laufzeit-Risiko-Matrix. (Eigene Darstellung)

Um die Unannehmlichkeit zu vermeiden, dass ich am Ende dieser Restzeit noch lebe, aber pleite bin, rechne ich noch einen Lebenszeitpuffer hinzu (fünf Jahre), und da ich mich gesund ernähre, viel Sport treibe, nicht rauche und schlank bin, bin ich sogar optimistisch und gehe von fünf Extrajahren aus, die ich noch leben werde. Ich werde also 91 Jahre alt. Zumindest plane ich die Verwendung meines Geldes (Einkommen, später Pension, Vermögen) mit dieser zeitlichen Perspektive.

Das **Anlagerisiko,** der zweite Parameter unserer Matrix, setzt sich aus zwei Faktoren zusammen: Es ist zum einen das grundsätzliche **Risiko der Geldanlage.** Dazu gehören die

- Inflation, die wir mit einem Durchschnittswert von bspw. 4 % pro Jahr ansetzen müssen, sowie
- anlagespezifische Risiken.

Das Geld in ein Kopfkissen einzunähen birgt ein geringes Anlagerisiko. Es ist aber nicht Null! Der Nominalwert der Scheine wird zwar nicht geringer, aber es gibt eine gewisse Wahrscheinlichkeit, dass das Geld gestohlen oder bei einem Brand vernichtet wird. Die Höhe dieses Risikos entspricht den Lager- und Versicherungskosten, also dem Preis des Bankschließfachs zzgl. einer Versicherung (Am Rande: das Banken Versicherungen für ihre Schließfächer verkaufen, ist meines Erachtens grotesk). Das Geld in festverzinslichen Wertpapieren anzulegen, bringt Zinseinnahmen und die Lager- und Risikokosten entfallen. Sicher ist diese Anlageform auch, sofern der Anleiheausgeber (Staat, Unternehmen) nicht pleitegeht. Aktien sind noch renditeträchtiger, die Risiken werden aber höher. Und, um das Bild auszumalen: Aktien kambodschanischer Start-ups in Landeswährung versprechen Traumrenditen, aber um den Preis von Albtraumrisiken. Es ist also eine Schaukel: Renditechance und Anlagesicherheit sind ein Trade-off: Beides parallel lässt sich nicht maximieren. Nie! Vergessen Sie, was Ihr „Private Wealth Manager" oder der Finanzdienstleister Ihnen erzählt hat.

Es gibt aber noch ein weiteres Risiko einer Geldanlage, das oft übersehen wird: Das **Verfügbarkeitsrisiko.** Es ist das Risiko, dass bei volatilen Anlageformen (etwa Aktien, Fonds, Edelmetall oder Immobilien) der Wert der Anlage in dem Augenblick, in dem sie sie veräußern möchten, niedrig ist. Das Verfügbarkeitsrisiko steigt, je enger das Zeitfenster ist, in dem Sie das Geld abrufen werden. Und es steigt zusätzlich, wenn die Anlage auf einen sogenannten „engen" Markt trifft, auf dem die Veräußerung der Anlage ggf. Zeit braucht (z. B. eine Immobilie). Wenn bspw. der gerade geborene Enkel zu seinem 18. Geburtstag ein Auto geschenkt bekommen soll und Sie dafür Geld anlegen, ist einerseits das Anlagerisiko selbst zu beachten und andererseits zu berücksichtigen, dass Sie das Geld kurz vor dem Geburtstag benötigen, also in einem schmalen Zeitfenster. Natürlich wäre hier eine Anlage empfehlenswert, die ein geringes Risiko birgt, deren Wert nur geringfügig schwankt und deren Veräußerung zeitnah garantiert ist, weil es einen Markt dafür gibt.

Soweit der Hintergrund. Und welche Anlagen sollen es nun sein? Für die Entscheidung bedarf es nur weniger Regeln:

- Ist die Laufzeit lang und das Verfügbarkeitsrisiko gering, darf das Anlagerisiko höher ausfallen.
- Ist die Laufzeit lang und das Verfügbarkeitsrisiko hoch, darf die Anlage ein höheres Risiko haben, aber nach 50 bis 75 % der Laufzeit ist bei einer günstigen Gelegenheit in eine sichere Anlage mit geringem Verfügbarkeitsrisiko umzuschichten.
- Ist die Laufzeit kurz, kommt nur eine sichere Anlage infrage.

Das klingt nach einem konservativen Modell und das ist es auch. Ein Anlageberater würde so nicht argumentieren und stattdessen eine differenziertere Strategie empfehlen. Er wird dann von „Diversifizierung" und „Risikostreuung" sprechen und das in einem Gespräch auch scheinbar gut begründen. Und gegen eine solche Differenzierung ist grundsätzlich nichts einzuwenden, aber sie muss den drei oben genannten Grundsätzen folgen. Tut sie das nicht, ist das Risiko zu groß, dass bei dem differenzierteren Portfolio auch Anlagen dabei sind, die nicht laufen und die Gesamtrendite drücken.

Bekomme ich den Kredit?

Größere Anschaffungen erfordern zuweilen Liquidität, die noch nicht vorhanden ist. Unsere Altvorderen mögen den Grundsatz vertreten haben, dass nur angeschafft werden darf, wofür auch Geld auf dem Konto (oder im hinter dem Haus vergrabenen Säckel) ist. Doch unsere heutige Gesellschaft tickt anders: Es ist Usus geworden, unsere Wünsche sofort zu erfüllen und später, während der Nutzung, dafür zu bezahlen. Dagegen ist auch nichts einzuwenden, wenn einige wenige Axiome beachtet werden:

1. Es gilt die **goldene Investitionsregel:** Die Finanzierungsdauer (Kreditlaufzeit) soll der Nutzungsdauer entsprechen. Keinesfalls darf sie länger sein. Der Kredit für ein Auto, das sechs Jahre lang gefahren werden soll, darf sechs Jahre laufen. Aber für eine Urlaubsreise, die nur zwei Wochen lang genossen wird, einen Ratenkredit über zwei Jahre abzubezahlen, ist mehr als nur unklug.
2. Die **Wertbeständigkeit des Gegenstands:** Der Wert des auf Kredit angeschafften Gegenstands muss während der Nutzungsdauer dem Restwert des Kredits entsprechen. Schlecht ist es, wenn der Gegenstand schneller an Wert verliert als der Kredit abbezahlt wird. Kommt es zu einem Problem und der Gegenstand muss veräußert werden, kann der Kredit nicht vollständig abgelöst werden. Das ist bspw. oft bei Unterhaltungselektronik so, oder bei Autos, die über einen zu langen Zeitraum finanziert werden.
3. Die **Belastung durch Zins und Tilgung:** Jede Rückzahlungsverpflichtung reduziert den finanziellen Handlungsspielraum. Präferenzen ändern sich, Unvorhergesehenes passiert. Die Höhe der Ratenzahlungen muss also so bemessen sein, dass noch genügend Spielraum bleibt, um z. B. eine sechsmonatige Arbeitslosigkeit finanziell zu überstehen.

Kredite sind nichts ehrenrühriges, wenn sie vernünftig in das Ausgabenbudget eingebucht sind. Nützlich wäre für so manchen, über ein Messsystem zu verfügen, das wie eine Ampel grünes Licht für eine

Anschaffung auf Kreditbasis (oder per Leasing) gibt oder nicht. Hier haben wir einen Zirkelschluss: Ein solches Ampelsystem benötigt Daten, vor allem das laufende Einkommen und die Ausgabenpositionen, um den finanziellen Spielraum für einen Kredit bewerten zu können. Doch wer den dafür erforderlichen Überblick über seine Einnahme- und Ausgabeströme hat, zeigt einen verantwortungsvollen Umgang mit Geld und wird kein Ampelsystem benötigen.

> Seine Zahlungen zu dokumentieren, sich seiner Notwendigkeiten-Präferenzen-Matrix bewusst zu sein und über Konsumwünsche und deren Erfüllbarkeit nachzudenken, ist eine Frage der Gewissenhaftigkeit (als Persönlichkeitsmerkmal).

Es ist also kein komplexes Messsystem notwendig, um die privaten Finanzen im Auge zu behalten. Machen wir es wie unsere Großmütter und führen wir ein Haushaltsbuch (etwas, was ich ein paar Seiten zuvor noch in einem Nebensatz abgetan habe).

Doch leider locken Playstation, Mountainbike und Kreuzfahrturlaub auch dann, wenn das Konto leer ist. Dann benötigen wir einen Kredit. Dieser ist in niedriger Höhe auch relativ leicht zu bekommen, denn das ist das Geschäft von Banken und Kreditvermittlern. Ihr Problem sind die **Kreditausfallrisiken** und die Herausforderung ist die Bemessung der Wahrscheinlichkeit eines Zahlungsausfalls.[168] Dazu muss die Zahlungszuverlässigkeit eines Kreditnehmers **vor** und **während** der Laufzeit bemessen werden. Ein auf Privatkunden spezialisierter Dienstleister ist die Schufa. Sie hat ein Scoringmodell entwickelt, um die Wahrscheinlichkeit von Kreditnehmern einzuschätzen, mit der sie ihre Kredite (Ratenzahlungen usw.) zurückzahlen werden. Dies gelingt vergleichsweise präzise, denn die Schufa verfügt über einen umfangreichen Erfahrungsschatz. Es ist sogar möglich, für bestimmte Branchen bzw. Kreditarten kundenspezifische Ausfallrisiken zu berechnen, denn sind

---

[168] Siehe hierzu exemplarisch die Ausführungen und weiteren Literaturverweise in Pereira und Artes (2016). Das Thema Kredit-Scoring ist umfassend dargestellt in Schröder und Taeger (2014).

Tab. 5.13 Schufa-Scoring für den Online-Versandhandel (Kühnapfel, Scoring und Nutzwertanalysen, 2021, S. 225)

Kunden-Rating	Score-Wert	Wahrscheinlichkeit eines Ausfalls
A	9974–9999	0,14 %
B	9952–9973	0,35 %
C	9937–9.951	0,53 %
D	9918–9936	0,66 %
E	9886–9917	0,86 %
F	9825–9885	1,22 %
G	9647–9824	2,34 %
H	9437–9646	5,30 %
I	9279–9436	7,73 %
K	9006–9278	10,26 %
L	8078–9005	15,81 %
M	1–8077	35,94 %
N	3208–9999	49,16 %
O	283–3207	88,72 %
P	1–282	99,54 %

Personen bei mehreren Unternehmen verschuldet, bezahlen sie ihre Raten erfahrungsgemäß nicht paritätisch. Bei Zahlungsnot werden bspw. Ratenzahlungen für Konsum- oder konsumnahe Produkte nicht geleistet, während Kredite für notwendige Güter wie ein Auto länger bedient werden. Für den Online-Versandhandel, um ein Beispiel zu nennen, weist die Schufa je Ratenzahlungsantragsteller ein Rating auf, das auf die Wahrscheinlichkeit des Zahlungsausfalls verweist (Tab. 5.13).

Woher kommen die Daten, die die Schufa verwendet? Neben den persönlichen Stammdaten wie Name, Adresse, Geburtsdatum oder frühere Anschriften, verwendet die Schufa vorwiegend Daten, die ihre Vertragspartner und Kunden (also Unternehmen) zur Verfügung stellen: Wichtigste Quelle sind Informationen über die Zahlungsströme bzw. Konten in dauerhaften Vertragsverhältnissen, also Banken, Mobilfunk- und Internetdienstleister, Versandhandel, Leasinggesellschaften usw. Ferner werden der Schufa Informationen über Ratenzahlungsvereinbarungen, Bürgschaften, Kredite oder sonstige Zahlungsvereinbarungen mit Unternehmen zur Verfügung gestellt. Auch außerordentliche Vertragskündigungen, Mahnungen oder Vollstreckungsbescheide werden gemeldet, kurz alles, was über die Zahlungstreue von Personen Auskunft gibt.

Und konkret? Wie sieht die Score-Berechnungsformel aus, mit der die Schufa das Kreditausfallrisiko bewertet? Darüber schweigt sich die Schufa aus und verweist auf das Geschäftsgeheimnis. Sie betont: „Die Formel zur Berechnung des Scores ist der zuständigen Datenschutzbehörde bekannt und wird von ihr und unabhängigen Wissenschaftlerinnen und Wissenschaftlern kontrolliert. Außerdem unterliegen all unsere Score-Berechnungen der DS-GVO, der Datenschutzgrundverordnung."[169]

Diese Haltung ist verständlich, denn neben den Partnerschaften und Vertragsbeziehungen, durch die die Schufa die Inputdaten erhält, ist ein treffsicherer Vorhersagealgorithmus, der zu dem Scoring führt, die Geschäftsgrundlage. Methodisch ist es ein klassisches multikriterielles Scoring-System, wie wir es schon kennen: Kriterien werden gewichtet und speziell (je Person) bewertet. Die Scores je Kriterium werden addiert und so ergibt sich ein Gesamt-Score. Dieser Algorithmus wird permanent überprüft und nachgerechnet, ob die Korrelation zwischen Score und tatsächlichen Kreditausfällen noch stimmt. Wenn nicht, werden entweder die Gewichte der Kriterien nachjustiert oder aber die Bewertungen geschärft, also strenger oder weniger streng vorgenommen. Wenn sich bspw. die Ausfälle in bestimmten Wohngegenden („sozialen Brennpunkten") häufen, wird das Kriterium, das die Adresse bewertet, höher gewichtet oder eine Adresse in dieser Wohngegend als nachteiliger eingestuft.

Lebens-, Todes- und andere Versicherungen:

Versicherungen helfen, unvorhergesehene Ausgaben aufgrund außergewöhnlicher Vorfälle leisten zu können. Versichert werden

---

[169] Schufa (o. Z.).

„Risiken des Lebens", deren Folgen, wenn sie denn eintreten, aus dem laufenden Einkommen nicht bezahlt werden können.

Zahlreiche Versicherungen sind **Pflichtversicherungen.** Wer ein Auto besitzt, muss seine Pflicht zur Haftung bei verschuldeten Schäden versichern. Solche Haftpflichtversicherungen gibt es auch (je nach Land) für Tierhalter, Jäger oder so manchen Dienstleister (Anwälte, Statiker, Ärzte usw.). Andere Beispiele sind die Sozialversicherungen (Krankheit, Rente, Pflege, Arbeitslosigkeit, Unfall) oder Versicherungen, die bestimmte Interessensgruppen schützen sollen, etwa die Insolvenzversicherung für Pauschalreiseanbieter, die deren Kunden schützt. Bei Pflichtversicherungen gibt es nichts zu berechnen oder zu messen. Allenfalls können Preise verglichen werden, aber das ist nicht Gegenstand dieses Buches. Also betrachten wir sie hier nicht weiter.

Spannender ist die Frage, ob sich eine **freiwillige** Versicherung lohnt oder nicht. Es sind nur drei Parameter, die dies entscheiden:

- Wie hoch ist die Wahrscheinlichkeit, dass das zu versichernde Risiko eintritt (Risikoeintrittswahrscheinlichkeit)?
- Wie hoch wird dann der Schaden sein (Risikohöhe)?
- Wie hoch ist der Preis der Versicherung (Prämie)?

Um die Sinnhaftigkeit einer Versicherung zu berechnen, müssen die zugehörigen erforderlichen Daten vorliegen, und das ist nicht so leicht. Suchen wir sie uns zusammen:

Risikoeintrittswahrscheinlichkeit: Diese Daten sollten einfach zu beschaffen sein. Soll beispielsweise das Risiko versichert werden, dass das Eigenheim abbrennt, suchen wir aussagefähige Statistiken. Doch gibt es in Deutschland keine bundesweite Brandstatistik. Das Institut für Schadenverhütung und Schadenforschung der öffentlichen Versicherer e. V. (IFS) könnte eine gute Adresse sein. Dort erfahren wir auch, dass die Hauptbrandursache nicht etwa der Kamin sei, sondern die Elektrizität.[170] Auch erfahren wir dort, dass jedes Jahr den Versicherern

---

[170] IFS (2022).

knapp 200.000 Brände gemeldet würden, das wären alle 2,5 min einer. Das kann natürlich auch die angekokelte Tischdecke wegen einer umgefallenen Kerze sein. Wir erfahren auch, dass es jedes Jahr ca. 400 Brandtote in Deutschland gibt. Aber wie viele Häuser oder Wohnungen in Deutschland jedes Jahr abbrennen, erfahren wir nicht. Vor allem erfahren wir nicht, wie viele vollständig abbrennen (Maximalschaden). Ich habe zwei Stunden recherchiert. Woran liegt das? Der Grund ist, dass die Versicherungswirtschaft ein nachvollziehbares Interesse daran hat, das Risiko eines Haus- oder Wohnungsbrands zu veranschaulichen. So lassen sich mehr Versicherungen verkaufen und die Preisakzeptanz wird gesteigert. Vermutlich sind die von der IFS veröffentlichten Daten korrekt, aber überzeichnen das Bild. Andere Quellen waren allerdings noch unergiebiger. Fazit: Die Vermessung des Risikos, dass das eigene Haus abbrennt, ist komplizierter als gedacht. Wir kennen die Eintrittswahrscheinlichkeit für den Totalverlust nicht! Wenn wir uns nicht auf meinungsgetriebene Daten oder Verfügbarkeitsheuristiken (Zeitungsmeldungen über Hausbrände usw.) verlassen wollen, wird es kompliziert.

Risikohöhe: Gesucht sind Daten, die die Schadenhöhe je Haus- oder Wohnungsbrand nennen. Solche gibt es. In der Schweiz lag der Schaden je Brandfall bei 30.656 €[171], in Österreich bei 38.906 €[172]. In Deutschland sei der Schaden je Brand je nach Quelle 6000 bis 7500 €. Offensichtlich stimmen die Berechnungsgrundlagen nicht überein, denn es ist nicht anzunehmen, dass österreichisches oder schweizer Feuer tüchtiger brennt. Doch sind diese Zahlen nur ein Anhaltspunkt, denn die Frage stellt sich, ob ein Schaden von 6000 bis 7500 € überhaupt versichert werden sollte? Könnte er aus dem laufenden Einkommen gedeckt werden? Könnte die Versicherungsprämie eingespart und beiseitegelegt werden, um ein finanzielles Polster zu schaffen, mit dem Brandschäden bezahlt werden könnten? Ja, das wäre möglich. Aber das zeigt auch das Wesen einer Versicherung: Es geht nicht darum, Bagatell-

---

[171] Errechnet aus den Daten auf BfB (o. Z.).
[172] Errechnet aus den Daten auf o. V., Brandschadenstatistik der Österreichischen Brandverhütungsstellen (2021).

schäden abzusichern. Es geht nicht einmal darum, Kleinschäden in der Höhe von zwei oder drei Nettomonatslöhnen abzusichern. Es geht um die „großen" Risiken, die, wenn sie sich realisieren, uns finanziell aus der Bahn werfen. Hier nun wäre folglich der Maximalschaden jenes Risikos, das abzusichern ist: Der Verlust des gesamten Hauses oder der gesamten Wohnung. Und dieser Wert ist leicht zu ermitteln: Marktwert der Immobilie zzgl. Wiederbeschaffungskosten der Inneneinrichtung zzgl. laufende Kosten in der Zwischenzeit bis zum Bezug der wiederhergestellten Immobilie (Hotel, Logistik, Beschaffungsaufwand).

Prämie: Meine Doppelhaushälfte (nur) gegen Feuer abzusichern, kostet nicht mehr als 100 € pro Jahr. Offensichtlich wird das Risiko von Schäden an der Immobilie von den Versicherungen als recht gering eingestuft. Das Bild täuscht ein wenig, denn die verbrannten Möbel zahlt die Hausratversicherung. Diese kostet nicht viel mehr als 100 € pro Jahr. Aber den emotionalen Wert ersetzt sie nicht und die Behaglichkeit der gewohnten Umgebung (Möbel usw.) ist dahin.

Das Fazit: Hier ist eine weiterführende Kalkulation überflüssig. Wer eine Wohnung oder ein Haus besitzt und es bewohnt, sollte sich die Wohngebäude- und Hausratversicherung leisten können. Aber wie in den meisten anderen Schadenfällen auch (Unfall, Diebstahl, Arbeitslosigkeit usw.) deckt eine Versicherungspolice nur einen Teil der Schäden ab und sorgt dafür, dass der wirtschaftliche Verlust abgemildert wird. Doch einen vollständigen Ausgleich der erlittenen Unbilden gibt es nur selten.

Kommen wir noch zu einer obskuren Versicherungsart: Der **Lebensversicherung.** Der Name ist natürlich Nonsens. Leben lässt sich nicht versichern. Stattdessen ist es eine Wette: „Wenn ich vor dem Ablauf der Versicherung sterbe, erhalten meine Erben einen vereinbarten Betrag ausgezahlt." Und wenn nicht, verfallen die bezahlten Beiträge.[173] Aber

---

[173] Ich gehe hier von einer Risikolebensversicherung aus. Bei einer Kapitallebensversicherung wird mit dem Ablauf der Versicherung ein angesparter und verzinster Betrag ausbezahlt. Zudem sei darauf hingewiesen, dass eine Risikolebensversicherung technisch fast das Gleiche ist wie eine Sterbegeldversicherung mit dem einzigen Unterschied, dass erstere ein begrenztes Enddatum hat, aber letztere bis zum Tod läuft und damit immer ausgezahlt wird.

sind nicht alle Versicherungen Wetten auf die Zukunft? Unseren Wetteinsatz zahlen wir dafür, dass uns etwas **nicht** zustößt.

Jede Versicherung kann ob ihrer Sinnhaftigkeit auf den Prüfstand gestellt werden. Zu ermitteln sind immer die drei oben genannten Variablen, die **Risikoeintrittswahrscheinlichkeit,** das abzusichernde **monetäre Risiko** und die **Prämienhöhe.** Der Rest ist eine Frage der individuellen Risikoneigung und der Frage, wie komfortabel sich jemand mit einer finanziellen Absicherung möglicher Schäden fühlt. Sowohl die Unter- also auch die Überversicherung kommen vor und die Bemessung der kostenoptimalen Absicherungsstrategie ist ein mathematisch nicht lösbares Problem.

6

Sieben Stunden Lesen – wieviel hat's gebracht?

Vermutlich haben Sie nun sieben Stunden benötigt, dieses Buch zu lesen. Da Sie immer wieder von Abbildungen, Tabellen und Fußnoten unterbrochen wurden, waren es vielleicht sogar acht Stunden. Wenn wir den Kaufpreis dieses Buches hinzurechnen, sind die Kosten damit klar:

- Preis des Buches
- Opportunitätskosten des Zeiteinsatzes
- Opportunitätskosten der Erholungszeit, denn Lesen ist anstrengend

Und der Nutzen? Sie wissen jetzt sicherlich mehr über das Thema als vorher. Jedenfalls hoffe ich das. Sie sind nun in der Lage, Ihren Alltag zu vermessen, **um bessere Entscheidungen zu treffen**. Konkret heißt das, dass Sie Ihr Bewusstsein dafür geschärft haben, wie Sie Ihre drei Kernressourcen Zeit, Geld und Aufmerksamkeit einsetzen. Und last but not least haben Sie einen Nutzen aus der ebenso banalen wie beruhigenden Erkenntnis, dass alles im Leben **eine Frage von Nutzen und Kosten** ist und sich alles daran messen lassen muss. Beruhigend? Sicherlich, denn es hilft, sich dieses Fundaments der Lebensführung bewusst zu sein.

Das Urteil darüber, ob die wichtigste meiner Hypothesen, **dass ein glückliches, erfülltes Leben davon abhängig ist, wie klar das Bewusstsein für die Ökonomie des Alltags ist,** bestätigt werden konnte, überlasse ich Ihnen. In der Regel kontern Menschen, die ich damit konfrontiere, mit einer Kanonade aus Abers: Aber die Liebe. Aber die Intuition. Aber man kann doch nicht alles „verobjektivieren". Aber man muss doch auch genießen können, ohne an die Kosten zu denken …. Hartnäckig hält sich der Wunsch nach einer faktischen Dichotomie, die wir umgangssprachlich „Kopf" und „Herz" nennen. Dazu kommt der verzweifelte Versuch, den letzten Hort der Romantik zu schützen. Aber wovor eigentlich? Vor Wörtern wie „Nutzen" und „Kosten"? Vor dem Bewusstsein, dass Zuneigung, gar Liebe und Freundlichkeit einen Preis haben? Dass Leid, Krankheit und Trauer auch nützlich sind?

Was wir nicht messen können, können wir nicht managen. Und ohne Daten sind wir nur ein Typ mit irgendeiner Meinung. Diesen Sätzen sind wir in diesem Buch mehrfach begegnet. Wir haben aber kein „Gefühl" für Nutzen und auch keines für Kosten. Unsere Intuition lässt uns im Stich. Wir sind anfällig für kognitive Verzerrungen, für Verzerrungen, an denen wir selbst oder auch andere schuld sind. Denn wir lassen uns manipulieren, manchmal sogar gerne, weil wir uns mit den Geschichten und Geschichtchen, die uns erzählt werden, besser fühlen. Wenn wir hingegen lernen, mit unseren knappen Ressourcen verantwortungsvoll umzugehen, wozu unweigerlich die Vermessung von Kosten und Nutzen gehört, werden wir erleben, dass unsere Lebenszufriedenheit steigt.

Doch hat die ganze „Messerei" auch Grenzen. Oft haben wir lesen müssen, dass sich dieses oder jenes einer Quantifizierung entzieht. Das sind dann die blinden Flecken auf unserer Landkarte. Hier müssen wir improvisieren, in Szenarien denken oder Annahmen treffen. Hier ist die Unsicherheit am größten. Doch das Streben nach der Vermessung, Quantifizierung und Objektivierung verkleinert diese blinden Flecke. Unser Leben und unser Glück wird ein gutes Stück kalkulierbarer; wir sind kein Fähnchen im Wind mehr. Wir sind ein Segler, der die Windrichtung misst, sein Ziel kennt, eine Route berechnet und sein Segel so stellt, dass die Tour glückt … und Spaß macht!

Ich danke Ihnen für die sieben, acht Stunden Ihres Lebens und wünsche Ihnen eine messbar glückliche Zukunft.

Literatur

ADAC. (29.09.2022). *ADAC – Rund-ums-Fahrzeug*. Von https://www.adac.de/rund-ums-fahrzeug/ausstattung-technik-zubehoer/assistenzsysteme/daten-modernes-auto/abgerufen.

Ajzen, I. (Nr. 2 1991). The theory of planned behavior. *Organizational Behavior and Human Decision Processes, 50*(2), 179–211.

Ajzen, I. (2006). *Behavioral interventions based on the theory of planned behavior.* http://www.people.umass.edu/aizen/pdf/tpb.intervention.pdf. Zugegriffen: 3. Nov. 2022.

Akerlof, G. A. (1978). The market for „lemons": Quality uncertainty and the market mechanism. In G. A. Akerlof (Hrsg.), *Uncertainty in economics* (S. 235–251). Academic Press.

Akerlof, G. A., & Shiller, R. J. (2009). *Animal Spirits: Wie Wirtschaft wirklich funktioniert*. Campus.

Alderson, A. S., & Katz-Gerro, T. (September 2016). Compared to whom? Inequality, social comparison, and happiness in the United States. *Social Forces, 95*(1), 25–53.

Ali, H. H., & Nauges, C. (Nr. 1 2007). The pricing of experience goods: The example of ‚en primeur' wine. *American Journal of Agricultural Economics, 89*(1), 91–103.

Allan, S., & Gilbert, P. (September 1995). A social comparison scale: Psychometric properties and relationship to psychopathology. *Personality and Individual Differences, 19*(3), 293–299.

Alysandratos, T., Georganas, S., & Sutter, M. (2018). Driving to the beat: Reputation vs. selection in the Taxi Market VERY PRELIMINARY. *Noch nicht veröffentlicht.* http://www.georgana.net/sotiris/mypapers/Taxi.pdf. Zugegriffen: 18. Juli 2022.

Angermeyer, M., Kilian, R., & Matschinger, H. (2000). *WHOQOL-100 und WHOQOL-BREF – Handbuch für die deutschsprachige Version der WHO-Instrumente zur Erfassung der Lebensqualität.* Hogrefe.

Ansoff, I. (1965). Checklist for competitive and competence profiles. In I. Ansoff (Hrsg.), *Corporate strategies* (S. 89–99). McGraw-Hill.

Anthes, D. (26.02.2016). Wir müssen die Entwicklung unserer Gesellschaft neu messen. *Wirtschaftswoche.* https://www.wiwo.de/technologie/green/glueck-statt-bip-wir-muessen-die-entwicklung-unserer-gesellschaft-neu-messen/13553956.html. Zugegriffen: 6. Dez. 2022.

Apgar, V. (Juli/August 1953). A proposal for a new method of evaluation of the newborn. *Current Researches in Anesthesia & Analgesia, 32*(1), 260–267.

Averbeck, M., Leiberich, P., Grote-Kusch, M., Olbrich, E., Schröder, A., Schumacher, K., & Briefer, M. (1997). *SEL – Skalen zur Erfassung der Lebensqualität.* Swets Test Services.

Babcock, L., & Loewenstein, G. F. (Nummer 11 1997). Explaining bargaining impasse: The role of self-serving biases. *Journal of Economic Perspectives, 11*(1), 109–126.

Bagwell, K., & Riordan, M. (1988). High and Declining Prices. *Discussion Paper, No. 808, Northwestern University, Kellogg School of Management, Center for Mathematical Studies in Economics and Management Science.*

Baker, J., Coté, J., & Abernethy, B. (Ausgabe 3 2003). Learning from the experts: Practice activities of expert decision makers in sport. *Research Quarterly for Exercise and Sport, 74*(3), 342–347.

Balafoutas, L. B. (Ausgabe 3 2013). What drives taxi drivers? A field experiment on fraud in a market for credence goods. *Review of Economic Studies, 80*(3), 876–891.

Barankay, I. (2010). *Rankings and social tournaments: Evidence from a crowdsourcing experiment.* The Wharton School, CEPR and IZA. University of Pennsylvania. https://www8.gsb.columbia.edu/programs/sites/programs/

files/images/Barankay%20-%20Rankings%20and%20Social%20Tournaments%20MS.pdf. Zugegriffen: 20. Dez. 2022.

Barankay, I. (Juli 2012). Rank incentives: Evidence from a randomized workplace experiment. *Business Economics and Public Policy Papers of the University of Pennsylvania*, S. o. S.

Baudson, T. G. (Januar 2021). Menschliche Intelligenz: Was sie besonders macht – DiB-Tagung 2020. *Die Ingenieurin*, S. o. S.

Bauer, H. (Ausgabe 1 2010). Cockpit und OP-Saal: Checklisten verbessern die Sicherheit. *Berlin Medical*, *7*(1), 8–12.

Baumann, D. (27.08.2019). Elite bleibt bei Parship unter sich – Ein Grund für die wachsende Ungleichheit. *Frankfurter Rundschau*.

Becker, G. (1993). *Ökonomische Erklärung menschlichen Verhaltens* (2. Ausg.). Mohr.

Bellach, B.-M., Ellert, U., & Radoschewski, M. (Nr. 3 2000). Der SF-36 im Bundes-Gesundheitssurvay – Erste Ergebnisse und neue Fragen. *Bundesgesundheitsblätter – Geesundheitsforschung – Gesundheitsschutz*, *43*(3), 210–213.

Berman, E., & Hirschmann, D. (April 2018). The sociology of quantification: Where are we now? *Contemporary Sociology(April)*, *47*(3), 257–266.

Bernhard, C. (Nr. 26 2001). Wohlstand wichtiger als Einkommen für Zufriedenheit mit der finanziellen Situation: Untersuchungen zur Zufriedenheit mit der finanziellen Situation im europäischen Vergleich. *Informationsdienst Soziale Indikatoren*, 12–15.

Beutelspacher, A., & Petri, B. (1996). *Der Goldene Schnitt* (2. Ausg.). Vieweg + Teubner.

Beyer, S., von Hof, E., Iken, K., Keller, M., Rydlink, K., Späth, S., … Wagner, J. (22. 10 2022). Nie genug und immer zu viel. *Der Spiegel* (Nr. 43), S. 113–116.

BfB. (o.Z.). *Statistiken zu Bränden und deren Auswirkungen – 2021*. BFB Beratungsstelle für Brandverhütung: https://www.bfb-cipi.ch/ueber-bfb/statistiken. Zugegriffen: 22. Dez. 2022.

Bichsel, P. (1969). Ein Tisch ist ein Tisch. In P. Bichsel, *Kindergeschichten* (S. Luchterhand). Neuwied/Berlin. https://www.deutschunddeutlich.de/contentLD/GD/GT67cTischistTisch.pdf. Zugegriffen: 4. Okt. 2022.

Blewitt, A. (Nr. 2 1992). Abnormal subjective time experience in depression. *British Journal of Psychiatry*, *161*(2), 195–200.

Bloch, P. H., Brunel, F. F., & Arnold, T. J. (Nr. 4 2003). Individual differences in the centrality of visual product aesthetics: Concept and measurement. *Journal of Consumer Research, 29*(4), 551–565.

Boehm, B. W., & Turner, R. (2004). *Balancing agility and discipline: A guide for the perplexed.* Addison-Wesley Professional.

Böhme, H. (2021). *„Ästhetik." Alexander von Humboldt-Handbuch.* Springer.

Bonitz, M., Bruckner, E., & Scharnhorst, A. (Heft 3 1997). Characteristics and impact of the Matthew effect for countries. *Scientometrics, 40*(3), 407–422.

Bördlein, C. (Ausgabe 4 1999). Barnum-Effekt und Geschlecht – Sind Frauen leichtgläubiger? *Skeptiker.*

Bös, N. (03.09.2022). Kann Dienst nach Vorschrift verboten sein? Interview mit Arbeitsrechtsanwältin M. Habel. *Frankfurter Allgemeine Zeitung.*

Bös, N., & Wieduwilt, H. (27.10.2016). Schritte zählen für den Chef. *Frankfurter Allgemeine Zeitung.* https://www.faz.net/aktuell/karriere-hochschule/buero-co/fitness-wettbewerbe-im-buero-schritte-zaehlen-fuer-den-chef-14490683.html. Zugegriffen: 21. Dez. 2022.

Bowling, A. (2007). Quality of life assessment. In S. Ayers, A. Baum, C. McManus, S. Newman, K. Wallston, J. Weinman, & R. West (Hrsg.), *Cambridge handbook of psychology, health and medicine* (S. 319–321). Cambridge.

Browne, J. P., McGee, H. M., & O'Boyle, C. A. (Ausgabe 6 1997). Conceptual approaches of the assessment of quality of life. *Psychology and Health, 12*(6), 737–751.

Brunello, G., & D'Hombres, B. (März 2007). Does body weight affect wages?: Evidence from Europe. *Economics & Human Biology, 5*(1), 1–19.

Brysbaert, M. (Dezember 2019). How many words do we read per minute? A review and meta-analysis of reading rate. *Journal of Memory and Language.*

Bueb, B. (2008). *Lob der Disziplin: Eine Streitschrift* (10. Ausg.). Ullstein.

Bullinger, M., & Kirchberger, I. (1998). *SF-36 Fragebogen zum Gesundheitszustand – Handweisung.* Hogrefe.

Burian, B. K. (Nummer 1 2006). Design guidance for emergency and abnormal checklists in aviation. *Proceedings of the Human Factors and Ergonomics Society, 50*(1), 106–110.

Buzzell, R., Nourse, R., Matthews, J., & Levitt, T. (1972). *Marketing: A contemporary analysis.* MacGraw-Hill.

Campbell, D. T. (Heft 4 1957). Factors relevant to the validity of experiments in social settings. *Psychological Bulletin, 54*(4), 297–312.

Campbell, D. T. (Ausgabe 1 1979). Assessing the impact of planned social change. *Evaluation and Program Planning, 2*(1), 67–90.

Carona, C., Bullinger, M., & Canavarro, M. (Ausgabe 2 2011). Assessing paediatric health-related quality of life within a cross-cultural perspective: Semantic and pilot validation study of the Portuguese versions of DISABKIDS-37. *Vulnerable Children and Youth Studies, 6*(2), 144–156.

Catchpole, K., & Russ, S. (Ausgabe 9 2015). The problem with the checklist. *BMJ Quality & Safety, 24*(9), 545–549.

Chinoy, E. D., Huwa, K. E., Snider, M. N., et al. (August 2019). Examination of wearable and non-wearable consumer sleep-tracking devices versus polysomnography. *Sleep, 42*(Supplement_1), A403.

Clay-Willliams, R., & Colligan, L. (Ausgabe 7 2015). Back to basics: Checklists in aviation and healthcare. *BMJ Quality & Safety, 24*(7), 428–431.

Cohen, H. B. (Nr. 3 1998). The perfomance paradox. *Academy of Management Executive, 12*(3), 30–40.

Colston, H. L. (Nr. 1 1997). „I've never seen anything like it": Overstatement, Understatement, and Irony. *Metaphor and Symbol, 12*(1), 43–58.

Conrads, J., Irlenbusch, B., Rilke, R. M., & Walkowitz, G. (2013). Lying and team incentives. *Journal of Economic Psychology, 34,* 1–7.

Corsten, H. (2002). *Dimensionen der Unternehmungsgründung: Erfolgsaspekte der Selbständigkeit.* Erich Schmidt.

Cox, D., Gore, S., Fitzpatrick, R., Fletcher, A., & Jones, D. (Ausgabe 3 1992). Quality-of-life assessment: Can we keep it simple? *Journal of the Royal Statistic Society: Series A (Statistics in Society), 155*(3), 353–375.

Daig, I., & Lehmann, A. (Ausgabe 1 2007). Verfahren zur Messung der Lebensqualität. *Zeitschrift für Medizinische Psychologie,* 5–23.

De Hert, P., & Muraszkiewicz, J. (Ausgabe 2 2014). Gary Becker and the economics of trafficking in human beings. *New Journal of European Criminal Law, 5*(2), 116–120.

de Zambotti, M., Claudatos, S., Inkelis, S., Colrain, I. M., & Baker, F. C. (August 2015). Evaluation of a consumer fitness-tracking device to assess sleep in adults. *Chronobiol International, 32*(7), 1024–1028.

Demsetz, H. (April 1969). Information and efficiency: Another viewpoint. *Journal of Law & Economics, 12*(1), 1–22.

Desmet, P. M., Hekkert, P., & Jacobs, J. J. (Ausgabe 27 2000). When a car makes you smile: Development and application of an instrument to measure product emotions. *Advances in Consumer Research*, 111–117.
Devaraj, S., Quigley, N., & Patel, P. (Januar 2018). The effects of skin tone, height, and gender on earnings. *Plos One*.
Dhami, M. K., & Mandel, D. R. (Juni 2022). Communicating uncertainty using words and numbers. *Trends in Cognitive Science, 26*(6), 514–526.
Diaz-Bone, R., & Didier, E. (2016). Introduction: The sociology of quantification-perspectives on an emerging field in the social sciences. *Historical Social Research/Historische Sozialforschung*, 7–26.
Dickson, D. H., & Kelly, I. W. (Ausgabe 2 1985). The ‚Barnum Effect' in personality assessment: A review of the literature. *Psychological Reports, 57*(2), 367–382.
Dieterich, W., Mendoza, C., & Brennan, T. (2016). *COMPAS risk scales: Demonstrating accuracy equity and predictive parity – Performance of the COMPAS risk scale in broward county*. Northpointe Inc. Research Department. http://go.volarisgroup.com/rs/430-MBX-989/images/%20ProPublica_Commentary_Final_070616.pdf. Zugegriffen: 28. Okt. 2022.
Dietrich, J. (2014). *Gehirngerechtes Arbeiten und beruflicher Erfolg*. Springer Gabler.
Dilger, F. (22.02.2022). *#Faktenfuchs: So verlässlich sind Demo-Teilnehmerzahlen*. BR24: https://www.br.de/nachrichten/deutschland-welt/faktenfuchs-so-verlaesslich-sind-demo-teilnehmerzahlen,SwQ5711. Zugegriffen: 25. Okt. 2022.
Dimbath, O. (2008). Intuition in der Berufswahl. In K.-S. Rehberg (Hrsg.), *Die Natur der Gesellschaft: Verhandlungen des 33. Kongresses der Deutschen Gesellschaft für Soziologie in Kassel 2006. eilbd. 1 u. 2*. (S. 4986–4996). Campus.
DIVI. (2020). *Entscheidung über die Zuteilung intensivmedizinischer Ressourcen im Kontext der COVID-19-Pandemie, Version 2 vom 17.4.2020*. Deutsche Interdisziplinäre Vereinigung für Intensivmedizin. https://www.awmf.org/uploads/tx_szleitlinien/040-013l_S1_Zuteilung-intensivmedizinscher-Ressourcen-COVID-19-Pandemie-Klinisch-ethische_Empfehlungen_2020-07_2.pdf. Zugegriffen: 30. März. 2021.
Domizlaff, H. (1929). *Typische Denkfehler der Reklamekritik*. Verlag für Industrie-Kultur.

Dorow, R., & Bahls, E. (2013). Wiegen vs. Schätzen. *Wiegen vs. Schätzen. Poster auf der ANIM, 30. Jg.*

Dunn, J., Runge, R., & Snyder, M. (Ausgabe 5 2018). Wearables and the medical revolution. *Personalized Medicine.* https://doi.org/10.2217/pme-2018-0044.

Duttweiler, S. (2018). Daten statt Worte? Bedeutungsproduktion in digitalen Selbstvermessungspraktiken. In T. Mämecke, J.-H. Passoth, & J. Wehner (Hrsg.), *Bedeutende Daten. Modelle, Verfahren und Praxis der Vermessung und Verdatung im Netz* (S. 251–276). Springer VS.

Easterlin, R. (1974). Does economic growth improve the human lot? Some empirical evidence. In P. A. David & M. W. Reder (Hrsg.), *Nations and households in economic growth: Essays in honour of Moses Abramovitz* (S. 89–125). Academic.

Efron, R. (1969). *What is perception?.* Proceedings of the Boston Colloquium for the Philosophy of Science 1966/1968. Springer.

Epley, N., & Dunning, D. (Nr. 5 2006). The mixed blessings of self-knowledge in behavioral prediction: Enhanced discrimination but exacerbated bias. *Personality and Social Psychology Bulletin, 32*(5), 641–655.

Epley, N., & Gilovich, T. (Nr. 4 2006). The anchoring-and-adjustment heuristic: Why the adjustments are insufficient. *Psychological Science, 17*(4), 311–318.

Ericsson, K., Prietula, M. J., & Cokely, E. T. (Ausgabe 7/8 2007). The making of an expert. *Harvard Business Review,* 114 ff.

Eriksson, T., Poulsen, A., & Villeval, M.-C. (2008). *Feedback and incentives: Experimental evidence.* IZA – Forschungsinstitut zur Zukunft der Arbeit. https://docs.iza.org/dp3440.pdf. Zugegriffen: 20. Dez. 2022.

Espeland, W. N., & Stevens, M. L. (Ausgabe 3 2008). A sociology of quantification. *European Journal of Sociology, 49*(3), 401–436.

Fahrenberg, J., Myrtek, M., Schumacher, J., & Brähler, E. (2000). *Fragebogen zur Lebenszufriedenheit (FLZ). Handanweisung.* Hogrefe.

Feingold, A. (Ausgabe 2 1982). Physical attractiveness and intelligence. *The Journal of Social Psychology, 118*(2), 283–284.

Felton, J., Koper, P. T., Mitchell, J., & Stinson, M. (Dezember 2008). Attractiveness, easiness and other issues: Student evaluations of professors on ratemyprofessors.com. *Assessment & Evaluation in Higher Education, 33*(1), 45–61.

Ferrans, C. E., & Powers, M. J. (1 1985). Quality of life index: Development and psychometric properties. *Advances in Nursing Science, 8*(1),15–24.

Festinger, L. (Mai 1954). A theory of social comparison processes. *Human Relations, 7*(2),117–140.

Fichten, C. S., & Sunerton, B. (Nr. 1 1983). Popular horoscopes and the „Barnum effect". *The Journal of Psychology, 114*(1), 123–134.

Finkel, E. J., Simpson, J., & Eastwick, P. W. (Januar 2017). The psychology of close relationships: Fourteen core principles. *Annual Review of Psychology,* 383–411.

Fleischer, B. (21.11.2012). *Die Möglichkeiten und Grenzen der Messbarkeit von Musikgeschmack. Eine kritische Auseinandersetzung mit der Studienreihe The Do Re Mi's of everyday life: The structure and personalty correlates of music preferences*. Arbeitskreis Studium Populärer Musik e. V. (ASPM), Hg. v. Ralf von Appen, André Doehring u. Thomas Phleps: https://gfpm-samples.de/Samples11/fleischerabstract.pdf. Zugegriffen: 12. Dez. 2022.

Fletcher, G. J., Simpon, J. A., & Thomas, G. (Nr. 6 2000). Ideals, perceptions, and evaluations in early relationship development. *Journal of Personality and Social Psychology, 79*(9), 933 ff.

Forkmann, T. (Ausgabe 3/4 2011). Was ist Adaptives Testen? *Psychotherapie, Psychosomatik, Medizinische Psychologie,* 182–183.

Fourcade, M. (Ausgabe 3 2016). Ordinalization: Lewis A. Coser memorial award for theoretical agenda setting 2014. *Sociological Theory, 34*(3), 175–195.

Fourcade, M., & Healy, K. (Ausgabe 8 2013). Classification situations: Lifechances in the neoliberal area. *Accounting, Organizations and Society, 38*(8), 559–572.

Franke, G. H., Becker, G., Binek, M., Heemann, U., & Philipp, T. (Januar 1998). Die Münchner-Lebensqualitäts-Dimensionen Liste (MLDL) im Einsatz bei Patienten vor und nach einer Nierentransplantation. *Zeitschrift für Medizinische Psychologie,* 40–45.

Franko, D. L., Mintz, L., Villapiano, M., Green, T., Mainelle, D., Folensbee, L., & Budman, S. (Nr. 6 2006). Food, mood, and attitude: Reducing risk for eating disorders in college women. *Health Psychology, 24*(6), 567 ff.

Frey, A. (29.01.2023). Alarmstufe Magenta. *Frankfurter Allgemeine Sonntagszeitung.*

Frey, B. S., & Frey Marti, C. (Ausgabe 7 2010). Glück – Die Sicht der Ökonomie. *Wirtschaftsdienst, 90*(7), 458–463.

Frey, B. S., & Steiner, L. (Ausgabe 6 2012). Glücksforschung: Eine empirische Analyse. *AStA Wirtschafts- und Sozialstatistisches Archiv,* 9.25.

Fritschi, T., & Hänggeli, A. (2022). „Barometer Gute Arbeit" Qualität der Arbeitsbedingungen aus der Sicht der Arbeitnehmenden – Ergebnisse für das Jahr 2022. Berner Fachhochschule.

Furnham, A., & Wright, J. (2015). Personality assessment: Overview. In o. V. (Hrsg.), International encyclopedia of the social & behavioral sciences (S. 849–856). Elsevier.

Gallup. (Hrsg.). (2008). World poll methodology.

Gauquelin, M. (Ausgabe 3 1982). Zodiac and personality: An empirical study. Skeptical Inquirer, 57–65.

Gehring, P. (Juni 2018). Warum nun auch der Schlaf? Über die eigenartige Attraktivität nächtlicher Selbstüberwachung. Psychosozial, 41(2),67–73.

Gerstner, E. (Ausgabe 2 1985). Do higher prices signal higher quality? Journal of Marketing Research, 22(2),209–215.

Gibbons, F., & Buunk, B. (Ausgabe 1 1999). Individual differences in social comparison: Development of a scale of social comparison orientation. Journal of Personality and Social Psychology, 76(1), 129–142.

Giegerenzer, G. (2020). Risiko: Wie man die richtigen Entscheidungen trifft (2. Ausg.). Pantheon.

Gilbert, P. (Ausgabe 7 2000). The relationship of shame, social anxiety and depression: The role of the evaluation of social rank. Clinical Psychology and Psychotherapy, 7(3), 174–189.

Gill, D., Kissová, Z., Lee, J., & Prowse, V. (Februar 2018). First-place loving and last-place loathing: How rank in the distribution of performance affects effort provision. Management Science, 65(2), 494–507.

Granovetter, M. S. (Ausgabe 6 1973). The strength of weak ties. American Journal of Sociology, 78(6), 1360–1380.

Gross, C., Jungbauer-Gans, M., & Kriwy, P. (Ausgabe 4 2008). Die Bedeutung meritokratischer und sozialer Kriterien – Ergebnisse von Expertengesprächen in ausgewählten Disziplinen. Beiträge zur Hochschulforschung, 8–32.

Gunzelmann, T., Schmidt, S., Albani, C., & Brähler, E. (Ausgabe 1 2006). Lebensqualität und Wohlbefinden im Alter – Einleitung und Fragestellung. Zeitschrift für Gerontopsychologie & -psychiatrie, 19(1), 7–15.

Gurrin, C., Smeaton, A. F. & Doherty, A. R. (Ausgabe 1 2014). LifeLogging: Personal big data. Foundations and Trends in Information Retrieval, 8(1), 1–107.

Hammes, M., Wieland, R., & Winizuk, S. (Januar 2009). Wuppertaler Gesundheitsindex für Unternehmen (WGU). *Zeitschrift für Arbeitswissenschaft*, 304–314.

Hansen, H. K. (Ausgabe 2 2015). Numerical operations, transparency illusion and the datafication of governance. *European Journal of Social Theory, 18*(2), 203–220.

Haroche, S. (2022). *Licht. Eine Geschichte.* Klett-Cotta.

Hasse, D. (o. J.). *Kurzfragebogen Schlafverhalten.* www.einschlafen.info: https://www.schlaf-information.de/fileadmin/INTERNET/1-DOWNLOADS/Kurzfragebogen-mit-Logo-02_2017.pdf. Zugegriffen: 16. Dez. 2022.

Haynes, A., Weiser, T., Berry, W., Lipsitz, S., Breizat, A., & Dellinger E. (Ausgabe 5 2009). A surgical safety checklist to reduce morbidity and mortality in a global population. *New England Journal of Medicine, 360*(5), 491–499.

Hegel, G. W. (1842). *Vorlesungen über die Aesthetik* (2. Ausg., Bd. 1.). Duncker und Humblot.

Heineck, G. (September 2005). Up in the skies? The relationship between body height and earnings in Germany. *Labour, 19*(3), 469–489.

Heinisch, M., Ludwig, M., & Bullinger, M. (1991). Psychometrische Testung der Münchner Lebensqualitäts-Dimensionen-Liste (MLDL). In M. Bullinger, M. Ludwig, & N. v. Steinbüchl (Hrsg.), *Lebensqualität bei kardiovasculären Erkrankungen* (S. 73–90). Hogrefe.

Heintz, B. (Juni 2010). Numerische Differenz – Überlegungen zu einer Soziologie des (quantitativen) Vergleichs. *Zeitschrift für Soziologie, 39*(3), 162–181.

Helliwell, J., Layard, R., Sachs, J. D., De Neve, J.-E., Aknin, L. B., Wang, S., & Paculor, S. (2022). *World Happiness Report 2022.* Sustainable Development Solutions Network.

Helliwell, J., Layard, R., Sachs, J. D., De Neve, J.-E., Aknin, L. B., Wang, S., & Paculor, S. (2023). *World Happiness Report 2023.* Sustainable Development Solutions Network.

Hendry, F., & McVittie, C. (Ausgabe 7 2004). Is quality of life a healthy concept? Measuring and understanding life experiences of older people. *Qualitative Health Research, 14*(7), 961–975.

Heyen, N. B. (2016). *Digitale Selbstvermessung und Quantified Self – Potenziale, Risiken und Handlungsoptionen.* Fraunhofer ISI.

Hilligoss, B., & Moffatt-Bruce, S. D. (Ausgabe 7 2014). The limits of checklists: Handoff and narrative thinking. *BMJ Quality & Safety, 23*(7), 528–533.

Hird, A., Wong, J., Zhang, L., Tsao, M., Barnes, E., Danjoux, C., & Chow, E. (Ausgabe 18 2010). Exploration of symptoms clusters within cancer patients with brain metastases using the spitzer quality of life index. *Supportive Care in Cancer, 18*(3), 335–342.

Hirza, B., & Kusumah, Y. S. (Ausgabe 1 2014). Improving Intuition Skills with Realistic Mathematics Education. *Indonesian Mathematical Society Journal on Mathematics Education, 5*(1), 27–34.

Hodek, F. (Ausgabe 1 2018). Spielanalysen und Sportwetten: Strategien der Quantifizierung im Profifußball. *Berliner Debatte Initial,* 147–163.

Hornbostel, S., Kaube, J., Kieser, A., & Ziegele, F. (2009). „Unser tägliches Ranking gib' uns heute …". Über das Vertrauen in Ratings, Rankings, Evaluationen und andere Objektivierungsgeneratoren im Wissenschaftsbetrieb. In A. Kehnel (Hrsg.), *Kredit und Vertrauen* (S. 51–76). Frankfurter Allgemeine Zeitung.

Hörnquist, J. O. (Ausgabe 1 1990). Quality of life: Concept and assessment. *Scandinavian Journal of Social Medizin, 18*(1), 69–79.

Hughes, C. M., McCulloch, E. B., & Valdes, E. G. (Ausgabe 4 2018). Self-monitoring checklists: A tool für connecting training to practice. *Innovation in Global Health Professions Education.* https://doi.org/10.20421/ighpe2018.04.

Ibanez, V., Silve, J., & Cauli, O. (Ausgabe 6 2018). A survey on sleep assessment methods. *PeerJ, 6,* e4849.

IFS. (2022). *Ursachenstatistik Brandschäden 2021.* https://www.ifs-ev.org/schadenverhuetung/ursachenstatistiken/ursachenstatistik-brandschaeden-2021/. Zugegriffen: 22. Dez. 2022.

Illouz, E. (2016). *Warum Liebe weh tut* (2. Ausg.). Suhrkamp.

Jeacle, I., & Carter, C. (Ausgabe 36 2011). In TripAdvisor we trust: Rankings, calculative regimes and abstract systems. *Accounting, Organization an Society, 36*(4–5), 293–309.

Jensen, M. C. (November 2001). Corporate budgeting is broken, let's fix it. *Harvard Business Review,* 94–101.

Jiff Inc. (21. November 2016). *Jiff data challenges myths on workplace wearables.* https://www.castlighthealth.com/company/news/jiff-data-challenges-myths-workplace-wearables/. Zugegriffen: 8. Juli 2022.

John, O., & Srivastava, S. (1999). The big five trait taxonomy: History, measurement, and theoretical perspectives. In L. Pervin & O. John (Hrsg.), *Handbook of personality: Theory and research* (2. Ausg., S. 102–138). Guilford Press.

Judge, T. A., & Cable, D. (Ausgabe 1 2011). When it comes to pay, do the thin win? The effect of weight on pay for men and women. *Journal of Applied Psychology, 96*(1), 95–112.

Kahneman, D. (2016). *Schnelles Denken, langsames Denken.* Penguin oder andere Edition.

Kahneman, D., & Klein, G. (Oktober 2009). Conditions for intuitive expertise – A failure to disagree. *American Psychologist, 64*(6), 515–526.

Kanazawa, S. (Ausgabe 39 2011). Intelligence and physical attractiveness. *Intelligence, 39*(1), 7–14.

Kerr, S. (Februar 1995). On the folly of rewarding a while hoping for B. *Academy of Management Executive*, 7–14.

Kitano, H. (Nr. 5560 2002). Systems biology: A brief overview. *Science*, 1662–1664.

Klein, G. (Ausgabe 4 1997). Developing expertise in decision making. *Thinking & Reasoning*, 337–352.

Klein, T. J., Lambertz, C., & Stahl, K. O. (2013). *Adverse Selection and Moral Hazard in Anonymous Markets* (Bde. Discussion Paper Nr. 13-050). Mannheim: ZEW-Centre for European Economic Research Discussion.

Kocher, M., Schudy, S., & Spantig, L. (Nr. 9 2018). I lie? We lie! Why? Experimental evidence on a dishonesty shift in groups. *Management Science*, 3995–4008.

Kohlmann, T., Bullinger, M., & Kirchberger-Blumstein, I. (Ausgabe 3 1997). Die deutsche Version des Nottinham Health Profile (NHP) – Übersetzungsmethodik und psychometrische Validierung. *Sozial- und Präventionsmedizin, 42*(3), 175–185.

Kosak, F., Schelhorn, I., & Wittmann, M. (Mai 2022). The subjective experience of time during the pandemic in Germany: The big slowdown. *Plos One.* https://journals.plos.org/plosone/article/file?id=10.1371/journal.pone.0267709&type=printable. Zugegriffen: 1. Juli 2022.

Kostka, G. (Januar 2018). China's social credit systems and public opinion: Explaining high levels of approval. *SSRN Electronic Jounal.* https://www.researchgate.net/publication/328467411. Zugegriffen: 15. Apr. 2021.

Kristensen, T., Borritz, M., Villadsen, E., & Christensen, K. (Nr. 3 2005). The copenhagen burnout inventory: A new tool for the assessment of burnout. *Work & Stress, 19*(3), 192–207.

Kühnapfel, J. B. (2019). *Die Macht der Vorhersage. Smarter leben durch bessere Prognosen.* SpringerGabler.

Kühnapfel, J. B. (2021a). *Leben ist Ökonomie! Wie wirtschaftliche Prinzipien den Alltag bestimmen.* Springer.
Kühnapfel, J. B. (2021b). *Scoring und Nutzwertanalysen.* SpringerGabler.
Kühnapfel, J. B. (2022). *Vertriebscontrolling. Methoden im praktischen Einsatz* (3. Ausg.). SpringerGabler.
Küll, P., & Kühnapfel, J. B. (2020). *Kopf zerbrechen oder dem Herzen folgen? Wie Sie gute Entscheidungen treffen – Am Beispiel von 10 wichtigen Lebenssituationen.* Gabal.
Kümmel, A. (15. Januar 2014). Unsere vorgegaukelte Freiheit. *Zeit Online.* https://www.zeit.de/kultur/literatur/2014-01/paul-verhaeghe-und-ich?utm_referrer=https%3A%2F%2Fneueswort.de%2F. Zugegriffen: 14. Aug. 2022.
Lamont, M. (2012). Toward a comparative sociology of valuation and evaluation. *Annual Review of Sociology, 38*(1), 201–221.
Lampert, T., & Kroll, L. E. (2010). *GBE kompakt – Zahlen und Trends aus der Gesundheitsberichterstattung des Bundes: Armut und Gesundheit.* RKI. https://www.rki.de/DE/Content/Gesundheitsmonitoring/Gesundheitsberichterstattung/GBEDownloadsK/2010_5_Armut.pdf?__blob=publicationFile. Zugegriffen: 14. Aug. 2022.
Lee, S. Y., & Gallagher, D. (Nummer 5 2008). Assessment methods in human body composition. *Current Opinion in Clinical Nutrition and Metabolic Care, 11*(5), 566–572.
Leins, S. (2013). Playing the market? The role of risk, uncertainty and authority in the construction of stock market forecasts. In R. Cassidy, A. Pisac, & C. Loussouarn (Hrsg.), *Qualitative research in gambling – Exploring the production and consumption of risk* (S. 230–244). Routledge.
Lentillon-Kaestner, V. (Nr. 6 2011). Can we measure accurately the prevalence of doping? *Scandinavian Journal of Medicine & Science in Sports, 21*(6), e132–e142.
Lewis, M. (2016). *Aus der Welt. Grenzen der Entscheidung oder eine Freundschaft, die unser Denken verändert hat.* Campus.
Liang, F., Das, V., Kostyuk, N., & Hussain, M. M. (Nr. 4 2018). Constructing a data-driven society: China's social scoring system as a state surveillance infrastructure. *Policy & Internet, 10*(4), 415–453.
Lievens, F., & Thornton, G. C. (2017). Assessment centers: Recent developments in practice and research. In A. Evers, N. Anderson, & O. Voskuijl (Hrsg.), *The blackwell handbook of personnel selection* (S. 243–264). Blackwell Publishing.

Lissa, Z. (1975). *Neue Aufsätze zur Musikästhetik*. Wilhelmshaven: Heinrichtshofen.

Martin, N. D. (Ausgabe 3 1990). Understatement and overstatement in closing arguments. *Louisiana Law Review*, 651 ff.

Maslach, C., Schaufell, W. B., & Leiter, M. P. (Nr. 1 2001). Job burnout. *Annual Review of Psychology, 52*(1), 397–422.

Mastrobuoni, G., Peracchi, F., & Tetenov, A. (Nr. 2 2014). Price as a signal of product quality: Some experimental evidence. *Journal of Wine Economic, 9*(2), 135–152.

Mau, S. (2018). *Das metrische Wir. Über die Quantifizierung des Sozialen*. Suhrkamp.

Mayntz, R. (2017). *Zählen – Messen – Entscheiden: Wissen im politischen Prozess*. Max Planck Institut for the Study of Societies. Köln: Max Planck Gesellschaft Diskussionspapier Nr. 17/12. https://hdl.handle.net/11858/00-001M-0000-002D-9A21-5 Zugegriffen: 26. Juli 2022.

McCarney,, R., Warner, J., Iliffe, S., Van Haselen, R., Griffin, M., & Fisher, P. (Nr. 1 2007). The hawthorne effect: A randomised, controlled trial. *BMC medical research methodology*, 1–8.

McCarthy, M., & Carter, R. (Nr. 2 2004). „There's millions of them": Hyperbole in everyday conversation. *Journal of Pragmatics, 36*(2), 149–184.

McKenna, S. (Nr. 3 2022). Assessing the impacts of Instagram body image ideals on the health & well-being of adolescent girls and young women. *Public Health Institute Journal*.

McLeod, K. (Ausgabe 50 2000). Our sense of Snow: The myth of John Snow in medical geographiy. *Social Science & Medicine, 50*(7–8), 923–935.

McNally, R. J. (Nr. 4 2017). Steven Reiss (1947–2016). *American Psychologist, 72*(4), 405 ff.

Meehl, P. (Ausgabe 6 1956). Wanted – A good cookbook. *American Psychologist, 11*(6), 262–272.

Mellinas, J. P., Maria-Dolores, S.-M. M., & Garcia, J. (August 2015). Booking.com: The unexpected scoring system. *Tourism Management, 49*, 72–75.

Menisink, G., Lampert, T., & Bergmann, E. (Nr. 12 2005). Übergewicht und Adipositas in Deutschland 1984–2003. *Bundesgesundheitsblatt-Gesundheitsforschung-Gesundheitsschutz, 48*(12), 1348–1356.

Merton, R. K. (Januar 1968). The matthew effect in science. *Science, 159*(3810), 56–63.

Meshi, D., Tamir, D. I., & Heekeren, H. R. (Dezember 2015). The emerging neuroscience of media. *Trends in Cognitive Science, 19*(12), 771–782.

Meyerding, S. G. (o. J.). *Mitarbeiterzufriedenheit in KMU*. Hannover: Zentrum für Betriebswirtschaft im Gartenbau e. V. https://www.zbg.uni-hannover.de/fileadmin/zbg/Publikationen/publications/20160629_Mitarbeiterzufriedenheit_in_KMU_ZBG_SM_V0.3_Shaker_Printready_V2.pdf. Zugegriffen: 20. Dez. 2022.

Miller, D. J., Lastella, M., Scanlan, A. T., Bellenger, C., Halson, S. L., & Roach, G. D. (Juli 2020). A validation study of the WHOOP strap against polysomnography to assess sleep. *Journal of Sports Sciences, 38*(22), 2631–2636.

Moch, M. (Ausgabe 2 2015). Langsames Denken oder Bauchgefühl? Worauf gründen professionelle Entscheidungen. *Neue Praxis*, 132–144.

Montag, C., Haibo, Y., & Elhai, J. D. (März 2021). On the psychology of TikTok use: A first glimpse from empirical findings. *Frontiers in Public Health, 9*, 641–673.

Moore, P., & Robinson, A. (Ausgabe 11 2016). The quantified self: What counts in the neoliberal workplace. *New Media & Society, 18*(11), 2774–2792.

Moore, P., Piwek, L., & Roper, I. (2018). The quantified workspace: A study in self-tracking, agility and change management. In B. Ajana (Hrsg.), *Self-tracking – Empirical and philosophical investigations* (S. 93–110). Palgrave Macmillan Cham.

Morfeld, M., & Bullinger, M. (Oktober 2008). Der SF36 Health Survey zur Erhebung und Dokumentation gesundheitsbezogener Lebensqualität. *Physikalische Medizin, Rehabilitationsmedizin, Kurortmedizin*, 250–255.

Mudambi, S. M., & Schuff, D. (März 2010). What makes a helpful online review? A study of customer reviews on Amazon.com. *MIS Quarterly, 34*(1), 185–200.

Mudambi, S. M., Schuff, D., & Zhewei, Z. (2014). Why aren't the stars aligned? An analysis of online review content and star ratings. In *47th Hawaii International Conference on System Sciences* (S. 3139–3147). IEEE.

Muhammad, F. M. (2018). Instagram effects as social media toward adolescence and young adult users: Uses and gratification approach. *International Conference of Communication Science Research (ICCSR 2018)* (S. 204–206). Atlantis Press.

Mutiara, A. B., Saraswati, N. L., Rahmadini, R., & Hilmah, M. A. (2018). The relationship between social comparison and depressive symptoms among Indonesian Instagram users. *Universitas Indonesia International Psychology Symposium for Undergraduate Research UIPSUR* (S. 130–137). Atlantis Press.

Myers, J. H. (Ausgabe 4 1971). Semantic properties of selected evalutaion adjectives. *Journal of Marketing Research, 5*(4), 409–412.

Nafus, D. (2016). *Quantified: Biosensing Technologies in everday life*. MIT Press.

Neff, G., & Nafus, D. (2016). *Self-tracking*. MIT Press.

Neyer, F. J., & Asendorpf, J. B. (2018). *Psychologie der Persönlichkeit* (6. Ausg.). Springer.

Nisbett, R. E., & Wilson, T. D. (Nr. 4 1977). The halo effect: Evidence for unconscious alteration of judgments. *Journal of Personality and Social Psychology, 35*(4), 250 ff.

Nuthall, P., & Old, K. M. (Februar 2018). Intuition, the farmers' primary decision process. A review and analysis. *Journal of Rural Studies, 58,* 28–38.

o. V. (2013). *Schlussbericht der Enquete-Kommission „Wachstum, Wohlstand, Lebensqualität – Wege zu nachhaltigem Wirtschaften und gesellschaftlichem Fortschritt in der Sozialen Marktwirtschaft"*. Bundeszentrale für politische Bildung.

o. V. (19.12.2018). *Sollten wir nach den Sternen greifen?* Infoseite der TU Dortmund: https://www.tu-dortmund.de/nachrichtendetail/detail/sollten-wir-nach-den-sternen-greifen-1233/. Zugegriffen: 25. Nov. 2022.

o. V. (2019). *Kinder- und Jugendrehabilitation in Österreich – eine systematische Analyse von Evaluationsmethoden – Endbericht*. Wien: Ludwig Boltzmann Gesellschaft. https://eprints.aihta.at/1222/1/HTA-Projektbericht_Nr.122.pdf. Zugegriffen: 11. Dez. 2022.

o. V. (2020). *Bewertungskriterien und Bewertungshilfen Geräteturnen für das Fach Sport in den vier Halbjahren der Qualifikationsphase und in der Abiturprüfung 2023*. Ministerium für Kultus, Jugend und Sport. https://km-bw.de/site/hector-2019/get/documents_E1370690052/KULTUS.Dachmandant/KULTUS/KM-Homepage/Artikelseiten%20KP-KM/Schularten/Gymnasium/Sportabitur/Unterstuetzungsmaterialien/2021_07_22_GT_Bewertungskriterien_Bewertungshilfen_Abi_23.pdf. Zugegriffen: 15. Nov. 2022.

o. V. (2021). *Brandschadenstatistik der Österreichischen Brandverhütungsstellen*. Eisenstadt: Brandverhütungsstelle im Landesfeuerwehrverband Burgenland. https://www.bvs-ooe.at/wp-content/uploads/2022/02/brandschadenstatistik_bundesweit_2020.pdf. Zugegriffen: 22. Dez. 2022.

o. V. (28. 08 2022). Facebook vor Einigung im Prozess wegen Datenmissbrauchs. *Der Spiegel online.* https://www.spiegel.de/netzwelt/cambridge-analytica-skandal-facebook-vor-einigung-im-prozess-wegen-datenmissbrauchs-a-e3537fa4-42bd-4a92-8756-cb4470725dca. Zugegriffen: 7. Nov. 2022.

o. V. (o.J.). *Lexikon der Psychologie – Big Five Persönlichkeitsfaktoren.* Spektrum. de: https://www.spektrum.de/lexikon/psychologie/big-five-persoenlichkeitsfaktoren/2360. Zugegriffen: 29. Nov. 2022.

o. V. (o. Z.). *Das Bewusstsein der Unternehmen wird sich wandeln: Die Beschäftigten sind unsere wichtigste Ressource.* psyGA: https://www.psyga.info/ihr-weg-zum-gesunden-betrieb/praxisbeispiele/otto-gmbh-co-kg. Zugegriffen: 21. Dez. 2022.

o. V. (kein Datum). *World University Rankings 2023.* (Elsvier, Hrsg.) The Higher Education: https://www.timeshighereducation.com/world-university-rankings/2023/world-ranking. Zugegriffen: 27. Nov. 2022.

Oliver, R., Wehby, J. H., & Nelson, R. J. (Oktober 2015). Helping teachers maintain classroom management practices using a self-monitoring checklist. *Teaching and Teacher Education, 51,* 113–120.

Orth, U. R., & Krska, P. (Nr. 4 2001). Quality signals in wine marketing: The role of exhibition awards. *The International Food and Agribusiness Management Review, 4*(4), 385–397.

Ortner, T. M., Horn, R., Kersting, M., Krumm, S., Kubinger, K. D., Proyer, R. T., … Westhoff, K. (Ausgabe 2 2007). Standortbestimmung und Zukunft objektiver Persönlichkeitstests. *Report Psychologie, 32*(2), 60–69.

Ortner, T. M., Proyer, R. T., & Kubinger, K. D. (2006). *Theorie und Praxis Objektiver Persönlichkeitstests.* Huber.

Passoth, J.-H., & Wehner, J. (2013). Quoten, Kurven und Profile – Zur Vermessung der sozialen Welt (Einleitung). In J.-H. Passoth & J. Wehner (Hrsg.), *Quoten, Kurven und Provile – Zur Vermessung der sozialen Welt (Einleitung)* (S. 7–26). Springer VS.

Paulk, M. C. (Oktober 2002). Agile methodologies and process discipline. *Institute for Software Research. Paper 3.* https://www.researchgate.net/publication/245234678_Agile_Methodologies_and_Process_Discipline_Crosstalk. Zugegriffen: 4. Dez. 2022.

Penzel, T., Schöbel, C., & Fietze, I. (2018). New technology to assess sleep apnea: Wearables, smartphones, and accessories. *F1000Research.* https://www.ncbi.nlm.nih.gov/pmc/articles/PMC5883394/. Zugegriffen: 13. Aug. 2022.

Pereira, G., & Artes, R. (Ausgabe 11 2016). A comparison of strategies to develop a customer default scoring model. *Journal of Operational Research Society, 67*(11), 1341–1352.

Peters, M. L., & Zelewski, S. (2004). Möglichkeiten und Grenzen des „Analytic Hierarchy Process" (AHP) als Verfahren zur Wirtschaftlichkeitsanalyse. *Zeitschrift für Planung & Unternehmenssteuerung, 15*(3), 295–324.

Plohr, N. (2021). *Was ist self-tracking? Eine Autoethnografie des vermessenen Selbst.* Transcript.

Plohr, N., & Brinkmann, S. (13.01.2021). *Self-Tracking – „Wer bin ich denn eigentlich?".* (Deutschlandfunk, Herausgeber) https://www.deutschlandfunk.de/Self-Tracking-wer-bin-ich-denn-eigentlich-100.html. Zugegriffen: 12. Dez. 2022.

Poon, A. C. (Nr. 9 2017). Guest editorial: Technology's role for today's newlook, multidisciplinary teams. *Journal of Petroleum Technology, 69*(09), 14–15.

Porter, T. M. (1995). *Trust in numbers – The pursuit of objecitivity in science and public life.* Princeton University Press.

Powers, M. J., & Ferrans, C. E. (Ausgabe 1 1992). Psychometric assessment of the quality of life index. *Research in Nursing & Health, 15*(1), 29–38.

Presse- und Informationsamt der Bundesregierung. (Oktober 2016). *Bericht der Bundesregierung zur Lebensqualität in Deutschland.* Berlin. https://www.gut-leben-in-deutschland.de/SiteGlobal/PL/18795112. Zugegriffen: 23. Dez. 2020.

Raab, G., Unger, F., & Unger, A. (2016). *Marktpsychologie – Grundlagen und Anwendung* (4. Ausg.). SpringerGabler.

Radoschewski, M. (Ausgabe 3 2000). Gesundheitsbezogene Lebensqualität – Konzepte und Maße. *Bundesgesundheitsblatt-Gesundheitsforschung-Gesundheitsschutz, 43*(3), 165–189.

Raffelhüschen, B. (2022). *SKL Glücksatlas 2022.* Penguin Random House.

Räz, T. (Oktober 2022). COMPAS: Zu einer wegweisenden Debatte über algorithmische Risikobeurteilung. *Forensische Psychiatrie, Psychologie, Kriminologie.* https://link.springer.com/article/10.1007/s11757-022-00741-9. Zugegriffen: 28. Okt. 2022.

Reckwitz, A. (24. November 2019). Für eine Kultur der emotionalen Abkühlung. *Frankfurter Allgemeine Zeitung.*

Reichheld, F. F. (Dezember 2003). The one number you need to grow. *Harvard Business Review OnPoint Article.*

Reiss, S. (Nr. 2 1991). Expectancy model of fear, anxiety, and panic. *Clinical Psychology Review*, 11(2), 141–153.
Reiss, S. (2009). *Das Reiss Profile: Die 16 Lebensmotive – welche Werte und Bedürfnisse unserem Verhalten zugrunde liegen*. Gabal.
Renneberg, B., & Lippke, S. (2006). Lebensqualität. In B. Renneberg & P. Hammelstein (Hrsg.), *Gesundheitspsychologie* (S. 29–33). Springer Medizin Verlag.
Richie, D. (Nr. 2 2003). „Argument is war" – or is it a game of chess? Multiple meanings in the analysis of implicit metaphors. *Metaphor and Symbol, 18*(2), 125–146.
RKI. (2012). *GEDA – Gesundheit in Deutschland aktuell (2010)*. RKI. https://www.rki.de/DE/Content/Gesundheitsmonitoring/Gesundheitsberichterstattung/GBEDownloadsB/GEDA2010.pdf?__blob=publicationFile. Zugegriffen: 14. Aug. 2022.
RKI. (2018). *Gesundheitliche Ungleichheit in Deutschland und im internationalen Vergleich: Zeitliche Entwicklung und Trends*. Berlin. https://www.rki.de/DE/Content/Gesundheitsmonitoring/Gesundheitsberichterstattung/GBEDownloadsJ/Journal-of-Health-Monitoring_03S1_2018_Gesundheitliche_Ungleichheit.pdf?__blob=publicationFile. Zugegriffen: 14. Aug. 2022.
RKI. (2019). *Soziale Unterschiede in Deutschland: Mortalität und Lebenserwartung*. https://www.rki.de/DE/Content/Gesundheitsmonitoring/Gesundheitsberichterstattung/GBEDownloadsJ/JoHM_01_2019_Soz_Unterschiede_Mortalitaet.pdf?__blob=publicationFile. Zugegriffen: 14. Aug. 2022.
Röcke, A. (2021). *Soziologie der Selbstoptimierung*. Suhrkamp.
Rüb, M. (1. Mai 2022). Brave neue Bürger. *Frankfurter Allgemeine Zeitung*.
Sadeh, A. (Ausgabe 1 2015). Sleep assessement methods. *Monographs of the Society for Research in Child Development, 80*(1), 33–48.
Saganowski, S., Behnke, M., Komoszynska, J., Kunc, D., Perz, B., & Kazienko, P. (2021). A system for collecting emotionally annotated physiological signals in daily life using wearables. In IEEE (Hrsg.), *9th International Conference on Affective Computing and Intelligent Interaction Workshops and Demos (ACIIW)*. IEEE.
Saganowski, S., Dutkowiak, A., Dziadek, A., Dziezyc, M., Komozynskaja, J., Michalska, W., ... Kazienko, P. (2020). Emotion recognition using wearables: A systematic literature review-work-in-progress. In IEEE (Hrsg.),

International Conference on Pervasive Computing and Communications Workshops (PerCom Workshops).

Sakett, A., Meyvis, T., Nelson, L., Converse, B., & Sackett, A. (Ausgabe 1 2010). You're having fun when time flies: The hedonic. *Psycholgocial Science,* 111–117.

Sartorius, K. (11 2020). Überwacht und bewertet – Social Scoring in China. *c't,* 148–150.

Satow, L. (2021). Validierung und Neunormierung des Big-Five-Persönlichkeitstests (B5T®). In S. Laske, A. Orthey, & M. Schmidt (Hrsg.), *PersonalEntwickeln* (S. 1–25 der 267. Ergänzungslieferung). Wolters Kluwer.

Saxena, S., & Orley, J. (Supplement Nr. 3 1997). Quality of life assessment: The World Health Organization perspective. *European Psychiatry, 12*(S3), 263–266.

Schaufeli, W., & Bakker, A. (Nr. 3 2004). Job demands, job resources, and their relationship with burnout and engagement: A multi-sample study. *Journal of Organizational Behavior, 25*(3), 293–315.

Schermuly, C. C., & Nachtwei, J. (September 2010). Assessment Center optimieren. *Harvard Business Manager.*

Schlencker, B. H., & Leary, M. R. (Nr. 3 1982). Social anxiety and self-presentation: A conceptualization model. *Psychological Bulletin, 92*(3), 641–669.

Schnabel, H., & Storchmann, K. (Nr. 1 2010). Prices as quality signals: Evidence from the wine market. *Journal of Agricultural & Food Industrial Organization.*

Schneider, S., & Schupp, J. (Januar 2011). The social comparison scale: Testing the validity, reliability, and applicability of the IOWA-Netherlands Comparison Orientation Measure (INCOM) on the German Population. *DIW Data Documentation Nr. 55.*

Schoelmerich, F., Nachtwei, J., & Schermuly, C. (2011). Evaluating the quality of assessment centers used in employee selection – Development of a Benchmark for Assessment Center Diagnostics (BACDi). In B. Krause & P. Metzler (Hrsg.), *Empirische Evaluationsmethoden.* ZeE-Verlag.

Schröder, M., & Taeger, J. (2014). *Scoring im Fokus: Ökonomische Bedeutung und rechtliche Rahmenbedingungen im internationalen Vergleich.* BIS-Verlag.

Schufa. (o. Z.). *Scoring bei der Schufa – das Scoring-Verfahren erklärt.* https://www.schufa.de/scoring-daten/scoring-schufa/#507757. Zugegriffen: 12. Jan. 2023.

Schumacher, J., Klaiberg, A., & Brähler, E. (2003). *Diagnostische Verfahren zu Lebensqualität und Wohlbefinden.* Hogrefe.

Schumann, M., Marschall, J., Hildebrandt, S., & Nolting, H.-D. (2022). *Gesundheitsreport 2022 – Analyse der Arbeitsunfähigkeitsdaten.* Hamburg: DAK – Beiträge zur Gesundheitsökonomie und Versorgungsforschung (Band 39).

Schuster, D.-M., & Klingler, S. (27. 11 2022). Reichen IT-Tests zur Persönlichkeit für Kündigungen? *Frankfurter Allgemeine Sonntagszeitung.*

Schwarzfischer, K. (2014). *Integrative Ästhetik: Schönheit und Präferenzen zwischen Hirnforschung und Pragmatik.* InCodes.

Schweitzer, M., & Cachon, G. (März 2000). Decision bias in the newsvendor problem with a known demand distribution: Experimental evidence. *Management Science, 46*(3), 404–420.

Schweizer, G., Plessner, H., Kahlert, D., & Brand, R. (Nr. 4 2011). A video-based training method for improving soccer referees' intuitive decision-making skills. *Journal of Applied Sport Psychology, 23*(4), 429–442.

Sedgwick, P., & Greenwood, N. (September 2015). Understanding the Hawthorne effect. *BMJ.*

Shin, D., & Johnson, D. (Ausgabe 5 1978). Avowed happiness as an overall assessment of the quality of life. *Social Indicators Research, 5*(1–4), 475–492.

Simon, H. (Ausgabe 1 1987). Making management decisions: The role of intuition and emotion. *Academy of Management Perspectives, 1*(1), 57–64.

Sischka, P. E., Costa, A. P., Steffgen, G., & Schmidt, A. F. (Ausgabe 1 2020). The WHO-5 well-being index–validation based on item response theory and the analysis of measurement invariance across 35 countries. *Journal of Affective Disorders Reports.*

Smith, A. (1759). *The theory of moral sentiment.* https://sonsofsinglemoms.com/wp-content/uploads/2021/01/Adam-Smith-The-Theory-of-Moral-Sentiments.pdf. Zugegriffen: 23. Jan. 2023.

Snow, J. (1954). *On the mode of communication of cholera* (2 Ausg.). Churchill.

Spillmann, W. (2018). *Aemilius Müller – Ästhetik der Farbe.* Chronos.

Spitzer, W. O., Dobson, A. J., Hall, J., Chesterman, E., Levi, J., Shepher, R., … Catchlove, B. R. (Ausgabe 12 1981). Measuring the quality of life of cancer patients: A concise QL-Index for use by physicians. *Journal of Chronic Diseases, 34*(12), 585–597.

Sporck, P. (2021). *Die Vermessung des Lebens. Wie wir mit Systembiologie erstmals unseren Körper ganzheitlich begreifen – und Krankheiten verhindern, bevor sie entstehen.* DVA.

Starke, C., & Flemming, F. (Nr. 2 2017). Who is responsible for doping in sports? The attribution of responsibility in the German print media. *Communication & Sport, 5*(2), 245–262.

Statistisches Bundesamt. (o. Z.). *Einkommen, Konsum und Lebensbedingungen – private Konsumausgaben*. Destatis – Statistisches Bundesamt: https://www.destatis.de/DE/Themen/Gesellschaft-Umwelt/Einkommen-Konsum-Lebensbedingungen/Glossar/private-konsumausgaben.html. Zugegriffen: 21. Dez. 2022.

Sternberg, R. (Nr. 2 1986). A triangular theory of love. *Psychological Review, 93*(2), 119 ff.

Stiftung Warentest. (02.06.2010). *Hotelbewertungen im Internet: Nicht alles Gold, was glänzt*. Stiftung Warentest: https://www.test.de/Reisen-Dieschoenste-Zeit-des-Jahres-1544406-1546505/. Zugegriffen: 25. Nov. 2022.

Stiglitz, J. E., Sen, A., & Fitoussi, J.-P. (2009). *Report by the commission on the measurement of economic performance and social progress (CMEPSP)*. Paris. https://www.insee.fr/en/statistiques/fichier/2662494/stiglitz-rapport-anglais.pdf. Zugegriffen: 15. Jan. 2021.

Szabó, Z. & Böhm, S. (14.01.2022). *So zählt die Polizei Demonstranten*. (Nordkurier, Hrsg.). https://www.nordkurier.de/anklam-pasewalk-ueckermuende/so-zaehlt-die-polizei-demonstranten-1446722801.html. Zugegriffen: 24. Okt. 2022.

Szpunar, K. (März 2011). On subjective time. *Cortex, 47*(3), 409–411.

Techniker Krankenkasse. (24.01.2023). *Rekordjahr 2022: Beschäftigte so lange krank wie noch nie*. Pressemitteilung der TK: https://www.tk.de/presse/themen/praevention/gesundheitsstudien/rekordjahr-2022-krankschreibungen-2143812. Zugegriffen: 20. Dez. 2022.

Tengilimoglu, R. (2016). The most important factors which influence satisfaction in hotel industry according to Booking.com reviews. *The 2nd International Conference on the Changing World and Social Research* (S. 262–268). Barcelona.

Testa, M. A., & Simonson, D. C. (März 1996). Assessment of quality-of-life outcomes. *The New England Journal of Medicine, 334*(13), 835–840.

The KIDSCREEN Group. (2004). *KIDSCREEN instruments – Health-Related Quality of Life Questionnaire for Children and Young People*. European Communitie, Grant Number: QLG-CT-2000- 00751. https://s2f1ad284f5ffc52e.jimcontent.com/download/version/1394699521/module/5873130164/name/KIDSCREEN%20instruments_description_English.pdf. Zugegriffen: 20. Juli 2023.

Thornton, G. C., & Gibbons, A. M. (Nr. 3 2009). Validity of assessment centers for personnel selection. *Human Resource Management Review, 19*(3), 169–187.

Timmermans, S., & Epstein, S. (April 2010). A world of standards but not a standard world: Toward a sociology of standards and standardization. *Annual Review of Sociology, 36*(1), 69–89.

Topp, C., Ostergaard, S., Sondergaard, S., & Bech, P. (März 2015). The WHO-5 well-being index: A systematic review of the literature. *Psychotherapy and Psychosomatics, 84*(3), 167–176.

Tran, A., & Zeckhauser, R. (Nr. 9–10 2012). Rank as an inherent incentive: Evidence from a field experiment. *Journal of Public Economics, 96*(9–10), 645–650.

Trenz, M., & Berger, B. (01.07.2013). Analyzing online customer reviews-an interdisciplinary literature review and research agenda. *ECIS 2013 Completed Research*. https://core.ac.uk/download/pdf/301366608.pdf. Zugegriffen: 27. Okt. 2022.

Tsaoussi, A. (2016). *In memoriam Gary Becker* (S. 175–194). A review of political and ethical theory: Science and Society.

Tulving, E. (2002). Chronesthesia: Conscious awareness of subjective time. In D. Stuss & R. Knight (Hrsg.), *Principles of frontal lobe function* (S. 311–325). Oxford University Press.

Uedelhoven, S., von Bernstorff, C., & Nachtwei, J. (2017). Gründungspotenziale & Gründungserfolg: Kompetenzbasierte Potenziale von Gründern analysieren – wirtschaftliche Risiken minimieren. In C. Schikora (Hrsg.), *Handbuch Gründungsmanagement* (S. 83–110). Utz.

van Thiel, S., & Leeuw, F. L. (März 2002). The performance paradox in the public sector. *Public Performance & Management Review, 25*(3), 267–281.

Verma, D., & Gupta, S. S. (April 2004). Does higher price signal better quality? Is Price an Index of Qquality? *Vikalpa*.

Wallraff, B., & Kamb, G. (29.07.2020). *Was Teams von Polarforschern lernen können*. https://www.haufe.de/personal/hr-management/praxisbeispiel-was-teams-von-polarforschern-lernen-koennen_80_521380.html. Zugegriffen: 29. Jan. 2023.

Warr, P. (2011). *Work, happiness, and unhappiness*. Psychology Press.

Weiser, T. G., Haynes, A. B., Lashoher, A., Dziekan, G., Boorman, D. J., Berry, W. R., & Gawande, A. A. (August 2010). Perspectives in quality: Designing the WHO surgical safety checklist. *International Journal for Quality in Health Care, 22*(5), 365–370.

WHO. (Ausgabe 12 1998a). The world health organisation quality of life assessment (WHOQOL): Development and general psychometric properties. *Social Science and Medicine, 46*(12), 1569–1585.

WHO. (1998b). *WHOQOL user manual.* Genf: Division of mental health and prevention of substance abuse der WHO. https://apps.who.int/iris/rest/bitstreams/110129/retrieve. Zugegriffen: 19. Juli 2022.

WHO. (6. Mai 2010). *A healthy lifestyle – WHO recommendations.* https://www.who.int/europe/news-room/fact-sheets/item/a-healthy-lifestyle---who-recommendations. Zugegriffen: 17. Dez. 2022.

WHO. (2019). *World Health Organization: World Health Organization: Burn-out an „occupational phenomenon": International Classification of Diseases.* www.who.int/news/item/28-05-2019-burn-out-an-occupational-phenomenon-international-classification-of-diseases. Zugegriffen: 01. Dez. 2022.

WHOQOL-Group. (November 1995). The World Health Organization Quality of Life assessment (WHOQOL): Position paper from the World Health Organization. *Social Science and Medicine, 41*(10), 1403–1409.

Wiedemann, L. (2019). *Self-Tracking. Vermessungspraktiken im Kontext von Quantified Self und Diabetes.* Springer.

Wittgenstein, L. (1922). *Tractatus logico-philosophicus. Logisch-philosophische Abhandlung.* Suhrkamp.

Woehr, D. J., & Arthur, W. (Nr. 2 2003). The construct-related validity of assessment center ratings: a review and meta-analysis of the role of methodological factors. *Journal of Management, 29*(2), 231–258.

Wolf, C. (15.02.2019). *Umstrittene Persönlichkeitstests – Wer bin ich und wie viele?* Stuttgarter Nachrichten: https://www.stuttgarter-nachrichten.de/inhalt.umstrittene-persoenlichkeitstest-wer-bin-ich-und-wie-viele.6ad327e4-73df-419a-90b5-102dc7489eeb.html. Zugegriffen: 30. Nov. 2022.

Wolf, G. (28.04.2010). The data-driven life. *New York Times.*

Wolfers, J. (5.03.2014). How gary becker transformed the social science. *The New York Times.*

Wolinsky, A. (Nr. 4 1983). Prices as signals of product quality. *The Review of Economic Studies, 50*(4), 647–658.

Zangemeister, C. (2014). *Nutzwertanalyse in der Systemtechnik.* Zangemeister & Partner.

Zapf, W. (Oktober 1972). Zur Messung der Lebensqualität. *Zeitschrift für Soziologie, 1*(4), 353–376.

Zhang, M., & Li, X. (Nr. 6 2012). From physical weight to psychological significance. The contribution of semantic activations. *Journal of Consumer Research, 38*(6), 1063–1075.

Zillmann, D. (2017). *Von kleinen Lügen und kurzen Beinen*. Springer.

Zink, C. F., Tong, Y., Chen, Q., Bassett, D. S., Stein, J. L., & Meyer-Lindenberg, A. (Ausgabe April 2008). Know your place: Neural processing of social hierarchy in humans. *Neuron, 58*(2), 273–283.

Stichwortverzeichnis

1984 25

A

Adrenalin 211
Agilitätsvermessung 310
Ajzen, Icek 131
Akkordlohn 303, 318
Alkoholspiegel 255
Alltag 217
    beruflicher 295
Alphabet 32
Amazon 32, 102
Amazon Prime 46
Analogiemethode 166
Aneignung, kulturelle 59
Ankerheuristik 128, 154
Anlagerisiko 342, 343
Anlagesicherheit 343
Anreiz- und Kontrollsystem 5, 28

Ansehen 215
Apfelmännchen 294
APGAR-Score 124
Apperzeptionstest, thematischer 309
Apple 295
Apple Music 46
Apple Watch 35, 274, 278
Arbeitgeberwahl 299
Arbeitshaltungstest 187
Arbeitstag 222
Assessment Center 311
Ästhetik 50
    Reaktion auf 293
    Vermessung von 290
Atmosphärendruck 81
Aufbauanleitung 117
Auf- und Abrunden 170
Autismus 254
Automobildesign 294
Avatar 23

B

Babylonier 218
BACDi 316
Barnum-Effekt 191
Barometer 81
BASF 329
Basislevel 57
Bauchentscheidung 299
Bauchgefühl 66
Becker, Gary 6, 51, 67, 139, 215
Belastung durch Zins und Tilgung 345
Belegschaft, Vermessung der 301
Benchmark für Assessment Center 316
Beobachtungsverzerrung 157
Berufswahl 187, 297
Bewerbungsunterlagen 303
Bewertungsportal 96, 102
Beziehung, Vermessung 183, 184
Beziehungsdauer 211
Beziehungsenthalpie 211
Beziehungsqualität 211
Bezugsgruppe, soziale 131
Bezugsrahmen, sozialer 229
Bhutan 231
Big Data 32
Big Five 187
    Persönlichkeitstest 257, 311, 318
Bindungsstärke 184
BioNTech 327
Biostrap 278
Blogger 103
Blutdruck 269, 272, 276
Blutzuckerspiegel 34, 195, 256
Body-Mass-Index (BMI) 43, 65, 194, 331
Bodypositivity 193
Bolt 99
Bonitätsberechnung 104
Bonuspunkt 288
Breitengrad 78
Bruttosozialglück 231
Budgetierung 341
    des Einkommens 337
Bundesamt, statistisches 340, 342
Burn-out-Syndrom 106

C

Cambridge Analytica-Skandal 40
Campbell's Law 142, 178, 318
Candela 291
Charakterbeschreibung 191
Charakterprofil 186
Check, medizinischer 331
Checkliste 57, 115
    als Rating-Tool 124
    berufliches Umfeld 118
    Chirurgie 119
    Fliegen 119
    Lehre und Ausbildung 123
    Preflight 120
    Selbstbeobachtung 123
    Surgical Safety 121
Chronästhesie 167
COMPAS 110
Corona 11, 167
Creditreform 104

D

Datakratie 202
Datenerfassung 65
Daten
    körperliche 201
    soziodemographische 310
Datenlücke 61

Datensammelleidenschaft 30
Datensammelwut 30, 32, 41
Dating-Website 335
Datumsangabe 159
Dauer einer Beziehung 211
David-Statue 292
Deezer 46
Deming, Edwards 14, 66
Demsetz, Harold 299
Depression 106
Descartes, René 200
Designsprache 291
Deutsches Institut für Normung (DIN) 56, 58
Dexcom Glukosemesssystem 195
Dezimalsystem 218
Diabetes 36, 209, 255
Differenzial, semantisches 106
Diskriminierung 58
Disney Plus 46
Disposition, genetische 249
DNA-Molekül 293
Domizlaff, Hans 66
Doppelhelix 293
Druck, sozialer 196
Drücken 81
Druckmesser 82
Durchschnitt, gleitender 164

E

Easterlin-Paradoxon 339
Ebay 102
EEG 273
Eignungstest 312
Einkaufsliste 280, 290
Einkommen 215, 335
Einstellung 131

Einstellungstest 301
Eintrittswahrscheinlichkeit 62, 84, 137, 172
Einzelinterview 312
  strukturiertes 309
Eisenhower, Dwight D. 224
EKG 34, 35, 194, 276, 278
Emotion, Vermessung 279
Empathie 254
Entlassung 301, 310
Entscheidung 60
Entscheidungsrisiko 72
Erfahrung 133
Erfahrungswert 63
Erfahrungswissen 126
Ergebniswunsch 168
Erlebnis-Stichproben-Methode 242
Es gibt nichts umsonst-Verzerrung 300
Experte 104
Expertenrat 133
Extraversion 187

F

Facebook 32, 198
Familie 229
Farbe 291
Fehlzeit, krankheitsbedingte 329
Feinmessung 82
Feinwaage 138
Festinger, Leon 15, 321, 339
Fibonacci-Zahlenfolge 291
Fieberthermometer 269
Finanzberater 334
Finanzdienstleister 343
Finanzen 334
Finanzierungsdauer 345

Fitbit 274, 278
   Tagesformindex 277
Fitnessstudio 331
Fitnesstracker 331
Flächenunterteilung 86
Flüssigkeitsmenge 35
Fokussierung 12
Foucaultsches Pendel 293
Free-lunch-fallacy 300
FreeStyle Glukosemesssystem 195
Frey, Bruno 235
Führungskraft
   Coaching 313
   Verhalten 109
Funkuhr 80, 219

G

Gaming the System 142
Garmin 278
Gehaltsverhandlung 100
Geld 215
Geldanlage 342
Geldanlagerisiko 343
Geldwertstabilität 264
Geschäftsbedingung, allgemeine 33, 42
Geschmackssache 282
Gesichtsausdruck, Vermessen 279
Gestaltwahrnehmungstest 187
Gesundheit 253
   psychische 325
Gesundheitsindex 328
Gesundheitsmanagement, betriebliches 331
Gesundheitsvorsorge 275
Gewicht 89
Gewissenhaftigkeit 187

Gleichgewicht, seelisches 208
Gliedermaßstab 82
Global Liveability Index 148
Glück 184, 224
   Vermessung von 225
Glücksatlas 148, 176, 239
Glücksfaktor 208, 234
Glücksforschung 18, 235
Goldener Schnitt 292
Google 32, 95
Granovetter, Mark 211, 215
Greenwich 78
Greenwich Mean Time 219
Grenznutzen 52, 203
Gruppeninterview 309
Guide Michelin 284

H

Haftpflichtversicherung 349
Halbwertszeit von Wissen 252
Halo-Effekt 159
Handlungs-, Kontroll- und Sanktionsrecht 109
Harmonie 290
Haushaltsbuch 341
Hautfarbe 284
Hautreaktion, Vermessen 279
Hawthorne-Effekt 319
Helligkeit 160
Herde 207, 282
Herzmensch 70
Heuristik 93, 157
Hochrechnung 87
Hogan-Assessment 313
Hormonspiegel 211, 255, 279
Horoskop 191
HRS 148, 175

Humboldt, Alexander von 68, 290
Hyperbolik 171

I
idealo.de 148
IKEA-Möbel 117
Imperialismus, ökonomischer 6
INCOM-Skala 106
Influencer 103, 197
Information, asymmetrische 101
Initiativwert 174
Insolvenzversicherung 349
Instagram 32, 196, 198
Intelligenz
  soziale 25
  unbewusste 126
Intelligenztest 312
Interaktion, soziale 9
International Quality of Life Assessment Project 257
Intervallskala 152
Intransparenz 281
Intuition 60, 66, 69, 125
Investitionsregel, goldene 345
IQ-Test 302
ISO-Norm 8601 159
Ive, Jonathan 295

J
Jameda 97, 146, 148
Jensen, Michael 141
Jobs, Steve 295

K
Kalibrierung 12, 77
Kalibrierwaage 91
Kalorie 35
Kausalität 31, 253
Kelvin 291
Kennzahl 37
Kerr, Nicholas 141
Kind 249
Kirschen in Nachbars Garten 300
Kleidergröße 60
Kochrezept 117
Kommunikation, zwischenmenschliche 254
Konfidenzintervall 137
Konsensbildung 13
Konsumausgabe 340
Konsumentscheidung 287
Kontrapost 292
Kontrolle 29
Konzentrationstest 312
Kopfmensch 70
Kopfnote 28
Körperfettanteil 35, 201
Körpergewicht 35
Körperproportion 291
Körperstatur 284
Körpertemperatur 269
Korrelation 31
Korrelationsanalyse 252
Kraftstoffverbrauch 159
Krankheitstag 328
Kreditausfallrisiko 346
Kreditvergabe 345
Kreditwürdigkeit 94, 176

Kriterium 93
kununu.de 327
Kurzweil 167

L

Laktatmessung 256
Laktatwert 255
Längengrad 78
Langeweile 167
Längsschnittanalyse 198
Längsschnittbeobachtung 314
Längsschnittmessung 307
Lautstärke 160
Lebensglück 4
Lebensmotiv 188
Lebensmotivationstest 187
Lebensqualität 224, 253
  gesundheitsbezogene 253
Lebensversicherung 351
Lebenszufriedenheit 184, 224
  Fragebogen 270
Leistungsfähigkeit, persönliche 318
Leistungsmessung 318
Leiter, soziale 106
Leute könnten anders sein-Verzerrung 300
Lichtfarbe 291
Life domain rating 246
Life-Logging 205
Losgröße 1 33
Luftfeuchtigkeit 160
Lumen 291
Lux 291

M

Magnetresonanzmessung 242
Mandelbrotmenge 293

Manipulation, semantische 170
Marktforschung 136
Masse 89
Maßeinheit, Anforderungen 150
Mau, Steffen 10
Medien, soziale 22, 95, 197, 230
Medizinstatistik 252
Meinchef.de 329
Meinprof.de 146
Meinung, zweite 133
Melodie 291
MENSA 48
Meritokratie 13
Messen 76
Messergebnis, Interpretation 138
Messfehler 82
  Ausschließen 83
  Kosten 84
  systemimmanenter 84
Messinstrument, medizinisches 268
Messkriterium, Auswahl 144
Messproblem 137
Messtoleranz 81
Messvorschrift 164
Messwertkorridor 172
Messwert
  Präzision 150
  Wiedergabe 168
Meta 32
Methodenwissen 134
Michelangelo 292
Mitarbeiter(in) des Monats 176, 177
Mitarbeiterzufriedenheit 322
Mitarbeiterzufriedenheitsbefragung 333
Modell, ökonometrisches 265
Motiv 309

Multidimensional Personality Performance Inventory (MPPI-18) 313
Münchner Lebensqualitäts-Dimensionen-Liste (MLDL) 271
Musik 291
Myers-Briggs-Typen-Indikator 191

N
Nachvollziehbarkeit 11
Nährwertangabe 128
National Credit Information Sharing Platform (NCISP) 27
Navigation 78
Netflix 46
Net Promoter Score (NPS) 134, 149, 214, 241
Nettonutzen 3, 47, 52, 148, 216
Neurotizismus 187
Nirwana-Verzerrung 299
Nominalskala 151
Normal- bzw. Durchschnittswert 174
Normalwertkorridor 258
Norm
  gesellschaftliche 196
  soziale 194
  subjektive 131
Normierung von Messreihen 164
Nottingham Health Profile 270
Numerus Clausus 48
Nutzerprofil 32
Nutzungsdauer 345
Nutzwert 298
Nutzwertanalyse 93, 124

O
Objektivierung 94
Offenheit für Erfahrungen 187
Ökotrophologie 252
Opportunitätskosten 47, 297
Ordinalskala 151, 153
Otto.de 176
OTTO Versandhandel 333
Ōura-Ring 278
Outsourcing 320
Oxytozin 211

P
Partnerschaft 210
Partnerschaftsziel 215
Pawlowscher Reflex 177
Payback 29, 288
Penetrationsprozess, epidomologischer 252
People-could-be-different-fallacy 300
Perfomancekontrolle 310
Personalbeauftragter 308
Personalentwicklung 310
Personenwaage 201
Persönlichkeitsmerkmal 186, 304, 311
Persönlichkeitstest 185
Perzeption 254
Pflichtversicherung 349
PISA-Studie 13, 148
Polar 278
Polysomnographie 273
Position, gesellschaftliche 246
Potenz, finanzielle 335
Präferenz 94, 220, 337
  individuelle 158

Präferenzprofil 92, 184, 218
Prestige 217
Priorität 184, 220
Private Wealth Manager 343
Produktbewertung 103, 154, 176
Prognose 46, 61, 112
   Konsumprognose 31
Prognosehorizont 61
Prozessschrittkontrolle 117
Prüfmessung 84
Pulsmessung 269, 276
p-Wert 137

Q

Qualifikation
   fachliche 302
   soziale 304, 310
Qualitätsindikator, Preis als 287
Quality of Life Project 258
Quantifizierung 9, 42
   des Sozialen 44
   Ehtik der 49
   Soziologie der 49

R

ran 113
Rang, sozialer 105, 108
Rangabzeichen 109
Rangliste 177
Ranking 48, 92, 174, 299, 320
   auf Basis multikriterieller Scores 322
   Output-bezogenes 321
   soziales 105
Rating 92, 94, 124
Raumthermometer 82

Recovery-Score 278
Redundanz 84
Referenzgruppe 38, 258, 282
Referenzgruppentheorie 16, 19
Referenzgruppenvergleich 112
Referenzgruppenwert 315
Referenzmaß 80
Referenzwert 174, 258
Regeneration 36
Regression 112
Regulierung 77
   soziale 56
Reihenzählung 88
Reiss-Profil 188, 311, 318
Relativierung 171
Reliabilität 137
Religiosität 249
REM-Schlafphase 273
Renditechance 343
Rennliste 321
Repräsentativität der Messung 163
Reputation 39, 102, 132, 179, 210, 282
Reputationskapital 102
Reputationsranking 178
Ressource 4
Restauranttester 284
Restbestand 85
Restriktion, persönliche 298
Restrisiko 67
Rhythmus 291
Richtwert 55, 56
Risikoeintrittswahrscheinlichkeit 349
Risikokosten 297, 298
Risikomaß 67
Risikoverhaltenstest 187
Rosettenbahn 293
Routine 220, 221, 223

Routinefehler 120
Rückfallrisiko 110

S

Samsung Galaxy Watch 278
Sauerstoffaufnahme 255
Sauerstoffaufnahmekapazität 199
Sauerstoffsättigung 34
Schätzung 85, 127
Schätzverfahren, softwareunterstütztes 87
Schlaf 34
   Vermessung von 271
Schlafphase 272
Schlafqualität 272
Schleuse 88
Schluss, induktiver 64, 139, 309
Schönheit 290
Schönheitsideal 284
Schufa 28, 94, 104, 176, 346
Schulnote 151
Scoring 93, 124, 176, 298
Scoring-Modell 299, 316
   multikriterielles 284
Second Life 24
Selbstauskunft in Interviews 308
Selbstbefragung 242
Selbstdisziplinierung 18
Selbsteinschätzung 186, 257
Selbstoptimierung 193, 201
Selbstpositionierung 23
Selbsttest, Sinn 190
Selbstverkleinerung 233
Selbstvermessung 39, 183, 256
   Grenzen von 190
   Simplifizierung 203
Selbstvermessungstool 186

Selbstwahrnehmung 309
Selektion, adverse 101
Selektionseffekt 64
Self-Experimentation 205
Self-Tracking 205
Sensor 34, 217
Serotonin 211
Sexualleben 248
Shareholder Value 330
Short-Form-36 Health Survey (SF-36) 257
Short List 93
Signalgut 339
Sinne 255
Skala 77, 149
   Anforderungen 150
   subjektive 157
Skalatyp 151
Smart Citizen Wallet 29
Smartphone 198, 217, 272
Smart Watch 193, 206, 272
Smiley-Skala 325
Smith, Adam 181
Snow, John 251
Social Comparison Scale 106
Social Media 95
Social Scoring System 26, 40, 100, 176, 331
Solidarprinzip 34
Sommerzeit 218
Sonnenstand 218
Sozialphobie 254
Sozialversicherung 349
Spielekonsole 217
Spitzer Quality of Life Index 271
Spontanflexibilitätstest 187
Sport, Quantifizierung des 111
Sportstatistik 113

Spotify 46
Stammdaten 31
Standard 55
   Designstandard 56
   informeller 58
   Performancestandard 57
   Prozedurenstandard 57
   technischer 56
   Terminologiestandard 56
Standardisierung 50
Status, sozialer 44, 215
Sterbetafel 342
Sternzeichen 191
Stiftung Warentest 103
Stiglitz, Joseph 243
Stimme, Vermessen 279
Störereignis 63, 221, 227
Störimpuls 265
Strafmaß 110
Strafvollzug 110
Strava 178
Stresstest 312
Sucht zur Selbst-Verdatung 208
Supersapiens Glukosemesssystem 195
Sustainable Development Solutions Network 242
Symptom, Vermessung 268
Syndrom, hyperkinetisches 187
Systembiologie 264
Systemtheorie 67

T
Tagesrekonstruktion, Methode der 242
Tanz 292
Taschengeld 56
Taxi 54

Taxifahrer 98
Temperatur 80
Tempolimit 11
Test, spirometrischer 194
Testen, computerisiertes adaptives 271
Testzeitpunkt 191
The-grass-is-always-greener-fallacy 300
Theorie
   des geplanten Veraltens 131
   des sozialen Vergleichs 15, 19, 36, 281, 321, 339
Thermodynamik 211
Thermometer 80
TikTok 32, 193, 198
To-do-Liste 116
Transaktionskosten 45, 51, 53, 54, 57, 72, 216, 221
Transparenzillusion 138
Traumfrau 282
Trend 164, 198
Trendextrapolation 46
Trial and Error 55, 140
Triangularitätstheorie der Liebe 212
TripAdvisor 95, 97, 148, 285
Tumormarker 255
Turner, William 292
Twiggy 197

U
Uber 99
Uhrzeit 77
Umgebungsbedingung 82
Unternehmensgründer, Assessment Center für 317
Unternehmensmonitoring 322

Urmeter 77
Ursache-Wirkungs-Beziehung 253
UTC 219

V

Verfügbarkeitsrisiko 342, 343
Vergangenheitsextrapolation 62
Vergleichsgruppe, soziale 108, 230, 321, 338
Verhaltensabsicht 131
Verhaltenskontrolle, wahrgenommene 131, 194
Verhaltensökonomie 60, 130
Verhältnisskala 152
Verkehrssünderkartei 28
Vermessung, Motive 70
Verobjektivierung des Körpers 37
Versicherung 38, 348
Verträglichkeit 187
Vertrauensintervall 137
Vertrauensmarkt 103
Verzeihung, selbstwertdienliche 169, 309
Verzerrung
    Es gibt nichts umsonst 300
    Leute könnten anders sein 300
Vier-Augen-Prinzip 84
VIITA Watch 278
Virgin Pulse 331
Vitamin-Modell 325
Volumen 80
Vorausurteil 284
Vorgesetztenbewertung 327
Vorgesetztenmonitoring 322

W

Waage 89
Wahl
    Freiheit zur 297
    Verpflichtung zur 297
Wahrheit, subjektive 75
Wahrnehmung, selektive 164
Wanderstrecke 160
Warr, Peter 325
Waymo 32
Wearable 34, 54, 205, 217, 272, 274, 310, 332
Weight Watchers 48
Weinbewertung 285
Weinführer 286
Well-being rating 246
Wellenlänge 291
Weltgesundheitsorganisation (WHO) 121, 227, 258
Weltstandardzeit 219
Weltzeit, koordinierte 219
Werbung 130
Wertekorridor 94
Wertesystem
    einer Gesellschaft 56
    individuelles 131
Wertung, Soziologie der 49
WhatsApp 32, 41, 231
Whoop 274, 278
WHOQOL-5-Fragebogen 261
WHOQOL-BREF 258
Wiegen 89
Windgeschwindigkeit 160
Winterzeit 218
Wissenschaftler 168

Withings ScanWatch 278
Wohlfahrtsindex 148
Work-Life-Balance 333
World Happiness Report 225, 242
Wunsch, Umgang mit 234
Wuppertaler Gesundheitsindex 332

Y
YouTube 32, 198
Youtuber 103

Z
Zählen 85
Zählschleuse 88

Zahlungsausfall 346
Zeit 217
Zeitangabe 159
Zeitempfinden 167
Zeitgeist 197
Zeitlohn 318
Zeitpuffer 221
Zeitzone 219
Zentralbank, europäische (EZB) 264
Zerstörung, schöpferische 279
Zertifizierer 97
Ziel 5, 140, 201
    messbares 140
Zollstock 82
Zukunft 61
Zwischenzeugnis 301

GPSR Compliance
The European Union's (EU) General Product Safety Regulation (GPSR) is a set of rules that requires consumer products to be safe and our obligations to ensure this.

If you have any concerns about our products, you can contact us on

ProductSafety@springernature.com

In case Publisher is established outside the EU, the EU authorized representative is:

Springer Nature Customer Service Center GmbH
Europaplatz 3
69115 Heidelberg, Germany

www.ingramcontent.com/pod-product-compliance
Lightning Source LLC
LaVergne TN
LVHW020327260326
834688LV00037B/894